电工电子技能实训指导书

唐树森　王　立　张素娟　编著

人民邮电出版社

北　京

图书在版编目（CIP）数据

电工电子技能实训指导书 / 唐树森，王立，张素娟编著. —北京：人民邮电出版社，2007.4（2014.7 重印）

ISBN 978-7-115-15659-4

Ⅰ. 电… Ⅱ. ①唐…②王…③张… Ⅲ. ①电工技术—教学参考资料②电子技术—教学参考资料 Ⅳ. TM TN

中国版本图书馆 CIP 数据核字（2006）第 155632 号

内 容 提 要

本书是按照教育部高等学校实践教学水平评估和教学大纲的基本要求编写的、专门面向实践教学环节的实训指导书。本书内容分为 3 篇：第一篇为电工电子认识实习指导，内容包括常用电子元器件基础知识、电工技术基础知识和常用电子技术设备指导；第二篇为电工电子装配实习指导，分别介绍了万用表和调频调幅收音机的原理与安装工艺；第三篇面向电类专业生产实习，介绍了电子线路原理图与印制电路板设计技术、EDA 技术以及电子电路仿真软件 EWB。

本书可作为高等院校各类工科技术及相关专业（包括生产过程自动化、应用电子技术、机电应用技术、工业企业电气化等专业）的实训教材或指导书，也可作为高职、函授、成人高校的教材。

电工电子技能实训指导书

◆ 编　　著　唐树森　王　立　张素娟

责任编辑　付方明

◆ 人民邮电出版社出版发行　　北京市丰台区成寿寺路 11 号

邮编　100164　　电子邮件　315@ptpress.com.cn

网址　http://www.ptpress.com.cn

三河市海波印务有限公司印刷

◆ 开本：787×1092　1/16

印张：19.5

字数：473 千字　　2007 年 4 月第 1 版

印数：12 901 – 14 500 册　　2014 年 7 月河北第 7 次印刷

ISBN 978-7-115-15659-4/TN

定价：27.00 元

读者服务热线：(010)81055410　印装质量热线：(010)81055316

反盗版热线：(010)81055315

前　　言

电工技术与电子技术是高等工科院校实践性很强的技术基础课程。为了培养高素质的专业技术人才，在理论教学的同时，必须十分重视和加强实践性教学环节。如何在实践教学过程中培养学生的实验能力、实际操作能力、独立分析问题和解决问题的能力、创新思维能力和理论联系实际的能力，是高等工科院校着力探索与实践的重大课题。

本教材是按照教育部高等学校实践教学水平评估和教学大纲的基本要求，结合当前教学改革的需要，总结了近几年来的实践教学改革的经验编写而成的，是专门面向实践教学环节的实训指导书。

本书内容分为 3 篇：第一篇为电工电子认识实习指导，内容包括常用电子元器件基础知识、电工技术基础知识和常用电子技术设备指导；第二篇为电工电子装配实习指导，分别介绍了万用表和调频调幅收音机的原理与安装工艺；第三篇面向电类专业生产实习，介绍了电子线路原理图与印制电路板设计技术、EDA 技术以及电子电路仿真软件 EWB。

本书的特点是突出实用、强调能力、分段培养。即注重实用技术的传授，以培养动手能力为主线，重点放在实际操作技能的训练上，培养学生解决实际问题的能力；遵循循序渐进的原则，按照基础知识—基础实验—综合技能训练的顺序合理安排。

本书内容涉及面比较广泛，可作为高等院校各类工科技术及相关专业（包括生产过程自动化、应用电子技术、机电应用技术、工业企业电气化等专业）的实训教材或指导书，也可作为高职、函授、成人高校的教材。

本书由唐树森副教授、王立高级工程师、张素娟工程师编著，另外参与编写的还有杨承毅老师、李维副教授、舒奎副教授和何文波工程师。本书在编写过程中还得到了大连轻工业学院教务处处长马铁成教授、电子与信息工程学院院长陶学恒教授的关心和支持，同时得到了其他教师与实验室人员的大力帮助，在此对他们表示由衷的感谢！

由于作者水平有限，书中难免有疏漏、错误之处，恳请广大读者批评、指正。

编著者

目　录

第一篇　电工电子认识实习指导

第三篇 现代电子线路设计技术指导——电类专业生产实习指导

第一篇　电工电子认识实习指导

第1章　常用电子元器件基本知识

1.1　电阻器的认知与检测

电阻器是电子产品中用得最多的元件，随着电子技术的不断发展，电阻器的种类也日益增多。大家对电阻器的认知不能仅仅停留在“$R = U/I$”这样的层面上，不仅要了解一般电阻器的标称符号和参数，也应对特殊的电阻元件有所了解。

1.1.1　电阻器的分类

电阻器的分类见图1-1。

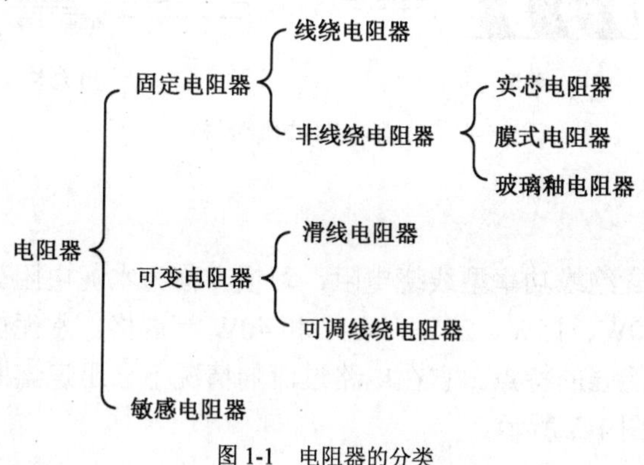

图1-1　电阻器的分类

1.1.2　特殊电阻元件的介绍

1．熔断电阻

熔断电阻又称为保险丝电阻，是一种具有电阻和保险丝双重功能的元件。熔断电阻大多为灰色，用色环或数字表示电阻值，额定功率由电阻尺寸大小所决定。在正常情况下使用时，它具有普通电阻器的电气特性：一旦电路发生故障导致流过的电流过大时，保险丝电阻就会在规定的时间内熔断，从而起到保护其他重要元器件的作用。

目前国内外一般采用的是不可修复（一次性）保险丝电阻。额定功率有0.25W、0.5W、

1W、2W 和 3W 等规格，阻值可做到 0.22Ω～5.1kΩ。保险丝电阻的电路符号如图 1-2（a）所示。保险丝电阻的外形有圆柱体、长方体等，如图 1-2（b）所示。

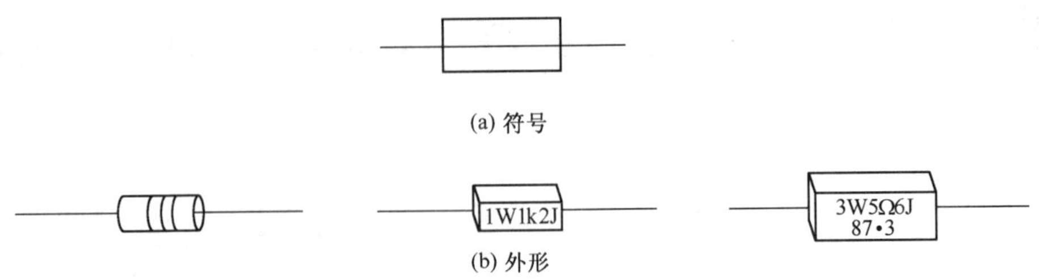

图 1-2　保险丝电阻器的符号与外形

2．有机实芯电阻器

有机实芯电阻器是把颗粒状导电物、填充料和黏合剂等材料混合均匀后热压在一起，然后装在塑料壳内而成的电阻器（如图 1-3 所示），它的引线直接压塑在电阻体内。由于这种电阻器导体截面较大，因此具有很强的过负荷能力，且可靠性高、价格低。其主要缺点是精度低。这种电阻器一般用在负载不能断开且工作负荷较大的地方，如音频输出接耳机的电路（如图 1-4 所示），再如彩色电视机输出接显像管阴极间串联电阻，都使用实芯电阻。

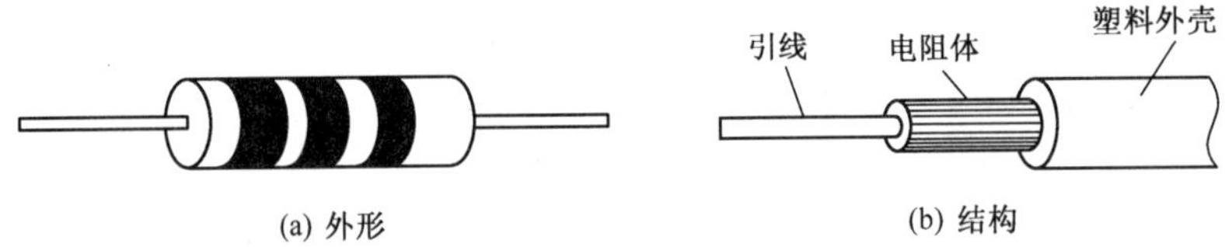

图 1-3　有机实芯电阻器结构

3．水泥电阻

水泥电阻是一种陶瓷绝缘功率型线绕电阻，习惯上称为水泥电阻。按功率可分为 2W、3W、5W、7W、8W、10W、15W、20W、30W 和 40W 等规格。水泥电阻具有功率大、散热好、阻值稳定和绝缘性能强的特点。它在电路过流的情况下会迅速熔断，以保护电路，但价格相对较高。其外形如图 1-5 所示。

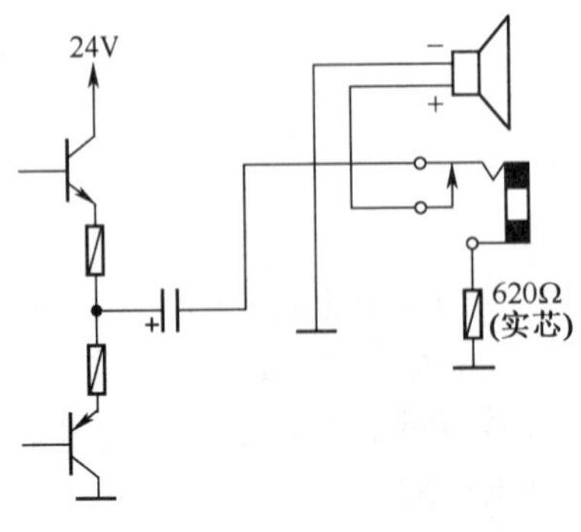

图 1-4　有机实芯电阻器应用电路

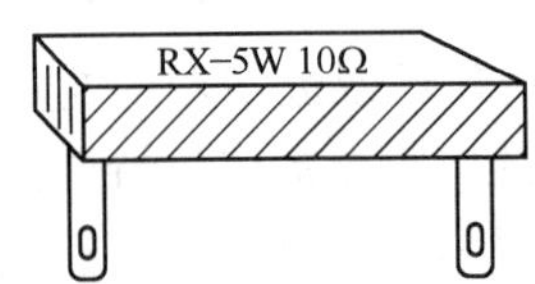

图 1-5　水泥电阻器外形示意图

4．敏感电阻器

敏感电阻器是指电阻器受温度、电压、湿度、光通量、气体通量、磁通量和机械力等外界因素影响表现敏感的电阻器。这类电阻器既可以作为把非电量变为电信号的传感器，也可以完成电路的某种功能，如今它在工业自动化、智能化和日常生活中被广泛应用。常用的敏感电阻器有热敏电阻器、压敏电阻器、光敏电阻器和湿敏电阻器，在今后的学习中将会逐步涉及。由于在通用电子设备中大量使用热敏电阻，在此简单介绍热敏电阻，其他敏感电阻在传感器技术等相关课程中有详细介绍。

热敏电阻的基本特点是阻值随温度变化而发生显著变化。热敏电阻主要分两大类：一种为阻值随温度升高而增加的热敏电阻，被称为正温度系数热敏电阻（用字母 PTC 表示）；另一种阻值随温度升高而减小，被称为负温度系数热敏电阻（用字母 NTC 表示）。热敏电阻的外形和符号如图 1-6 所示。

热敏电阻上标称的阻值一般是指 25℃条件下的阻值。要判断其对热能是否敏感，一般检测方法是用万用表电阻挡测量热敏电阻的阻值，然后把烧热的电烙铁靠近被测电阻，看阻值是否产生变化，如果变化较明显，则说明此电阻较敏感，如图 1-7 所示。

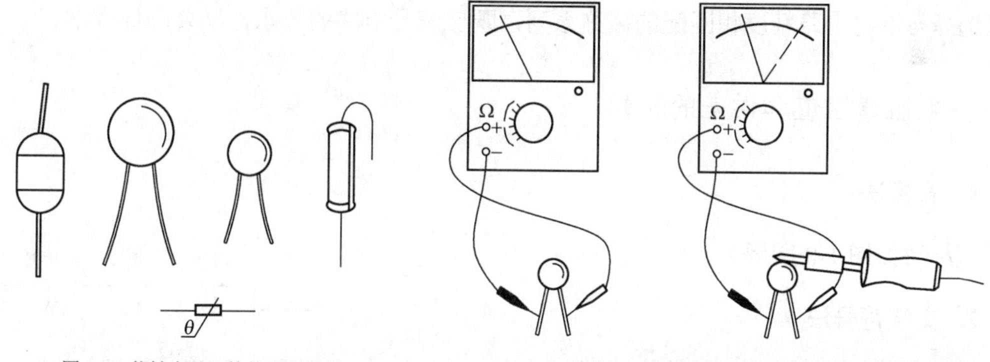

图 1-6　热敏电阻器的外形和符号

图 1-7　用万用表测试热敏电阻

1.1.3　电阻器的标称系列

电阻器规格的要求是没有限制的，但工厂生产的电阻器不可能满足使用者对电阻器的所有要求。为了保证使用者能在一定的范围内选择合适的电阻器，就需要按一定的规律科学地设计其阻值，这样也便于厂家生产。

一般利用几何级数可以解决上述问题。$a_n = (\sqrt[k]{10})^{n-1}$ 是一个特殊的几何级数的通项表达式，这个特殊的几何级数的公比为 $\sqrt[k]{10}$，n 为几何级数的项数。一个几何级数，其公比越小每项相差就越小。利用这个特点，可以根据分组粗细的要求来决定 k 值。若要求分组细，k 就取较大值。电阻器的标称阻值系列就是将 k 分别选择为 6、12、48、96 和 192，所得值化整后构成的几何级数列包括 E6、E12、E48、E96 和 E192 系列，它们分别适用于允许偏差为 ± 20%(M)、± 10%(K)、± 5%(J)、± 2%(G)、± 1%(F)和 ± 0.5%(D)的电阻器。一般情况下，为了节约成本，常使用 E6、E12、E24 系列的电阻器（如表 1-1 所示）。E48、E96、E192 系列属精密电阻器的标称阻值系列，其内容较多，读者可自行查阅《电子实用大全》等相关资料。

表 1-1　　普通电阻器的标称阻值系列

E24 允许偏差 ±5%	E12 允许偏差 ±10%	E6 允许偏差 ±20%	E24 允许偏差 ±5%	E12 允许偏差 ±10%	E6 允许偏差 ±20%
1.0	1.0	1.0	3.3	3.3	3.3
1.1			3.6		
1.2	1.2		3.9	3.9	
1.3			4.3		
1.5	1.5	1.5	3.7	4.7	4.7
1.6			5.1		
1.8	1.8		5.6	5.6	
2.0			6.2		
2.2	2.2	2.2	6.8	6.8	6.8
2.4			7.5		
2.7	2.7		8.2	8.2	
3.0			9.1		

例如，E24 系列中 1.8 这个标称值就存在 1.8Ω、18Ω、180Ω、1.8kΩ……的实际元件，而 E6 系列中没有 1.8 这个标称值，因此市场上就没有 E6 系列的上述元件。在选用电阻时，要尽量选择与本身电路精度相匹配的标称系列，既要满足电路的要求，又要降低成本。

1.1.4　电阻器阻值和误差的认知

1．直标法

直标法如图 1-8 所示。

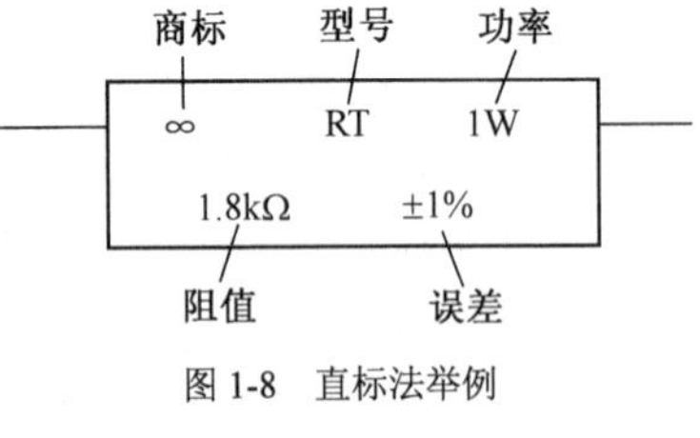

图 1-8　直标法举例

2．文字符号法

文字符号法是用阿拉伯数字和文字符号两者有规律的组合来标称阻值，其允许偏差也用文字符号表示，如图 1-9 所示。

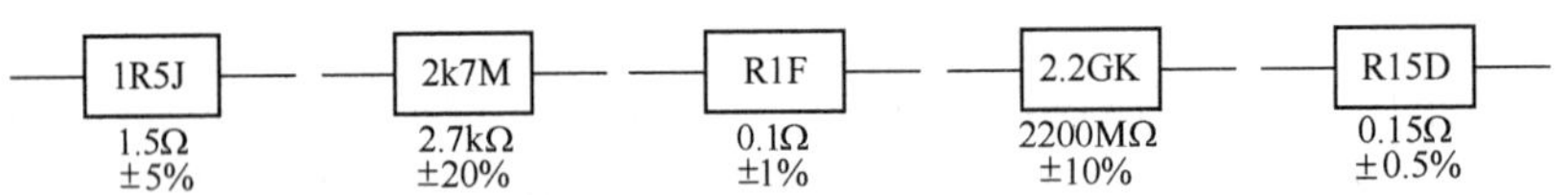

图 1-9　文字符号法举例

表示电阻单位的文字符号如表 1-2 所示。

表 1-2　　文 字 符 号

文 字 符 号	所表示单位
R	欧姆（Ω）
k	千欧姆（10^3Ω）
M	兆欧姆（10^6Ω）
G	吉欧姆（10^9Ω）
T	太欧姆（10^{12}Ω）

3．数码法

数码法用三位阿拉伯数字表示，前两位表示阻值的有效数，第三位数表示有效数后面零的个数。当阻值小于 10Ω时，以×R×表示（×代表数字），将 R 看作小数点，如图 1-10 所示。

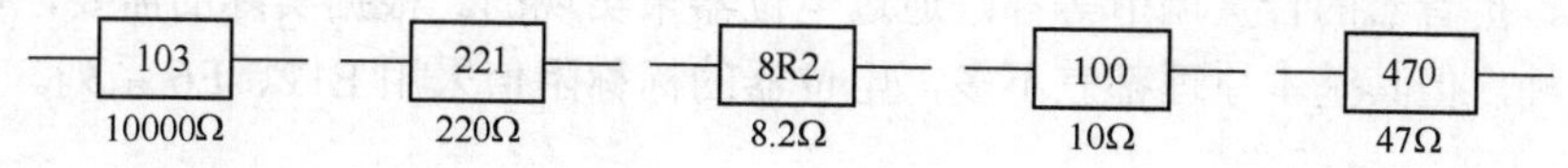

图 1-10　数码法举例

4．色标法

色标法是用电阻器表面不同颜色的色带或点来标出标称阻值和偏差值的方法。色标法分两种：

① 两位有效数字的色标法。普通电阻器用四条色带表示标称阻值和允许偏差，其中三条表示阻值，一条表示偏差，如图 1-11 所示。例如，电阻器上的色带依次为绿、黑、橙和无色，则表示 50×1000＝50kΩ，其误差是±20%；电阻的色标是红、红、黑、金，其阻值是 22×1＝22Ω，误差是±5%；又如电阻的色标是棕、黑、金、金，其阻值为 10×0.1＝1Ω，误差为±5%。

② 三位有效数字色标法。精密仪器用五条色带表示标称值和允许偏差，如图 1-12 所示。例如色带为棕、蓝、绿、黑、棕，表示165Ω±1% 的电阻值。

颜色	第一位有效数	第二位有效数	倍率	允许误差
黑	0	0	10^0	
棕	1	1	10^1	
红	2	2	10^2	
橙	3	3	10^3	
黄	4	4	10^4	
绿	5	5	10^5	
蓝	6	6	10^6	
紫	7	7	10^7	
灰	8	8	10^8	
白	9	9	10^9	
金			10^{-1}	±5%
银			10^{-2}	±10%
无色				±20%

图 1-11　两位有效数字的阻值色标表示法

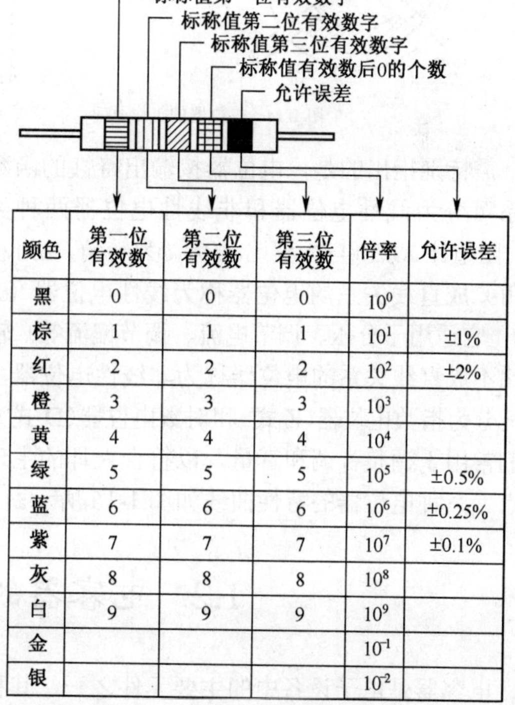

颜色	第一位有效数	第二位有效数	第三位有效数	倍率	允许误差
黑	0	0	0	10^0	
棕	1	1	1	10^1	±1%
红	2	2	2	10^2	±2%
橙	3	3	3	10^3	
黄	4	4	4	10^4	
绿	5	5	5	10^5	±0.5%
蓝	6	6	6	10^6	±0.25%
紫	7	7	7	10^7	±0.1%
灰	8	8	8	10^8	
白	9	9	9	10^9	
金				10^{-1}	
银				10^{-2}	

图 1-12　三位有效数字的阻值色标表示法

1.1.5 电位器

简单地讲，电位器实际上就是一个可变电阻器，常在调整电路中用来改变阻值，如电视机中的亮度、扩音器的音量调节等都是通过电位器来实现的。根据实际的需要，电位器的种类不下几十种，但其基本原理都差不多，电位器的标称阻值采用 E12、E6 系列。

1．常用电位器外形

常用电位器外形如图 1-13 所示。

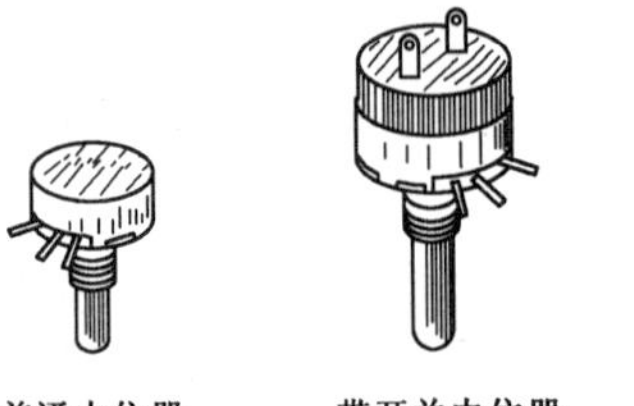

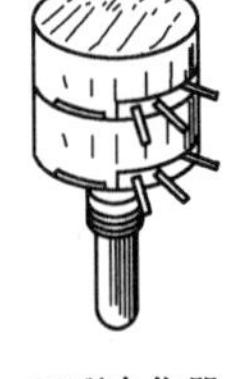

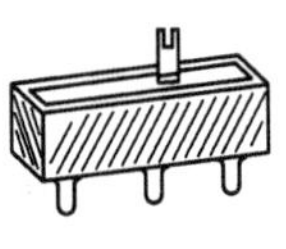

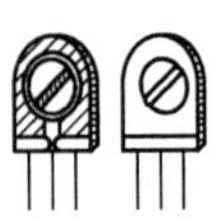

普通电位器　带开关电位器　双联电位器　直滑式电位器　微调电位器

图 1-13　常用电位器外形

2．电位器的工作原理

电位器的工作原理如图 1-14、图 1-15 所示。

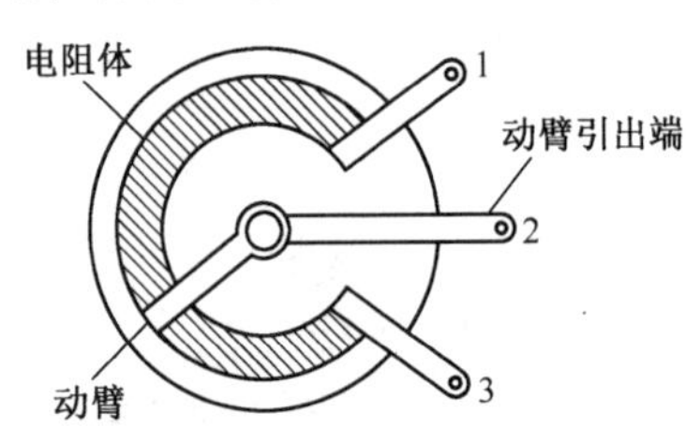

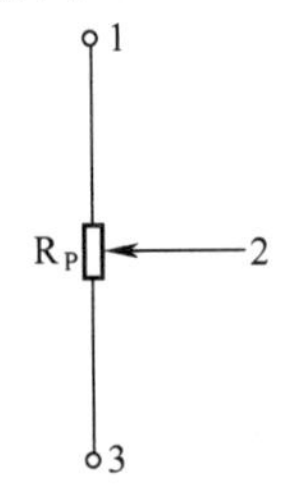

图 1-14　电位器的工作原理

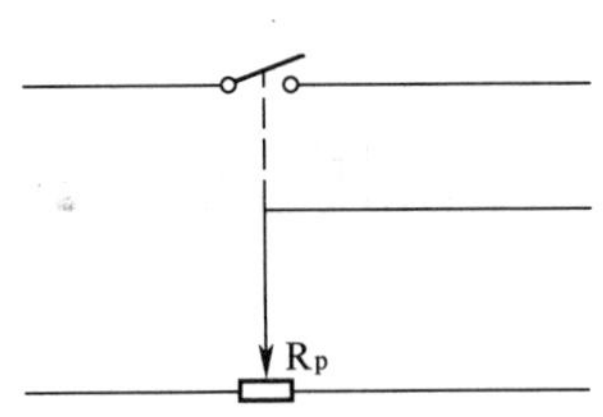

图 1-15　带开关电位器

需特别指出的是，电位器按输出特性的函数关系可分为线性电位器和非线性电位器两种类型。阻值比 R_φ/R_θ 与行程比 φ/θ（φ 为转角，θ 为总转角）成直线关系的电位器称为线性电位器（X 式），它适用于分压、调节电流、调节偏流等；输出比不成直线关系的电位器称为非线性电位器，它又分为指数电位器(Z 式)和对数电位器(D 式)。它们常用于调整音调和音量，以符合人耳的生理特点。三种电位器的特性曲线如图 1-16 所示。

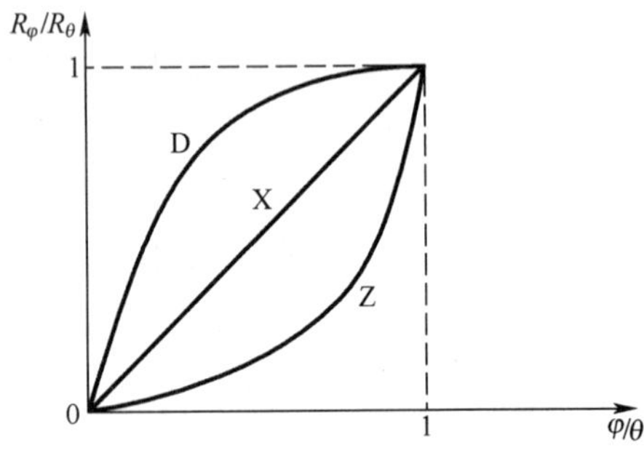

图 1-16　X、D、Z 三种电位器的特性曲线

1.2　电容器的认知与检测

电容器是电子设备中的主要元件之一，其种类繁多，价格差距很大，特别是其标志方式的多样性使得电容器的识别存在一定困难。为了适应工作需要，大家应了解其种类，熟悉其

性能，掌握其识别和检测方法。

1.2.1 电容器的分类

电容器的分类见图 1-17。

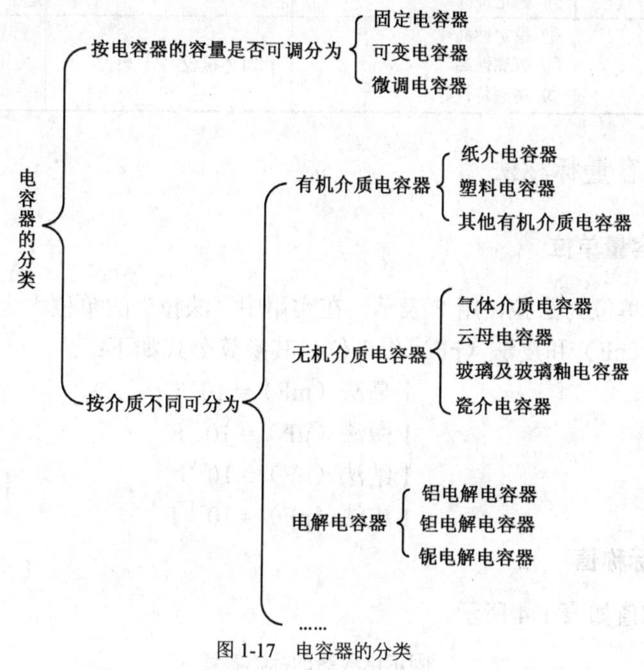

图 1-17 电容器的分类

1.2.2 常用电容器的性能

电容器的性能、结构和用途在很大程度上取决于电容器的介质，对设计者来说，如何选择电容器的种类就是一个实际问题。在设计时不仅要考虑电路的要求，还要考虑电容器的价格。

几种常用电容器的性能如表 1-3 所示（供选用时参考）。

表 1-3 电容器的性能

种 类	性能特点		用 途
	优 点	缺 点	
纸介电容器（含金属化纸介电容器）	① 电容量和工作电压范围宽 ② 成本低	① 损耗大 ② 容量精度不易控制 ③ 稳定性差	① 广泛应用于无线电、家电 ② 不宜在高频电路中使用
瓷介电容器	① 耐热、绝缘性好 ② 成本低	① 易碎易裂 ② 稳定性不如云母电容器	适用于高频、高压电路、温度补偿、旁路和耦合电路等
铝电解电容器	① 电容量大 ② 成本低	① 工作温度范围窄 ② 损耗大	① 大量应用于电子装置、家用电器中 ② 应用于工作温度范围较窄、频率特性要求不高的场合
钽电解电容器	① 体积小 ② 上下限温度范围宽 ③ 频率特性好 ④ 损耗小	价格高	应用于要求较高的场合

续表

种　类	性能特点		用　途
	优　点	缺　点	
聚苯乙烯薄膜电容器	① 绝缘电阻高、损耗小 ② 容量精度高 ③ 稳定性高	耐热及耐潮湿性差	应用广泛，如谐振回路、滤波和耦合回路等
云母电容器	① 稳定性高 ② 可靠性高 ③ 高频特性好	相对体积较大	应用于无线电设备

1.2.3 电容器的容量标称法

1. 电容器的容量单位

电容器的容量单位为法拉，用 F 表示。在实用中"法拉"的单位太大，常用毫法（mF）、微法（μF）、纳法（nF）和皮法（pF）作单位，其换算公式如下：

$$1\text{ 毫法（mF）}=10^{-3}\text{F}$$

$$1\text{ 微法（μF）}=10^{-6}\text{F}$$

$$1\text{ 纳法（nF）}=10^{-9}\text{F}$$

$$1\text{ 皮法（pF）}=10^{-12}\text{F}$$

2. 电容器的标称值

电容器的标称值如表 1-4 所示。

表 1-4　固定电容器的标称容量

系　列	E24	E12	E6	E3
允许偏差	±5%	±10%	±20%	>±20%
标称电容	1.0	1.0	1.0	1.0
	1.1 1.2	1.2		
	1.3 1.5	1.5	1.5	
	1.6 1.8	1.8		
	2.0 2.2	2.2	2.2	2.2
	2.4 2.7	2.7		
	3.0 3.3	3.3	3.3	
	3.6 3.9	3.9		
	4.3 4.7	4.7	4.7	4.7
	5.1 5.6	5.6		
	6.2 6.8	6.8	6.8	
	7.5 8.2	8.2		
	9.1			

3．电容器的规格与标注方法

① 直标法：电容直标法如图 1-18 所示。

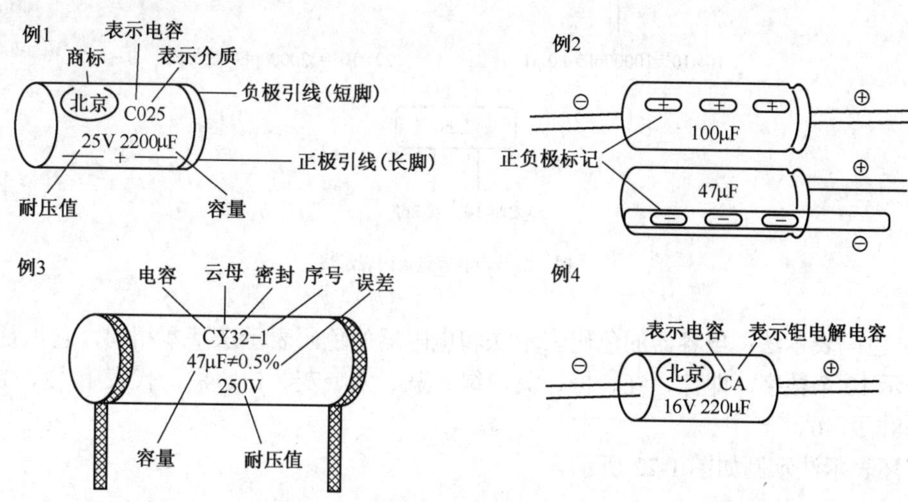

图 1-18 电容直标法

② 不标单位法：直接表示，如图 1-19 所示。

③ 用国际单位制表示：用数字表示有效值，字母表示数值的量级，示例如图 1-20 所示。

④ 数码法：一般用三位数字表示电容器容量的大小，其单位为 pF。其中第一、二位为有效值数字；第三位表示倍乘数，即表示有效值后“零”的个数。倍乘数的意义如表 1-5 所示。

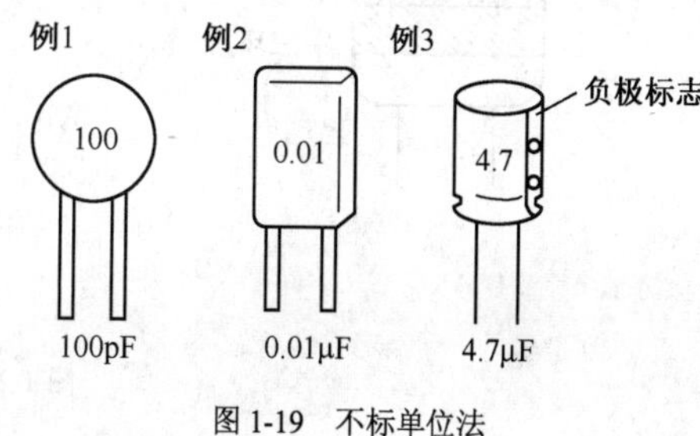

图 1-19 不标单位法

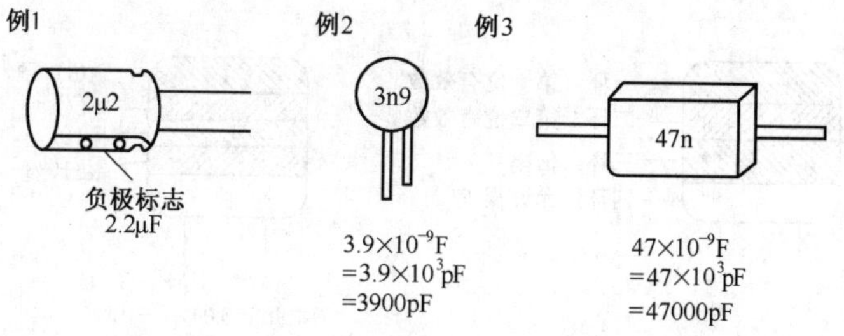

图 1-20 国际单位制表示

表 1-5 倍乘数的意义

标示数字	倍乘数
0，1，2，3，4，5，6，7，8，9	10^0，10^1，10^2，10^3，10^4，10^5，10^6，10^7，10^8，10^{-1}

示例如图 1-21 所示。

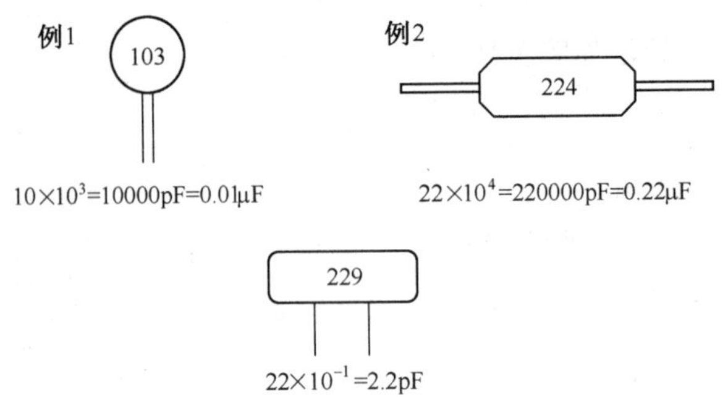

图 1-21 电容容量数码表示法

⑤ 色码表示法：电容器的色码表示法和电阻器的色码表示法基本相同，它也是用 10 种颜色表示 10 个数字，即棕、红、橙、黄、绿、蓝、紫、灰、白、黑，代表 1、2、3、4、5、6、7、8、9、0。

三环表示法示例如图 1-22 所示。

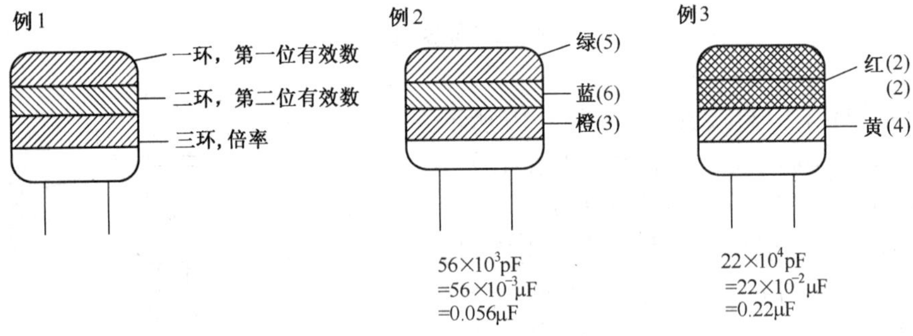

图 1-22 电容容量三环表示法

四环表示法示例如图 1-23 所示。

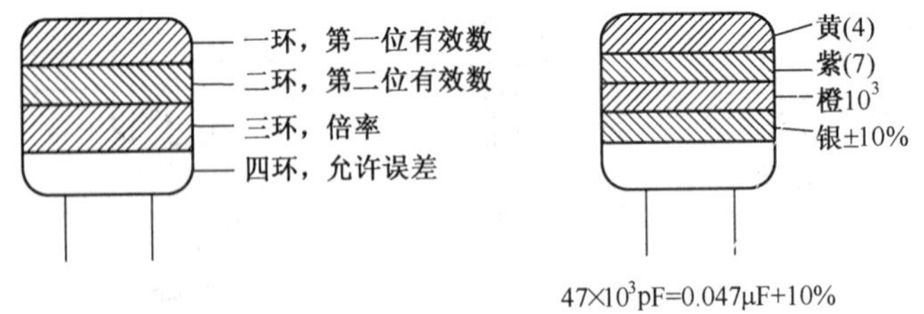

图 1-23 电容容量四环表示法

五环表示法示例如图 1-24 所示。

电容量除了以上表示法外，还有六环表示法、色点表示法、颜色和数字标示法、字母加数字表示法。在实践操作过程中需要不断地学习。

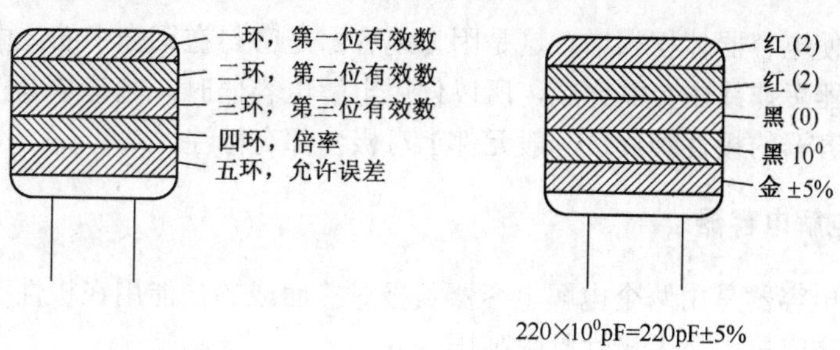

图 1-24　电容容量五环表示法

1.2.4　关于电解电容的说明

1．电解电容的附加电感

由电工学知识可知，电容量的大小与构成电容器的极板面积、介质的介电常数及极板之间的距离有关，即

$$C=\frac{\varepsilon s}{3.6\pi d}$$

其中，ε为介电常数；s 为极板有效面积；d 为极板之间距离。

所以，铝电解电容器为追求大容量，就必须使两极板的铝箔增大变长，卷绕起来后就自然形成了较大的附加电感。在高频状态下，电解电容不能再认为是单纯的电容，而是电容和附加电感相串联的混合体。在去耦电路中，为了消除附加电感对高频电流的阻抗，就需要在电解电容上并联一个较小的固定电容。简单地讲，大容量的电解电容对低频成分去耦，而对于高频成分的去耦则由小容量的无感电容来完成。例如，为了削弱通过电源内阻造成的寄生反馈，通常在供电电路中加入阻容去耦电路，如图 1-25 中的 C_1、C_2、R、C_3、C_4。

图 1-25 中 C_2、C_3 都是小容量的无感电容，C_1、C_4 为大容量的电解电容。

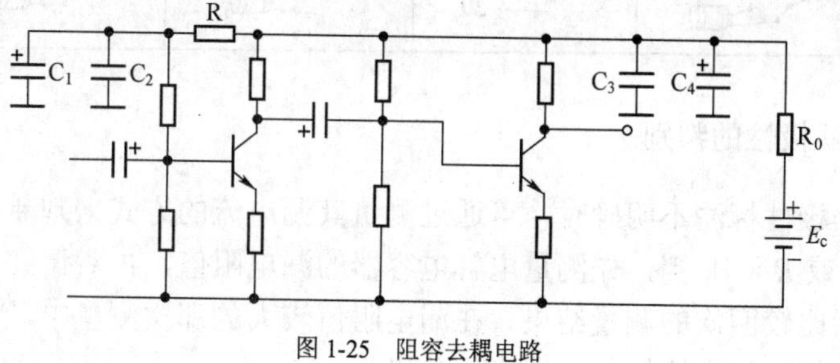

图 1-25　阻容去耦电路

2．电解电容的极性

电解电容器的介质是一层极薄的金属氧化膜。氧化膜的金属是电容器的阳极；液体、半液体或固体工作电解质是电容器的阴极。目前只有这类电容器可以提供大容量的额定电容量。

电解电容器两极板存在极性是因为正极板上形成的三氧化二铝薄膜具有单向导电作用。当正极接高电位、负极接低电位时，介质层（三氧化二铝）表现为绝缘状态；反之介质层呈导通状态。如果极性接反，介质层导通，较大的电流就会使介质迅速升温，电解质中的水分就会大量挥发，使电容器体积骤增。这是因为电容器是密封在铝壳中的，内部压力会越来越大，会导致电容器爆炸或击穿氧化膜，所以使用电解电容器时，尤其是电压较高情况下，千万不要把电解电容器的极性接反，一般元件上对极性都有标注。

3．无极性电解电容器

无极性电解电容器是由两个电解电容器负极对接而成的，能用在极性变换脉动中的电解电容器。其特点是容量大、无极性且耐高压。

1.2.5 电容器的简易检测

电容器的常见故障是开路失效、短路击穿、漏电或电容量变化。一般情况下，人们都是用普通万用表来检查电容器。下面对电容器的检测进行简单介绍。

1．利用万用表表针摆动情况检测电容器的好坏

具体检测方法如表 1-6 所示。

表 1-6　　电容检测

量程选择	正　常	断路损坏	短路损坏	漏电现象	备　注
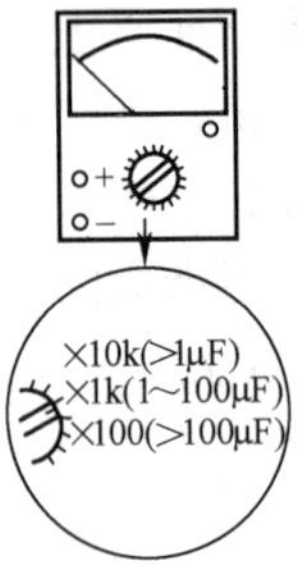 ×10k(>1μF) ×1k(1～100μF) ×100(>100μF)	先向右偏转，再缓慢向左回归 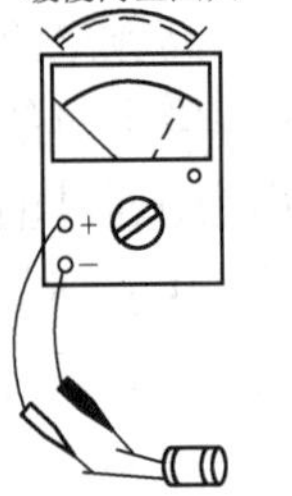	表针不动 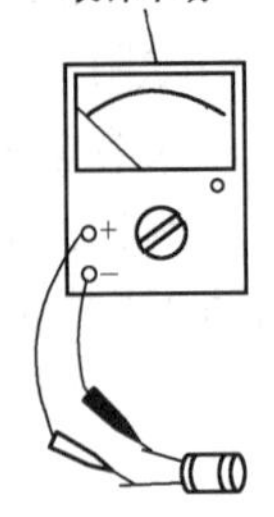	表针不回归 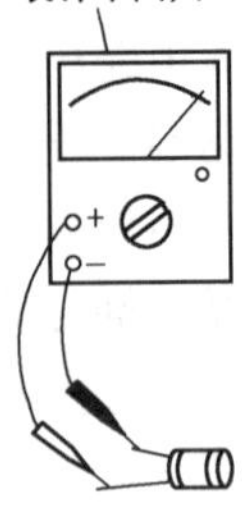	R<500kΩ	重复检测某一电容器时，每次都要将被测电容短路一次

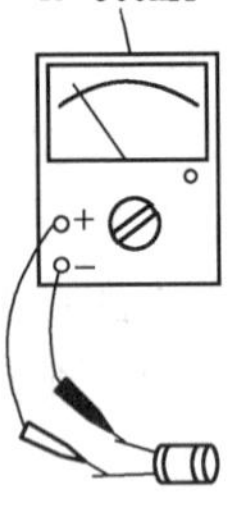

2．电解电容器极性的判别

当电解电容器极性标注不明确时，可通过测量其漏电流的方式来判断正、负极性。将万用表调至 $R\times100$ 或 $R\times1\text{k}$ 挡，先测量电解电容器的漏电阻值，再对调红、黑表棒测量第二个漏电阻值，最后比较两次的测量结果。在漏电阻值较大的那次测量中，黑表棒接的一端表示电解电容器的正极，红表棒接的一端表示负极。

1.3 电感器的认知与检测

电感器是常用的电子元件之一。电感器的种类繁多、形状各异。由于电感器是非标准元件，除有少量现成产品外，通常需根据电路的要求自行设计制作。因此，我们不仅要了解电感器的分类、识别与检测，也需要了解自制电感器的一般方法。

1.3.1 电感器的分类、符号与识别

1．电感器的分类

电感器的分类如图 1-26 所示。

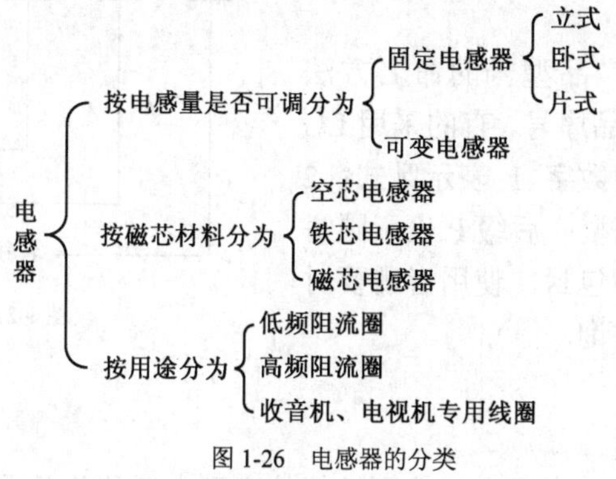

图 1-26　电感器的分类

2．常用电感器外形与电路符号（如表 1-7 所示）

表 1-7　　电感器外形与电路符号

类　型	电路符号	外形图	用　途
空芯线圈电感器	L	脱胎空芯线圈　空芯　单层空芯电感线圈　空芯电感	分频器
铁芯线圈电感器	L	低频阻流圈	整流 LC 滤波器
磁芯线圈电感器		高频阻流圈　磁芯线圈　磁罐线圈	高频电路中阻止高频信号通过
带磁芯可变电感器	L	磁芯	高、中频选频放大器
色码电感器	L	100μH　82μH　3.3mH	适用频率范围 10kHz～200MHz
印制电感元件	L	印制板	印制板元件
片状电感元件		SS 2.2m　TG 47μH	微型化电路

3．电感器的命名方法

电阻器和电容器都是标准元件，而电感器除了少数可采用现成产品外，通常的非标准元件需根据电路要求自行设计、制作。

电感器的命名由名称、特征、型号和序号四部分组成，如图 1-27 所示。

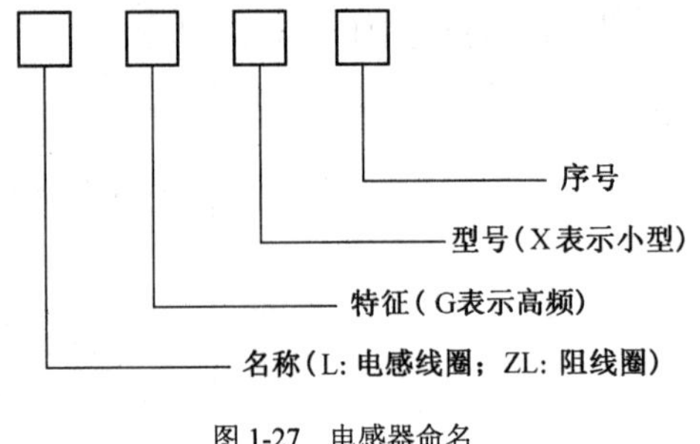

图 1-27　电感器命名

各厂家对固定电感器产品型号的命名方法并不统一，有的用 LG 加产品序号，有的采用 LG 加数字和字母后缀。其后缀数字 1 表示卧式；2 表示立式；G 表示胶木外壳型；后缀 P 表示圆饼形；E 表示耳朵形环氧树脂包封。使用者需要时可查阅相关资料或向商家咨询。

4．色码电感

使用颜色环带（或色点）表示电感线圈性能的小型电感称为色码电感。色码电感以铁氧体磁芯为基体，在其外表进行涂覆，如图 1-28 所示。色码电感的适用频率一般在 10kHz～200MHz，它的工作电流可分为 50mA、150mA、300mA、700mA、1.6mA 等挡位。它的结构有卧式和立式两种。

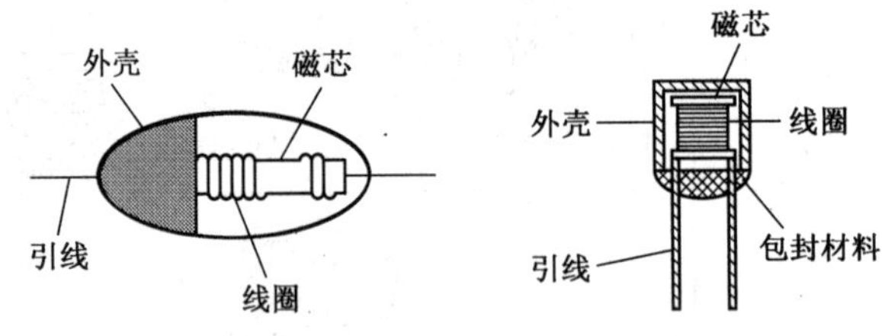

图 1-28　小型固定电感

需要说明的是：现在凡以数字型号直接表示其性能的电感称小型固定电感。由于小型固定电感与色码电感的体积、功能都很相似，因此把小型电感称为色码电感。现在人们所称的色码电感已经泛指小型固定电感，其特性如表 1-8 所示。

表 1-8　小型固定电感特性

标称值	等级误差			允许通过最大电流					单位变换
E2 系列	I	II	III	A	B	C	D	E	
1，1.2，1.5，1.8，2.2，2.7，3.3，3.9，4.7，5.6，6.8，8.2 乘 10^{-1}，10^{0}，10^{1}，10^{2}…所得的值	±5%	±10%	±20%	50	150	300	700	1600	1H＝1000mH 1mH＝1000μH

5．电感规格的标注方法

（1）直标法（如图 1-29 所示）

其中，$L=22\mu H$，$I=50mA$，允许误差±5%。

（2）色码表示法

① 色环表示法：色环法如图 1-30 所示，第一、二环表示两位有效数字；第三环表示倍乘数；第四环表示允许偏差。各色环颜色的含义与色环电阻器相同，单位为μH。

图 1-29 电感规格的自标法

图 1-30 色环表示法

② 色点表示法（如图 1-31、图 1-32 所示）。

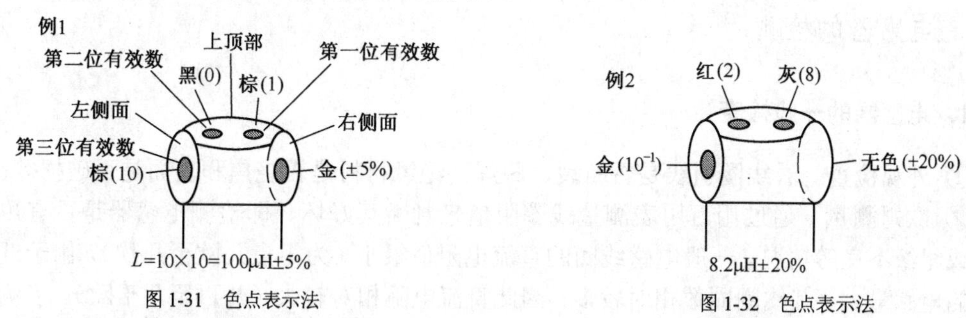

图 1-31 色点表示法

图 1-32 色点表示法

6. 色码电感器规格

色码电感器有 LGl、LGX、LG400、LG402 和 LG404 共 5 种类型，如表 1-9 所示。

表 1-9 色码电感器型号与性能

型　　号	外形尺寸系列	电 流 组 别	电感容量范围
LG1、LGX 型（卧式）	ϕ5，ϕ6，ϕ8，ϕ10，ϕ15	A 组 B 组 C 组 E 组	10μH～10mH 100μH～10mH 1μH～10mH 0.1～560μH
LG400 型（立式）	ϕ13	A 组	10～820μH
LG402 型（立式）	ϕ9	A 组	10～820μH
LG404 型（立式）	ϕ5，ϕ8，ϕ18	A 组 D 组	0～10mH 10～820μH

注：“电感容量范围”栏是告诉读者可在这个范围内选取某一个规格的产品，但必须按电感标称值 E12 系列进行选择。

7. 线圈的品质因数

谐振电路的品质因素 Q 是电路的一个重要参数，Q 的大小涉及到电路的通频带 $B_{\mathrm{w}}=\dfrac{f_0}{Q}$，谐振阻抗 $Z_0=QX_L=QX_C$，谐振频率 $f_0=\dfrac{1}{2\pi\sqrt{LC}}\sqrt{1-\dfrac{1}{Q^2}}$（并联谐振）等电路重要指标。而谐振电路的 Q 值主要取决于电感线圈的 Q 值。

线圈的品质因数为：$Q = \omega L/R$。

式中，ω为工作频率；L 为线圈的电感量；R 为线圈的总损耗电阻，包括直流电阻和由趋肤效应引起的高频电阻，其数值大小反映线圈的有功损耗。

为了提高线圈的品质因数 Q，除了在电路中采取一定措施外，还应在电感线圈的制作工艺上采用以下的手段来减小损耗，提高 Q 值。

① 采用镀银铜线，以减小高频电阻。

② 用多股线代替单股线，以扩大导线的总表面积。

③ 采用介质损耗小的高频瓷为骨架，以减小介质的损耗。

④ 采用高导磁率的磁芯可以大大减小线圈匝数，减小导线直流电阻，提高线圈 Q 值。

⑤ 对线圈进行封蜡，以便于防潮。

1.3.2 电感器的检测

1. 电感器的一般检查

① 外观检查。看线圈引线是否断裂、脱焊，绝缘材料是否烧焦和表面是否破损等。

② 欧姆测量。通过用万用表测量线圈阻值来判断其好坏，即检测电感器是否有短路、断路或绝缘不良等情况。一般电感线圈的直流电阻值很小（为零点几欧至几欧），由于低频扼流圈的电感量大，其线圈圈数相对较多，因此直流电阻相对较大（几百至几千欧）。当测得线圈电阻无穷大时，表明线圈内部或引出端已断线；如果表针指示为零，则说明电感器内部短路，如图 1-33 所示。

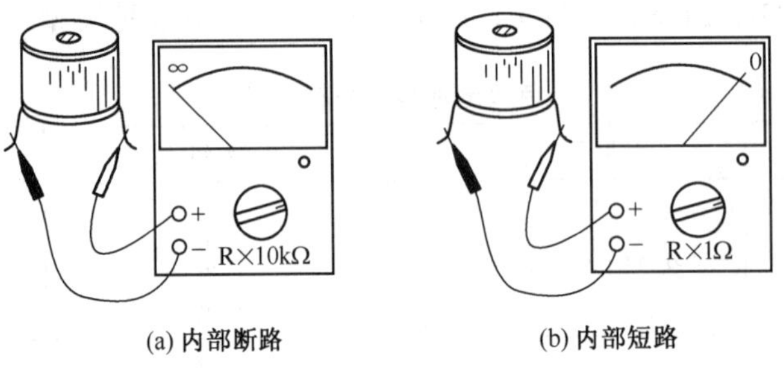

(a) 内部断路　　(b) 内部短路

图 1-33　欧姆测量图

③ 绝缘检查。对低频阻流圈，应检查线圈和铁芯之间的绝缘电阻，即测量线圈引线与铁芯或金属屏蔽罩之间的电阻，阻值应为无穷大，否则说明该电感器绝缘不良，如图 1-34 所示。

④ 检查磁芯可变电感器。可变磁芯应不松动、未断裂，应能用无感改锥（一般用骨头自制）进行伸缩调整，如图 1-35 所示。

2. 使用万用电桥测电感（选学内容）

当需要自行设计和制造某一具体数值的电感器时，或者需要了解某一标志不清的电感器参数时，就需要通过万用电桥或电感测试仪来测量。QS-18A 型万用电桥的面板结构如图 1-36 所示。

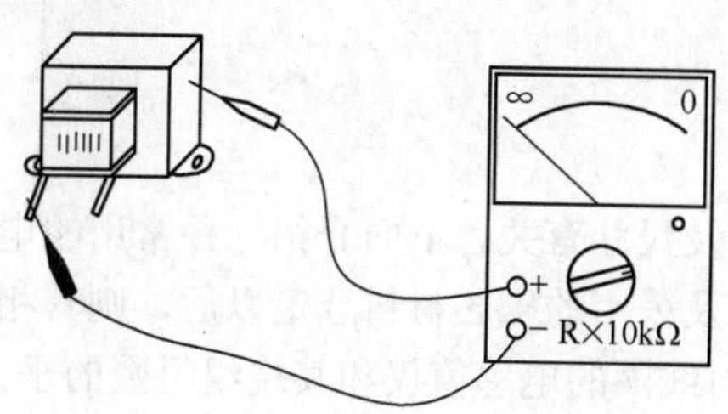

图 1-34 测量低频阻流圈

图 1-35 检查磁芯可变电感器

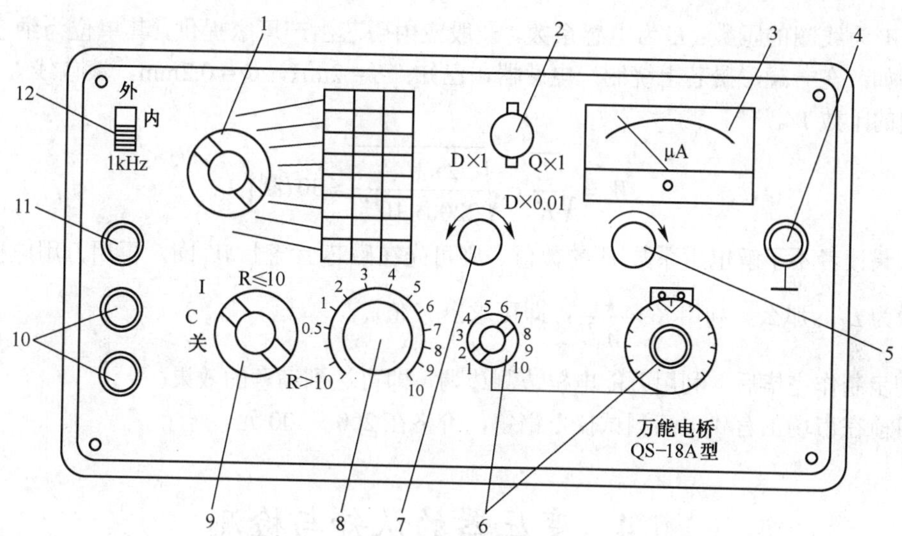

1—量程开关；2—损耗倍率开关；3—电表；4—接地柱；5—灵敏度调节；6—读数旋钮；
7—损耗微调；8—损耗平衡；9—测量选择；10—接线柱；11—外接差孔；12—拨动开关

图 1-36 QS-18A 型万用电桥面板图

测量步骤：

① 选择合适的量程；

② 将“测量选择”开关置于“L”挡；

③ 将被测元件接入测量“接线柱”；

④“损耗倍率”开关置于合适位置（空芯线圈置于 $Q\times1$，高 Q 值滤波线圈置于 $D\times0.1$，铁芯线圈为 $D\times1$）；

⑤ 反复调节“读数”旋钮和“损耗平衡”旋钮，使“指示电表”指向零，在调节过程中逐渐增大“灵敏度”；

⑥ 电桥平衡（电表针指零）时，被测元件的电感值为：

L_X= “量程开关”指示数 × “读数旋钮”指示值

品质因数为：

Q = “损耗倍率”指示值 ×“损耗平衡”指示值

注意事项：

①“损耗微调”旋钮在一般情况下置于零位；

② 测试完毕，将“测量选择”开关置于“关”的位置。

1.3.3 小电感线圈的自制

带磁芯的线圈，其电感量与磁芯的导磁率及尺寸有关。下面介绍一种常用的电感计算方法。根据推测，当线圈的尺寸、长度、直径以及采用的磁芯材料选定以后，则其相应参数就可以认为是一个确定值，即可以看成常数。此时线圈的电感值仅和其绕组匝数的平方成正比。

由此可以得出以下电感计算公式：

$$L = KW^2$$

式中，W 为线圈的匝数；K 为电感系数，一般应由磁芯生产厂家提供，其单位为纳亨（nH）。

例如：在一罐形磁芯上绕制一电感器，已知：$L = 2\text{mH}$，$\Phi = 0.2\text{mm}$，漆包线 $K = 2200$，求线圈的匝数 W。

$$W = \sqrt{\frac{L}{K}} = \sqrt{\frac{2\times10^{-3}}{2200\times10^{-9}}} \approx 30(\text{圈})$$

如果读者不了解电感系数 K 的数值，则可先在磁芯上绕上 W_1 圈，再用万用电桥测出其电感量为 L_1，那么，利用 $K = \frac{L_1}{W_1^2}$，即可求出 K 值。

初步制作完毕后，利用万能电桥边测边调，即可达到满意的效果。

目前在市场上有“电感测试仪”销售，价格在200～300元。

1.4 变压器的认知与检测

变压器是电磁能量转换器，是根据电磁感应原理而制成的。变压器的用途广泛、种类繁多，下面所介绍的变压器只限于电子设备中常用的小型变压器。

1.4.1 变压器的种类

变压器的种类如表1-10所示。

表1-10　　变压器分类

名　称	电路符号	外形举例	应用场合举例
低（音）频变压器	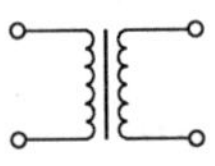	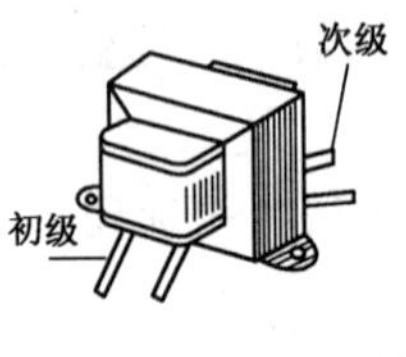 次级 初级	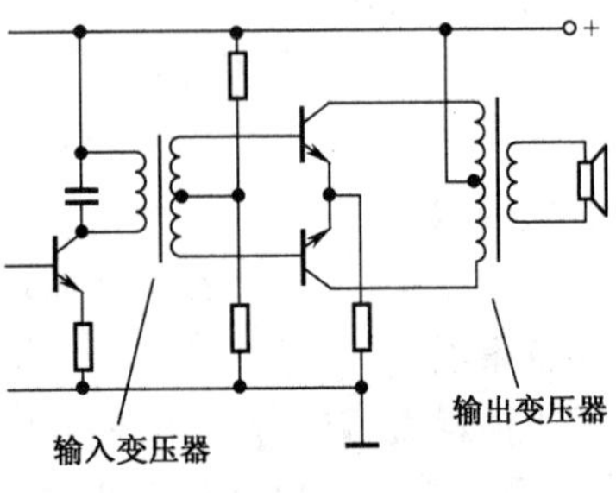 + 输入变压器 输出变压器

续表

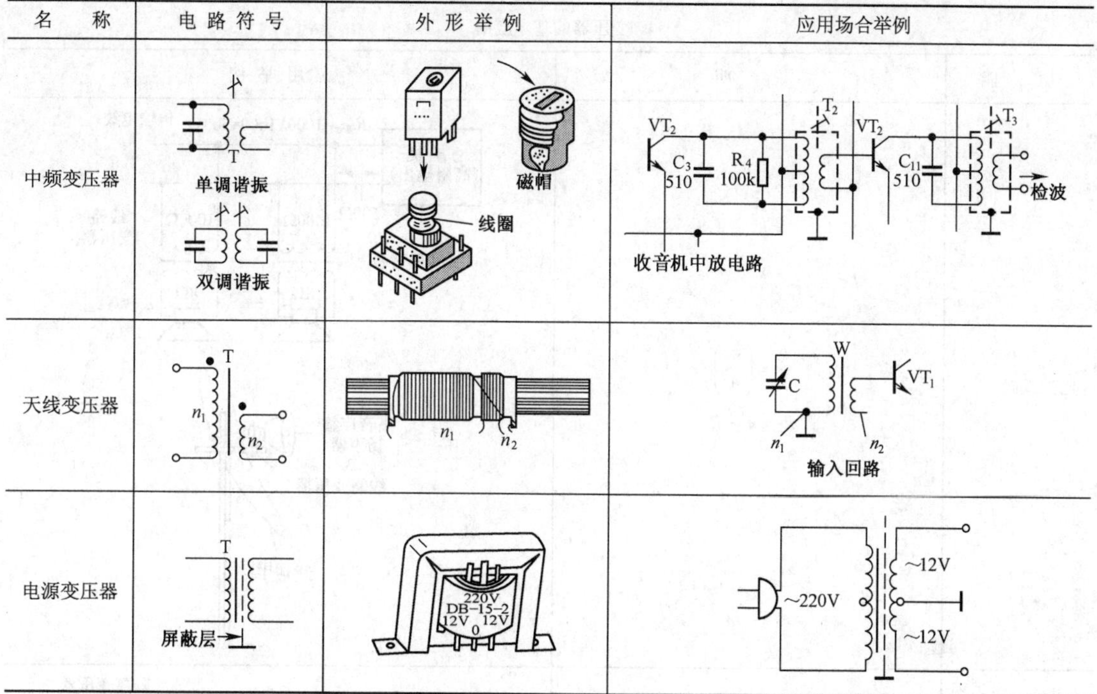

名　称	电路符号	外形举例	应用场合举例
中频变压器	T 单调谐振 双调谐振	磁帽 线圈	VT₂ C₃ 510 R₄ 100k T₂ VT₂ C₁₁ 510 T₃ 检波 收音机中放电路
天线变压器	T n_1 n_2	n_1 n_2	W C VT₁ n_1 n_2 输入回路
电源变压器	T 屏蔽层	220V DB−15−2 12V 12V 0	~220V ~12V ~12V

1.4.2　变压器的工作原理及基本应用

变压器的工作原理及基本应用如表 1-11 所示。

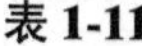

表 1-11　　　　**变压器工作原理及基本应用**

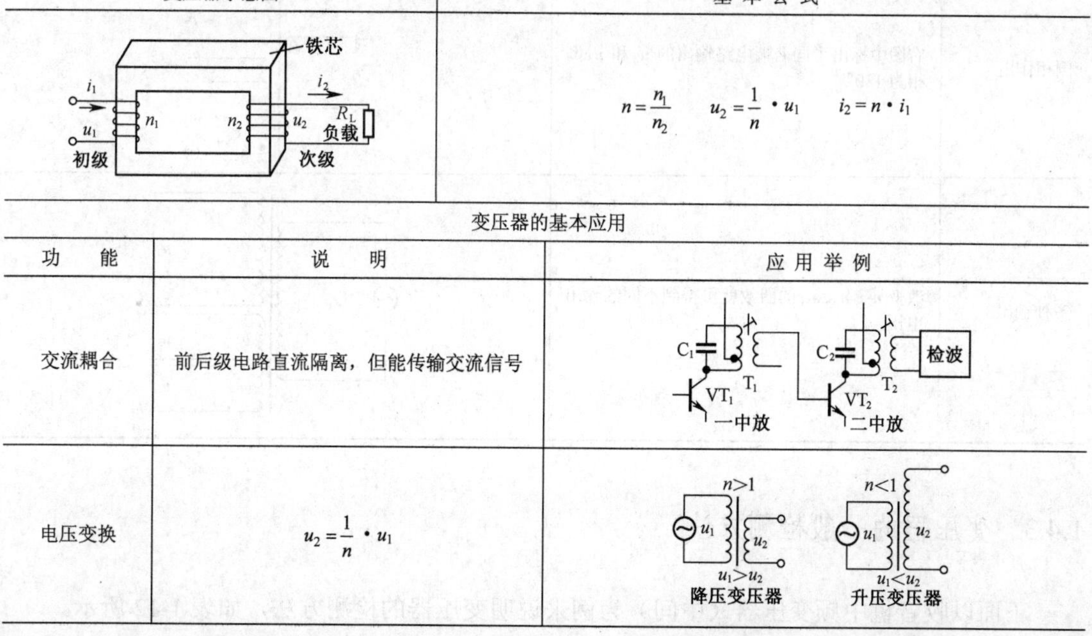

变压器示意图	基本公式
铁芯 i_1 u_1 n_1 n_2 i_2 u_2 R_L 负载 初级 次级	$n=\frac{n_1}{n_2}$　$u_2=\frac{1}{n}\cdot u_1$　$i_2=n\cdot i_1$

变压器的基本应用

功　能	说　明	应用举例
交流耦合	前后级电路直流隔离，但能传输交流信号	C₁ T₁ VT₁ 一中放 C₂ T₂ VT₂ 二中放 检波
电压变换	$u_2=\frac{1}{n}\cdot u_1$	$n>1$ u_1 u_2 $u_1>u_2$ 降压变压器 $n<1$ u_1 u_2 $u_1<u_2$ 升压变压器

续表

变压器的基本应用		
功　能	说　明	应 用 举 例
阻抗变换	$\frac{R_2}{R_1}=\left(\frac{n_2}{n_1}\right)^2$ $R_2=n^2\cdot R_1$	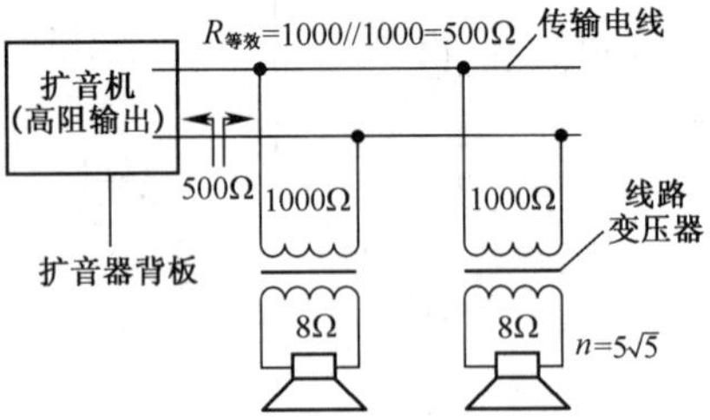 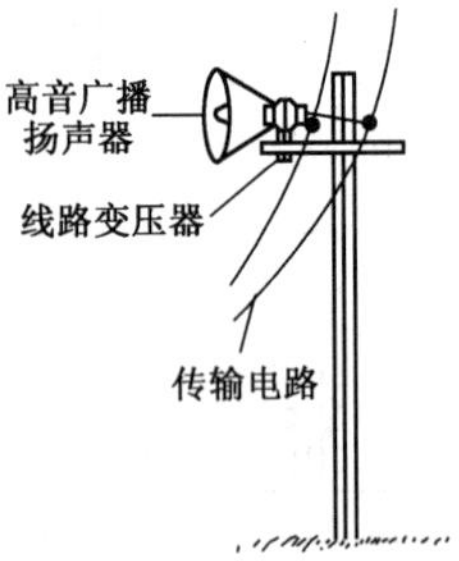
电源隔离	由于变压器的隔离作用，即使不慎将手碰到A处，也不会与交流（220V）构成回路，从而保证了人身安全。维修家电时使用1∶1隔离变压器，有利于保证人身安全，否则维修人员应脚踩绝缘垫板	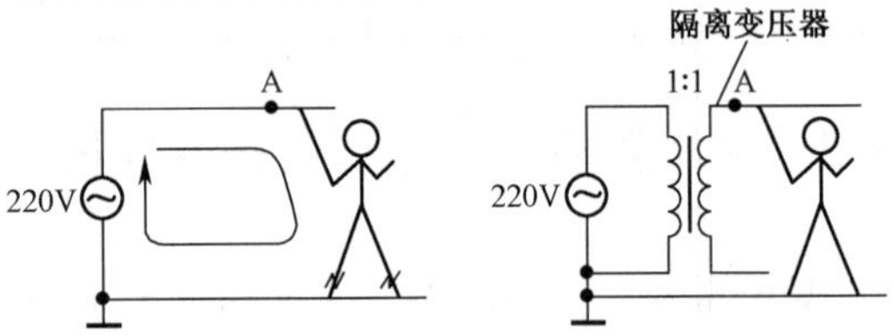 触电　　没有电流流过人身
倒相作用	右图中标出了同名端电路输出的 u_2 和 u_3 倒相为180°	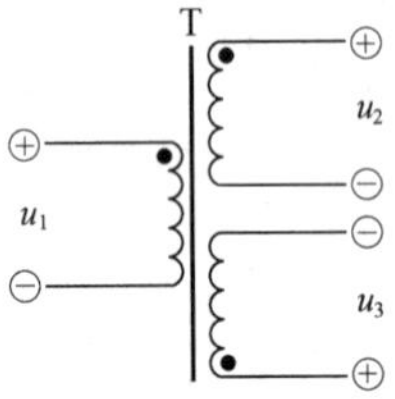
多种输出	改变 n_2、n_3、n_4 的圈数就可得到不同的输出电压	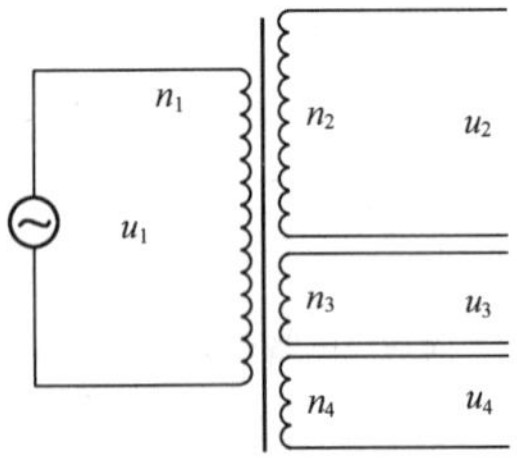

1.4.3　变压器的一般检测方法

下面以收音机中频变压器（中间）为例来说明变压器的检测方法，如表1-12所示。

表 1-12　　收音机中频变压器

直观检测	直观检测就是根据变压器的外表有无异常情况，推断其质量好坏 例：观察线圈有无烧坏的痕迹，有无断裂情况
了解端子位置	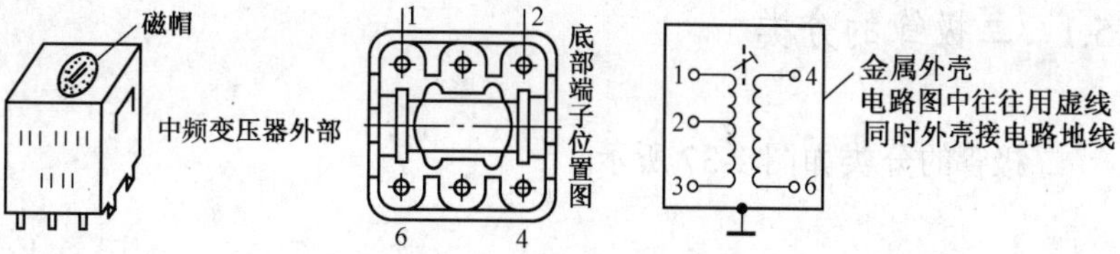 磁帽　中频变压器外部　1 2 6 4 底部端子位置图　1 2 3 4 6 金属外壳 电路图中往往用虚线 同时外壳接电路地线
测线圈与外壳绝缘	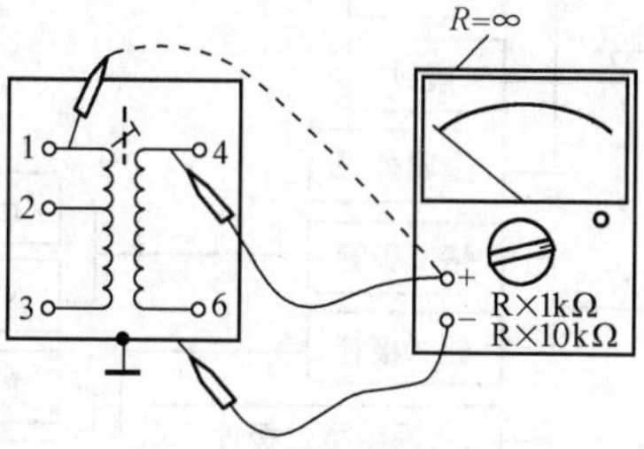 R=∞ 1 2 3 4 6 + − R×1kΩ R×10kΩ 用万用表“R × 1k”或“R × 10k”挡，分别测量每个绕组线圈与外壳之间的绝缘电阻，若测得电阻为很小，则说明变压器内部引线碰壳，不能使用
测线圈间绝缘	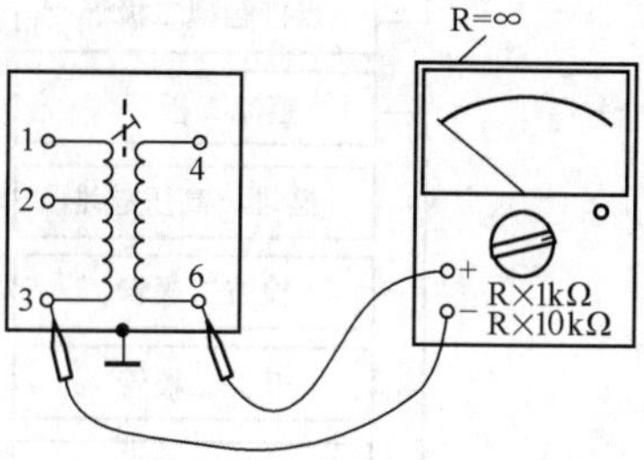 R=∞ 1 2 3 4 6 + − R×1kΩ R×10kΩ 用万用表“R × 1k”或“R × 10k”挡，测量每个绕组线圈之间的绝缘电阻，电阻应为无穷大，否则说明变压器内部短路，不能使用
检测线圈	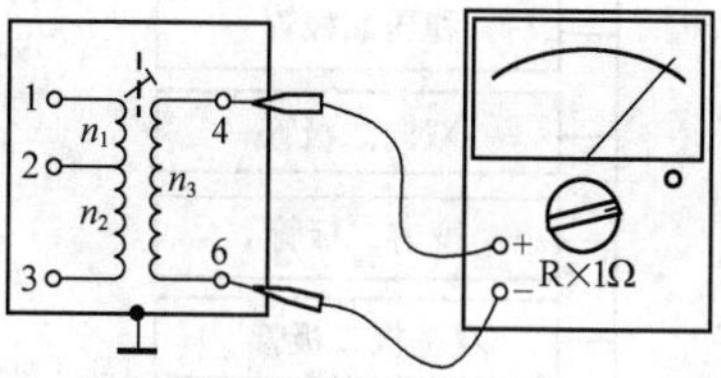 1 2 3 4 6 n_1 n_2 n_3 + − R×1Ω 用万用表“R × 1”挡，测量各绕组线圈，应有一定阻值，因为 n_1、n_2、n_3 圈数不同，所以 R_{12}、R_{23}、R_{46} 应略有不同。如测得 $R = \infty$，则说明线圈内部断路；如果测得阻值为 0，则说明该绕组内部短路
检查磁芯	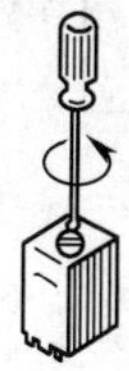 若可变磁芯不松动或未断裂，可用无感改锥进行伸缩调整

1.5　半导体二极管

半导体二极管是应用最广的电子器件之一。二极管的基本特性是单向导电，即

$I = I_s e^{U/U_T}$，它是典型的非线性器件。作为专业人员，不仅要认识、熟悉各种普通二极管及检测方法，也要了解各种特殊二极管的工作原理、工作条件和实际应用。

1.5.1 二极管的分类

二极管的分类如图 1-37 所示。

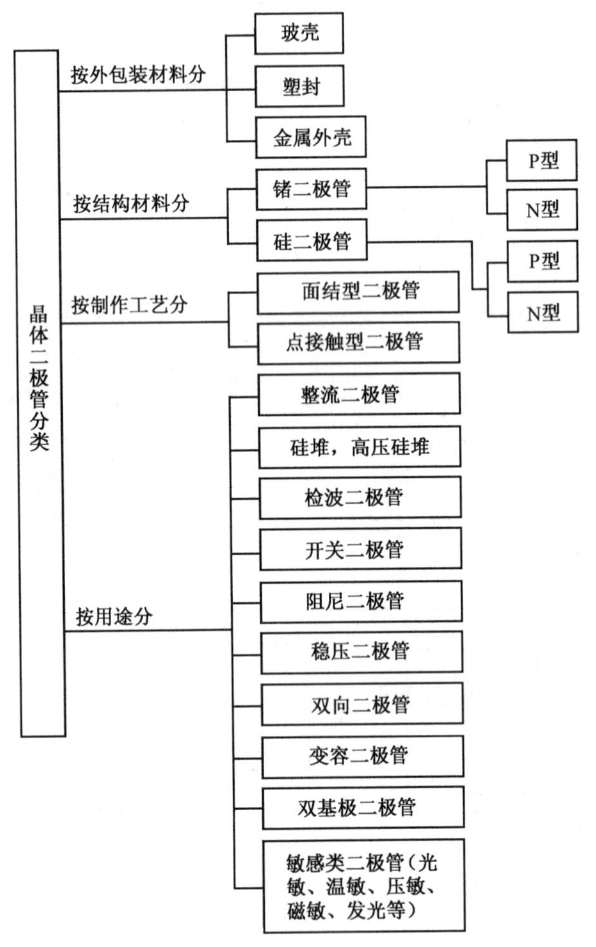

图 1-37 二极管的分类

1.5.2 二极管的型号命名方法

国产二极管的型号命名规定由 5 部分组成（部分二极管无第五部分），意义如图 1-38 所示。

例如：2CZ 表示硅整流二极管。

国外产品依各国标准而确定其型号，需要时应查阅相关资料。

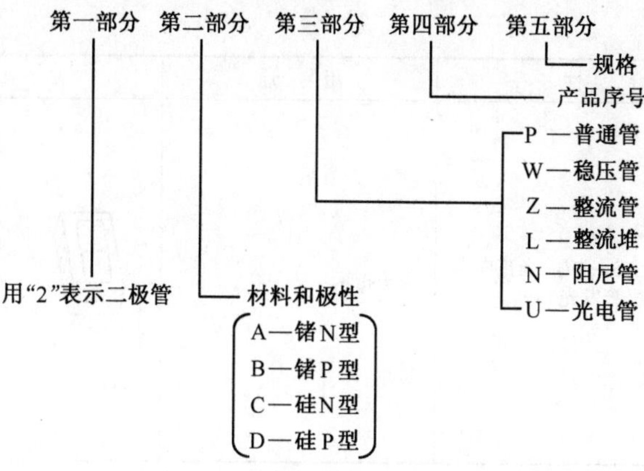

图 1-38 国产二极管型号命名说明

1.5.3 二极管的基本用途

二极管的基本用途如表 1-13 所示。

表 1-13 **二极管基本用途**

名 称	特 性	用 途	用途实例
整流二极管 2CZ	I(mA) 硅二极管伏安曲线 锗二极管伏安曲线 0 0.3 0.7 U(V)	利用 PN 结单向导电性进行整流	整流二极管 VD1 VD2 VD3 VD4 2CE C RL
稳压二极管 2CW 金属壳封	I(mA) VZ IZmin IZmax	利用二极管反向击穿时，两端电压基本不变的原理。它常用于限幅、过载保护及稳压电源等装置中	~220V VT C1 VD 2CW C2
检波二极管 2AP	电接触式、结电容小	利用二极管的单向导电性检波，针对被调制的高频小信号，为提高检波效率，一般在检测时选用锗管	2AP R C1 C2 C3 二中放 检波器 滤波器
开关二极管 2CK	从工艺上使得二极管反向恢复时间减短，开关速度加快	正偏导通，反偏截止，利用二极管的单向导电性进行逻辑运算	E R 2CK Ui1 Ui2 Uo

续表

名　　称	特　　性	用　　途	用途实例
发光二极管 LED	正向电压为 1.5～3V，当正向电流通过时二极管发光	用于指示	a b c d e f g h 接低电位

此外，二极管也是高频电路最重要的非线性电阻性器件之一，利用其特性能派生出一系列的频率变换电路，这是后续课程需进一步研究的。

1.5.4　特殊二极管

1．变容二极管

变容二极管是利用 PN 结的结电容随反向电压变化这一特性而制成的一种压控电抗器件。变容二极管的符号和结电容变化曲线如图 1-39 所示，特性参数如表 1-14 所示。

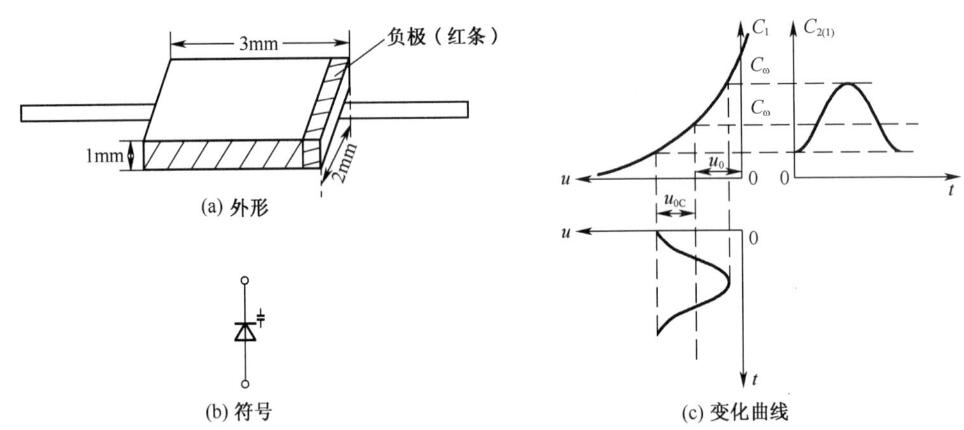

图 1-39　变容二极管的外形、符号及变化曲线

表 1-14　　**变容二极管参数**

型　号		最高反向工作电压 V_R（V）	反向电流 I_R(μA)	给定偏压下的结电容 (pF) $V_R=1V$ C_{j1}	$V_R=2.5V$ $C_{j2.5}$	$V_R=2V$ C_{j2}	$V_R=4V$ C_{j4}	$V_R=6V$ C_{j6}	优值 Qv	电容温度系数 α_A（1/℃）	最高结温 T_{jM}（℃）	外形图	生产厂家
2CC120	A	20	≤0.5			≤70	25～45	≤30	≥100	$\leqslant 5\times10^{-4}$	125	EA 型	无锡无线电元件四厂/北京七零一厂/天津半导体器件四厂
	B			50～80	≤70	≤70	45～65	≤30					
	C			50～80	≤70	≤70	45～65	≤30					
	D			80～110	≤70								

变容二极管由于体积小（相对于电感线圈）、控制电路简单等原因，目前已被广泛应用于无线电及电子仪器等设备中，例如调谐、振荡、频率跟踪、锁相和倍频等电路。

实例：压控振荡器（VCO）电路，如图 1-40（a）所示。

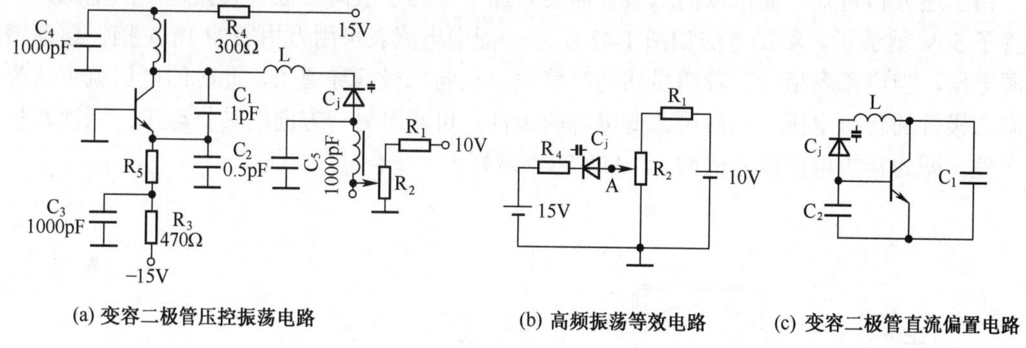

(a) 变容二极管压控振荡电路　(b) 高频振荡等效电路　(c) 变容二极管直流偏置电路

图 1-40　压控振荡器电路

电路分析：改变电位器 A 触点位置→改变变容管反向电压 U_R→改变变容管等效电容 C_j→从而改变电路振荡器频率 f_0，如图 1-40（b）、（c）所示。

变容二极管的简易测量方法与一般二极管的测量方法相同。

2．双向二极管

（1）双向二极管的外形、结构、电路符号和伏安曲线（如图 1-41 所示）

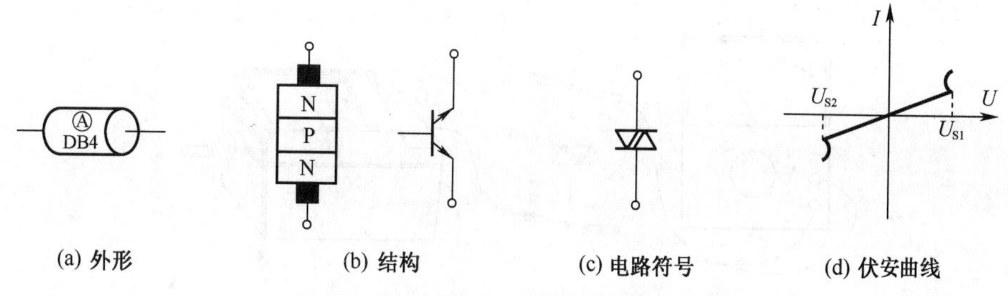

(a) 外形　(b) 结构　(c) 电路符号　(d) 伏安曲线

图 1-41　双向二极管的外形、结构、电路符号和伏安曲线

双向二极管属于三层对称性的二端器件，等效于基极开路、发射极与集电极对称的 NPN 晶体管。

（2）双向二极管伏安曲线

① 正反向特征完全对称。

② U_{S1}、U_{S2} 为正反向转折电压，当其两端电压小于转折电压时，它成断路状态；当其两端电压大于转折电压时，它成短路状态。外加电压可正可负，双向二极管只有导通和截止两种状态。

③ 双向二极管根据击穿值大致分为三个等级：20～60V、100～150V 及 200～250V。在实际应用中，除根据电路的要求选取适当的转折电压 U_{BO} 外，还应选取转折电流 I_{BO} 小、转折电压偏差ΔU_B 小的双向触发二极管。大家在购买、使用二极管时要注意型号的选择。

（3）简易检测方法

① 用万用表检测。将万用表置于 $R \times 1k$ 或 $R \times 10k$ 挡，因为双向二极管转折电压值均在20V 以上，所以测量正、反向电阻的阻值都应是无穷大，如图 1-42 所示。

由上述分析可知，测试双向二极管需要外加一个高于双向二极管起始电压的电源，一般小管子 50V 就够了。测试方法如图 1-43 所示。图中电流表可用万用表的 1mA 挡，逐渐增加电源电压，当电流表指针有较明显摆动时就说明双向二极管导通了，此时的电压就可认为是双向二极管的转折电压。然后再改变电源的极性，可测出另一方向的转折电压。两次转折电压之差，即为转折电压偏差值 ΔU_B，ΔU_B 越小越好。

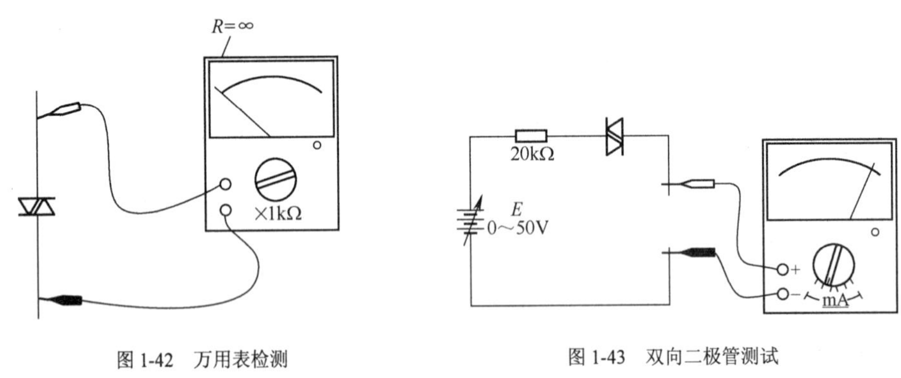

图 1-42　万用表检测　　　　图 1-43　双向二极管测试

② 使用兆欧表和万用表检测双向二极管，检测方法如图 1-44 所示。

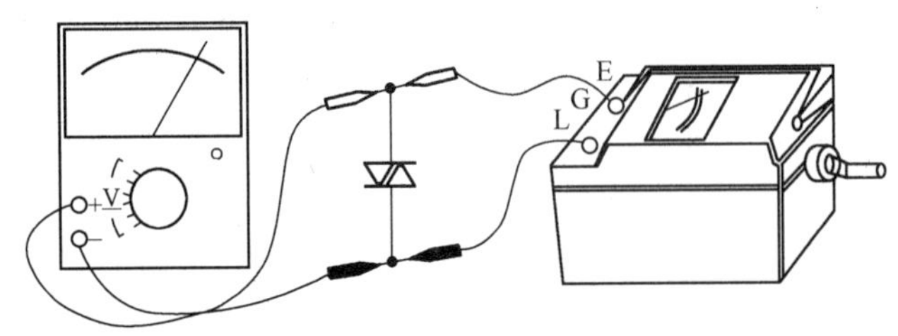

图 1-44　兆欧表检测双向二极管测试

由兆欧表提供击穿电压，慢慢加速摇动兆欧表，观察直流电压表突然下降到一稳压值，即为转折电压值。然后调换双向二极管电极，测出反向转折电压值。

双向触发二极管常用于控制触发信号门限。

1.5.5　二极管性能的简易测试

1. 使用万用表欧姆挡

从图 1-45、图 1-46、图 1-47 中可以看出：$R \times 1$ 挡，$E = 1.5V$ 时，R_0 最小；$R \times 10$、$R \times 100$、$R \times 1k$ 挡，$E = 1.5V$ 时，R_0 逐次增加；$R \times 10k$ 挡，$E = 0$～$15V$ 时，R_0 较大。

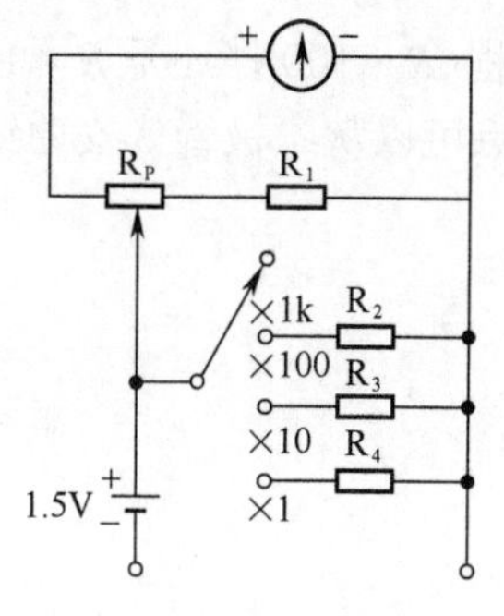

图 1-45　等效电路

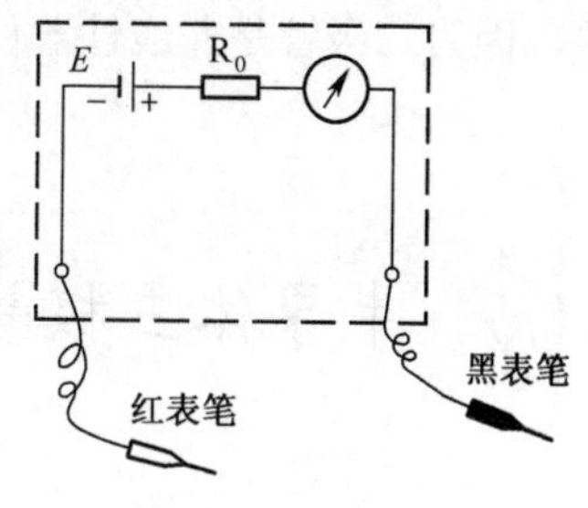

图 1-46　等效测量图

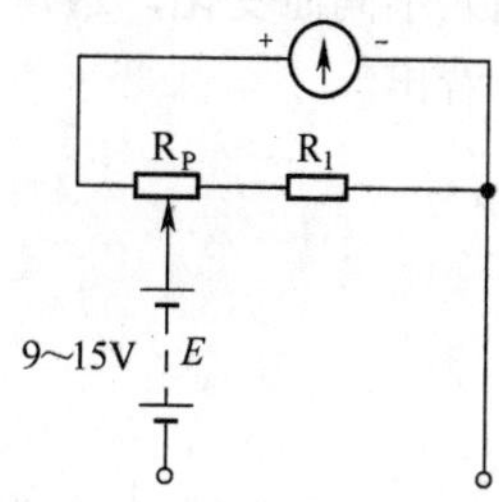

图 1-47　R × 10k 挡

2．挡位的选择

① 对一般小功率管使用欧姆挡的 $R \times 100$、$R \times 1k$ 挡位，而不宜使用 $R \times 1$ 和 $R \times 10k$ 挡。前者由于电表内阻较小，通过二极管的正向电流较大，可能烧毁管子；后者由于电表电池的电压较高，加在二极管两端的反向电压也较高，易击穿管子。

② 对大功率管，可选 $R \times 1$ 挡。

3．测量步骤

① 正向特性测试，如图 1-48 所示。

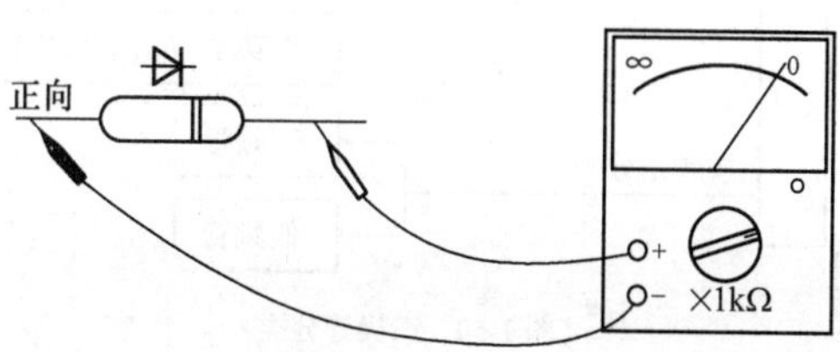

图 1-48　二极管正向测试

② 反向特性测试，如图 1-49 所示。

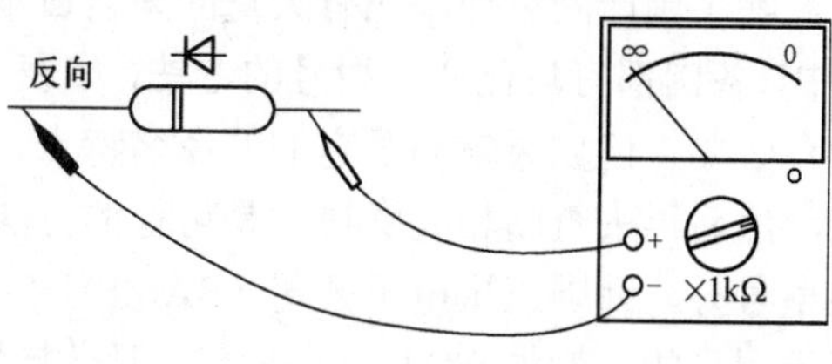

图 1-49　二极管反向测试

测试分析：若测得二极管正、反向电阻值都很大，则说明其内部断路；若测得二极管正、反向电阻值都很小，则说明其内部有短路故障；若两者差别不大，则说明此二极管失去了单向导电的功能。

另外需指出的是，二极管的正、反向电阻值随检测万用电表的量程（$R \times 100$ 挡还是 $R \times 1k$ 挡）不同而变化，这是正常现象，因为二极管是非线性器件，这一点可以从二极管伏安曲线中看出。

1.6 半导体三极管

1.6.1 三极管的分类

三极管的分类如图 1-50 所示。

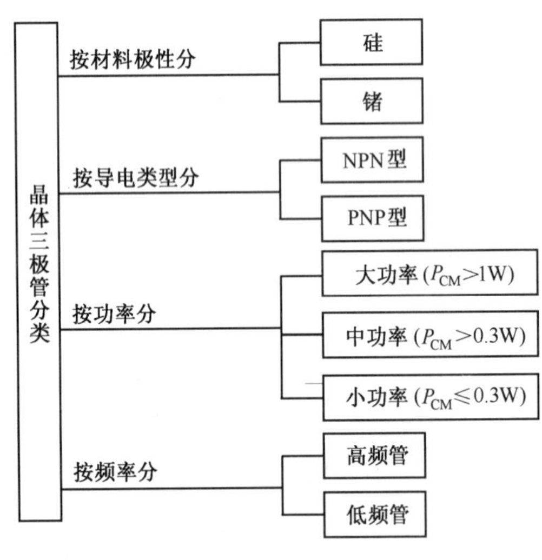

图 1-50　三极管分类

1.6.2 三极管的型号命名方法

目前市场上的三极管，除了国产的以外，还有大量的来自日本、韩国、美国和欧洲等国家。在众多的三极管产品中，各国都有自己命名型号的方法，如表 1-15 所示。由于种类繁多，全面了解不太可能，也没有必要，但如果掌握了它们的命名特点，就能从三极管表面上的标志字母，了解是哪国产品，然后再去查阅相关资料才是可行的方法。

除了上述国家的产品型号外，韩国三星电子公司（SAMSUN）的产品，在市场上也比较多见。它是以四位数来表示型号的，例如 9011、9088 等。具体特性如表 1-16 所示。

1.6.3 三极管的选用

三极管的选用如表 1-17 所示。

表 1-15　　各国三极管型号中字母和数字的含义

<table>
<tr><th>型号部分
产地</th><th>一</th><th>二</th><th>三</th><th>四</th><th>五</th><th>说　明</th></tr>
<tr><td>中国</td><td>3（三个极）</td><td>A：PNP 型锗材料
B：NPN 型锗材料
C：PNP 型硅材料
D：NPN 型硅材料</td><td>X：低频小功率管
G：高频小功率管
D：低频大功率管
A：高频大功率管
K：开关管
T：闸流管
J：结型场效应管
O：MOS 场效应管
U：光电管</td><td>序号</td><td>规格（可缺）</td><td>管顶色点与β（h_{EE}）对应关系（只能作为参考值）
<table><tr><td>棕</td><td>红</td><td>橙</td><td>黄</td><td>绿</td></tr><tr><td>5～15</td><td>15～25</td><td>25～40</td><td>40～55</td><td>55～80</td></tr><tr><td>蓝</td><td>紫</td><td>灰</td><td>白</td><td>黑</td></tr><tr><td>80～120</td><td>120～180</td><td>180～270</td><td>270～400</td><td>400～600</td></tr></table>例：3DX 表示 NPN 型低频小功率管图例：
蓝点
3DX
201</td></tr>
<tr><td>日本</td><td>2(2 个 PN 结)</td><td>S（日本电子工业协会）</td><td>A：PNP 高频
B：PNP 低频
C：NPN 高频
D：NPN 低频</td><td>两位以上数字表示登记号</td><td>用 A、B、C、…字母表示β的大小</td><td>例：2SA732，简化标志为 A732，表示该管为 PNP 型高频管。C1942A 实为 2SC1942 的改进型图例：
S9014
C338</td></tr>
<tr><td>美国</td><td>2(2 个 PN 结)</td><td>N（美国电子工业协会）</td><td>多位数字表示登记序号</td><td></td><td></td><td>美国产品符号仅表示产地，而不表示规格和用途</td></tr>
<tr><td>欧洲</td><td>A：锗管
B：硅管</td><td>C：低频小功率
D：低频大功率
F：高频小功率
L：高频大功率
S：小功率开关管
U：大功率开关管</td><td>三位数字表示登记序号</td><td>用 A、B、C…表示β的大小</td><td></td><td>例：BF100-A 表示高频小功率管 100 的改进型图例：
BF
100-A</td></tr>
</table>

表 1-16　　韩国三星电子公司产管子型号和特性

型　号	9011	9012	9013	9014	9015	9016	9018
极　性	NPN	PNP	NPN	NPN	PNP	NPN	NPN
功率（mW）	400	625	625	450	450	400	400
$f_{\rm r}$（MHz）	150	150	140	80	80	500	500
用　途	高效	功放	功放	低放	低放	超高频	超高频

表 1-17　　三极管的选用

技术参数		名　称	定　义	选管思想
频率参数	F_β	共发射极截止频率	当β因频率增高而下降到低频值的0.707(即$1/\sqrt{2}$)倍时所对应的频率 （图：β、β_0、$0.707\beta_0$、1、0、f_2、f_1、f）	$f_\beta \geqslant 10f$（工作频率）
	$f_{\rm T}$	特征频率	随频率升高，当β下降到1时所对应的频率	$f_T \geqslant 3f$（工作频率）
极限参数	$P_{\rm CM}$	耗散功率	集电结上允许损耗功率的最大值	① 需了解放大器输出功率 ② 需了解功率放大器的类型 例：Class A（甲类）$P_{\rm CM} \geqslant 2P_{\rm CMAX}$ Class B（乙类）$P_{\rm CM} \geqslant 0.2P_{\rm CMAX}$ ③ 散热片规格
直流参数	$I_{\rm CEO}$	穿透电流	基极开路（$L_{\rm B}=0$），集电极—发射极间流量的漏电流 （图：A、open、$I_{\rm CEO}$、E） $I_{\rm CEO}=(1+\beta)I_{\rm CBO}$ 室温下，小功率的硅管$I_{\rm CBO}<10\mu{\rm A}$	① $I_{\rm CEO}$小，管子热稳定性好 ② 在多级放大器中，一般最前级电路应追求低噪声 ③ 在高温场所应尽量选用硅管 ④ 在作为温度补偿元件时，$I_{\rm CEO}$随温度变化大，说明它的补偿功能强
极限参数	$BV_{\rm CEO}$	击穿电压	基极开路（$I_{\rm B}=0$），集电极与发射极间最大允许的电压值 （图：+、$BV_{\rm CEO}$、V、−、$E_{\rm D}$）	根据电路类型、电源电压选管： 例：OTL：$BV_{\rm CEO} \geqslant E_{\rm C}$ OCL：$BV_{\rm CEO} \geqslant 2E_{\rm C}$
放大参数	$\beta(h_{\rm FE})$	放大系数	$\beta=\dfrac{i_{\rm c}}{i_{\rm b}}$	① 一般β约选50～100，太大易造成工作不稳定 ② 对于对称电路，如推挽电路，需要选用两只β值相近的管子

1.6.4　更换三极管的基本思想

在检修电路时，更换损坏的三极管是经常的。为保证电路安全正常的工作，更换三极管的基本思想如表 1-18 所示。

表 1-18　　　　　　　　　　　　　　更换三极管的基本思想

是否需要原规格型号	P_{CM}（功率）	I_{CEO}（穿透电位）	BV_{CEO}（击穿电压）	f_T（特征频率）	β	管脚排列	性能差异	价格高低	外观体积
① 换管子时，最好选用相同型号规格 ② 国内外的管子均可代用，但其原则是参数接近，使用者应查代换手册	代用管的 P_{CM} 不应小于原管	接近原管	不小于原管	不低于原管	接近原管	应该一致	高性能管可代替低性能管，但不能逆替换	取决于应用者	不能相差太大，否则印制板上不好处理

1.6.5　三极管管脚的排列

要正确使用三极管，首先必须能识别三极管的各个管脚，表 1-19 给出了最常用的几种三极管的管脚排列位置，供识别参考。

一般而言，三极管的管脚排列还是很有规律的，但有些三极管的管脚排列位置依其品种、型号及功能等不同而异，特别是塑封管的管脚排列有很多形式，应用者很难一一记清。使用者在使用时若不知其管脚排列，应查阅产品手册或相关资料，不可凭想像推测，否则极易出错。

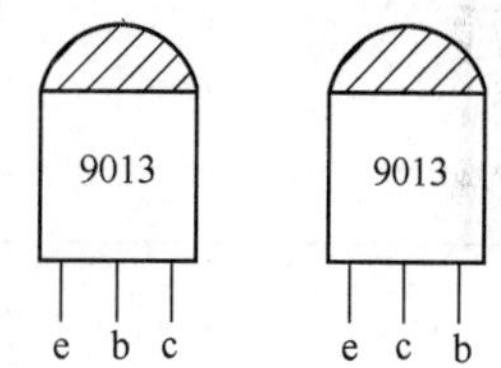

图 1-51　两种不同的 9013 三极管

另外，使用者也要注意防犯经验主义错误，例如市售韩国产 9013 三极管，同类型号有两种管脚排列，如图 1-51 所示。因此使用者在使用三极管时一定要先测一下三极管管脚的排列，避免装错返工，这应该成为维修者的一个良好习惯。

表 1-19　　　　　　　　　　　　　　三极管管脚的排列

管脚呈等腰三角形排列（金属管壳）			
类　型	外　形	管 脚 排 列	说　明
1	红点	e c b	根据管脚排列及色点标志判别：等腰三角形排列其顶点是基极，有红色点的一边是集电极，另一边是发射极
2	标志	e b c	等腰三角形排列：其顶点是基极，管帽边沿凸出的一边为发射极，另一极为集电极
3	红 绿 白	e c b	等腰三角形排列，靠不同的色点来区分：顶点与壳体上的红色标记相对应的为集电极；与白点相对应的是基极；与绿点相对应的为发射极

续表

类　　型	外　　形	管 脚 排 列	说　　明
管脚呈等腰三角形排列（金属管壳）			
4	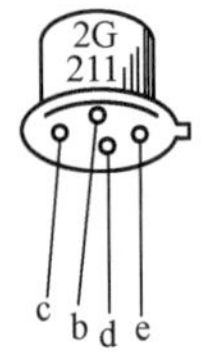 2G 211 c b d e	 b c e d	d与金属外壳相连，在电路中接地，起屏蔽作用。例如电视机的高放管，查出 d 端后，管脚排列如前面的类型2
管脚排列呈直线排列（塑封管壳）			
1		 e b c	管脚排列成一条直线且距离相等，则靠近管壳红点的为发射极，中间为基极，剩下的是集电极
2	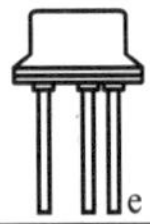 e	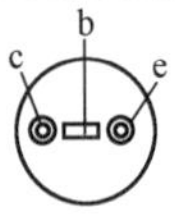 b c e	管脚排列成直线但距离不相等，则距离较近的两脚之中，靠近管壳的那一脚为发射极，中间的为基极，剩下的是集电极
3	 平面 e b c	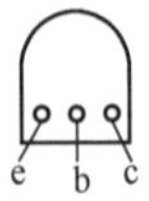 e b c	可把平面朝向自己，管脚朝下，则从左至右依次为发射极、基极、集电极
金属外壳大功率管			
4	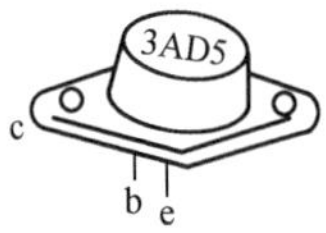 3AD5 c b e	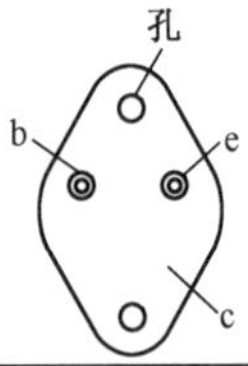 孔 b e c	管底朝向自己，中心线上方左侧为基极，右侧为发射极，金属外壳为集电极

1.6.6　用万用表测试小功率三极管

用万用表测试小功率三极管如表1-20所示。

表1-20　　测试小功率三极管

测试目的： ① 使用万用电表判断三极管的三个极及类型 ② 大致判断三极管的性能优劣及是否损坏		
测 试 步 骤		
找b极并判断类型	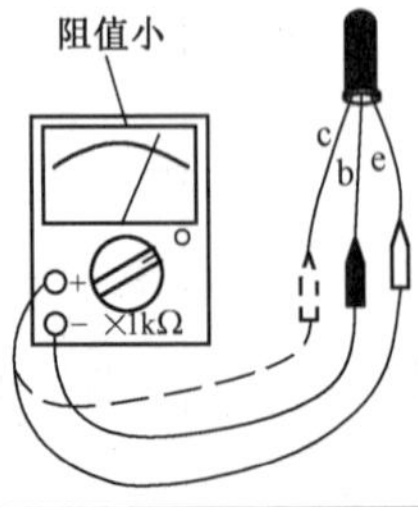 阻值小 c b e + − ×1kΩ	① 判断b极：先用黑表笔接某一管脚，红表笔分别接另外两管脚，测得两个电阻值，再将黑表笔换接另一管脚，重复以上步骤，直至测得两个电阻值都很小，这时黑表笔所接的是基极b。 ② 确定类型：NPN型

续表

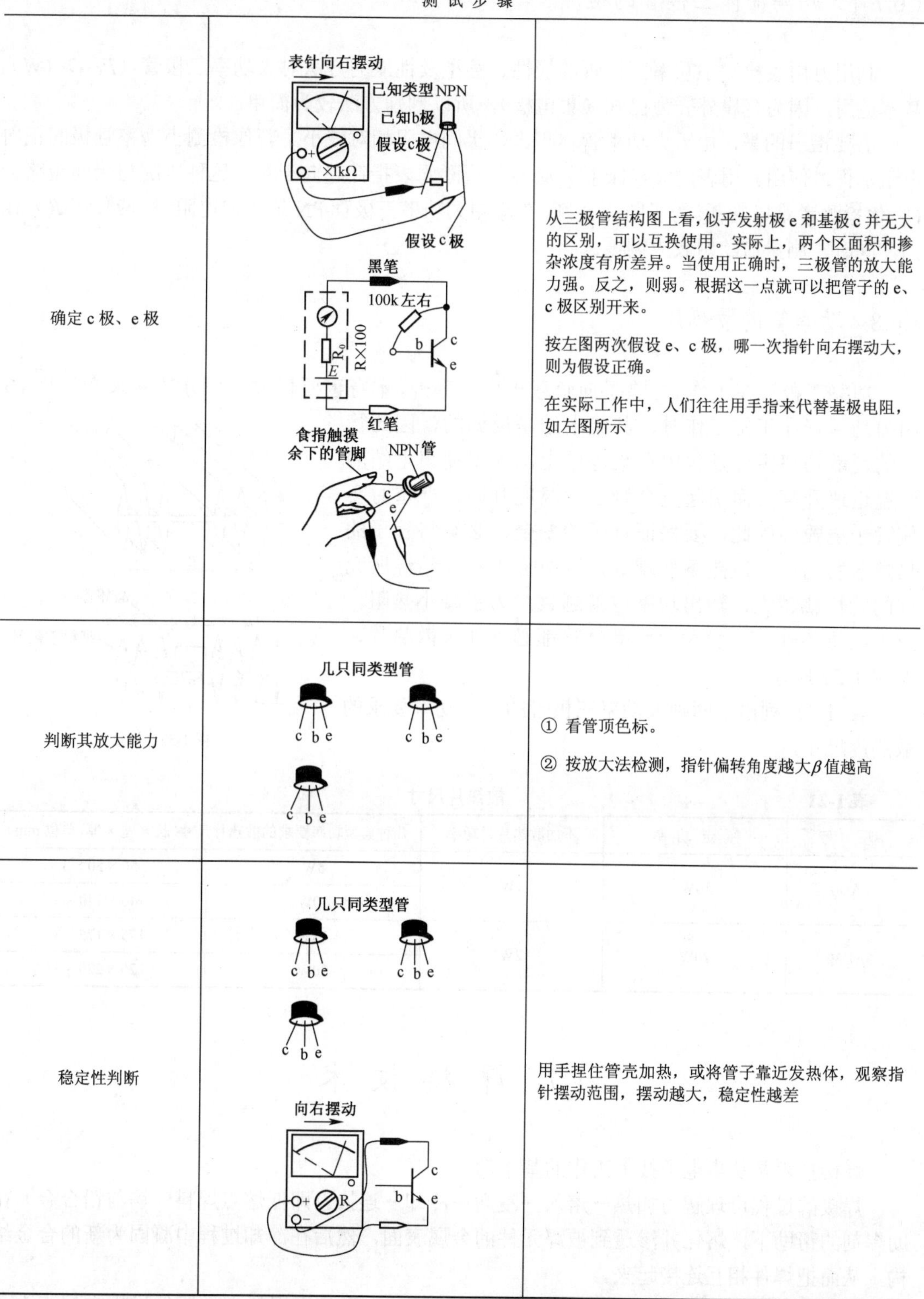

测试步骤		
确定 c 极、e 极	表针向右摆动 已知类型 NPN 已知b极 假设c极 ×1kΩ 假设 c 极 黑笔 100k 左右 R_0 E R×100 b c e 红笔 食指触摸余下的管脚 NPN 管 b c e	从三极管结构图上看，似乎发射极 e 和基极 c 并无大的区别，可以互换使用。实际上，两个区面积和掺杂浓度有所差异。当使用正确时，三极管的放大能力强。反之，则弱。根据这一点就可以把管子的 e、c 极区别开来。 按左图两次假设 e、c 极，哪一次指针向右摆动大，则为假设正确。 在实际工作中，人们往往用手指来代替基极电阻，如左图所示
判断其放大能力	几只同类型管 c b e　c b e　c b e	① 看管顶色标。 ② 按放大法检测，指针偏转角度越大β值越高
稳定性判断	几只同类型管 c b e　c b e　c b e 向右摆动 R b c e	用手捏住管壳加热，或将管子靠近发热体，观察指针摆动范围，摆动越大，稳定性越差

1.6.7 大功率晶体三极管的检测

利用万用表检测小功率三极管的极性、管型及性能的方法对大功率三极管（P_{CM}＞1W）基本适用，因为金属外壳为已知（集电极），所以判别方法较为简单。

需要指出的是，由于大功率管体积大，极间电阻相对较小。若像检测小功率管极间正向电阻那样，使用万用表的 $R\times1k$ 挡，必然使得欧姆表指针趋向于零，这种情况与极间短路一样，使检测者难以判断。为了防止误判，在检测大功率三极管 PN 结正向电阻时，应使用 $R\times1k$ 挡，同时，测量前欧姆表应调零。

1.6.8 功率管的散热片

功率三极管在工作时，除了向负载提供功率外，本身也要耗散一部分功率来产生热量。因为功率管在正常工作时，其集电结是反偏的，因此管子的耗散功率主要是集中在集电结上，这就使集电结的结温迅速升高，而引起整个管子的温度升高，严重时会使管子烧毁。因此，要保证管子的安全，必须将管子的热量散发出去。散热条件越好，则对应于相同结温所允许的管耗就越大，输出功率也就越大。为了减小热阻，改善散热条件，一般大功率晶体管都必须加装散热片，如图 1-52 所示。

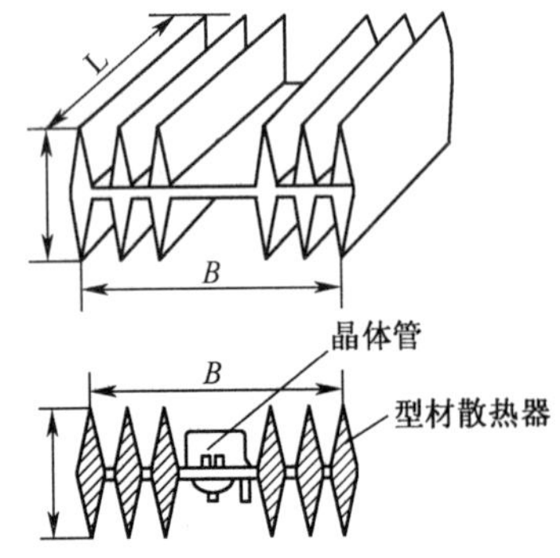

图 1-52　散热片

表 1-21 列出了两种大功率三极管的典型功率要求的散热片尺寸。

表 1-21　散热片尺寸

型　号	额定功率	不加散热片时功率	几种典型功率要求的散热片尺寸（长×宽×厚，单位 mm）	
3AD6	10W	1W	5W	50×50×3
			10W	140×140×3
3AD30	20W	2W	15W	175×175×3
			20W	220×220×3

1.7 焊接技术

焊接技术是从事电子技术工作的基本功。

焊接的过程可理解为加热→熔入→浸润→冷却→连接。即低熔点焊料（锡与铅合金）在助焊剂的帮助下，熔化并渗透到被焊元件的金属表面，然后在冷却过程中凝固为新的合金结构，从而把焊件相互连接起来。

焊接操作不是用电烙铁来“粘”、“涂”、“抹”，也不是用焊料把元器件堆砌在焊点上，而是利用加热器，促使焊料与焊件的渗透与融合。焊接的质量取决于金属表面的清洁度、温度和时间等技术要素。

1.7.1 焊接工具

电路焊接所用的工具有电烙铁、吸锡器、放大镜、镊子、尖嘴钳、斜口钳、剥线钳、小刀、台灯和烙铁架等，以下介绍焊接工具电烙铁和拆焊工具吸锡器。

1．电烙铁

① 内热式电烙铁的外形和内部结构如图 1-53、图 1-54 所示，烙铁芯装在烙铁头的内部，故称之为“内热式”电烙铁。内热式电烙铁具有加热效率高、加热速度快、耗电少、体积小和重量轻等优点，20W 规格的电烙铁适合印制线路板和小型元件的焊接。

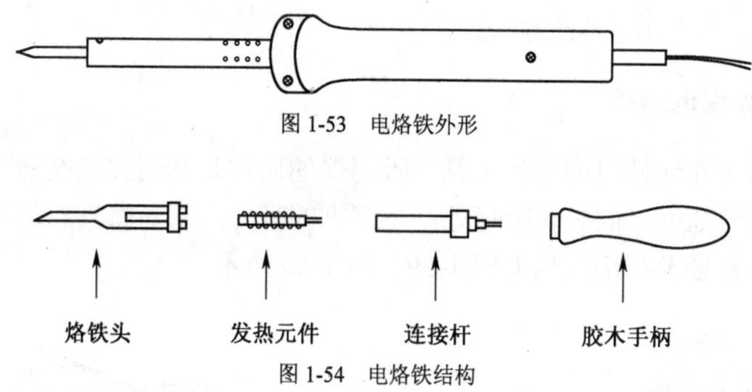

图 1-53 电烙铁外形

图 1-54 电烙铁结构

另外，还有一种外热式电烙铁，如图 1-55 所示，加热器通过传热筒套在烙铁头的外部，当电烙铁接通电源时，由电阻丝绕制成的加热器发热，再通过传热筒使烙铁头发热。这种电烙铁热效率较低，但价格相对便宜。

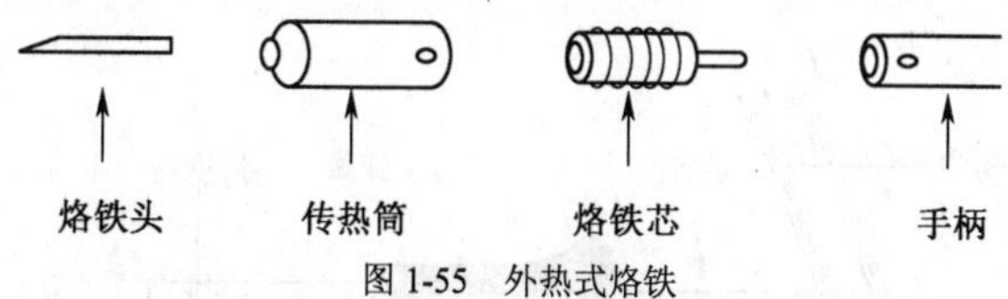

图 1-55 外热式烙铁

② 焊接的工作步骤如下：接通电源→电阻丝发热→加热烙铁头→熔化焊锡→焊接。

③ 电烙铁的常见故障。电烙铁最常见的故障是电路内部开路，其现象是通电后烙铁长时间不发热。如图 1-56 所示，使用者可拆开烙铁，用万用表欧姆挡分别测量 A、B 两处的电阻值，便可找出电烙铁的故障所在。若发现加热器过度氧化，则需要及时更换。

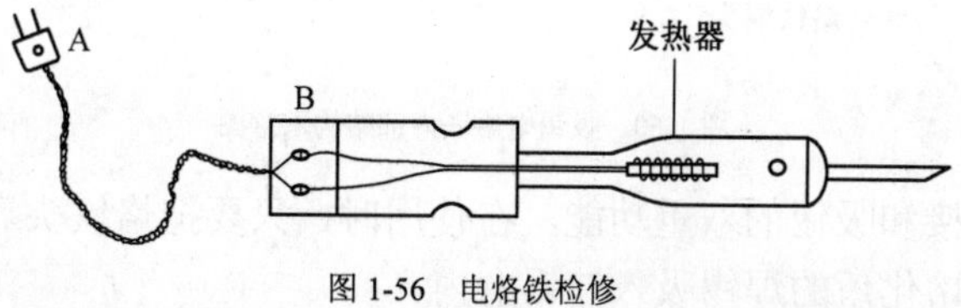

图 1-56 电烙铁检修

烙铁头使用过久，会出现腐蚀、凹坑等现象，这样会影响正常焊接，此时应使用锉刀对其进行整形，把它加工成符合焊接要求的形状。

④ 电烙铁的接地端。要求电烙铁接地的原因有两个：一是为了保护人身安全，防止烙铁的漏电外壳带电造成伤害；二是为了避免静电感应击穿 MOS 器件。

电烙铁接地就是将电烙铁金属外壳的引出线接到二线电源插头中间接零线的铜片上，如图 1-57、图 1-58 所示。

图 1-57 电烙铁的接地端　　图 1-58 三线电源插头结构

如果所用的电烙铁没有引出地线，则可在焊接 MOS 类型集成块时拔下电烙铁的电源插头，利用余热焊接。这一点要特别注意。

2．吸锡器和吸锡电烙铁

吸锡器是无损拆卸元件时的必备工具。吸锡器的原理是利用弹簧突然释放的弹力带动一个吸气筒的活塞向外抽气，同时在吸嘴处产生强大的吸力，从而将液态的焊锡吸走。

吸锡电烙铁的外形及内部结构如图 1-59、图 1-60 所示。

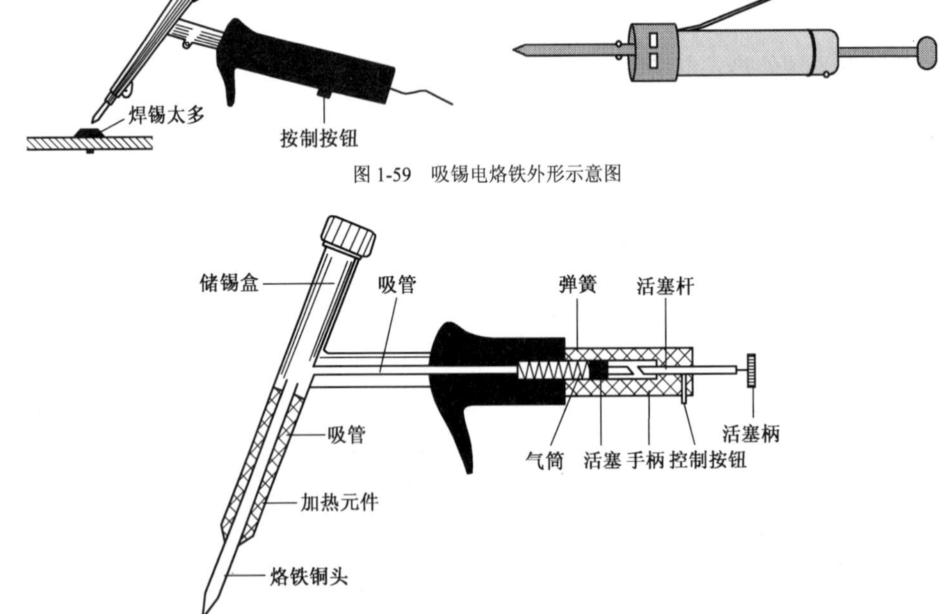

图 1-59 吸锡电烙铁外形示意图

图 1-60 吸锡电烙铁内部结构示意图

这类产品具有焊接和吸锡的双重功能，在使用时，只要把烙铁头靠近焊点，待焊点熔化后按下按钮，即可把熔化后的焊锡吸入储锡盒内。

1.7.2 元器件的安装焊接与印制线路板上元器件的安装方法

1．表面安装技术

近年来，表面安装技术（SMT）得到了迅速的发展，它是将表面安装形式的元器件、片状材料，用专用的粘胶剂或焊料膏固定在预先制作好的印制线路板上，再采用波峰焊等工艺实现焊接的安装技术。

2．手工焊接工艺

（1）元器件的引脚形式

为了便于安装和焊接，在安装前要预先把元器件引出脚弯曲成一定的形状，如图 1-61 所示。

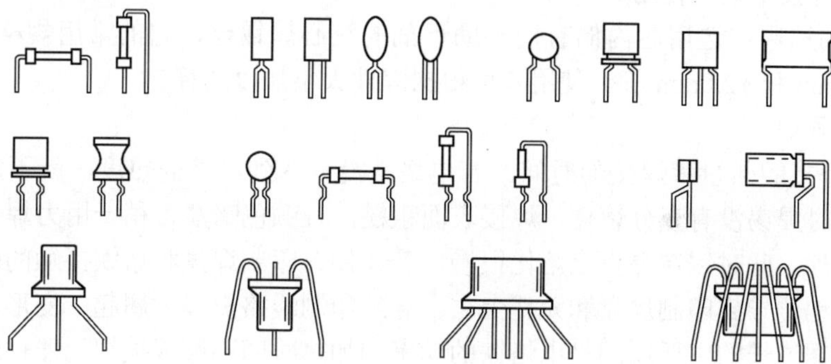

图 1-61 元器件引脚形式

在没有专用工具或只需加工少量元器件引线时，可使用尖嘴钳和镊子等工具将引出脚加工成形。

（2）元器件的安装形式（如图 1-62 所示）

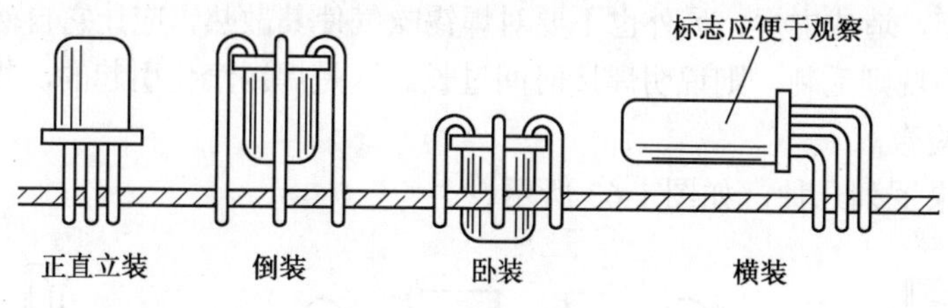

图 1-62 元器件安装形式

安装元器件时应注意将元器件的标志朝向便于观察的方向，以便校对电路和维修。

（3）元器件安装的次序

在印制线路板上安装元器件的先后次序没有固定的模式，特别是人工安装元器件一般取决于个人习惯，但应以前道工序不妨碍后道工序为基本原则。

元器件一般有以下几种安装方式：

① 按元器件的属性：先全部接电阻→再接电容→……

② 按元器件的体积大小：先小后大。

③ 按元器件的安装方式：先卧后立。

④ 按元器件的位置：先内后外。

⑤ 按电路原理图：逐一完成局部电路。

（4）焊接元器件前的准备工作

① 清洗印制线路板：一般用橡皮反复擦拭铜箔面氧化层，若铜箔氧化严重也可以用细砂纸轻轻打磨，直至铜箔表面光洁如新，然后在铜箔表面涂上一层松香水起防护作用。

② 元器件引脚镀锡：一般元器件引脚在插入印制电路板之前，都必须刮干净再镀锡，另外个别因长期存放而氧化的元器件，也应重新镀锡。

需要注意的是，对于扁平封装的集成电路引线，不允许用刮刀清除氧化层，只能用橡皮擦。

③ 助焊剂的选择：选用松香作助焊剂。因为焊锡膏、焊油等焊剂的腐蚀性大，所以在印制线路板的焊接中禁止使用。

④ 焊锡的选用：选用芯内储有松香助焊剂的空心焊锡丝，它的常用规格有ϕ0.8mm、ϕ1mm、ϕ1.5mm 和ϕ2.0mm 等。使用者可根据焊件大小加以选择。

（5）焊接须知

① 掌握焊接的热量和焊接的时间。若电烙铁没有达到足够的热度，就不能急着去焊元器件，因为此时焊锡没有充分熔化，焊接表面粗糙，且颜色暗淡，稍一用力焊点就会断裂，造成虚焊。另外，此时锡在焊点上熔化很慢，若元件、印制焊盘和烙铁接触的时间较长，就会使热量过多地传导到印制焊盘和元件上去，导致印制线路板焊盘翘起、变形，甚至会损坏元件。焊接时间过长的主要原因是电烙铁的功率和加热时间不够或被焊元器件表面不干净，应根据实际情况分析解决。

② 焊接过程的把握。将经过镀锡处理的元器件找准焊孔后插入，焊脚在印制线路板反面透出的长度不得小于 5mm，然后将烙铁及焊丝同时凑到焊脚处加热，待焊锡熔化，浸润在焊脚周围并形成大小适中、圆润光滑的焊点时，将烙铁向上迅速抽出，不要让烙铁头在铜箔上拖动游移。焊点形成后，焊盘的焊锡尚未凝固，此时不能移动焊件，否则焊锡会凝成砂粒状，使被焊物件附着不牢，造成虚焊；另外也不要对焊锡吹气使其散热，应让它自然冷却。若将烙铁拿开后，焊点带不规则毛刺，则说明焊接时间过长。这是焊锡汽化引起的，需重新焊接。

（6）焊点的检查

将焊接的结果罗列几种，如图 1-63 所示。

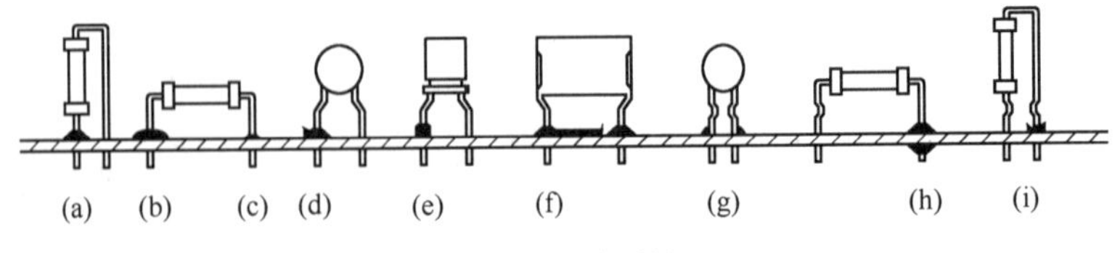

图 1-63 焊点质量

① a 焊点：优良焊点。

② b 焊点：焊料过多。

③ c 焊点：焊料过少。

④ d 焊点：外表不光滑，有毛刺，焊接时间过长。

⑤ e 焊点：过于饱满，其实为焊锡未浸润焊点，多为虚焊。

⑥ f 焊点：拖尾，易造成相互间短路，焊接时间过长造成。

⑦ g 焊点：焊点不完整，机械强度不够。

⑧ h 焊点：焊点反面渗出过多，因烙铁过热所致。

⑨ i 焊点：焊点在凝固时元件有晃动，造成焊料凝固成松散的豆渣形状。

（7）单股线芯的连接（如图 1-64 所示）

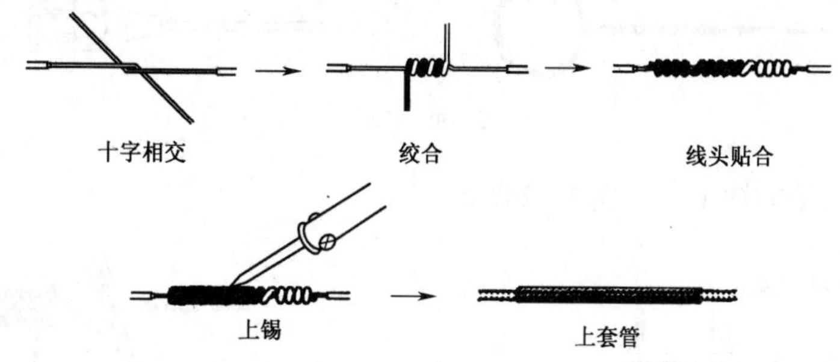

图 1-64　单股线芯的连接

（8）元器件之间的焊接方式

元器件之间的焊接方式有钩焊、搭焊、插焊和网焊等几种形式，如图 1-65、图 1-66、图 1-67 和图 1-68 所示。

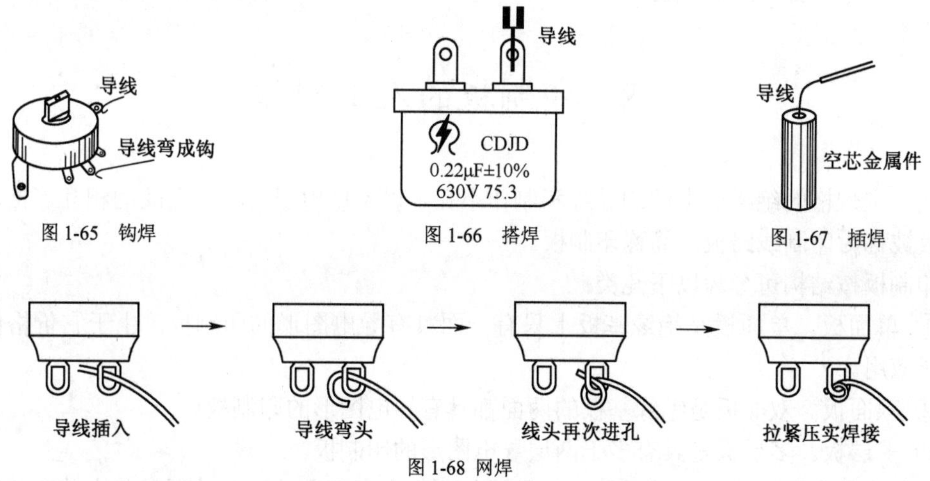

图 1-65　钩焊

图 1-66　搭焊

图 1-67　插焊

图 1-68　网焊

（9）小型元器件的焊接

电子元器件的发展趋势是微型化。电子元器件的微型化带来了焊接技术的革命，一般工厂都采用波峰焊接等专门技术，但遇到试制、修理和批量生产中坏机的返修等情况，就只能用手工来焊接。这样的操作需要耐心、细心，同时焊接也需要专用的微焊工具，如放大镜、台灯等。微型烙铁头可自制，其方法是在烙铁头上加缠不同直径的铜丝，并将铜丝锉成烙铁头形状。如图 1-69 所示。

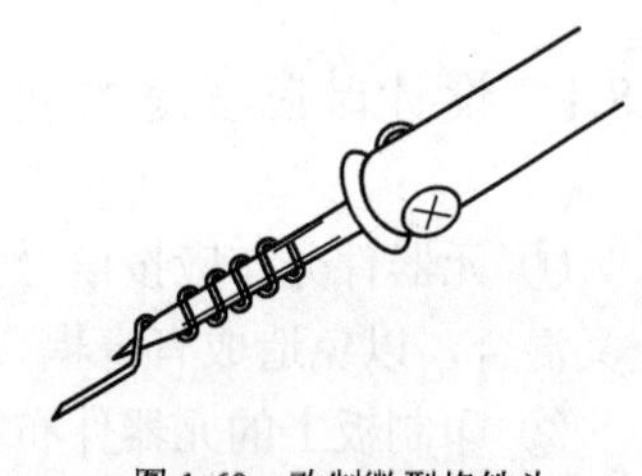

图 1-69　改制微型烙铁头

（10）元器件拆卸

从事电子技术这一行，免不了要从印制线路板上拆卸电子元器件。若拆卸得当，元器件、印制焊盘就可反复使用；若拆卸不当，则容易损坏元器件和印制线路板，为后续工作带来麻烦。

为了拆焊的顺利进行，在拆焊过程中要使用一些专用的拆焊工具，如吸锡器、风焊机、捅针和钩形镊子等工具。捅针可用硬钢丝线或6～9号注射器针头改制，其作用是清理锡孔的堵塞，以便重新插入元器件，捅针外形如图1-70所示。

图1-70　捅针

元器件拆卸方法如图1-71、图1-72所示。

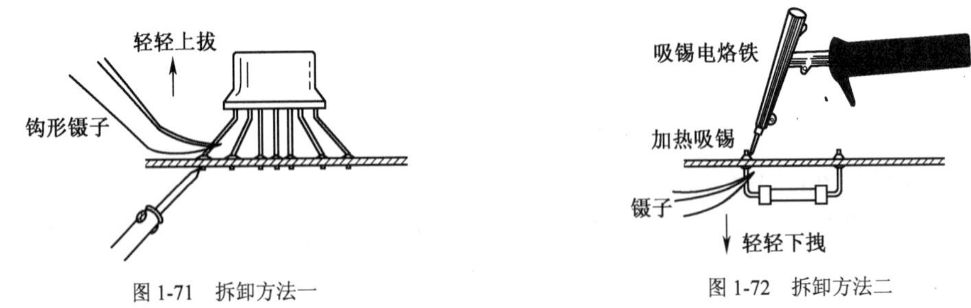

图1-71　拆卸方法一

图1-72　拆卸方法二

1.8　印制板的人工制作

在一定规格的绝缘板上印制导线和制作小孔，以实现电子元器件之间的相互连接，这种线路板被称为印制线路板，简称印制板。

印制板按结构可分为以下几类：

① 单面板。单面板是绝缘基板上只有一面具有导电图形的印制板，由于它价格低廉而被广泛应用。

② 双面板。双面板是绝缘基板的两面都具有导电图形的印制板。

③ 多层板。多层板是具有多于两层导电图形的印制板。

印制板是电子设备的基础部件，其设计与制作会直接影响产品的质量。本节印制板人工制作的训练目的，是使读者通过本节训练学习积累一些经验，为后一步Protel 99印制板CAD的学习服务。

1.8.1　设计时应考虑的问题

① 元器件分布应按信号流程在印制板上逐级排列，如图1-73所示，一般元件之间不要交叉混合，以免造成有害耦合和互相干扰。

② 印制板上的元器件布置要均匀。

③ 电感、变压器相互间要垂直放置，以避免造成寄生磁耦合。磁性天线应远离扬声器，

各类容易引起互相干扰的元器件应尽量互相远离。

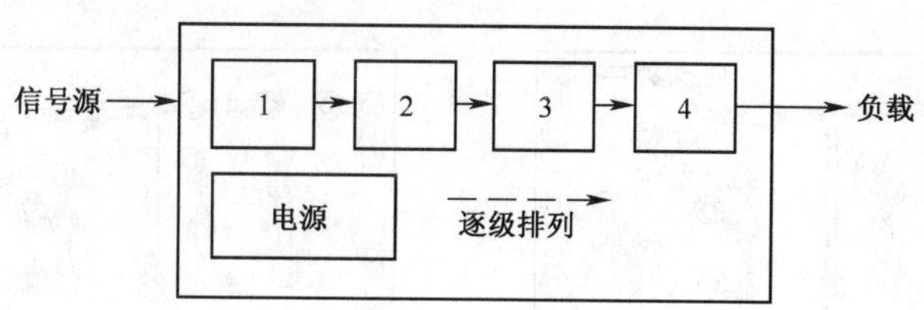

图 1-73　元件布局

④ 高频部分的布线应尽可能地短和直，不允许平行走线，以避免造成电容耦合与信号旁路。

⑤ 对于大功率管要考虑散热板的安装位置。对于不耐热的元器件要尽可能地远离发热器件。

⑥ 对于笨重的元器件，如电源变压器、电位器等，应考虑安装强度，一般安排在印制板的边缘位置，以防印制板变形。

⑦ 应充分考虑到安装、焊接、调整和更换的方便。

1.8.2　画印制电路板布线图

首先在电路板上安排好元器件的位置，再对照原理图在方格纸上画出印制导线。一般先画主要元器件的连接线，然后画其他元器件的连线，最后画地线。绘图工作往往需要多次比较、调整和修改。

1.8.3　制作要点

① 常用印制导线的宽度有 0.5mm、1.0mm 和 1.5mm 等几种。它们允许通过的电流及导线电阻如表 1-22 所示。

表 1-22　　**印制导线规格及允许电流**

导线宽度（mm）	0.5	1.0	1.5	2.0
允许电流（A）	0.8	1.0	1.5	1.9

设计印制导线的宽度一般比规定的要略大些，设计时通常选用 1.5～2mm，最窄处不小于 0.5mm，对通过大电流的印制导线可放宽到 2～3mm。对于电源线和公共地线，在布线允许的条件下可放宽到 4～5mm 或更宽。

② 带金属外壳的元器件之间应有适当距离，不可靠得太近，以免电路相碰造成短路，给维修带来困难，如图 1-74 所示为元件安排太挤的情况。

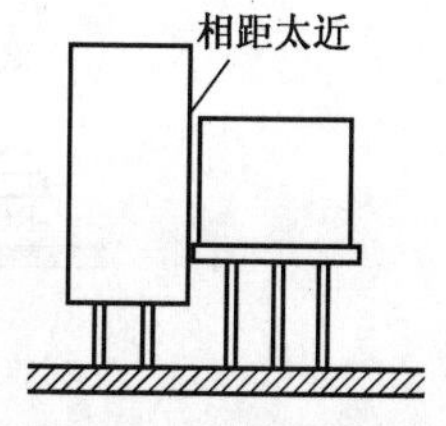

图 1-74　元器件安排太近

③ 布线时要重视地线的布置，通常地线面积较大、线条较宽，且安排在印制板的边缘处，但地线不能形成闭合回路，以免地线环流对电路产生噪声干扰，如图 1-75 所示。图 1-75（a）中地线形成了闭合回路，是错误设计；图 1-75（b）地线未形成闭合回路，设计正确。

另外，若地线面积过大，则地线阻抗就小，将会减小对电路的寄生反馈。

(a) 错误布线　　(b) 正确布线

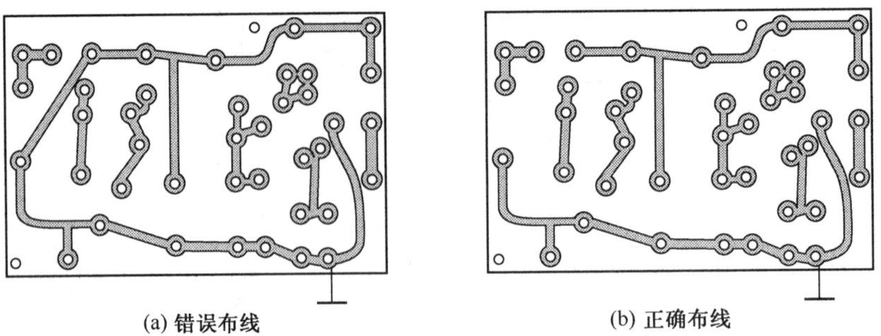

图 1-75　地线的安排

④ 焊盘是一个与印制导线连接的圆环。焊盘的形状如图 1-76 和图 1-77 所示。

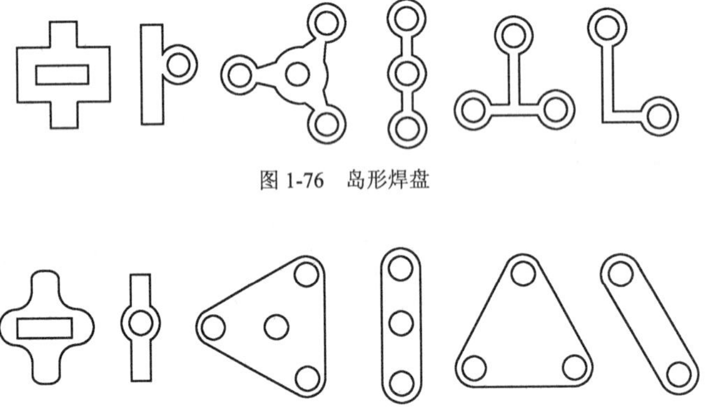

图 1-76　岛形焊盘

图 1-77　圆形焊盘

焊盘的宽度一般为 0.5～1.5mm，穿孔直径一般比元器件引线的直径大 0.2～0.3mm，穿孔直径一般为 0.8～1.3mm。

⑤ 布线时难免出现走线交叉，为防止走线兜圈，可采用加装 0Ω电阻实现“立交”的方法来解决该问题。

如图 1-78 所示，图（a）中的 A 和 B 就是桥接电阻。图（b）中电阻阻值为 0，电阻上没有任何字，中间有一道黑线。

(a) 桥接电阻时的布线图　　(b) 0Ω 电阻

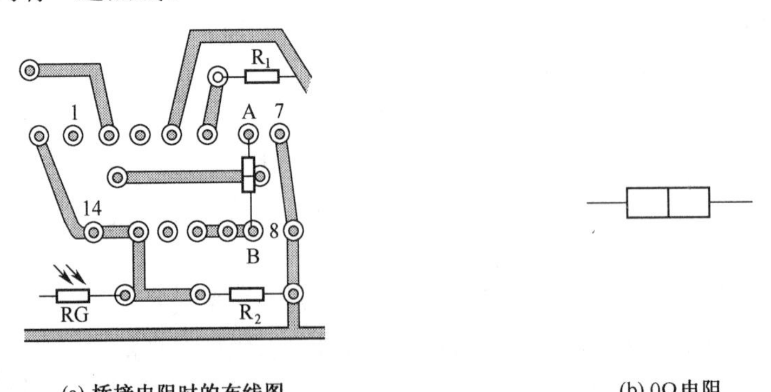

图 1-78　桥接电阻

⑥ 为了便于测试维修，在需要检测的部位应设置测试点。通常在线条某一点上设计切口焊盘，平时用焊锡覆盖，测量电流时只需焊开切口即可。例如，若要测试 VT 管的集电极电流（如图 1-79 所示），则必须在 A 点切断电路，然后在 A 切口处串入电流表进行测量，这样势必损坏电路板。为了避免这一问题，通常在设计印制板时就加以考虑，即在测量点处设计切口焊盘，平时用焊锡覆盖，测量时只需烫开切口即可，如图 1-80 所示。

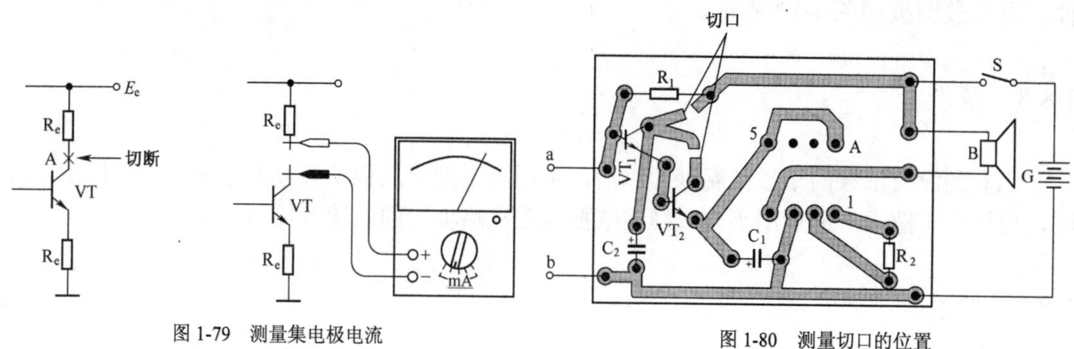

图 1-79 测量集电极电流

图 1-80 测量切口的位置

1.8.4 选取合适的敷铜板

① 酚醛敷铜板。酚醛敷铜板一般为黑黄色或淡黄色。虽然这种敷铜板的机械强度不够，绝缘电阻较低，且高频损耗较大，但由于它价格便宜得到了广泛地应用，如收音机、电视机和要求不高的仪器仪表等一般都采用这种敷铜板。

② 环氧酚醛玻璃布敷铜板。这种敷铜板适用于高频电路，并且能耐高温，有较好的绝缘性能，相对价格较高。其厚度一般有 1mm、1.5mm 和 2mm 等几种。

1.8.5 清洗敷铜板

一般用橡皮擦或用零号细砂纸轻轻地打磨铜皮（如图 1-81 所示），然后再用橡皮擦干净。

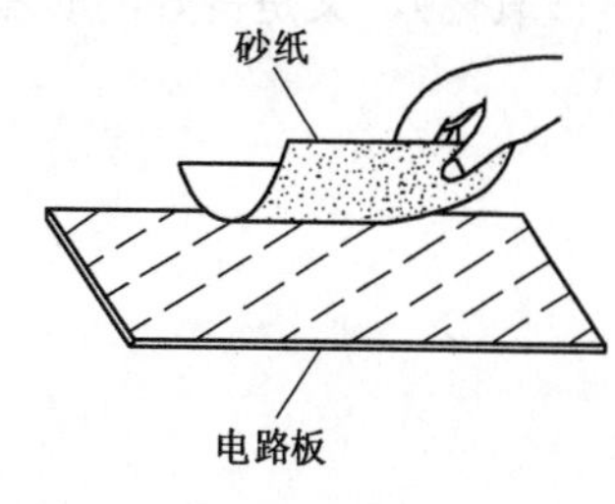

图 1-81 打磨铜皮

1.8.6 在敷铜板上画图

用复写纸把已设计好的印制板图复印在敷铜板箔上，再用油漆描好。用毛笔或蘸水笔按复印好的线条，从上至下、从左至右依次描绘。

1.8.7 腐蚀

腐蚀剂三氯化铁或氯化铜在一般化工商店或电子市场即可购买。一般应现买现用，若保存不当腐蚀剂就会因吸潮融化而渗漏，污染存放处。使用固体三氯化铁配制腐蚀溶液可按 100g 固体三氯化铁加 200ml 水的比例调制。浓度高时腐蚀速度较快，浓度低时腐蚀速度较慢。腐蚀用的容器使用一般的瓷盘即可。冬季时可以给三氯化铁溶液适当加热，这样可以提高腐蚀的速度，但加热温度不能超过 65℃。另外，加强晃动也可以提高腐蚀速度。最后用小刀或细砂纸把描在电路板上的油漆除掉。腐蚀敷铜板如图 1-82 所示。

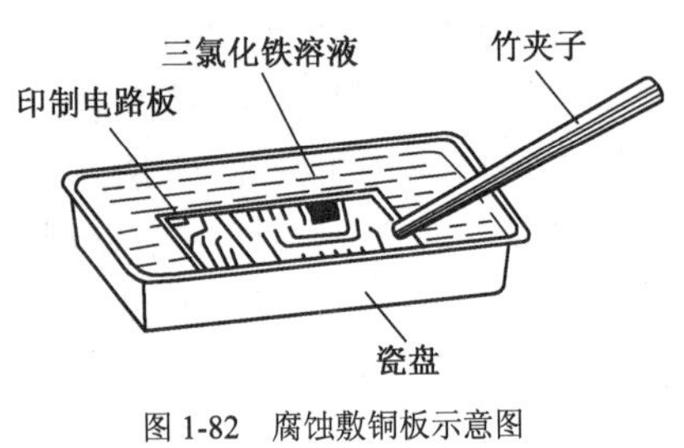

图 1-82　腐蚀敷铜板示意图

1.8.8　清洗

当看到没有油漆的铜板被腐蚀掉以后，可用镊子把电路板从腐蚀液中夹出，并用清水冲洗，再用干布擦干，最后用小刀或细砂纸把描在电路板上的油漆除掉。

1.8.9　打孔

元器件有大小之分，还有一些安装孔，打孔时应选择合适直径的钻头。一般电阻、电容和三极管可选择直径为 1mm 的钻头。

1.8.10　涂松香水助焊保护层

松香水的配制方法是：将松香碾压成粉末，溶解于 2～3 倍的酒精中即可。松香水浓一些效果较好。此时用干净的毛笔或小刷子蘸上松香水，在印制电路板的铜箔面均匀地涂刷一层，然后晾干即可。松香水涂层很容易挥发成硬结，覆盖在印制板上既是保护层（保护铜箔不再被氧化），又是良好的助焊剂。

第2章 电工技术基础知识

2.1 常用低压电器

在电气设备中，如接触器、继电器、主令控制器、电阻器和熔断器等这些控制元件，统称电器，它能对电能的产生、分配和使用起控制和保护作用。由这类电器组成的控制电路，称为电器控制系统。电器按其控制对象可分为电器控制系统用电器和电力系统用电器。电器按电压等级可分为高压电器和低压电器。低压电器是用于交流额定电压1000V及以下和直流额定电压1500V及以下电路中起通断、保护、控制或调节作用的一类电器。低压电器按用途又可分为低压配电电器和低压控制电器两大类。低压配电电器主要指刀开关、转换开关、熔断器和低压断路器；低压控制电器主要有接触器、控制继电器、启动器、控制器、主令电器、电阻器、变阻器及电磁铁等。本节介绍一些常用低压电器。

2.1.1 刀开关、负荷开关和组合开关

1．刀开关

刀开关又称低压隔离开关，常用于不经常操作的电路中。普通的刀开关不能带负荷操作，只能在负荷开关切断电路后起隔离电压的作用，以保证检修人员、操作人员的安全。但装有灭弧罩的或者在动触头上装有辅助速断刀刃的刀开关，可以用来切断小负荷电流，以控制小容量的用电设备或线路。为了能在短路或过负荷时自动切断电路，刀开关必须与熔断器串联配合使用。

刀开关的分类方式很多，按结构可分单极、双极和三极三种；按操作方式可分直接手柄式和连杆式两种；按用途可分为单投和双投两种，其中双投刀开关每极有两个静插座，铰链支座在中间，触刀只能插入其中一组静插座中，另一组静插座与触刀分开，可用作转换电路，故又称刀形转换开关；按灭弧结构分，又有不带灭弧罩和带灭弧罩两种。

HD和HS系列刀开关的型号含义如图2-1所示。

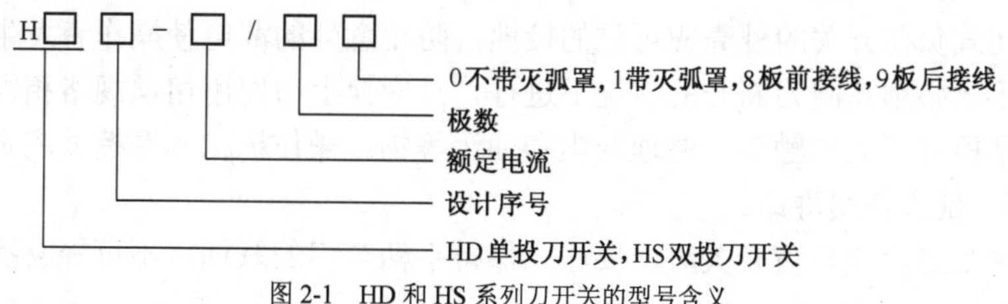

图2-1 HD和HS系列刀开关的型号含义

在刀开关中还有一种组合式的开关电器——刀熔开关。它是利用RTO型熔断器两端的触刀作刀刃组合而成的开关电器，用来代替低压配电装置中的刀开关和熔断器。它具有熔断器和刀开关的基本性能（操作正常工作电路和切断故障电路），故具有节省材料、降低成本和缩

小安装面积等优点。我国目前生产的刀熔开关产品有HR3、HR5及HR20等系列。

刀开关和刀形转换开关的选用：首先应根据它们在线路中的作用和它们的安装位置来确定其结构形式。如果线路中的负载电流由低压断路器、接触器或其他电器通断，则刀开关和刀形转换开关仅用来隔离电源，选用无灭弧罩的产品；反之，如果必须由它们分断负载电流，则应选用有灭弧罩而且是用杆手动操作机构或电动操作机构操作的产品。此外，还应按操作位置选择正面操作或侧面操作，按接线位置选用板前接线或板后接线等。

2．负荷开关

负荷开关有开启式（俗称闸刀开关）和半封闭式（俗称铁壳开关）两种。

常用负荷开关的型号有HK和HH系列，其型号含义如图2-2所示。

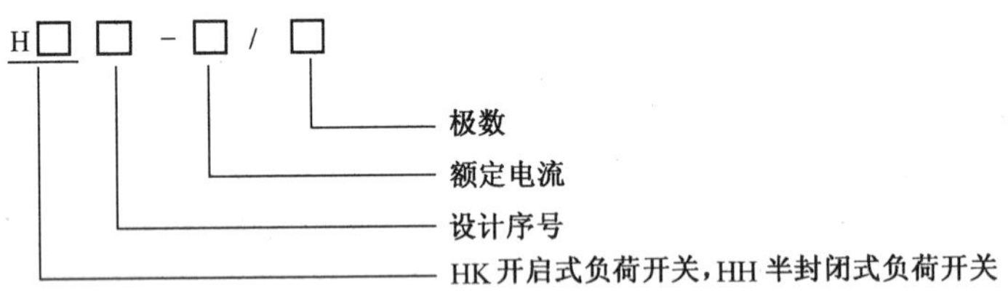

图2-2　HK和HH系列负荷开关型号含义

选用负荷开关时，额定电流一般等于负载额定电流之和；若用于电动机电路，根据经验，开启式负荷开关的额定电流一般取电动机额定电流的3倍；半封闭式负荷开关的额定电流取电动机额定电流的1.5倍。

负荷开关熔丝的选择，一般注意以下三个方面：

① 对于变压器、电热器和照明电路，熔丝的额定电流宜等于或略多于实际负荷电流。

② 对于配电线路，熔丝的额定电流宜等于或略微小于线路的安全电流。

③ 对于电动机，熔丝的额定电流，一般为电动机额定电流的1.5～2.5倍。

负荷开关的使用及维护：

① 负荷开关不准横装或倒装，必须垂直地安装在控制屏或开关板上，更不允许将开关放在地上使用。

② 负荷开关安装接线时，电源进线和出线不能接反，开启式负荷开关的电源进线应接在上端进线座，负载应接在下端出线端，以便更换熔丝；60A以上的半封闭式负荷开关的电源线应接在上端进线座，60A以下的应接在下端进线座。

③ 半封闭式负荷开关的外壳应可靠的接地，防止意外的漏电使操作者发生触电事故。

④ 更换熔丝必须在闸刀断开的情况下进行，且应换上与原用熔丝规格相同的新熔丝。

⑤ 应经常检查开关的触头，清理灰尘和油污等物。操作机构的摩擦处应定期加润滑油，使其动作灵活，延长使用寿命。

⑥ 在修理半封闭式负荷开关时，要注意保持手柄与门的联锁，不可轻易拆除。

3．组合开关

在机床电气控制线路中，组合开关常用于作为电源引入隔离开关，也可以用它来直接启动和停止小容量鼠笼式电动机或使电动机正反转，如图2-3（a）所示，局部照明电路也常用它来控制。

组合开关的种类很多，常用的有 HZ 等系列。组合开关有单极、双极、三极和四极等几种，额定持续电流有 10A、25A、60A 和 100A 等多种。

HZl0 系列组合开关是一种层叠式手柄旋转的开关，如图 2-3（b）所示。它的每组动、静触头均装于一个不太高的胶木触头座内，一般有 3 对静触片，每个触片的一端固定在绝缘垫板上，另一端伸出盒外，连在触头座的接线柱上。动触片是由磷铜片制成并被铆接在绝缘钢纸上。绝缘钢纸上开有方形孔，套在装有手柄的方截面绝缘转动轴上。由于转轴穿过各层绝缘钢纸，手柄可左右旋转至不同位置，可以将 3 个（或更多个）触片（彼此相差一定角度）同时接通或断开，在每个位置上都对应着各对静、动触点不同的通断状态。触头座上的接线柱分别与电源、用电设备相接。触头座可以堆叠起来，最多可以叠 6 层，这样，整个结构就向立体空间发展，缩小了安装面积。

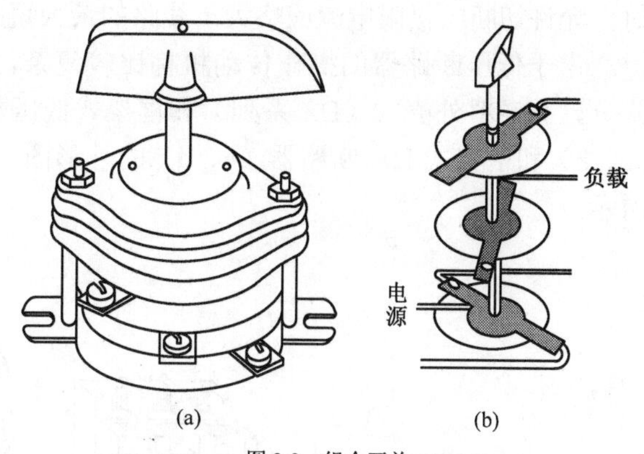

图 2-3　组合开关

HZ 系列组合开关的型号含义如图 2-4 所示。

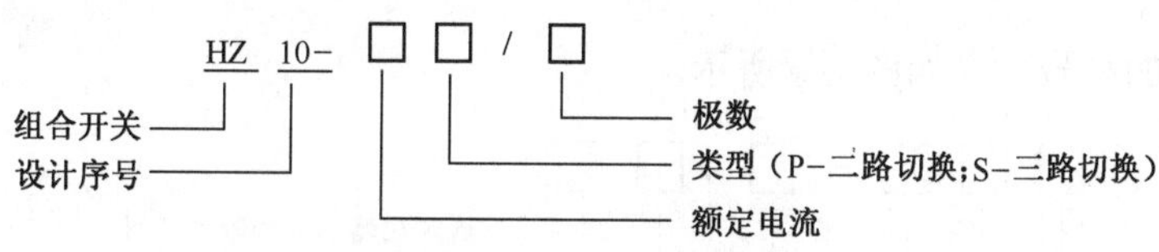

图 2-4　HZ 系列组合开关的型号含义

组合开关的选择：选择组合开关主要是要使额定电流应等于或大于被控电路中各负载电流的总和。若用于电动机电路，额定电流一般取电动机额定电流的 1.5～2.5 倍。

组合开关的使用与维护：

① 由于组合开关的通断能力较低，故不能用来分断故障电流。当用于控制电动机作可逆运转时，必须在电动机完全停止转动后，才允许反向接通。

② 当操作频率过高或负载功率因数较低时，组合开关要降低容量使用，否则会影响开关寿命。

2.1.2　低压断路器

低压断路器也称自动空气开关，是配电电路中常用的一种低压保护电器，主要由触头系统、操作机构和保护元件 3 部分组成。主触头用耐弧合金制成，采用灭弧栅片灭弧，故障时自动脱扣，触头通断时瞬时动作，与手柄的操作速度无关。由于它具有灭弧装置，因此可以安全地带负荷通断电路、还可实现短路、过载、欠压和失压分断保护，自动切除故障。它相当于刀闸开关、熔断器、热继电器和欠压继电器等的组合，低压断路器除可对导线和配电负载实施保护外，也可对电动机实施保护。现在在配电电路中还广泛使用另一种低压保护断路器——漏电断路器，漏电断路器能在线路或电动机等负载发生对地漏电时起安全保护作用。

低压断路器的主要参数是额定电压、额定电流和允许切断的极限电流，选择低压断路器时，允许切断的极限电流应略大于线路的最大短路电流。

由于低压断路器的操作传动机构比较复杂，因此不能频繁操作。低压断路器按结构形式分，有塑料外壳式（DZ 系列）和框架式低压断路器（DW 系列）两类。几种塑料外壳式（a、b）和框架式低压断路器（c、d）的外形图，分别如图 2-5（a）、（b）和图 2-5（c）、（d）所示。

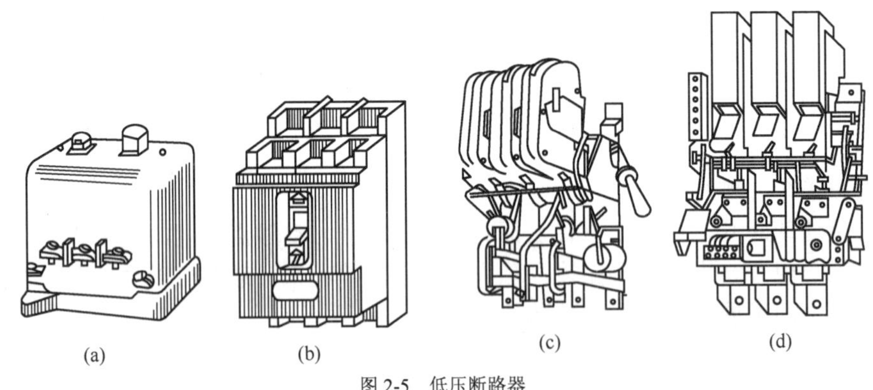

图 2-5 低压断路器

低压断路器的型号含义如图 2-6 所示。

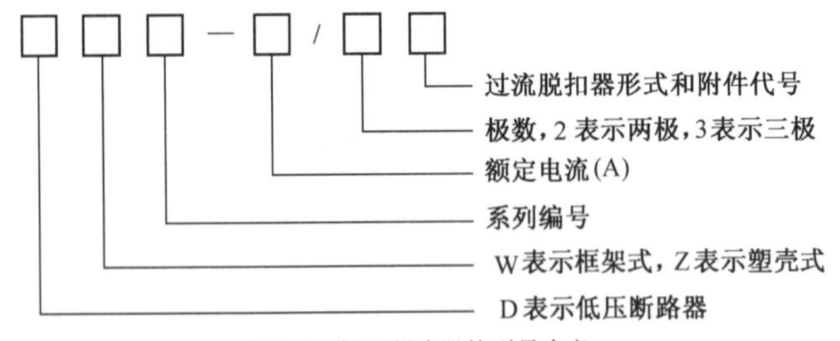

图 2-6 低压断路器的型号含义

1．塑料外壳式低压断路器

塑料外壳式低压断路器具有封闭的塑料外壳，除中央操作手柄和板前接线端头外，其余部分均安装在壳内，结构紧凑，体积小，使用和操作都较安全。其操作机构采用四连杆机构，可自由脱扣，分手动和电动两种操作方式。手动操作是利用中央操作手柄直接操作；电动操作是利用专门的控制电机操作，但一般只限于 250A 以上才装有电动操作机构。

塑料外壳式低压断路器的中央操作手柄共有 3 个位置：合闸位置、自由脱扣位置、分闸和脱扣位置。

塑料外壳式低压断路器的保护方式有过电流保护、欠电压保护、漏电保护等。

2．框架式低压断路器

框架式低压断路器为敞开式结构，一般安装在固定的框架上。它的保护方案和操作方式也较多，有直接手柄式操作、电磁分合闸操作、电动机操作等；保护有瞬时式、多段延时式、过电流保护、欠电压保护等。

框架式低压断路器的主触点通常是由手柄带动操作机构来闭合的。开关的脱扣机构是一套连杆装置。当主触点闭合后就被锁扣锁住。如果电路中发生故障，脱扣机构就在相关脱扣器的作用下将锁扣脱开，于是主触点在释放弹簧的作用下迅速分断。脱扣器有过流脱扣器和欠压脱扣器等，它们都是电磁操动机构。在正常情况下，过流脱扣器的衔铁是释放着的；一旦发生严重过载或短路故障时，与主电路串联的线圈就将产生较强的电磁吸力把衔铁往下吸而顶开锁扣，使主触点断开。欠压脱扣器的工作恰恰相反，在电压正常时，吸住衔铁，主触点才得以闭合；一旦电压严重下降或断电时，衔铁就被释放而使主触点断开；当电源电压恢复正常时，必须重新合闸后才能工作，从而实现了失压保护。

2.1.3 主令电器

主令电器是用来接通与断开控制电路，以发出命令或用作程序控制的电器。其主要类型有按钮、行程开关、接近开关、主令控制器和万能转换开关等。

1．按钮

按钮通常用于接通或断开控制电路，从而控制电动机或其他电气设备的运行。

按钮中有用于电气连接的触点，分常闭触点和常开触点两种。无外力作用时，原来就接触连通的触点，称为常闭触点；原来就断开的触点，称为常开触点。按钮一般利用弹簧力储能复位。图 2-7 所示的按钮有一组常开触点和一组常闭触点，也有具有两组常开触点和两组常闭触点的。常见的一种双联按钮盒由两个按钮组成如图 2-7（a）所示，一个用于电动机启动，一个用于电动机停止。

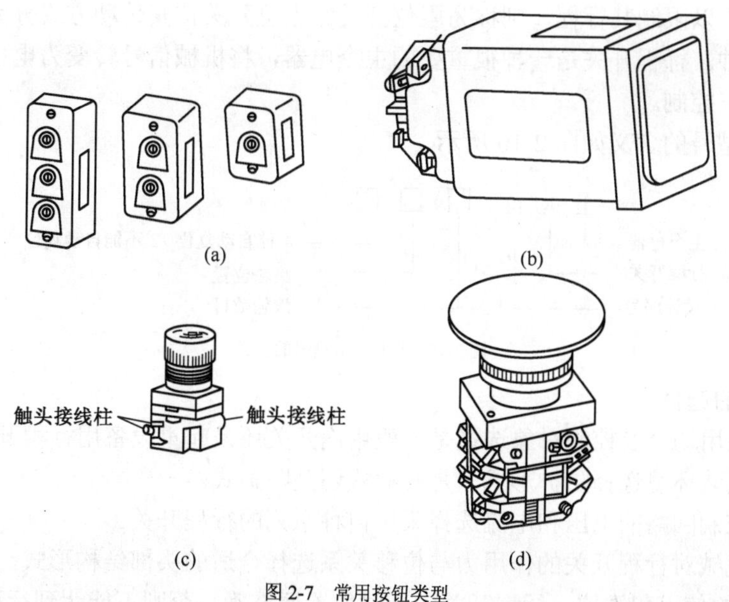

图 2-7 常用按钮类型

按钮形式有：平钮，如图 2-7（c）所示；蘑菇钮，如图 2-7（d）所示，有直径较大的红色蘑菇钮头，作紧急切断电源用；带灯钮（按钮与信号灯装在一起），如图 2-7（b）所示；还有旋钮（用手把旋转按钮帽）及钥匙钮（在按钮帽上插入钥匙后才可以操作）等。

按钮的型号含义如图 2-8 所示。

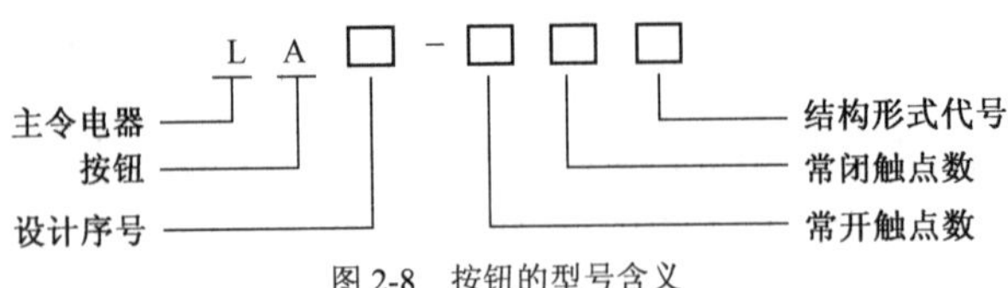

图 2-8　按钮的型号含义

按钮的使用和维护：

① 由于按钮的触头间距较小，如有油污等极易发生短路故障，故使用时应经常保持触头间的清洁。

② 按钮如用于高温场合，易使塑料变形老化，导致按钮松动，引起接线螺钉间相碰短路，可视情况在安装时多加一个紧固圈，两个拼紧使用。

③ 带指示灯的按钮由于灯泡要发热，时间长时易使塑料灯罩变形，造成调换灯泡困难，故不宜用在通电时间较长之处。

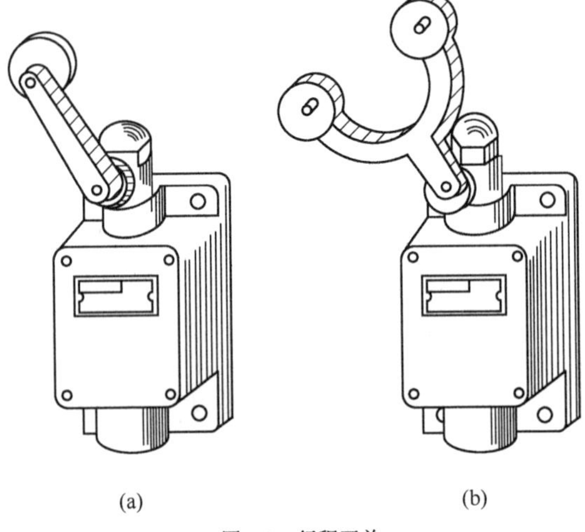
(a)　(b)

图 2-9　行程开关

2. 行程开关

行程开关是一种由工作机械直接驱动的主令电器，用以反应工作机械的行程，发出命令以控制其运动方向或行程大小。行程开关结构如图 2-9 所示。如果把行程开关安装在工作机械行程终点处，以限制其行程，则称为限位开关。限位开关按其传动方式分为杠杆式、转动式和按钮式几种。行程开关是一种很重要的主令电器，将机械信号转变为电信号，以实现对工作机械的电气控制。

行程开关型号的含义如图 2-10 所示。

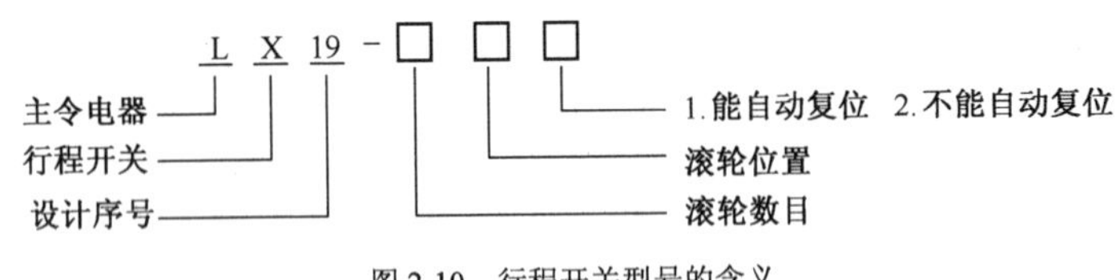

图 2-10　行程开关型号的含义

行程开关的选择：

① 根据应用场合及控制对象选择是一般用途开关还是起重设备用行程开关。

② 根据安装环境选择防护形式，是开启式还是防护式。

③ 根据控制回路的电压和电流选择采用何种系列的行程开关。

④ 根据机械对行程开关的作用力与位移关系选择合适的头部结构形式。

行程开关的使用和维护：行程开关安装时位置要准确，否则不能达到行程控制和限位控制的目的。应定期清扫行程开关，以免触头接触不良而达不到行程控制和限位控制的目的。

3. 主令控制器

主令控制器是按照预定的程序分合触头，以发布命令和转换控制电路接线的主令电器。

主令控制器由手柄、外壳、转轴、装在转轴上的多个凸轮、多个触头组及定位机构等组成，每个凸轮控制一对触头，触头用于控制电路，故额定电流较小，凸轮制成各种形状，使触头按一定的次序接通和分断。

主令控制器按凸轮的结构形式可分为：

① 凸轮非调整式主令控制器：凸轮形状不能调整，其触头只能按一定的触头分合次序表动作。

② 凸轮调整式主令控制器：凸轮由凸轮片和凸轮盘两部分组成，均开有孔和槽，凸轮片装在凸轮盘上的位置可以调整，因此其触头分合次序表也可以调整。

主令控制器按操作方式可分为：

① 手动式：用人力操作手柄。

② 伺服电动机传动式：由伺服电动机经减速机构带动主令控制器的主轴转动。

③ 生产机械传动式：由生产机械直接带动或经减速机构带动主令控制器的主轴转动。

目前国内生产的主令控制器型号有LK和I S等系列。

2.1.4 熔断器

熔断器是最简便有效的保护电器，俗称“保险”。熔断器是利用本身过电流时熔体的熔化作用来切断电路，熔断器中的熔体是用电阻率较高的易熔合金制成。或用截面积很小的良导体制成，线路在正常工作时，熔断器内的熔体不应熔断。一旦发生短路或严重过载时，熔体立即熔断。熔断器熔体按热惯性可分为大热惯性、小热惯性和无热惯性3种；熔断器熔体按形状可为丝状、片状、笼状（栅状）3 种；熔断器按支架结构分有瓷插式、螺旋式、封闭管式3种，其中封闭管式又分有填料和无填料两类。图2-11是常用的三种熔断器的结构图。

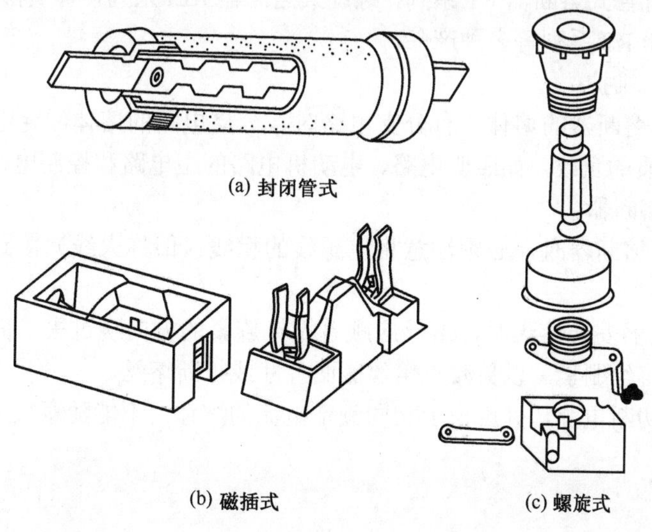

图2-11 常用的三种熔断器的结构图

瓷插式熔断器的型号含义如图 2-12 所示。

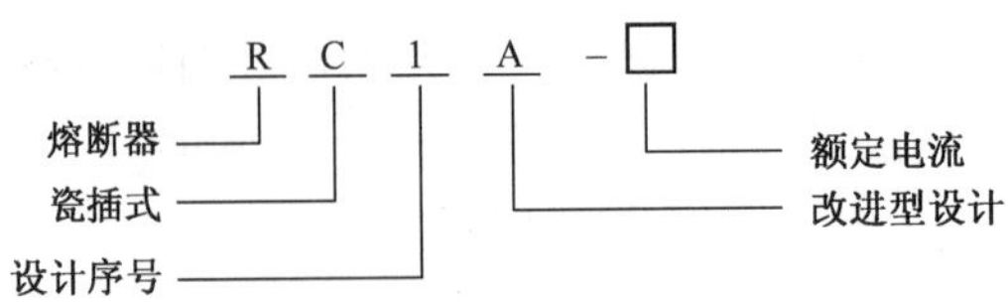

图 2-12 瓷插式熔断器的型号含义

熔断器的保护作用用安秒特性来表示。所谓安秒特性是指熔断电流与熔断时间的关系，如表 2-1 所示。

表 2-1 **熔断器的熔断电流与熔断时间的关系**

熔断电流	$1.25I_N$	$1.6I_N$	$2I_N$	$2.5I_N$	$3I_N$	$4I_N$
熔断时间	∞	Ih	40s	8s	4.5s	2.5s

熔断器要根据负载的具体情况进行选择，不可一概而论。否则，不但起不到保护作用，还会导致事故发生。选择熔丝的原则如下：

① 电灯支线的熔丝：应选择熔丝额定电流≥支线上所有电灯的工作电流。

② 一台电动机的熔丝：为了防止电动机启动时将熔丝烧断，熔丝不能按电动机的额定电流来选择，应按下式计算：

熔丝额定电流≥电动机的启动电流/2.5

或　熔丝额定电流≥(1.5～2.5) × 电动机的额定电流

如果电动机启动频繁，则为

熔丝额定电流≥电动机的启动电流/(1.6～2)

或　熔丝额定电流≥(3～3.5) × 电动机的额定电流

③ 几台电动机合用的总熔丝：一般按下式计算：

熔丝额定电流 = (1.5～2.5) × 容量最大的电动机的额定电流 + 其余电动机的额定电流

常用的熔断器有管式熔断器 R1 系列，螺旋式熔断器 RLl 系列，有填料封闭式熔断器 RT 系列以及快速熔断器 RS 系列等多种产品。

熔断器的使用与维护：

① 应正确选用熔断器的熔体。有分支电路时，分支电路的熔体额定电流应比前一级小 2～3 级；对不同性质的负载，如照明电路、电动机电路的主电路和控制电路等，应尽量分别保护，装设单独的熔断器。

② 安装螺旋式熔断器时，必须注意将电源线的相线（俗称火线）接到瓷底座的下接线端，以保证安全。

③ 瓷插式熔断器安装熔丝时，熔丝应顺着螺钉旋紧的方向绕过去，同时应注意不要划伤熔丝，也不要把熔丝绷紧，以免减小熔丝截面尺寸或折断熔丝。

更换熔体时应切断电源，并应换上相同额定电流的熔体，不能随意加大熔体。

2.1.5 接触器

接触器是一种用于远距离频繁地接通和断开主电路的控制电器，分为交流接触器和直流接触器两类。

接触器的基本参数有：主触点的额定电流、主触点允许切断电流、触点数、线圈电压、操作频率、动作时间、机械寿命和电气寿命等。

目前生产的接触器，其额定电流可高达 2500A，允许接通次数为 150～1500 次/小时，电气寿命达 50 万～100 万次，机械寿命为 500 万～1000 万次。

1．接触器的结构和工作原理

接触器一般由电磁机构、主触点和灭弧装置、辅助触点、释放弹簧机构、支架与底座等组成。图 2-13 是交流接触器的结构图。

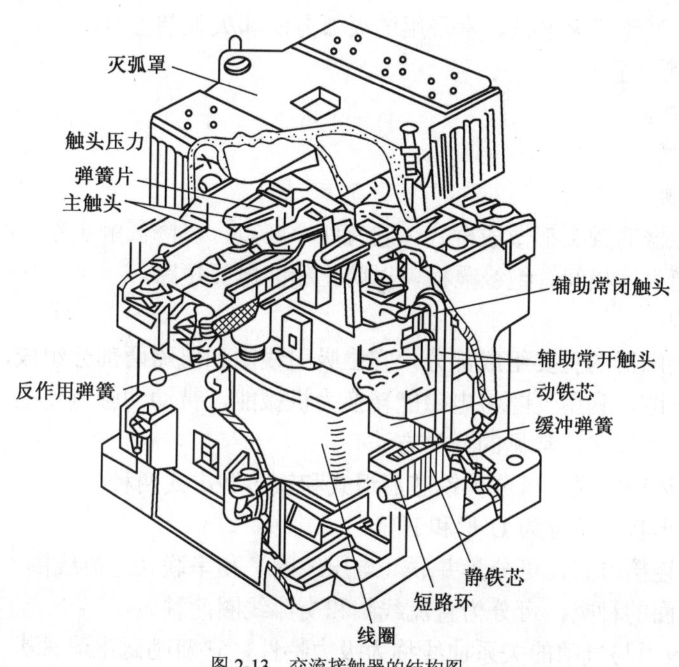

图 2-13　交流接触器的结构图

接触器的触头用于接通或分断电路，根据用途不同，接触器的触头分主触头和辅助触头两种。辅助触头通过电流较小，常接在控制电路中；主触头能通过较大电流，接在电动机主电路中。

（1）触点

触点是用来接通或断开电路的执行元件。按其接触形式可分为点接触、线接触和面接触 3 种。

① 点接触，它由两个半球形触点或一个半球形与另一个平面形触点构成。常用于小电流的电器中，如接触器的辅助触点或继电器触点。

② 线接触，它的接触区域是一条直线。触点在通断过程中是滚动接触。其好处是可以自动清除触点表面的氧化膜，保证了触点的良好接触。这种滚动接触多用于中等容量的触点，如接触器的主触点。

③ 面接触，可允许通过较大的电流，应用较广。在这种触点的表面上镶有合金以减小

接触电阻和提高耐磨性，多用于较大容量接触器的主触点。

（2）电弧的产生与灭弧装置

当接触器触点断开电路时，若电路中动、静触点之间电压超过 12V，电流超过 80mA，动、静触点之间将出现强烈火花，这实际上是一种空气放电现象，通常称为“电弧”。所谓空气放电，就是空气中有大量的带电质点作定向运动。当触点分离瞬间，间隙很小，电路电压几乎全部降落在动、静两触点之间，在触点间形成了很高的电场强度，负极中的自由电子会逸出到气隙中，并向正极加速运动。由于撞击电离、热电子发射和热游离的结果，在动、静两触点间呈现大量向正极飞驰的电子流，形成电弧。随着两触点间距离的增大，电弧也相应地拉长，不能迅速切断。由于电弧的温度高达 3000℃或更高，导致触点被严重烧伤，缩短了电器的寿命，给电气设备的运行安全和人身安全等都造成了极大的威胁。因此，我们必须采取有效的方法，尽可能消灭电弧。常采用的灭弧方法和灭弧装置有：

① 磁吹式灭弧装置。

② 灭弧栅灭弧。

③ 多断点灭弧。

④ 灭弧罩灭弧。

通常交流接触器的触头都做成桥式，它有两个断点，以降低触头断开时加在断点上的电压，使电弧容易熄灭；相间有绝缘隔板，以防止相间电弧短路。

（3）电磁机构

电磁机构是接触器的重要组成部分，它由吸引线圈和磁路两部分组成，磁路包括铁芯、衔铁、铁轭和空气隙，利用气隙将电磁能转换为机械能，带动动触点使之与静触点接通或断开。电磁机构的种类很多，常见的分类方法有：

① 按铁芯的运动方式，可分为铁芯后退式和铁芯迎击式两种。

② 按磁系统形状，可分为 U 形和 E 形。

③ 按线圈的连接方式，可分为并联（电压线圈）和串联（电流线圈）两种。

④ 按吸引线圈的种类，可分为直流线圈和交流线圈两种。

电磁机构的吸力与气隙的关系曲线称为吸力特性，它随励磁电流种类（交流或直流）和线圈的连接方式（串联或并联）而有所差异。电磁机构转动部分的静阻力与气隙的关系曲线称为反力特性。反力的大小与反作用弹簧的弹力和衔铁重量有关。

2. 接触器的主要技术数据

交流接触器和直流接触器的型号代号分别为 CJ 和 CZ。

直流接触器型号的含义如图 2-14 所示。

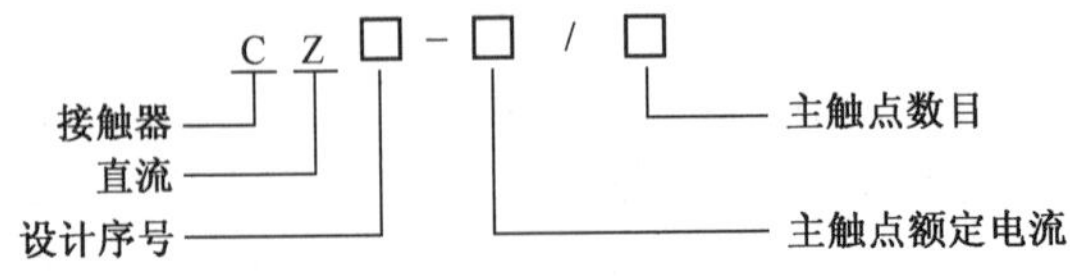

图 2-14 直流接触器型号的含义

交流接触器型号的含义如图 2-15 所示。

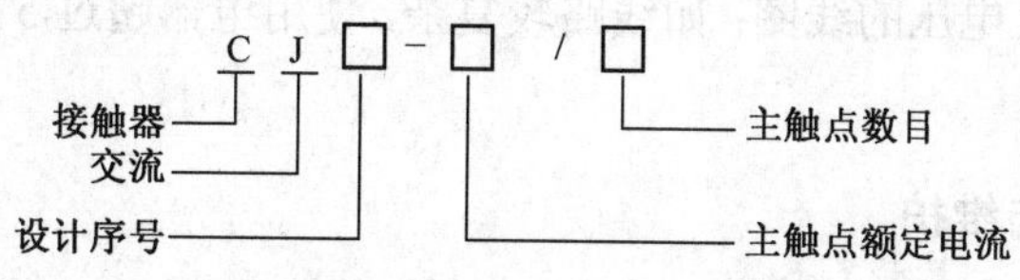

图 2-15 交流接触器型号的含义

我国生产的交流接触器常用的有 CJl、CJl0、CJl2、CJ20 等系列产品。CJl2 和 CJ20 新系列接触器所有受冲击的部件均采用了缓冲装置；合理地减小了触点开距和行程；运动系统布置合理，结构紧凑；采用结构连结，不用螺钉，维修方便。

直流接触器常用的有 CZl 和 CZ3 等系列和新产品 CZ0 系列。新系列接触器具有寿命长、体积小、工艺性好、零部件通用性强等优点。

接触器的基本技术参数有：

① 额定电压。接触器额定电压是指主触头上的额定电压。其电压等级为：

交流接触器：220V，380V，500V；

直流接触器：220V，440V，660V。

② 额定电流。接触器额定电流是指主触头上的额定电流。其电流等级为：

交流接触器：10A，15A，25A，40A，60A，150A，250A，400A，600A；

直流接触器：25A，40A，60A，100A，150A，250A，400A，600A。

③ 线圈的额定电压。其电压等级为：

交流线圈：36V，127V，220V，380V；

直流线圈：24V，48V，220V，440V。

④ 额定操作频率。即每小时通断次数。交流接触器高达 6000 次/小时；直流接触器高达 1200 次/小时。

3．接触器的选择

在选用接触器时，应注意它的电源种类、额定电流、线圈电压及触头数量等。

（1）接触器类型的选择

接触器的类型应根据负载电流的类型和负载的轻重来选择，即根据是交流负载还是直流负载，是轻负载还是重负载来选择。

（2）接触器主触头额定电流的选择

$$\text{主触头额定电流}I_N \geqslant \frac{\text{电动机额定电功率}P_N(\text{W})}{(1\sim1.4)\text{电动机额定电压}U_N(\text{V})}$$

如果接触器控制的电动机启动、制动或正反转频繁，一般将接触器主触头的额定电流降一级使用。

（3）接触器操作频率的选择

操作频率是指接触器每小时通断的次数。当通断电流较大及通断频率过高时，会引起触头过热，甚至熔焊。操作频率若超过规定值，应选用额定电流大一级的接触器。

（4）接触器线圈额定电压的选择

接触器线圈的额定电压不一定等于主触头的额定电压。当线路简单、使用电器少时，可直接选用 380V 或 220V 电压的线圈；如线路较复杂，使用电器超过 5 小时，可选用 24V、48V 或 110V 电压的线圈。

4．接触器的使用与维护

① 接触器安装前应检查线圈的额定电压等技术数据是否与实际使用相符，然后将铁芯极面上的防锈油脂或锈垢用汽油擦净，以免多次使用后被油垢粘住，造成接触器断电时不能释放。

② 接触器安装时，一般应垂直安装，其倾斜度不得超过 5°，否则会影响接触器的动作特性。安装有散热孔的接触器时，应将散热孔放在上下位置，以利于线圈散热。

③ 接触器安装与接线时，注意不要把杂物失落到接触器内，以免引起卡阻而烧毁线圈；同时应将螺钉拧紧，以防震动松脱。

④ 接触器的触头应定期清扫并保持整洁，但不得涂油。当触头表面因电弧作用形成金属小珠时，应及时铲除，但银及银合金触头表面产生的氧化膜，由于接触电阻很小，可不必处理。

2.1.6 继电器

继电器是一种根据特定形式的输入信号而动作的自动控制电器。它与接触器不同，主要用于反应控制信号，其触头一般接在控制电路中。

继电器的种类很多，按功能分为电压继电器、电流继电器、功率继电器、中间继电器、时间继电器、热继电器、速度继电器、极化继电器和冲击继电器等。

1．中间继电器

中间继电器主要用于扩大信号的传递，提高控制容量。在自动控制系统中常与接触器配合使用。它输入的是线圈得电、失电信号；输出的是触头开、闭。中间继电器的触头数量较多，因而可用其增加控制电路中信号的数量。

常用的中间继电器有 JZ7、JZ8 系列，其型号含义如图 2-16 所示。

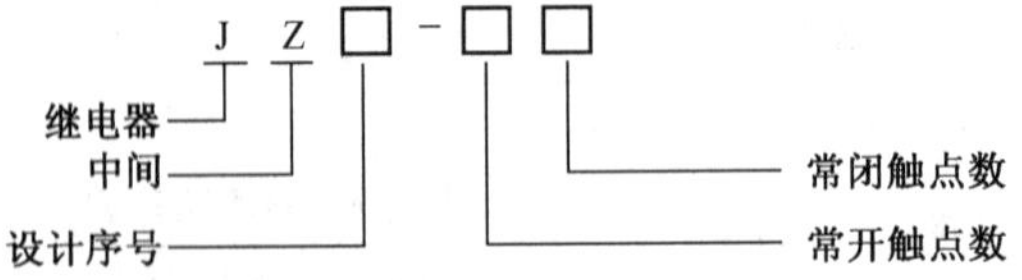

图 2-16　中间继电器 JZ7、JZ8 系列型号含义

中间继电器一般根据负载电流的类型、电压等级和触头数量来选择。其使用与接触器类似，但中间继电器由于触头容量较小，一般不能接到主线路中应用。

2．热继电器

热继电器是用来保护电动机等负载，使之免受长期过载的危害。电动机在欠电压、断相或长时间过载情况下工作，都会使其工作电流超过额定值，从而引起电动机过热。严重的过热会损坏电动机的绝缘，因此需要对电动机进行过载保护。

（1）热继电器的工作原理

热继电器是利用电流的热效应而动作的，它的结构和原理如图 2-17 所示。热元件是一段电阻不大的电阻丝，接在电动机的主电路中，双金属片由两种具有不同线膨胀系数的金属辗压而成。一层金属的膨胀系数大，称为主动层；另一层的膨胀系数小，称为被动层。当主电路中电流超出允许值而使双金属片受热时，每一种金属都因受热而伸长，伸长的大小由其线膨胀系数决定。由于两者伸长的长度不等，且又紧密结合为一体，故它便向线膨胀系数小的一侧方向弯曲，因而使脱扣机构脱扣，扣板在弹簧的拉力下将常闭触点断开。控制接触器的线圈断电，从而断开电动机的主电路。

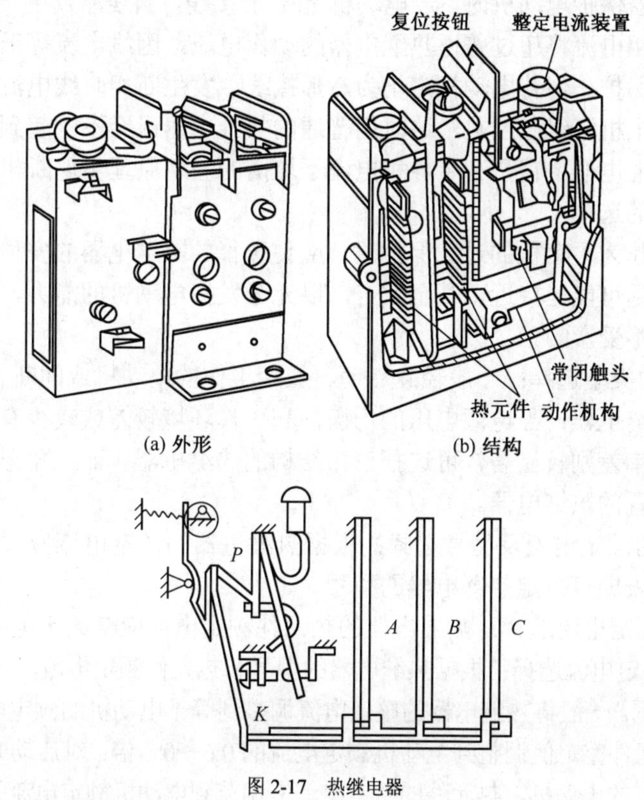

图 2-17　热继电器

热继电器的型号含义如图 2-18 所示。

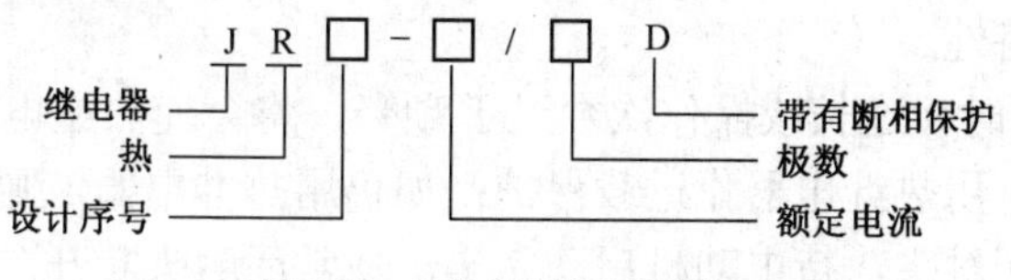

图 2-18　热继电器的型号含义

由于热惯性，热继电器不能作短路保护。因为发生短路事故时，我们要求电路立即断开，而热继电器是不能立即动作的。但在电动机启动或短时过载时，热继电器的热惯性可使电动机避免不必要的停车。

热继电器动作后，一般机构将被锁住不能复位，如果要使热继电器复位，则应等双金属片冷却后，按下复位按钮才可解锁复位，为下次动作做好准备。

JRl、JR2 系列热继电器的双金属片是通过发热元件间接加热的。热继电器的动作电流与周围的介质温度有关，当周围介质温度变化时，主双金属片发生零点漂移，因而在一定动作电流下的动作时间会出现误差。为了补偿这种由于介质温度变化造成的误差，带温度补偿的热继电器中设置了补偿双金属片。当主双金属片因环境温度升高而向右弯曲时，补偿双金属片也向右弯曲，这样便可使热继电器在同一稳定电流之下，动作行程基本一致，这样就使上述 JR_1，JR_2 系列的缺点得以克服。这种热继电器的整定可通过调节凸轮来实现。

（2）带断相保护的热继电器

用普通热继电器保护电动机时，若电动机是 Y 形接线，当线路发生一相断电时，另两相将发生过载，过载相电流将超过普通热继电器的动作电流，因线电流等于相电流，这时热继电器可以对此进行保护。但若电动机定子为△形接线，发生断相时线电流可能达不到普通热继电器的动作值而电机绕组已过热，这时用普通的热继电器已经不能起到保护作用，必须采用带断相保护的热继电器。它是利用各相电流不均衡的差动原理实现断相保护的。

（3）热继电器的选择

选择热继电器作为电动机的过载保护时，应使选择的热继电器的安秒特性位于电动机的过载特性之下，并尽可能地接近，甚至重合，以充分发挥电动机的能力，同时使电动机在短时过载和启动瞬间不受影响。

① 热继电器的类型选择：一般轻载启动、长期工作的电动机或间断长期工作的电动机，选择二相结构的热继电器；当电源电压的均衡性和工作环境较差或较少有人照管的电动机，或多台电动机的功率差别较显著，可选择三相结构的热继电器；而三角形接线的电动机，应选用带断相保护装置的热继电器。

② 热继电器的额定电流及型号选择：根据热继电器的额定电流应大于电动机的额定电流的原则，查有关表即可确定热继电器的型号。

③ 热元件的额定电流选择：热继电器的热元件额定电流应略大于电动机的额定电流。

④ 热元件的整定电流选择：根据热继电器的型号和热元件额定电流，查有关表得出热元件整定电流的调节范围。一般将热继电器的整定电流调整到等于电动机的额定电流；对过载能力差的电动机，可将热元件整定值调整到电动机额定电流的 0.6～0.8 倍；对启动时间较长，拖动冲击性负载或不允许停车的电动机，热元件的整定电流应调节到电动机额定电流的 1.1～1.15 倍。

（4）热继电器的使用及维护

① 热继电器安装接线时，应清除触头表面污垢，以避免电路不通或因接触电阻太大而影响热继电器的动作特性。

② 如电动机启动时间过长或操作次数过于频繁，将会使热继电器误动作或烧坏热继电器，故这种情况一般不用热继电器作过载保护；如仍用热继电器，则应在热元件两端并一副接触器或继电器的常闭触头，待电动机启动完毕，使常闭触头断开，热继电器再投入工作。

③ 热继电器周围介质的温度，原则上应和电动机周围介质的温度相同，否则，势必要破坏已调整好的配合情况。当热继电器与其他电器安装在一起时，应将它安装在其他电器的下方，以免其动作特性受到其他电器发热的影响。

④ 热继电器出线端的连接导线不宜太粗，也不宜过细。如连接导线过细，轴向导热性差，热继电器可能提前动作；反之，连接导线太粗，轴向导热快，热继电器可能滞后动作。

3. 时间继电器

（1）空气阻尼式时间继电器

空气阻尼式时间继电器利用空气通过小孔时产生阻尼的原理获得延时。其结构由电磁系统、延时机构和触头三部分组成。空气阻尼式时间继电器既有通电延时型，也有断电延时型。

只要改变电磁机构的安装方向，便可实现不同的延时方式。当衔铁位于铁芯和延时机构之间时为通电延时；当铁芯位于衔铁和延时机构之间时为断电延时。

空气阻尼式时间继电器的外形和工作原理如图 2-19 所示。其特点是延时范围大，寿命长，价格低。但延时误差较大，在对延时精度要求较高的场合，不宜使用空气阻尼式时间继电器。

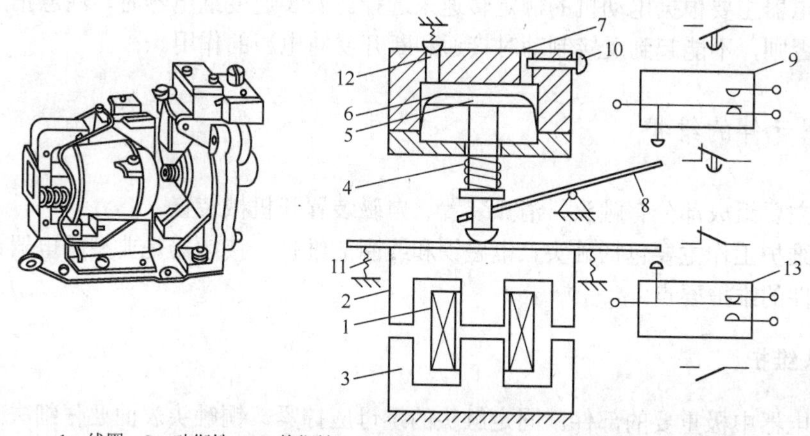

1—线圈；2—动衔铁；3—静衔铁；4—弹簧；5—活塞杆；6—橡皮膜；7—进气孔；8—杠杆；9—微动开关；10—调节螺钉；11—弹簧；12—出气孔；13—微动开关

图 2-19　空气阻尼式时间继电器

（2）电动机式时间继电器

电动机式时间继电器是利用小型同步电动机带动减速齿轮而获得延时的。其结构由同步电动机、离合电磁铁、减速齿轮、差动轮系、复位游丝、触头系统和推动延时触头脱扣的凸轮等组成，如图 2-20 所示。当接通电源后，齿轮空转。需要延时时，再接通离合电磁铁，齿轮带动凸轮转动，经过一定时间，凸轮推动脱扣机构使延时触头动作，同时其常闭触头断开同步电动机和离合电磁铁的电源，所有机构在复位游丝的作用下返回原来位置，为下次动作做好准备。

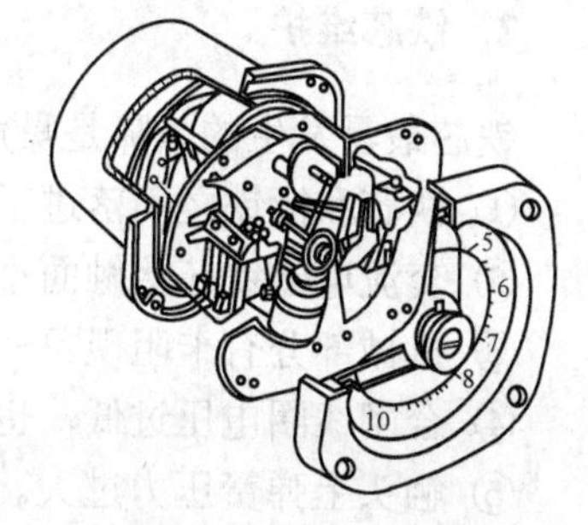

图 2-20　电动机式时间继电器

延时的长短，可以通过改变指针在刻度盘上的位置进行调整。这种延时继电器定时精度高，调节方便，延时范围很大，且误差较小，可以从几秒到几小时。延时时间不受电源电压与温度的影响，但因同步电动机的转速与电源频率成正比，所以当电源频率降低时，延时时间加长，反之则缩短。这种延时继电器的缺点是结构复杂，价格较贵，齿轮容易磨损，不适于频繁操作。

（3）电子式时间继电器

电子式时间继电器的基本原理是利用 RC 积分电路中电容的端电压在接通电源之后逐渐上升的特性获得的。电源接通后，经变压器降压后整流、滤波、稳压，提供延时电路所需的直流电压。从接通电源开始，稳压电源经定时器的电阻向电容充电，经一段时间后充电至某电位，使触发器翻转，控制继电器动作，继电器触头提供所需的延时，同时断开电源，为下一次动作做准备。调节电位器电阻即可改变延时时间的长短。

这种继电器机械结构简单，寿命长；延时范围广，精度高；调节方便，返回时间短；消耗功率小，值得推广应用。

4．速度继电器

速度继电器是一种可以按电动机转速的高低使电路接通或断开的电器。速度继电器与接触器配合，实现对电动机的反接制动和其他控制。

速度继电器主要根据电动机的额定转速来选择。安装速度继电器时，注意正反向的触头不能接错。否则，不能起到反接制动时接通和断开反向电源的作用。

2.1.7 电器元件的维护

电器的主要组成部分有触头、消弧装置、电磁装置和机械装置。

电器的维护工作主要包括触头、电磁铁和线圈的维护。接触器是典型的电器设备。以此说明电器元件的维护要点。

1．触头维护

触头是电器中极重要的部件。固定触头的螺母应拧紧，铜触头表面要仔细去除氧化物，触头表面灰尘和污垢可用汽油或四氯化碳仔细清洗并吹干；触头表面如有烧瘤、凹坑、蚀痕，要沿接触面按一个方向用细锉锉净，尽量保持原来形状。银触头表面的氧化层不用去除，触头表面轻微的烧瘤、凹坑、蚀痕等也不必锉平，对触头的接触电阻影响不大。严重烧损的触头应及时更换。对于严重磨损的触头，磨损量超过触头厚度的 1/2 时亦应及时更换。

2．铁芯维护

铁芯最易发生的故障是噪声，这说明磁路铁芯接触不良，原因可能是：

① 铁芯和衔铁之间落进了污垢，或者螺钉松开，使铁芯和衔铁接触面接触不良。

② 交流电磁铁芯接触面小，槽中的短路环断裂或脱落也会发生噪声。

③ 机械部分有卡阻现象。

④ 合闸线圈电压过低，也会使铁芯发生噪声。

⑤ 触头上弹簧压力过大。

3．线圈的检修

因某种原因使电器元件工作不正常时，最先损坏的就是线圈。振动可以造成线圈断路或线端脱落，电源电压过高或铁芯卡住可使线圈过流而烧毁等。线圈检查主要是测绝缘电阻和直流电阻。线圈烧毁后只能更换。

修理好的电器应通电检查，保证吸合、断开迅速可靠，无过热现象和噪声，带灭弧罩的电器在未装灭弧罩前不能带负荷操作，以免飞弧造成短路，烧坏触头。

2.2 低压配电线路

2.2.1 概述

低压配电线路可分为室外和室内两部分。室外部分可采用架空线路和电缆线路。在实际使用中，电缆输电安全可靠，而且没有电杆、架线，美观洁净。但由于电缆本身受到电压等级、敷设环境和投资的限制，因此室外较远距离输送和分配电能，目前采用架空线路较为普遍。低压输配电的方式有：

① 单相二线制：这是照明用低压配电最普遍的方式。凡是用电量在10kW以下的照明用电或10kW以下的单相电动机都可以采用这种方式（俗称照明线）。

② 三相四线制：这种方式是在三相Y形接线的中性点（变压器输出接地端）引出一条中性线，三相线间额定线电压为380V，各线与中性线间的额定相电压为220V。三相线间可接三相负荷，各相线和中性线间可接单相负荷（俗称动力线）。

一般医院、学校、机关、工厂的照明线路，大多采用380/220V三相四线制或三相五线制（除中线外增加一根保护地线）配电电路，分户照明配电采用单相二线制或单相三线制电路。380V用于动力等电气设备，如电动机等。220V用于照明和家用电器。

室内照明线路由进户线、配电箱（盘、板）、以及配电线路、开关（或控制器）、插座、接线盒、灯具等组成。基本电路组成示意如图2-21所示。

室内照明线路有暗敷和明敷两种方式。工厂和一般建筑物通常采用明敷方式。明敷的照明线路便于更改和延伸。明敷的照明线路可采用塑料护套线，也可用槽板、瓷夹板、绝缘子支撑导线，敷设时要求做到线路布置合理、整齐、连接可靠、安装牢固。在生活居所，为了使室内环境美观，采用暗敷方式已成为一种趋势。暗敷的照明线路采用穿管敷设，在房屋建造时预埋穿线管，在导线分支处或接头处设置接线盒，绝缘导线穿入管中，敷设时注意导线不要与管口摩擦而损伤导线，在穿线管中不得做任何形式的接头。

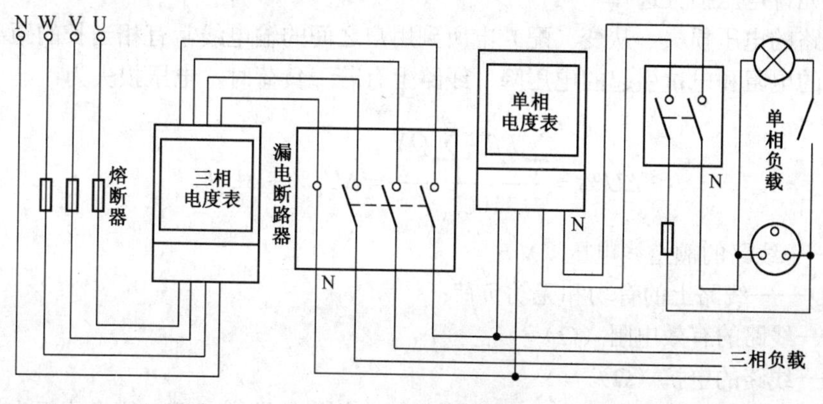

图2-21 低压配电基本点

2.2.2 导线截面积的选择

正确地选择导线截面积是保证用电安全、可靠、经济的重要措施之一。

供电线路导线和电缆截面的选择应根据以下几个原则。

（1）按机械强度选择

架空导线要经受拉力；电缆要经受拖曳，不因机械损伤而发生折断。导线按机械强度要求的最小截面参见表 2-2 规定。

表 2-2　导线按机械强度所允许的最小截面

导线分类	安装方式	导线最小截面（mm^2）	
		铜线	铝线（铝绞线）
照明装置用导线	户内用 户外用	0.5 1.0	2.5 2.5
双芯软电线	用于吊灯 用于移动生活用电设备	0.5 0.75	— —
多芯软电线及软电缆	用于移动式生产用电设备	1.0	—
绝缘导线	用于固定架设在户内绝缘支持件上，其间距为：2m 及以下 6m 及以下 12m 及以下	1.0 2.5 4	2.5 4 10
裸导线	户内用（厂房内） 户外用 1kV 以下	2.5 6	4 16
绝缘导线	穿在管内 置于木槽板内	1.0 1.0	2.5 2.5
绝缘导线	户外沿墙敷设 户外其他方式	2.5 4	4 10

（2）按允许电流选择

导线要能经受长时间通过负载电流所引起的温升，各种导线都规定有长期允许温度和短时最高温度，从而决定了导线长期允许通过的电流值和短时热稳定电流值。选择导线时，要根据计算负载电流不超过电缆和导线的长期载流量来确定导线的截面积。

铜芯导线按发热条件确定其长期载流量。

（3）按允许电压损失选择

供电线路的电压损失：从变（配）电所到用户之间的输电线常有相当长的距离，必须考虑输电线路的电阻和电抗引起的电压降，线路上有若干负荷时，电压损失为：

$$\Delta U\% = \frac{\sum_{1}^{n} PR + \sum_{1}^{n} QX}{10U_{ex}^2} = \Delta U_a\% + \Delta U_r\%$$

式中，U_{ex}——线路的额定线电压（V）；

P、Q——线路上的有功和无功负荷；

R——线路的有效电阻（Ω）；

X——线路的电抗（Ω）。

可见，导线中的电压损失是由两部分组成的：有功负荷在导线电阻中的电压损失 $\Delta U_a\%$ 及无功负荷在导线电抗中的电压损失$\Delta U_r\%$。

导线截面对线路电抗的影响不大，对6～10kV架空线路一般取$X_D = 0.30\sim0.40\Omega/\text{km}$。电缆线路$X_D\approx0.08\Omega/\text{km}$。对0.4/0.23kV架空线路一般取0.27～0.46Ω/km。因此可先假定线路电抗值（取平均值），计算出电抗部分的电压损失，那么线路电阻部分的电压损失可由上式得

$$\Delta U_a\% = \Delta U\% - \Delta U_r\%$$

式中，$\Delta U\%$——线路允许的电压损失；

$\Delta U_a\%\left(=\dfrac{R_D}{10U_{ex}^2}\sum_1^n PL\right)$——由有功负荷及电阻引起的电压损失（%）；

$\Delta U_r\%\left(=\dfrac{X_D}{10U_{ex}^2}\sum_1^n QL\right)$——由无功负荷及电抗引起的电压损失（%）；

L——线路长度（km）。

按照电业部门规定，10kV以下的电力用户，输电线路允许电压损失为±7%；照明输电线路允许电压损失为−10%～+5%。

$$\Delta U_a\% = \frac{\sum_1^n PR}{10U_{ex}^2} = \frac{1000}{10S\cdot\gamma U_{ex}^2}\sum_1^n PL$$

式中，S——导线截面（mm^2）；

γ——导线电阻系数（25℃时铜导线$\gamma = 0.0188\Omega\cdot\text{mm}^2/\text{m}$，铝导线$\gamma = 0.0312\Omega\cdot\text{mm}^2/\text{m}$）。

又因为计算负荷矩时以km为单位，计算电阻时长度以m为单位，所以换算后有

$$S = \frac{\sum_1^n PL\cdot100}{\gamma\cdot U_{ex}^2\cdot\Delta U_a\%}(\text{mm}^2)$$

算出截面S，选一标称截面，然后再根据线路布置情况求出X_D的准确值。若X_D与所假设的值相差不大，则说明所选的截面合理，否则应代入求电压损失公式校验，或重新假定电抗值，进行复算。

在实际选用导线时，可采用与计算截面积相近的标准导线，再用导线的载流量和机械强度的条件来校验。

在选择导线截面的问题上虽然有以上3个因素需要考虑，但在解决实际问题时，哪个因素是主要的，起决定作用的，就应侧重于考虑这一因素，并由此来决定选用导线的截面积。如果是在长距离的输电线路中，则主要考虑电压降，导线截面积由电压损失的要求来决定。在配电线路比较短时，就不必计算线路电压降而主要考虑容许电流来决定导线的截面积。在小负荷的架空线路中往往只要考虑机械强度就够了。这样，选择导线截面积的问题就可以大大简化了。

2.2.3 配电箱

配电箱内通常装设控制、保护、计量等电气设备。安装有总控制开关及分配电能的各种开关，如低压断路器（或漏电断路器）、电能表（电度表）、熔断器、控制接触器和指示用照明灯等。

为了测量负载消耗的电能，在线路中接入电度表对负载所消耗的电能进行计量。对于单

相负荷，采用单相电度表，消耗的电能可以从电度表计数器上直接反映出来。对于三相负荷，采用三相电度表，工厂中除了测量有功电能以外还要测量无功损耗，通常安装有三相有功电度表和三相无功电度表，以此监测其对电源容量的利用情况。在照明负载线路中通常只安装三相有功电度表（测量总负荷）和单相电度表（测量各单元负荷）。电能与功率、时间的关系为：电能 = 功率 × 时间。

电能单位用度（kW·h）表示，1kW 的负载运行 1 小时所消耗的电能就是 1 度。

根据住宅配电国家标准，一般两居室及以上住宅的设计用电负荷最小为 4kW，用表规格为 10（40）A。

2.3 低压配电线路安装工艺及规程

2.3.1 进户线路

1．进户方式

① 进户点离地面高度大于 2.7m 时，采用绝缘线穿瓷管进户，进户管口与接户线的垂直距离在 0.5m 以内。

② 进户点离地面虽高于 2.7m，但对原已放高的或由于安全要求必须放高的接产线垂直距离在 2.5m 以上时，应采用角铁加装瓷瓶支持单根绝缘线穿瓷管进户。

③ 进户点离地低于 2.7m 时，应加装进户杆，以绝缘导线穿瓷管或塑料管进户。

2．进户线

进户线应采用绝缘良好的铜芯、铝芯导线，不能用软线，不得有接头。进户线的最小截面积从机械强度考虑，铜芯绝缘线不小于 $1.5mm^2$，铝芯绝缘线不小于 $2.5mm^2$。

根据住宅配电国家标准，住宅供电系统的设计，应符合下列基本安全要求：

① 电气线路应采用符合安全和防火要求的敷设方法配线，导线采用铜线，每套住宅进户线截面积不应小于 $10mm^2$。

② 每套住宅的空调电源插座、电源插座与照明插座应分路设计、厨房电源插座和卫生间电源插座宜设计独立回路。

③ 除空调电源插座外，其他电源插座电路应设置漏电保护装置。

④ 每套住宅应设总的断电器。

⑤ 卫生间应作局部等电位连接。

3．室内配线的一般要求

① 室内配线的方式和导线的选择，通常根据环境特点和安全要求等因素来决定。

② 使用导线的额定电压应大于线路工作电压，明敷导线通常采用塑料或橡皮绝缘导线，导线截面积应满足供电和机械强度的要求。

③ 室内电气管线和配电设备与其他管道、设备间的最小距离应符合安全要求。

④ 配线时应尽量避免导线有接头。必须接头时，应采用压接或焊接。穿在管内的导线，

无论任何情况都不允许有接头，接头应放在接线盒或灯头盒内。导线在分支连接处不应受机械力作用。

⑤ 导线穿过墙壁或穿过楼板时要用瓷管或塑料管保护。同一回路的几根导线可以穿在一根管内（进户线管除外），管内导线的总面积（包括绝缘层），不应超过管内截面积的 40%。

⑥ 当导线互相交叉时应在每根导线上套上绝缘套管，并牢靠固定，不使其发生移动。

4．采用线管配线的一般要求

① 配线管可以选用白铁管、电线管和硬塑料管。

② 穿管导线的绝缘强度不低于 500V，导线最小截面积按规定铜芯线为 $1mm^2$；铝芯线为 $2.5mm^2$。

③ 线管内导线不准有接头，也不得穿入绝缘破损后经过包缠恢复绝缘的导线。

④ 管内导线（包括绝缘层）的总截面积不应大于管内有效截面积的 40%；不同电压和不同回路的导线不得穿在同一根管内，同台设备的控制和信号回路导线允许穿在一根线管内。

5．线路明配方法

（1）槽板配线

多用于办公室、生活室等干燥房屋内。绝缘导线敷设在槽板的线槽内，上部用盖板把导线盖住。常用的槽板有木槽板和塑料槽板。目前已由槽板配线改变为线槽配线，线槽内可以容纳较多的绝缘导线。线槽有金属线槽和塑料线槽两种，可以固定在建筑物表面，也可以用吊挂器具将线槽吊挂。这种配线方式结构简单，组合方便。

（2）塑料护套线配线

塑料护套线配线是一种具有塑料防护层的多芯绝缘导线，有防化学腐蚀和防潮的优点。利用钢筋轧头或塑料卡作为导线的支持件。可以直接将导线敷设在预制楼板、砖墙及其他建筑物的表面。支持件的固定，可采用粘接或钉入等方法。

用塑料护套线布线时，要注意导线转弯半径应大于 6 倍导线宽度，转弯处两边均应固定。直导线固定点间距应保证导线不发生堕弯，间距一般为 0.2m。塑料护套线的接头应放在开关、灯头和插头处，如果不能放在这些部位，则需加接线盒，把接头放在接线盒内。

（3）绝缘子配线

绝缘子配线适用于室内、外配线。绝缘子有瓷柱和瓷瓶两种。瓷柱配线适用于用电量较小、跨距较小的场合；瓷瓶配线适用于用电量较大、跨距大的车间，即使在潮湿场所也可使用。

（4）明管配线

明管配线是把绝缘导线穿在金属或塑料导管内，而将穿线导管敷设在墙上、柱上或楼板下。注意金属导管端口应预装绝缘护套，避免锐棱割破导线的绝缘层。这种配线方式可防止外部机械损伤并避免腐蚀性气体的侵蚀。采取适当措施后，也能用于有爆炸性和火灾危险的场所。

车间内配线还有滑触线等配线方式。

6．导线的连接

铜芯导线与铝芯导线的连接、线头与接线桩的连接如表 2-3 及表 2-4 所示。导线完成连接后，应将多余端头剪除，把线头压平，外面先包两层塑料带作补充绝缘，然后再用绝缘胶布包缠紧。

表 2-3　　　　铜芯导线的连接

名　　称	连接方法	图　　示
1．单股铜芯导线的直接法	（1）使2根芯线成X形相交。 （2）两芯线互相绞合3圈。 （3）扳直两芯线线端，分别紧贴另1根芯线缠绕6圈，余端割弃并钳平芯线末端	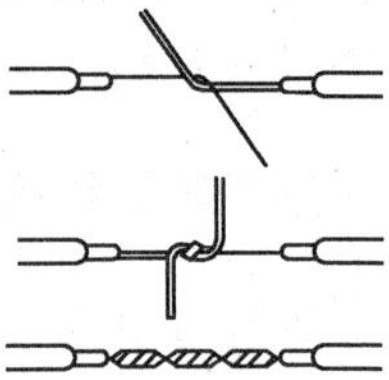
2．单股铜芯导线的T字分支接法	（1）把支路芯线的线头与干线芯线垂直相交。 （2）按顺时针方向缠绕支路芯线。 （3）缠绕6～8圈后，割弃余线并钳平芯线末端	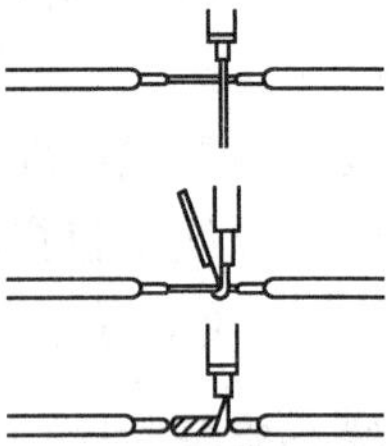
3．7股铜芯线的直接法	（1）将剖去绝缘层的芯线逐根拉直，绞紧占全长1/3的根部，把余下2/3的芯线分散成伞状。 （2）把2个伞状芯线隔根对插，并捏平两端芯线。 （3）把一端的7股芯线按2、2、3根分成三组，接着把第一组2根芯线扳起，按顺时针方向缠绕2圈后扳直余线。 （4）再把第二组的2根芯线，按顺时针方向紧压住前2根扳直的余线缠绕2圈，并将余下的芯线向右扳直。 （5）再把下面的第三组的3根芯线按顺时针方向紧压前4根扳直的芯线向右缠绕。 （6）缠绕3圈后，弃去每组多余的芯线，钳平线端。再用同样方法再缠绕另一边芯线	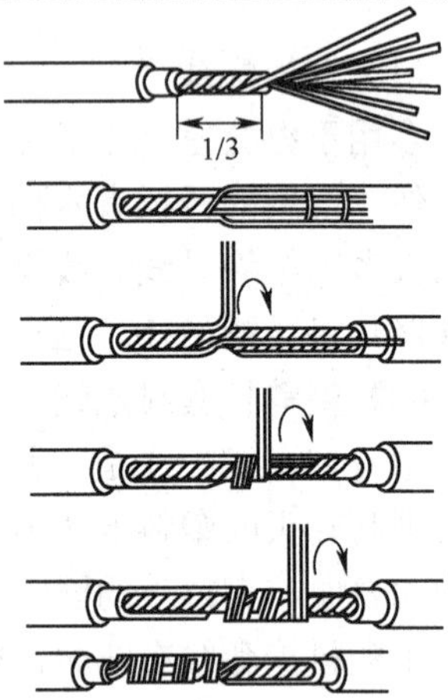 1/3
4．7股铜芯线T字分支接法	（1）把支路芯线松开钳直，将近绝缘层1/8处线段绞紧，把7/8线段的芯线分成4根和3根两组，然后用螺钉旋具将干线也分成4根和3根两组，并将支线中一组芯线插入干线两组芯线间。 （2）把右面3根芯线的一组往干线一边顺时针紧紧缠绕3～4圈，再把左边芯线的一组按逆时针方向缠绕4～5圈。 （3）钳平线端并切去余线	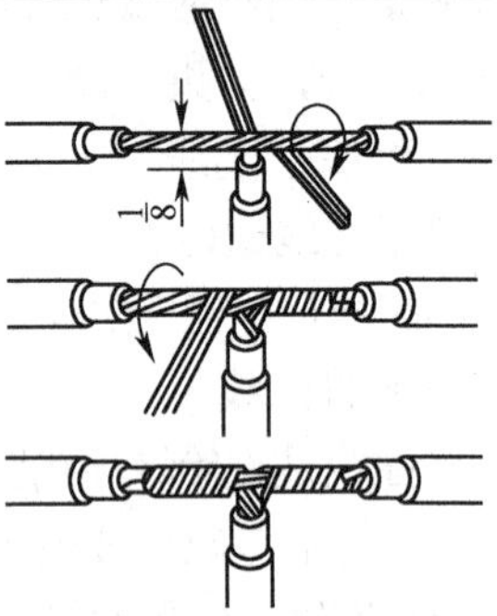 1/8
5．接头处的锡焊	（1）$10mm^2$及以下的铜芯线接头，可用150W电烙铁进行锡焊。 （2）$16mm^2$及以上的铜芯线接头，应采用浇焊法	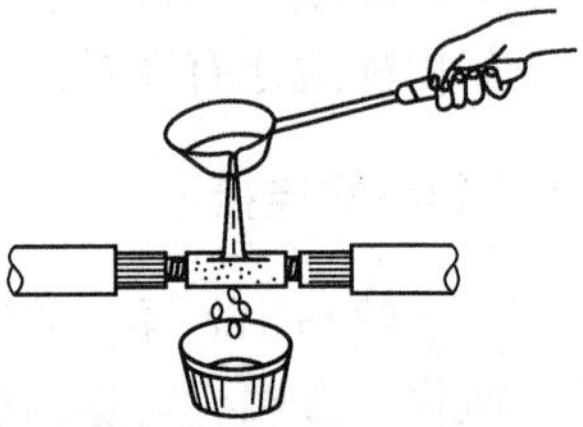

表 2-4　　　　　　　　　　　　　　铝芯导线的连接

名　称	连 接 方 法	图　示
1．单股铝芯导线的压接	（1）2.5～10mm² 的单股铝芯导线压接，应选用单股导线压接钳及圆形或椭圆形铝连接管。	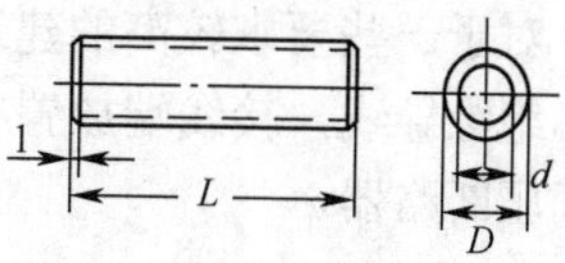
	（2）压接前把导线两端绝缘层各剥去 50～55mm，然后将铝芯线和铝连接管内壁表面氧化层清除，并涂上中性凡士林油膏。	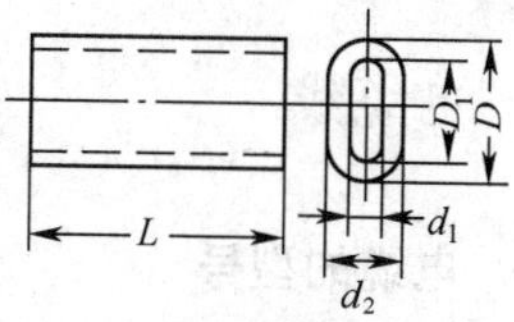
	（3）用圆形铝连接管时，导线两端各插入连接管的一半。	
	（4）用椭圆形铝连接管时，应使两线端插入后各露出 4mm 长度（尺寸 *A*）。	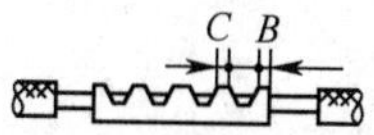
	（5）用压接钳压接时，应压到必要的极限尺寸，并使所有压坑的中心线处在同一条直线上	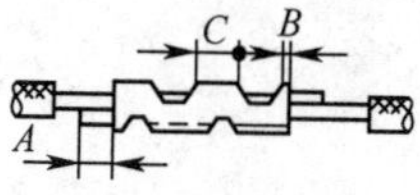
2．多股铝芯导线的压接	（1）16～240mm² 的多股铝芯导线可采用手提式油压钳及相应的铝连接管。 （2）压接前将两根铝芯导线的绝缘各剖去连接长度的一半加上 5mm，散开芯线除去氧化层并涂上中性凡士林油膏。同时除去连接管内壁氧化层并涂上中性凡士林油膏，然后将两根铝芯线各插入连接管 1/2，划好压坑标记。 （3）根据连接导线截面的大小，选好压模装到钳口内压接，压接时按 1、2、3、4 顺序压接 4 个坑，压完 1 个坑后，稍停 10～15s 后再压另 1 个坑，压完后用细锉锉去棱角，并用砂布打光	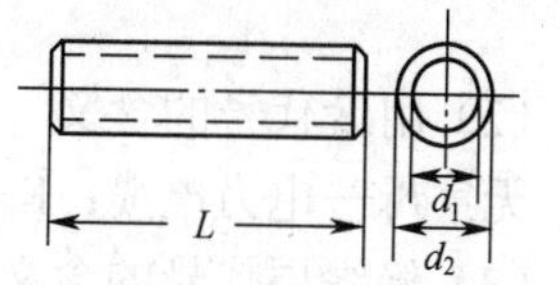 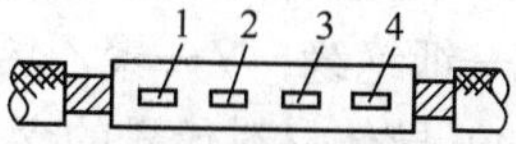 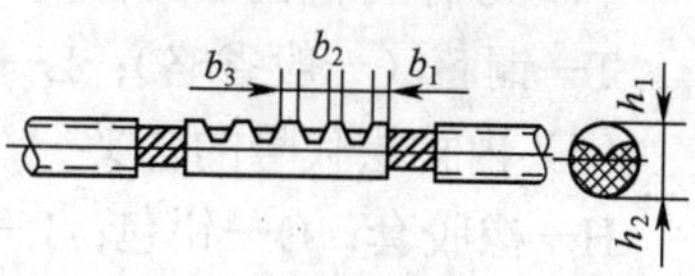
3．多股铝芯导线的分支线压接	将干线断开，与分支导线同时插入铝连接管内进行压接	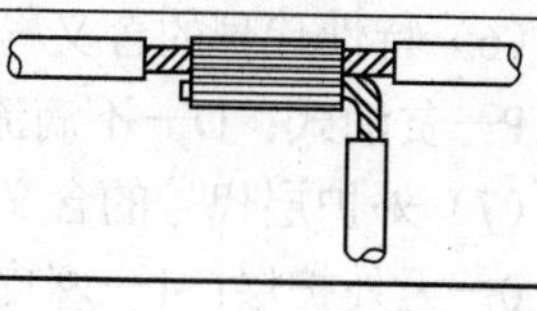

7．导线的封端

对于导线截面大于 10mm² 的多股铜芯线和铝芯线的端头，一般必须用接线端子进行封端，再由接线端子与电器设备相连。铜芯导线的封端方法可以采用锡焊封端或压接封端。而铝芯导线的封端通常采用压接封端方法。

8．暗配线路

暗配线路是预先把穿线导管敷设在地坪、墙壁、楼板或顶棚内，金属导管端口应装设绝缘护套。然后将导线穿入管内。暗配线路敷设后，在建筑物表面看不到配电线路，又不损坏建筑物，外形美观，能防水防潮，导线不受有害气体的侵蚀和外部机械性损伤，使用年限长。

对于一些要求较高的建筑物，为了美观和安全，经常选用暗设开关，暗配钢管线路以及铜芯绝缘导线，接线端放置在接线盒、插座盒和开关盒内，电源控制开关多采用带漏电保护的低压断路器。

2.3.2 电缆线

1. 电缆的型号

（1）电缆型号的含义（如图 2-22 所示）

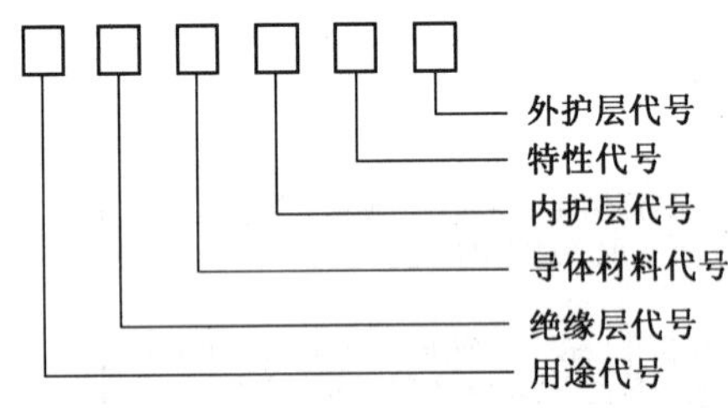

图 2-22 电缆型号的含义

（2）用途代号的含义

无字母—电力电缆；K—控制电缆；Y—移动式软电缆；N—农用电缆；P—信号电缆。

（3）绝缘层代号的含义

Z—纸绝缘；Y—聚乙烯绝缘；X—天然橡皮绝缘；V—塑料（聚氯乙稀）绝缘。

（4）导体材料代号的含义

T—铜芯（一般省略）；L—铝芯。

（5）内护层代号的含义

H—橡胶套；Q—铅包；L—铝包；V—聚氯乙稀护套。

（6）特性代号的含义

P—贫油式；D—不滴流；E—分相铅包。

（7）外护层代号的含义

0—无外护层；1—麻皮；2—钢带铠装；20—裸钢带铠装；3—细钢丝铠装；30—裸细钢丝铠装；5—单层粗钢丝铠装；11—防腐护层；12—钢带；120—裸钢带铠装有防腐层。

2. 电缆的结构

电缆的结构如图 2-23 所示。

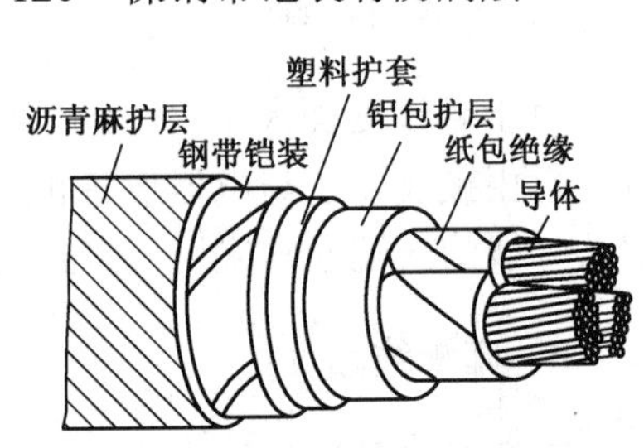

图 2-23 铠装电缆的结构

① 导电芯线：一般由铜或铝制成。

② 绝缘层：目前有油浸纸绝缘、橡皮绝缘和塑料绝缘 3 种。

③ 内保护层：目前有铅包、铝包、橡胶套和聚

氯乙稀包 4 种。

④ 外保护层，在内保护层外面包上浸过沥青混合物的黄麻、钢带或钢丝。裸铅包电缆等没有外保护层。

3．电缆试验

① 测量绝缘电阻：根据电缆额定电压，选用相应的兆欧表进行测量，测量绝缘电阻通常在耐压试验前进行。

② 耐压试验：油浸纸绝缘电缆用 4～6 倍额定电压的直流电压进行试验；橡胶电缆用 2～3 倍额定电压的直流电压进行试验；塑料绝缘电缆用 3～4 倍额定电压的直流电压进行试验。lkV 电缆一般不做耐压试验。

③ 测量泄漏电流：在做直流耐压试验的同时，用接在高压侧的微安表测量泄漏电流，其值应符合规定要求。

4．电缆的选择

① 电缆的额定电压应大于或等于电网额定电压。

② 按发热条件选择电缆截面。电缆芯线安全载流量应大于或等于电缆的计算电流。当数根电缆敷设在地中或管中时，其安全载流量除了要乘以温度校正系数外，还应乘以并列在地中的工作电缆校正系数。

③ 根据环境和敷设方法来选择电缆。

5．电缆敷设规程

① 根据用电场所特点，需要采用电缆线路时，应选择电缆不易遭受各种损坏的有利走向。电缆一般采用铠装电缆，但敷设在电缆沟内或敷设在确无直接机械损伤和化学侵蚀危险的场所，也可采用无铠装电缆。

② 一般在对电缆无侵蚀作用的地区且同一路径电缆不超过 6 根时，应尽量采用直接埋设；当电缆线路与地下管网交叉不多，地下水位较低，而同一路径电缆根数较多，可采用电缆沟敷设，但沟内电缆一般不要超过 12 根；当同一路径电缆根数在 15 根以上时，可采用电缆隧道敷设。

③ 电缆在管内敷设的方式，因施工复杂，检修和更换也不便，且散热不好，所以除跨越道路等特殊路段外，一般不宜采用。

④ 电缆的埋设深度、电缆与各种设施接近和交叉的距离、电缆之间的距离和电缆明敷时的支持距离如表 2-5 所示。

表 2-5　电缆敷设最小距离

项　目		最小距离（m）
直埋电缆的埋设深度	一般情况	0.7
	机耕农田	1.0
电缆与各种设施平行与交叉净距	穿越路面	1.0
	离建筑物基础	0.6

续表

项　目		最小距离（m）
电缆与各种设施平行与交叉净距	与排水沟底的交叉	0.5
	与热力管道平行	2.0
	与热力管道交叉	0.5
	与其他管道平行或交叉	0.5
电缆互相间净距	平行时	0.1
	交叉时	0.5
电缆明敷时的支持间距	铅包电缆垂直敷设时	1.5
	其他各类电缆垂直敷设时	2.0
	各种电缆水平敷设时	1.0

⑤ 电缆弯曲时曲率半径应不小于表 2-6 所示的值。

表 2-6　　电缆的曲率半径

电 缆 种 类	曲率半径为电缆外径的倍数
纸绝缘铅包电缆	多芯 15 单芯 25
纸绝缘铝包电缆	30
橡胶绝缘或塑料绝缘 电缆（无金属屏蔽层）	多芯 6 单芯 8
橡胶绝缘或塑料绝缘 电缆（有金属屏蔽层）	多芯 8 单芯 10
橡胶绝缘或塑料绝缘电缆（铠装）	12

⑥ 直埋电缆时，沟底应平整，无硬质杂物，否则应铺 100mm 厚的细土。电缆上加盖 100mm 细土后，再盖混凝土盖板或砖保护。盖土前应测绘 1∶500 电缆实际走向详图，并同电缆的有关资料一起保存。地面上应装设电缆走向标志，以利于运行和检修。

⑦ 穿越路面和建筑物及引出地面高度 2m 以下的部分，均应穿在保护管内，保护管的内径应不小于电缆外径的 1.5 倍，每根 1 管，1 根单芯电缆不得穿在磁性保护管内，但可将同一回路的单芯电缆一起穿入同一管内。

⑧ 敷设铠装电缆或铝包电缆时，铝包电缆的金属外皮在两端应可靠接地，接地电阻应小于 10Ω。

⑨ 同一根绝缘电缆两端的高度差不应超过 25m。

⑩ 电缆在敷设前应做潮气检查。

⑪ 电缆过河或过桥的两端应留有 0.3～0.5m 余量；建筑物进出口电缆终端处应留有 1～1.5m 余量，以备重新封端用。

6．电缆终端及连接

电力电缆敷设以后，两端要与电气设备或线路连接，长度不够的各段电缆又要相互连接，在这些部位电缆内部电场会发生畸变，产生电应力局部集中。又因为破坏了电缆原有的密封性，使电缆接头的工作条件比电缆本体苛刻。据统计，电缆线路发生的故障，有 70%出现在其接头部位。因此，电缆连接的质量直接影响电力电缆的电气强度、机械强度和密封性能，并对电缆线路的安全运行有重要的作用。电缆线路的末端接头叫终端头；电缆线路相互连接的接头叫做中间接头。安装在室内或室外的终端头因气候条件不同，在结构上有较大差别，分为户内型和户外型两种。中间接头根据所连接电缆的数量，分别有直接式接头、T 形接头、Y 形接头和十字形接头。具有特殊功能的中间接头，则有隔断两端油浸纸绝缘电缆油路的堵油型接头和连接两端不同绝缘结构电缆的"异种电缆接头"等。这里以油浸纸绝缘电缆做户内环氧树脂预制外壳式终端头的方法为例说明（电缆头结构示意图如图 2-24 所示）。

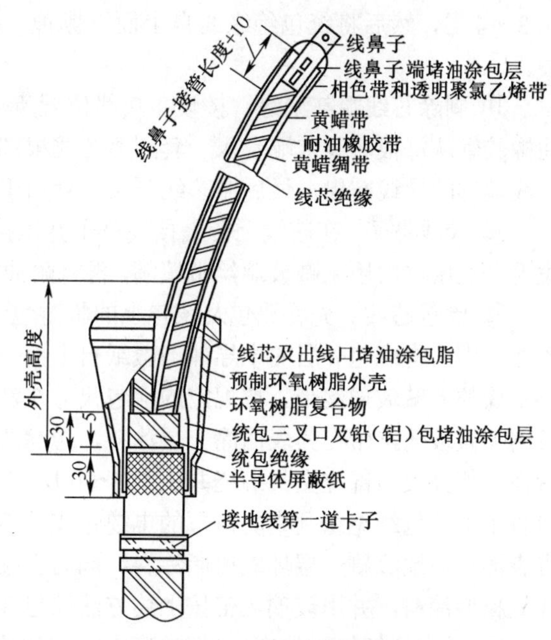

图 2-24　电缆头结构示意图

电缆终端头（含中间接头）的制作方法如下：

① 清理场地，用木板垫起电缆头，使其水平。

② 把电缆芯或绝缘纸松开，浸到 150℃的电缆油中，检查电缆是否受潮，若油中出现泡沫，说明有潮气存在；也可采用火烧法，把电缆绝缘纸点燃后，若纸的表面有泡沫，即表明有潮气存在。

③ 用兆欧表测量绝缘电阻并作好记录。

④ 根据需要确定剥切铅包的长度，然后再确定剖切钢带铠装层的尺寸，并做好标记。

⑤ 在标记以下约 100mm 处的钢带上，用浸有汽油的抹布把沥青混合物擦净，再用砂布或锉刀打磨，使其表面露出金属光泽。涂上一层焊锡以备放置接地线用。

⑥ 锯切钢带铠装层时，用专用的刀锯在钢带上锯出一个环形深痕，深度约为钢带厚度的 2/3，切勿伤及其他包层。

⑦ 剥钢带时，锯完后，用螺钉旋具在锯痕尖角处将钢带挑起，用钳子夹住，沿逆原缠绕方向把钢带撕下，再用同样方法剥去第二层钢带。然后用锉刀修平钢带切口，使其光滑无刺。

⑧ 剥削铅包（或铝包）并套装预制的环氧树脂电缆头外壳，按设计要求确定喇叭口的位置，然后按剥削尺寸，先在铅包切断的地方切一环形深痕，再沿着电缆轴向在铅包上用剖切刀划两道深痕，其间距约为 10mm，深度为铅包厚度的 1/2 左右，用木锉或锯条把喇叭口下 30mm 处一段铅包拉毛并用塑料带临时包扎 1～2 层以防弄脏。接着把预制的环氧树脂电缆头外壳套入电缆钢带上并用干净的棉花塞满，最后从电缆头顶端把两道深痕间的铅皮条用螺钉旋具撬起，用钳子夹住铅皮慢慢卷起往下撕，并把其折断。

⑨ 扩张喇叭口。剥完铅皮包层后，用胀口器把铅包口胀成喇叭口。

⑩ 剥统包纸绝缘并分开芯线。在喇叭口向上 30mm 一段统包绝缘上，用白纱布临时包扎 3～4 层，然后将统包绝缘线自上而下撕掉，并分开线芯，用汽油将芯线表面的电缆油擦去。

⑪ 剥除芯线端部绝缘。按设备接线位置所需的长度，割除多余的电缆，然后用电工刀、油橡胶管从每根芯线末端套入。套到离芯线根部 20mm 即可，然后将上部橡胶管往下翻，使芯线端部的导线露出，最后在芯线三叉口处用干净的布盖住。

⑫ 装线鼻子。在芯线上套上接线鼻子并压接，然后将接线鼻子的管形部分用锯条或锉刀拉毛并在压坑内用无碱玻璃丝带填满，再将耐油橡胶管的翻口往上翻，盖住线鼻子下的压坑。

⑬ 涂包芯线。先将铅包及统包上的临时包缠带拆除，然后在喇叭口以上 5mm 处用蜡线紧扎一圈，将统包外层的半导体屏蔽纸自上而下沿蜡线撕平，再在统包及芯线上分别包上一层干燥的无碱玻璃丝带。按规定的涂包尺寸在芯线及出线口堵油处刷一层环氧树脂涂料，然后用无碱玻璃丝带在其表面涂一层涂料，边涂边包，共涂两层。再在统包部分涂包两层，然后在三相分叉口部位交叉缠绕并压紧 4～6 层，并在分叉处填满环氧树脂涂料。最后，以三叉口以下沿统包纸绝缘到喇叭口下的电缆包皮约 30mm 的一段涂包 2～3 层，并在无碱玻璃丝带表面均匀地涂刷一层环氧树脂涂料。同时在接线鼻子管形部分与耐油橡胶管接合处刷一层环氧树脂涂料，并用玻璃丝带按上述方法涂包 3～4 层。

⑭ 装配环氧树脂外壳。先把外壳内临时放的棉纱取出，然后把外壳向上移至喇叭口附近，从喇叭口向下 30mm 处用塑料带重叠包缠成卷，包绕直径与外壳下口外径相近，将外壳放在塑料带卷上，用塑料带把外壳下口和塑料带卷扎紧，使外壳平整地固定在电缆上。调整芯线位置，使其离外壳内壁有 3～5mm 的间隙，并对称排列。再用支撑架或带子使三相芯线固定不动，最后用电吹风加速涂包层硬化和预热外壳。

⑮ 浇注环氧树脂复合物。将环氧树脂复合物从预制外壳中间浇入，以便空气逸出，不致形成气孔，一直浇到外壳平口为止。

⑯ 包绕外护层：待浇入壳内的环氧树脂冷却干涸后，可包绕线芯的外护加强层，从外壳出线口至接线鼻子的一段耐油橡胶管上，先用黄蜡带包绕二层，包绕时要拉紧，然后按确定的相位分别在各芯线上包一层相色带和一层透明塑料带。最后按设备的接线位置弯曲好芯线，进行直流耐压试验，合格后再接到设备上。

电缆终端头的制作方法，户内还有漏斗式和干包式终端头，户外有环氧树脂式和铸铁鼎足式终端头等。

第 3 章　电子仪器设备使用指导

3.1　BT3C-B 型频率特性测试仪

3.1.1　概述

BT3C-B 型频率特性测试仪是由 1～300MHz 宽带 RF 信号源和 7 英寸大屏幕显示器组成的一体化宽带扫频仪。

本仪器可广泛用于 1～300MHz 范围内各种无线电网络，以及接收和发射设备的扫频动态测试。例如各种有源无源四端网络、滤波器、鉴频器及放大器等的传输特性和反射特性的测量，特别适用于各类发射和差转台、MATV 系统、有线电视广播以及电缆的系统测试。其内部采用先进的表面安装技术（STM），关键部件选用先进的优质器件，输出衰减器采用电控衰减，并采用轻触式步进控制，输出衰减由 LED 数字显示。其独特的设计构思确保了整机工作的可靠性，提高了仪器的性价比。图 3-1 是其外观示意图。

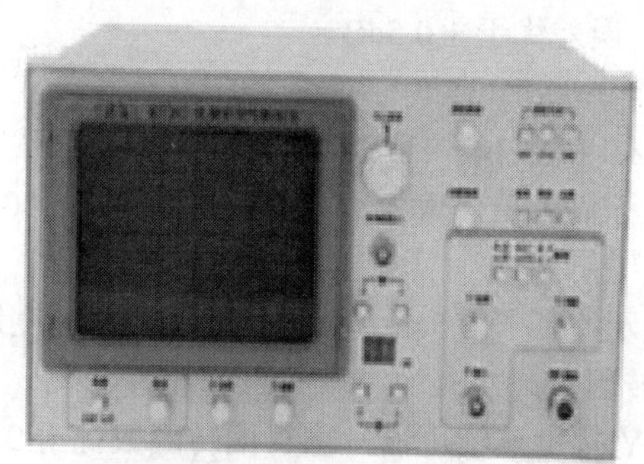

图 3-1　BT3C-B 型频率特性测试仪的外观

本仪器功能齐全，既可 1～300MHz 范围内全频段一次扫描，满足宽带测试需要，也可进行窄带扫频和给出稳定的单频信号输出。本仪器输出动态范围大，谐波值小，输出衰减器采用电控衰减，适用于各种工作场合，具有各种指标可供用户选择。该仪器体积小、重量轻，便于携带，适合室内外各种不同工作环境，是工厂、院校和科研部门的理想测试仪器。

3.1.2　仪器成套性

- BT3C-B 频率特性测试仪　　一台
- 75Ω 宽带鉴波器　　一套
- 电源线　　一根
- 技术说明书　　一份

• 合格证　　　　　　　　　　一份

3.1.3 性能参数

① 有效频率范围：1～300MHz。

② 扫频方式：全扫、窄扫、点频三种工作方式。

③ 中心频率：窄扫中心频率在 1～300MHz 范围内连续可调。

④ 扫频宽度：

全扫：优于 300MHz；

窄扫：±1～20MHz 连续可调；

点频：连续正弦波 1～300MHz 连续可调。

⑤ 输出电平、阻抗：

输出电平：0dB 时 500mV±10%（75Ω负载）；

输出阻抗：75Ω。

⑥ 稳幅输出平坦度：1～300MHz 范围内系统平坦度优于±0.35dB。

⑦ 扫频线性：相邻 10MHz 线性比优于 1∶1.3。

⑧ 输出衰减：

粗衰减：10dB × 7 步进，误差优于 ± 2%A ± 0.5dB，A 为显示值；

细衰减：1dB × 9 步进，误差优于 ± 0.5dB。

⑨ 标记种类、幅度：

菱形标记：给出 50MHz、10MHz、1MHz 间隔菱形标记；

外频率标记：仪器外频标输入端，输入约为 6dBm 的 10～300MHz 正弦波信号，可产生外频率标志的菱形标记；

标记幅度：菱形标记显示不低于 0.5cm，10M/1M 可分，幅度连续可调。

⑩ 垂直显示、垂直偏转因数：

分为 × 1、 × 10 两种；Y 幅度连续可调。垂直偏转因数优于 2.5mV/div。

⑪ 水平显示：水平幅度在 0.5～1.2 倍屏幕范围内连续可调，位移量大于 2 格。

⑫ 显示器：7 英寸中余辉磁偏转显示管。

⑬ 安全性能：仪器电源进线与机壳之间绝缘电阻大于 2MΩ，泄露电流小于 5mA，并且工作在 1500V 正弦交流电，1 分钟内应无飞弧或击穿现象。

⑭ 工作电压：AC 220V ± 10%，50Hz ± 5%。

⑮ 仪器功耗：约 50W。

⑯ 仪器尺寸及重量：尺寸 380 × 200 × 360（mm），重量 8kg。

⑰ 仪器连续工作时间不低于 8h。

3.1.4 仪器方框图

仪器原理方框图如图 3-2 所示。

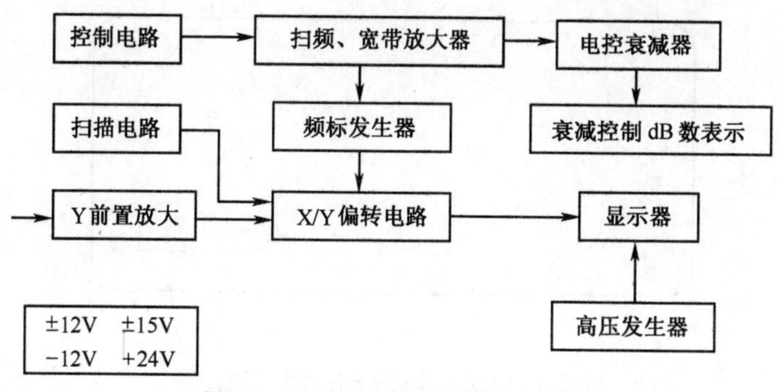

图 3-2 BT3C-B 型频率特性仪的方框图

3.1.5 原理简述

该仪器由扫描发生器产生周期为 20ms 的锯齿波及方波，一路送 X 偏转电路供水平显示扫描用；另一路送扫描控制电路，进行信号变换。扫描方式选择等线性变换电路将从控制电路来的 0～10V 锯齿波电压，通过二极管网络进行变换，产生一非线性电压送到扫频振荡器，以抵消变容二极管产生的频率变换非线性。在扫描振荡器里，一个固频振荡源和一个扫频振荡源输出的正弦波信号经混频后产生 1～300MHz 的差频信号，并加以放大后反馈给宽带放大器进行放大。

该放大器是一个优良的带 ALC 电路的宽带放大器，输出平坦度优于 ± 0.25dB。放大后的信号一路经衰减器输出到面板输出端口，同时从宽带放大器输出电平给 AGC 电路，输出一个平坦的稳幅输出的扫描信号；另一路送给频标发生器。

在频标发生器中由晶体振荡器及分频产生的信号与馈入的扫频信号混频后产生差拍的菱形标记，经叠加后变换输出。扫频方式选择控制振荡器的扫频变换，频标选择实现频标的组合。Y 前置放大器由 Y 衰减选择开关选择“× 1”、“× 10”使用，接受从被测件检出的信号，送 Y 偏转电路放大后送显示器显示结果。

衰减控制电路对电控衰减器输出的 RF 信号幅度进行控制，其范围是 0～79dB，方便使用。本仪器的稳压电源输出为+ 24V、− 12V、± 15V，非稳定电压为 ± 12V。

3.1.6 仪器面板布局及操作说明

BT3C-B 型频率特性测试仪面板布局如图 3-3、图 3-4 所示。

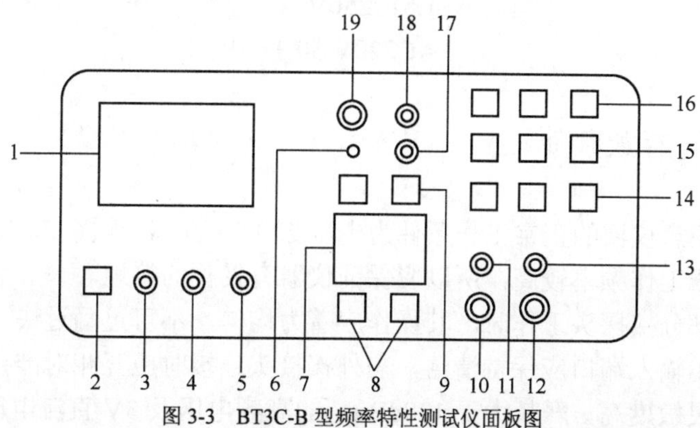

图 3-3 BT3C-B 型频率特性测试仪面板图

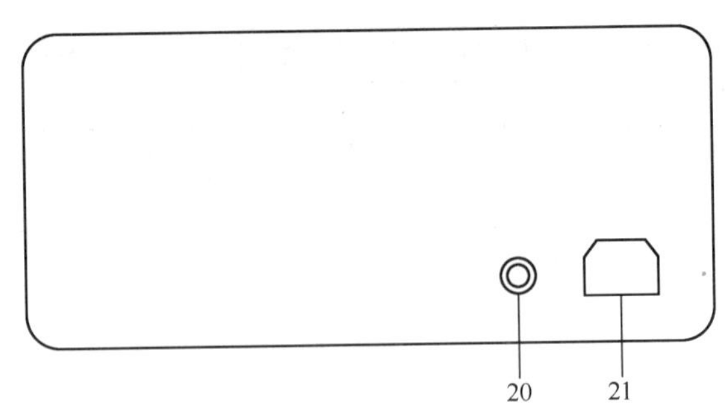

图 3-4　BT3C-B 型频率特性测试仪背板图

图中指示代码含义如下：

① 屏幕	显示的频率为左低右高
② 电源开关	按下电源接通
③ 亮度	调节显示器亮度旋钮
④ X 位移	调节水平线左右位置旋钮
⑤ X 幅度	调节水平线增益旋钮
⑥ 外频标输入端口	
⑦ LED 显示	显示衰减分贝数，00～79 变化
⑧ 细衰减按钮	0～9dB 步进
⑨ 粗衰减按钮	0～70dB 步进
⑩ Y 输入端口	
⑪ Y 位移调节	调节垂直显示位置旋钮
⑫ 扫频输出端口	输出 RF 扫频信号
⑬ Y 增益	调节 Y 增益旋钮
⑭ Y 方式选择	分 AC/DC、“×1，×10”、+/−极性选择
⑮ 扫频功能	分全扫、窄扫、点频三挡
⑯ 频标功能	分 50MHz、10/1MHz 和外标三种方式
⑰ 扫频宽度	在窄扫状态下调节频率范围
⑱ 频标幅度	调节频标高度
⑲ 中心频率	窄扫及点频时指示显示的中心频率
⑳ 熔断丝	1.5A/250V
㉑ 电源插座	AC220V 50Hz

3.1.7　仪器使用与存放须知

① 使用时应注意仪器的正常工作条件为电压 220V±10%，频率 50Hz±5%。

② 由于本仪器工作频率较高，所以应保证仪器有妥善的接地。

③ 仪器的各部分接探头工作时，其操作应着力均匀，不可过猛过快，以免损坏。

④ 仪器的输出输入端口应保持清洁，与外接接头连接时应互相对准接牢，以免损坏。

⑤ 仪器检波灵敏度高，严禁大于 128dBμV 的高频电压及 3V 直流电压通过，以免损坏。

⑥ 为保证仪器长期使用，仪器应放在干燥通风清洁的环境下，并与地面有一定的距离。

⑦ 本仪器应避免在有震动的环境下使用和储存，也应避免在高温、高湿和强磁场中使用，以免仪器工作发生异常。

3.1.8　仪器的应用测量和检查

在操作本仪器前，应仔细阅读说明书前述章节，并熟悉有关的扫描测试技术。

仪器的操作程序如下：

先接上电源，揿入电源开关 2，将衰减器 8、9 置零，扫频功能 15 为全扫键，频标功能 16 置 50MHz，检波器接 RF 输出口 12，再将检波器输出与显示输入 10 相连，适当调节 Y 位移旋钮 11 和调节 Y 增益旋钮 13，Y 选择开关 14 置“× 1”挡，这时可在显示屏上看到一个检波后的方框，如图 3-5 所示，此时说明仪器基本正常。使用时应适当调节亮度 3 及水平扩展 5 和位移 4。

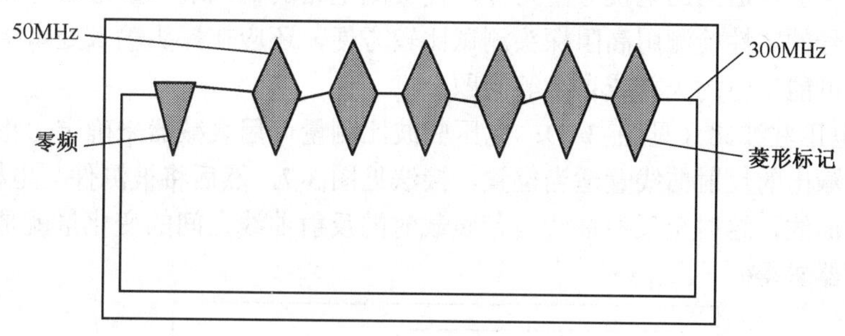

图 3-5　检波示意图

频率检查：在屏幕上应有 6 根 50MHz 标志，并可看到左边的零频，频标按键改变频标也应相应改变，扫频功能改变扫频方式也相应改变。然后经平坦度检查，即先找出检波后显示的包络线的最高点和最低点之间垂直间隔的大小，再看包络线上任意点衰减 1dB 后的间隔，相互比较，应优于 ± 0.25dB。

输出功率检查：在扫频输出口接毫伏表，面板粗细衰减器置零，扫频功能键置单频（CW），这时输出应大于 500mV ± 10%。

仪器的应用测量：在测量过程中，应注意输入输出口要牢靠接地，保证阻抗匹配，应适当选择输出电平大小、频率范围及标志组合等。

典型测试方法：

① 无源滤波器的测量：测量时如图 3-6 那样连接，垂直显示置“× 1”挡，适当调节位移及 Y 增益，选择适当的频率及带宽。这时可由频标确定滤波器的带宽，用衰减器来确定带内带外特性及插入损耗大小。其他无源四端网络测试方法类似。

② 有源放大器、中高频电路的测量（见图 3-6）：对有源网络的测量必须注意信号馈给时的隔直问题，还必须注意 RF 输出的大小应保证被测网络输出不失真，不饱和。同时，通过检波器的信号不可大于 128dBμV，以免损坏检波器。对于被测电路的自激振荡问题也不可忽略，自激振荡一般分为回路本身固有的寄生振荡和外信号注入的寄生振荡。它们会显著改变幅频曲线的形状，使曲线有大的起伏和出现突变点或饱和状态，这些现象应在调试过程中予以排除。对于有源网络的有关测量指标可用仪器的衰减器和频率标志来确定。

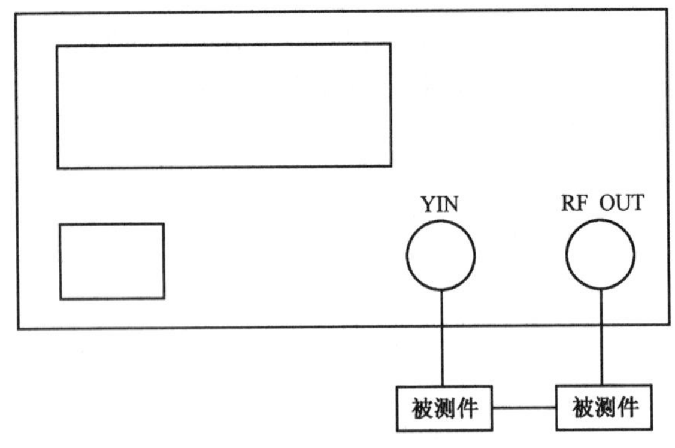

图 3-6 测试电路连接图

③ 谐振回路的测量（见图 3-6）：应尽量使外部电路与谐振回路相耦合（信号的馈入与取出），为此可在信号馈入点并一匹配电阻，用一小电容将信号耦合到被测回路里，如有必要应在信号馈入点加入适当的电抗分量元件，使被测电路的输入端尽量形成行波状态，以减少反射影响。信号的定性检测用高阻探头测试比较方便，还应在探头输入处串接一小电容，以减少测试回路可能产生的失真或自激等问题。

④ 测量电压驻波比（见图 3-7）：电压驻波比测量可用衰减器来确定，将衰减器置适当位置，将电桥输出的反射曲线置适当位置，接法见图 3-7，然后将被测件与电桥测试端断开，可看到全反射曲线，这时全反射曲线与带负载时的反射曲线之间的变化量就是回波损耗，其值可通过衰减器求得。

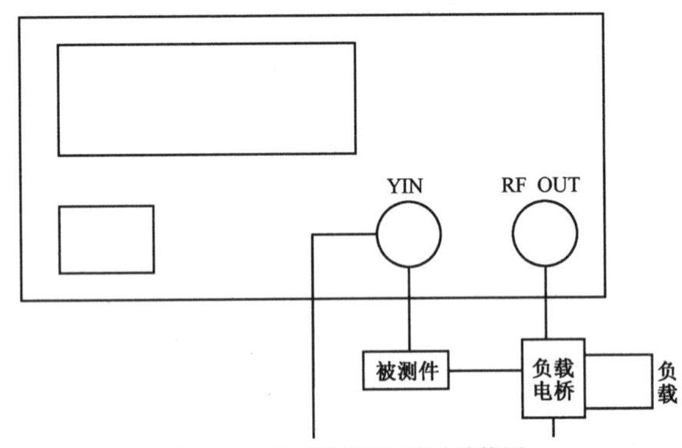

图 3-7 电压驻波比测试电路连接图

3.1.9 仪器的维修

1. 显示器的故障维修

（1）无光点

首先检查显像管灯丝是否点亮，如不亮则测量显像管 3、4 脚是否有 12V 电压，如无电压可检查电源，如电源正常则说明显像管损坏；如显像管灯丝点亮，可检查高压发生器各电压输出是否正常，如不正常则检查偏转放大板上 ± 15V、± 12V 是否正常，如不正常则检查仪器背板上的电源线是否正常，如正常则应检查偏转放大板各级电压。

（2）无扫描线

首先检查电源板各输出电压是否正常，如正常则应检查偏转放大板各级波形是否正常，如正常则应检查偏转线圈。

（3）X、Y半偏

首先检查电源板各输出电压是否正常，如正常则应检查偏转放大板各级电压是否正常，如正常则应检查仪器背板上的四只功率管是否正常。

（4）无方框

首先检查Y输入线是否断开，如正常则应检查Y前置放大器的运放（TL084）是否正常，如损坏则更换之。

2．扫频单元部分的故障维修

（1）无输出无频标

首先检查电路板各输出电压是否正常，如正常则应检查偏转放大板上锯齿波和方波是否正常，如正常则应检查扫频控制板上方波是否正常，如正常则应检查扫频振荡器和宽带放大器。

（2）有输出无频标

首先检查频标发生器± 15V、+ 5V电压是否正常，如正常则检查50MHz、10MHz晶体振荡器是否正常，如正常则应逐级检查。

（3）扫频功能不正常

首先检查扫频功能控制板上锯齿波是否正常，如正常则应检查运放，如损坏则更换之。

3.2　UT39A/B/C型数字万用表

3.2.1　概述

UT39A/B/C手持式数字万用表，功能齐全，性能稳定，结构新颖，安全可靠。整机电路设计以大规模集成电路、双积分A/D转换器为核心，并配以全功能过载保护，可用于测量交直流电压和电流、电阻、电容、温度、频率、二极管正向压降及电路通断，具有数据保护和睡眠功能。该仪表配有保护套，使其具有足够的绝缘性能和抗震性能。

本节包括了有关的安全信息和警告提示等，请仔细阅读有关内容，并严格遵守所有的警告和注意事项。

警告：在使用仪表之前，请仔细阅读有关“安全操作准则”。

3.2.2　仪器的成套性

- 表笔　一副
- 温度探头（仅用于UT39C）　一个

3.2.3　安全操作准则

仪表严格遵循GB4793.1电子测量仪器安全要求以及安全标准IEC61010进行设计和生产，

符合双重绝缘、过电压标准（CAT I 1000V、CAT II 600V）和污染等级 2 的安全标准。使用前请仔细阅读说明书，并遵循其使用说明，否则可能会削弱或失去仪表提供的保护功能。

① 使用前应检查仪表或表笔，谨防任何损坏或不正常现象。如发现任何异常情况，如表笔裸露、机壳破裂或者已无法正常工作，请勿再使用仪表。

② 表笔破损必须更换，并换上同样型号或相同电气规格的表笔。在使用表笔时，手指必须放在表笔手指保护环之后。

③ 不要在仪表终端及接地之间施加 1000V 以上的电压，以防电击和损坏仪表。

④ 当仪表在 60V 直流电压或 30V 交流有效电压下工作时，应多加小心，此时会有电击的危险。

⑤ 后壳没有盖好前严禁使用仪表，否则有电击的危险。

⑥ 更换保险丝或电池时，在打开后壳或电池盖前应将表笔与被测量电路断开，并关闭仪表电源。仪器长期不用时，应取出电池。

⑦ 必须使用同类标称规格的快速反应保险丝来更换已损坏的保险丝。

⑧ 应将仪表置于正确的挡位进行测量，严禁在测量进行中转换挡位，以防损坏仪表。

⑨ 不允许使用电流测量端子或在电流挡测试电压。

⑩ 被测信号不允许超过规定的极限值，以防电击和损坏仪表。请勿随意改变仪表内部接线，以免损坏仪表和危及安全。

⑪ 当 LCD 上显示符号时，应及时更换电池，以确保测量精度。

⑫ 不要在高温、高湿环境中使用，尤其不要在潮湿环境中存放仪表，受潮后仪表性能可能变劣。

⑬ 维护保养使用湿布和温和的清洁剂清洁仪表外壳，不要用研磨剂。

3.2.4 安全标志

安全标志如表 3-1 所示。

表 3-1　UT39A/B/C 型数字万用表的安全标志

机内电池不足	接地	警告提示
AC 交流	DC（直流）	保险丝
双重绝缘	蜂鸣通断	二极管
AC 或 DC		
MC 中国技术监督局，制造计量器具许可证		
CE 符合欧盟（European Union）标准		

3.2.5 综合指标

① 电压输入端子和地之间的最高电压：1000V。

② mA 端子的保险丝：$\Phi 5\times 20$，0.315A/250V。

③ 10A 或 20A 端子：无保险丝。

④ 量程选择：手动。

⑤ 最大显示：1999，每秒更新 2～3 次。

⑥ 极性显示：负极性输入显示“-”符号。

⑦ 过量程显示：“1”。

⑧ 数据保持功能：LCD 左上角显示“H”。

⑨ 电池不足：LCD 显示“▱”符号。

⑩ 机内电池：9V NEDA1604 或 6F22 或 006P。

⑪ 工作温度：0～40℃（32℉～104℉）。

⑫ 储存温度：-10℃～50℃（14℉～122℉）。

⑬ 海拔高度：（工作）2000m；（储存）10000m。

⑭ 外形尺寸：172mm × 83mm × 38mm。

⑮ 重量：约 310g（包括电池）。

3.2.6 外观结构

图 3-8 所示为 UT39A 数字万用表的外观结构。

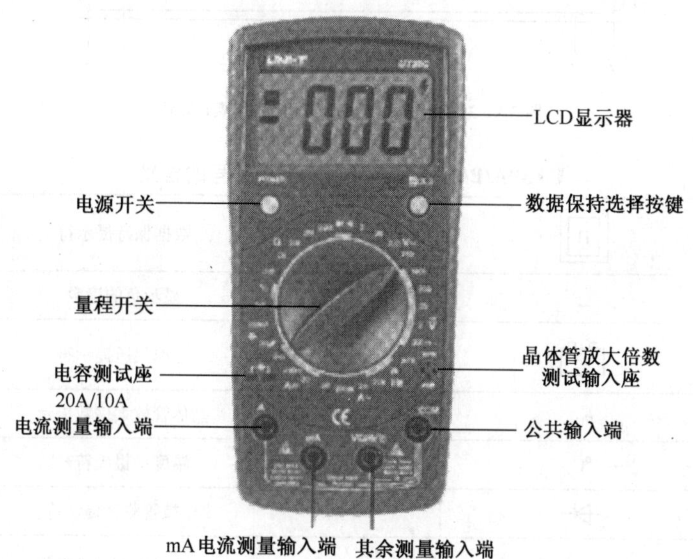

图 3-8 UT39A 数字万用表外观结构

3.2.7 按键功能及自动关机

（1）电源开关按键

当黄色“POWER”键被按下时，仪表电源即被接通；当黄色“POWER”键处于弹起状态时，仪表电源即被关闭。

（2）自动关机

仪表工作约 15min，电源将自动切断，仪表进入休眠状态，此时仪表约消耗 10μA 的电流。当仪表自动关机后，若要重新开启电源，则重复按动电源开关两次。

（3）数据保持显示

按下蓝色“HOLD”键，仪表 LCD 上保持显示当前测量值，再次按一下该键则退出数据保持显示功能。

3.2.8 显示符号及其含义

UT39A/B/C 型数字万用表的显示符号如图 3-9 所示，其相应符号含义如表 3-2 所示。

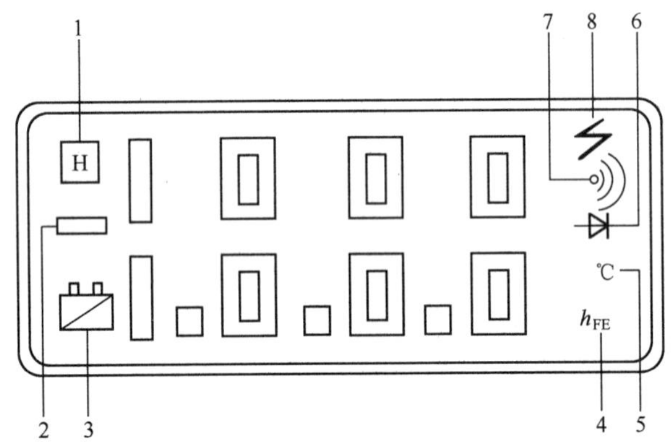

图 3-9 UT39A/B/C 型数字万用表的显示符号

表 3-2 UT39A/B/C 型数字万用表显示符号的含义

1	H	数据保持提示符
2	–	显示负的读数
3		电池欠压提示符
4	h_{FE}	晶体管放大倍数提示
5	℃	温度：摄氏符号
6		二极管测试提示符
7		电路通断测试提示符
8		高压测试提示符

3.2.9 操作说明

仪表具有电源开关，同时设置有自动关机功能，当仪表持续工作约 15min 会自动进入睡眠状态，因此，当仪表的LCD上无显示时，首先应确认仪表是否已自动关机。

开启仪表电源后，观察LCD显示屏，如出现"▭"符号，则表明电池电力不足，为了确保测量精度，须更换电池。

测量电压和电流前须注意，不要超出指示值。

1．直流电压测量

① 将红表笔插入"VΩ"插孔，黑表笔插入"COM"插孔。

② 将功能开关置于V"⎓"量程挡，并将测试表笔并联到待测电源或负载上。

③ 从显示器上读取测量结果。

注意：

- 不知被测电压范围时，请将功能开关置于最大量程，根据读数需要逐步调低测量量程挡。
- 当LCD只在最高位显示"1"时，说明已超量程，须调高量程。
- 不要输入高于1000V或750V（有效值）的电压，显示更高电压值是可能的，但有损坏仪表内部线路的危险。
- 测量高电压时，要格外注意，以免触电。
- 在完成所有的测量操作后，要断开表笔与被测电路的连接，并从仪表输入端将表笔拿掉。
- 每一个量程挡，仪表的输入阻抗均为10MΩ，这种负载效应在测量高阻电路时会引起测量误差，如果被测电路阻抗不大于10kΩ，误差可以忽略（0.1%或更低）。

2．交流电压测量

操作说明及注意事项类同直流电压测量。

3．直流电流测量

① 将红表笔插入"mA"或"10A或20A"插孔（当测量200mA以下的电流时，插入"mA"插孔；当测量200mA及以上的电流时，插入"10A或20A"插孔），黑表笔插入"COM"插孔。

② 将功能开关置A"——"量程，并将测试表笔串连接入到待测负载回路里。

③ 从显示器上读取测量结果。

注意：

- 当开路电压与地之间的电压超过安全电压直流60V或30V（有效值）时，请勿尝试进行电流的测量，以避免仪表或被测设备的损坏，以及伤害到自己。因为这类电压会有电击的危险。
- 在测量前一定要切断被测电源，认真检查输入端子及量程开关位置是否正确，确认无误后，才可通电测量。
- 不知被测电流值的范围时，应将量程开关置于高量程挡，根据读数需要逐步调低量程。
- 若输入过载，内装保险丝会熔断，须予更换。保险丝外形尺寸：$\Phi 5 \times 20$mm，规格为0.315A/250V。

● 测试大电流时，为了安全使用仪表，每次测量时间应小于 10s，测量的间隔时间应大于 15min。

4．交流电流测量

操作说明及注意事项类同直流电流测量。

5．电阻测量

① 将红表笔插入“VΩ”插孔，黑表笔插入“COM”插孔。
② 将功能开关置于 Ω 量程挡，并将测试表笔并接到待测电阻上。
③ 从显示器上读取测量结果。

注意：

● 测在线电阻时，为了避免仪表受损，须确认被测电路已关掉电源，同时电容已放完电，方能进行测量。

● 在 200Ω 挡测量电阻时，表笔引线会带来 0.1～0.3Ω 的测量误差，为了获得精确读数，可以将读数减去红、黑两表笔短路读数值，为最终读数。

● 当无输入时，例如开路情况，仪表显示为“1”。

● 在被测电阻值大于 1MΩ 时，仪表需要数秒后方能读数稳定，属于正常现象。

6．频率测量

① 将红表笔插入“VΩ”插孔，黑表笔插入“COM”插孔。
② 将功能开关置于 kHz 量程挡，并将测试表笔并接到待测电路上。
③ 从显示器上读取测量结果。

注意：

● 不要输入高于直流 60V 或 30V（有效值）的电压，以避免损坏仪表及危及人身安全。

● 被测频率信号的电压值≥30V（有效值）时，仪表不能保证测量精度。

7．温度测量（仅 UT39C）

① 将热电偶传感器冷端的“+”、“−”极分别插入“VΩ”插孔和“COM”插孔。
② 将功能开关置于 TEMP（℃）量程挡，热电偶工作端置于待测物上面或内部。
③ 从显示器上读取读数，其单位为℃。

注意：

● 随机所附温度探头为 K 型热电偶，此类热电偶的极限温度为 250℃。如果要测量更高的温度，须另选购其他型号的温度探头。

● 无温度探头插入仪表时，LCD 显示“1”。

● 不要输入高于直流 60V 或交流 30V 的电压，避免损坏仪表及伤害自己。

8．电容测量

① 将功能开关置于电容量程挡。

② 将待测电容插入电容测试输入端，如超量程，LCD 显示“1”，需调高量程。

③ 从显示器上读取读数。

注意：

- 如果被测电容短路或其容值超过量程时，LCD 显示“1”。
- 所有的电容在测试前必须充分放电。
- 当测量在线电容时，必须先将被测线路内的所有电源关掉，并将所有电容充分放电。
- 如果被测电容为有极性电容，测量时应按面板上输入插座上方的提示符将被测电容的引脚正确地与仪表连接。
- 测量电容时，应尽可能使用短连接线，以减少分布电容带来的测量误差。
- 每次转换量程时，归零需要一定时间，此过程中读数漂移不会影响最终的测量精度。
- 不要输入高于直流 60V 或交流 30V 的电压，避免损坏仪表及伤害自己。

9．二极管和蜂鸣通断测量

① 将红表笔插入“VΩ”插孔，黑表笔插入“COM”插孔。

② 将功能开关置于二极管和蜂鸣通断测量程挡。

③ 如将红表笔连接到待测二极管的正极，黑表笔连接到待测二极管的负极，则 LCD 上的读数为二极管正向压降的近似值。

④ 如将表笔连接到待测线路的两端，若被测线路两端之间的电阻大于 70Ω，认为电路断路；若被测线路两端之间的电阻不大于 10Ω，认为电路良好导通，蜂鸣器连续声响；若被测两端之间的电阻在 10～70Ω，蜂鸣器可能响，也可能不响。同时 LCD 显示被测线路两端的电阻值。

注意：

- 如果被测二极管开路或极性接反（即黑表笔连接的电极为“+”，红表笔连接的电极为“−”）时，LCD 将显示“1”。
- 用二极管挡可以测量二极管及其他半导体器件 PN 结的电压降，对一个结构正常的硅半导体，正向压降的读数应该是 0.5～0.8V。
- 为避免仪表损坏，在线测试二极管前，应先确认电路已切断电源，电容已放电。
- 不要输入高于直流 60V 或交流 30V 的电压，避免损坏仪表及伤害到自己。

10．晶体管参数测量（h_{FE}）

① 将功能/量程开关置于“h_{FE}”。

② 决定待测晶体管是 PNP 或 NPN 型，正确将基极（B）、发射极（E）、集电极（C）对应插入四脚测试座，显示器上即显示出被测晶体管的 h_{FE} 近似值。

3.2.10 技术指标

准确度：$\pm a\% + b$，保证期 1 年；环境温度：23 ± 5℃；相对湿度：＜75%。

1. 直流电压（见表 3-3）

表 3-3　　UT39A/B/C 型数字万用表直流电压

量　程	分 辨 力	准　确　度		
		UT39A	UT39B	UT39C
200mV	100μV	±0.5%+1		
2V	1mV			
20V	10mV			
200V	100mV			
1000V	1V	±0.8%+2		

输入阻抗：所有量程为 10MΩ。

过载保护：对于 200mV 量程为直流 250V 或交流有效值 250V。

其余量程过载保护为：交流 750V 或直流 1000V。

2. 交流电压（见表 3-4）

表 3-4　　UT39A/B/C 型数字万用表交流电压

量　程	分 辨 力	准　确　度		
		UT39A	UT39B	UT39C
2V	1mV	±0.8%+3		
20V	10mV			
200V	100mV			
750V	1V	±1.2%+3		

输入阻抗：所有量程均为 10MΩ。

频率范围：40～400Hz。

过载保护：交流 750V 或直流 1000V。

显示：正弦波有效值（平均值响应）。

3. 直流电流（见表 3-5）

表 3-5　　UT39A/B/C 型数字万用表直流电流

量　程	分 辨 力	准　确　度		
		UT39A	UT39B	UT39C
20μA	0.01μA	±2%+5		
200μA	0.1μA	±0.8%+3		
2mA	1μA	±0.8%+1		±0.8%+1
20mA	10μA			
200mA	100μA	±1.5%+1		
10A/20A	10mA	±2%+5		

μA/mA 量程：0.315A/250V 保险丝。

10A/20A 挡量程：无保险丝，每次测量时间不大于 10s，间隔时间不小于 15min。

测量电压降：满量程为 200mV。

4．交流电流（见表 3-6）

表 3-6　　　　　　　　　　**UT39A/B/C 型数字万用表交流电流**

量　程	分 辨 力	准 确 度		
		UT39A	UT39B	UT39C
200μA	0.1μA	±1%+3		
2mA	1μA		±1%+3	
20mA	10μA	±1%+3		
200mA	100μA	±1.8%+3		
10A/20A	10mA	±3%+5		

μA/mA 量程：0.315A/250V 保险丝。

10A/20A 挡量程：无保险丝，每次测量时间应不大于 10s，间隔时间应不小于 15min。

测量电压降：满量程为 200mV。

频率响应：40～400Hz。

显示：正弦波有效值（平均值响应）。

5．电阻（见表 3-7）

表 3-7　　　　　　　　　　**UT39A/B/C 型数字万用表电阻**

量　程	分 辨 力	准 确 度		
		UT39A	UT39B	UT39C
200Ω	0.1Ω	±0.8%+3		
2kΩ	1Ω			
20kΩ	10Ω		±0.8%+1	
200kΩ	100Ω	±0.8%+1		
2MΩ	1kΩ		±0.8%+1	
20MΩ	10kΩ		±1%+2	
200MΩ	100kΩ	±5%+10		

开路电压：≤700mV（200MΩ 量程，开路电压约为 3V）。

过载保护：所有量程直流 250V 或交流有效值。

注意：在 200MΩ 挡，表笔短路，显示器显示 10 个字是正常的，在测量中应从读数中减去这 10 个字。

6．电容（见表 3-8）

表 3-8　　　　　　　　　　**UT39A/B/C 型数字万用表电容**

量　程	分 辨 力	准 确 度		
		UT39A	UT39B	UT39C
2nF	1pF			
200nF	0.1nF		±4%+3	
2μF	1nF	±4%+3		
20μF	10nF		±4%+3	

过载保护：交流 250V。
测试信号：约 400Hz，40mV（有效值）。

7．频率（仅 UT39C，见表 3-9）

表 3-9　　UT39C 型数字万用表工作频率

量　程	分 辨 力	准 确 度
2kHz	1kHz	±2%+5
20kHz	10kHz	±1.5%+5

过载保护：交流 250V。
灵敏度：≤200mV，输入电压：≥30V（有效值），不保证测量精度。

8．温度（仅 UT39C，见表 3-10）

表 3-10　　UT39C 型数字万用表工作温度

量　程	分 辨 力	准 确 度
−40～0℃	1℃	±4%+4
1～400℃		±2%+8
401～1000℃		±3%+10

过载保护：交流 250V。

9．二极管、通断测试（见表 3-11）

表 3-11　　UT39A/B/C 型数字万用表二极管及通断测试

功　能	量　程	分 辨 率	输 入 保 护	备　注
二极管	→⊢	1mV	250V⎓～	开路电压约 2.8V
蜂鸣通断测试	•)))	1Ω	250V⎓～	<70Ω 蜂鸣器连续发声

3.3　YB1713 双路直流电源

3.3.1　概述

YB1713 双路直流电源具有恒压、恒流工作功能（CV/CC），且这两种工作模式可随负载变化而进行自动变换。它具有串联主从工作功能，其中左边一路是主路，右边为从路。在跟踪状态下，从路输出电压随主路发生变化。这在需要对称且可调双极性电源场合特别适用。其每一路均可输出 0～32V、0～2A 的直流信号。串联或串联跟踪工作时可输出 0～64V、0～2A 或 0～±32V、0～2A 的单极或双极性信号。每一路输出均有一块高品质磁电电表作输出参数的指示。该电源具有方便有效、短路时的电流恒定等特点。面板上每一路的输出端都有一接地端，使本电源能方便地接入系统地电位。全部输出功率大于 124W。

3.3.2 性能指标

YB1713 双路直流电源的性能指标如表 3-12 所示。

表 3-12　YB1713 双路直流电源的性能指标

型　号		YB1713
输出（双路）	电　压	0～32V
	电　流	0～2A
输　入		220 ± 10%V 50 ± 4%Hz
负 载 效 应	CV	5×10^{-4} + 2mV
	CC	20mA
源 效 应	CV	1×10^{-4} + 2mV
	CC	1×10^{-4} + 5mA
纹波及噪声	CV	1mV（有效值）
	CC	1mV（有效值）
输出调节分辨率	CV	20mV
	CC	50mV
相 互 效 应	CV	5×10^{-5} + 1mV
	CC	<0.5mA
跟 踪 误 差		5×10^{-3} + 2mV
瞬态恢复时间		50μs 20mV
指示仪表精度	电　压	2.5 级
	电　流	2.5 级
温度范围	工作温度	0～+ 40℃
	储存温度	5～ + 45℃
可靠性 MTBF		≥2000h
冷却方式		自然通风冷却
体　积		305mm × 197mm × 152mm

3.3.3 工作原理

1. 换挡原理

由于输出电压的变化范围是 0～32V，所以采用变压器次级输出的交流电压要通过换挡后加至整流器。这个过程是由换挡控制电路及驱动电路来完成的，换挡时刻是由输出电压的变化过程决定的。原理框图如图 3-10 所示。

恒压、恒流工作模式相互转换原理：当恒压工作时，电压比较放大器对整流管处于优先控制状态；当恒压工作的输出电流达到恒流点设定值时，恒流比较放大器对调整管起控处于优先控制状态，电路的工作模式由恒压向恒流转换。

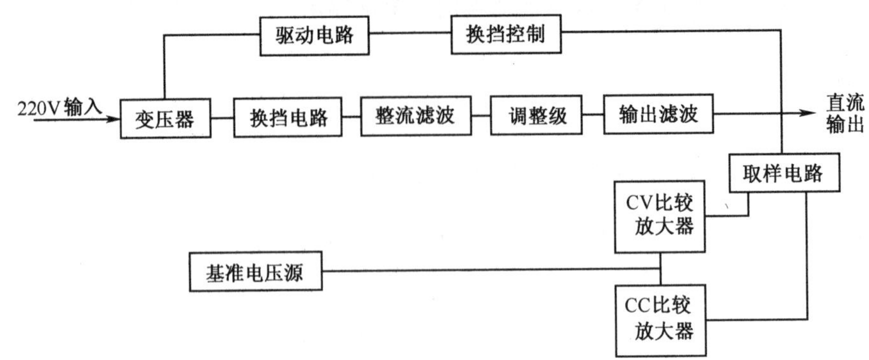

图 3-10　YB1713 双路直流电源原理框图

图 3-11 表明了这种转换过程的输出特性。

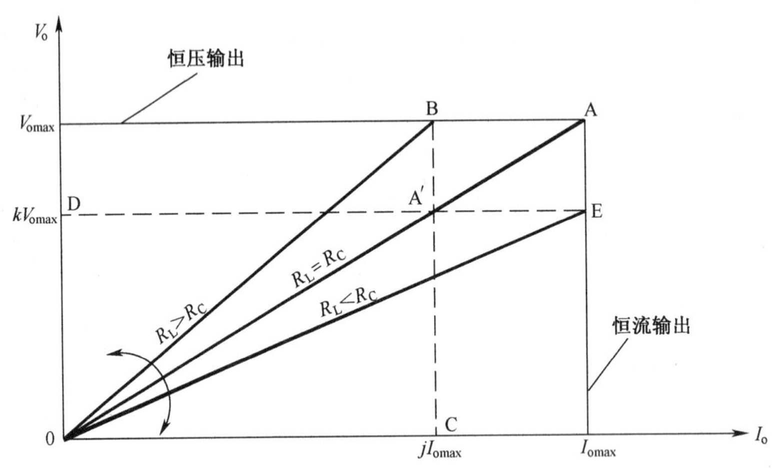

图 3-11　工作模式转换过程输出特性

转换点的负载值为 $R_C = R_L = {kV_{omax}}/{jI_{omax}}$；其中 $0 \leqslant \frac{k}{j} \leqslant 1$。

当 $k=j$ 时，电源输出最大功率，$R_C = R_L = {V_{omax}}/{I_{omax}}$；

当 $k>j$ 时，电路工作在恒流状态，A 点移到 BC 线上的 A′ 点；

当 $k<j$ 时，电路工作在恒压状态，A 点移到 DE 线上的 A′ 点；

设 k、j 不变，假定均为 1，即 $k=j$ 而 R_L 变化，也可使电路转入恒压工作线上的 B 点或恒流工作线上的 E 点上。

通过以上叙述，可知恒压工作与恒流工作模式的转换点，一方面依赖于输出参数的设定来改变 k、j 的值；另一方面可以通过改变负载与临界负载 R_C 的关系来改变。而模式的转换最终是由机内的电子线路自己来完成。

理想的转换区应是一个点，但在实际上是不存在的，从数学角度上来看是因为在这一点输出电压或输出电流的变化不连续。在实际转换过程中存在着转换交迭区，当然这个交迭区越小，恒压恒流的转换特性越好。

2．调整电路

调整电路是串联线性调整器。由误差放大器控制使之对输出参数进行线性调整。

3．比较放大电路

比较放大器相对于调整级来说其馈电方式为全悬浮式，该电路的优点是调整范围大，精度高，电路简单，不怕过载或短路。

4．基准源

由 2DW7C 类的零温度系数基准电压和二极管构成，具有电路简单可靠，精度稳定性高的特点。

5．指示电路

由两块高灵敏度磁电式仪表组成，可由面板上的琴键开关控制，对输出电压或电流进行指示，其指示精度为 2.5 级。

6．串联主—从跟踪工作原理（见图 3-12）

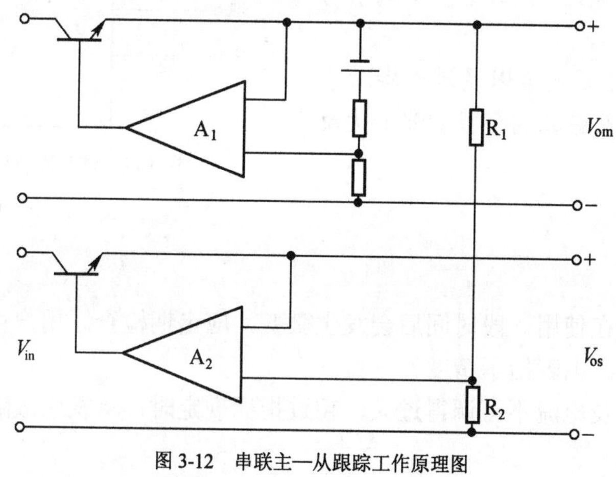

图 3-12　串联主—从跟踪工作原理图

若 $R_1 = R_2$，如 A_2 的两个输入端电压 $V_{in} = 0$，必有 $V_{os} = V_{om}$，即从路输出跟踪主路输出变化。

3.3.4　使用方法

1．面板控制功能说明（结构外观见图 3-13）

① 电压表：指示输出电压。

② 电流表：指示输出电流。

③ 电压调节：调整恒压输出值。

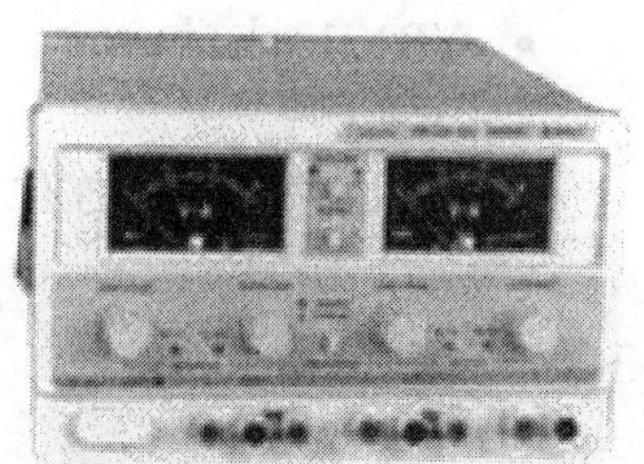

图 3-13　YB1713 双路直流电源

④ 电流调节：调整恒流输出值。

⑤ 跟踪工作：串联跟踪工作按钮。

⑥ 独立：非跟踪工作。

⑦ 接地端：机壳接地接线柱。

⑧ 跟踪工作时连接：串联跟踪工作的串联短接线。

2．使用方法

① 左边的按键为左路仪表指示功能选择，按下时，指示该路输出电流，否则指示该路输出电压，右边按键功能相同。

② 中间按键是跟踪/独立选择开关，按下此键后，再在左路输出负载至右路输出正端之间加一短接线，开启电源开关后，整机即工作在主从跟踪状态。

③ 输出电压宜在输出端开路时调节；输出电流宜在输出短路时调节。

3．接地法

① 本电源的接地原理图如图 3-14 所示，用户可根据自己的使用情况将本电源接地或接入自己的系统地电位。

② 串联工作或串联主从跟踪工作时，两路的四个输出端子原则上只允许有一个端子与机壳相连。

③ 接地的益处在于安全以及进一步减小输出纹波和接地电位差造成的有害杂波干扰及 50Hz 干扰。

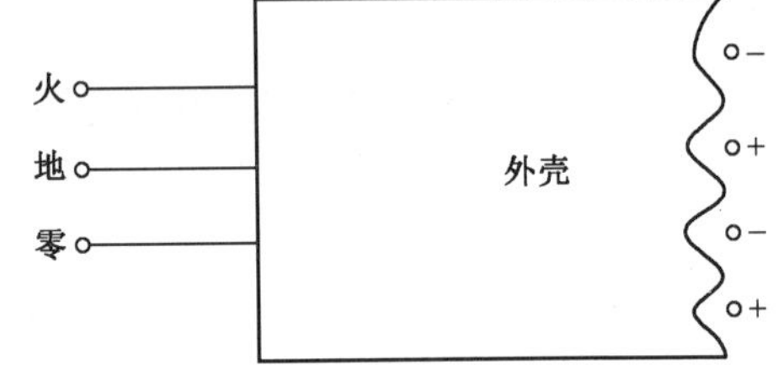

图 3-14　YB1713 直流电源接地原理图

3.3.5　一般维修

电源的工作性能在使用一段时间后会发生微变，应定期检查。用户可以着重检查两项：电压及电流输出范围、电表指示精度。

注意：输出电压及电流不可调得过大，超过指标规定时，将发生故障。

3.3.6　成套性

YB1713 的成套包装含有：

- YB1713 主机　　一台
- 说明书　　一份
- 输入保险丝管 BGXP（$\phi 5\times 20$　2.5A）　　一个

3.3.7　储存

YB1713 应储存在温度 5～45℃，相对湿度低于 80%的不结露通风室内，室内不应有烟雾、煤气、酸碱性气体、挥发性溶剂及高粉尘含量。

3.4 YB4320G/40G/60G 示波器

3.4.1 概述

YB4300G 系列双时基示波器主要有 YB4320G、YB4340G 和 YB4360G 等型号，该系列示波器轻颖小巧、使用方便，外观见图 3-15，具有下列特点：

① 频率范围广：YB4360G：DC～60MHz，－3dB

YB4340G：DC～40MHz，－3dB

YB4320G：DC～20MHz，－3dB

② 灵敏度高：最高偏转系数为 1mV/div。

③ 6 英寸大屏幕，便于清楚观看信号波形。

④ 标尺亮度：便于夜间和照相使用。

⑤ 数字编码开关，操作灵活，可靠性高。

⑥ 可对主扫描 A 全量程任意时间段（ΔT）通过延迟扫描 B 进行扩展设定，延迟扫描 B 能够对被观察信号进行水平放大，以便进行精确测量。

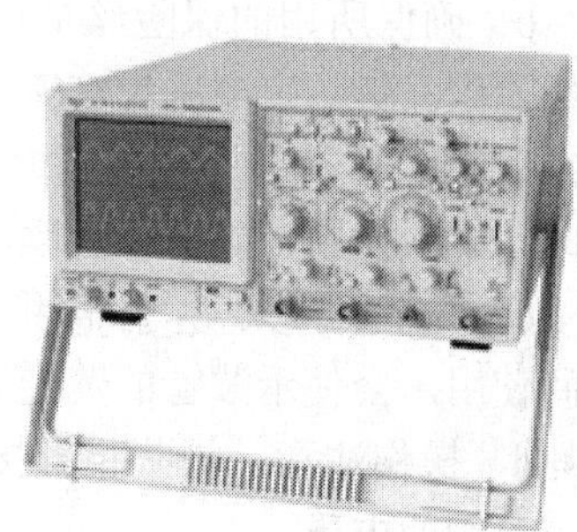

图 3-15 YB4320G 双踪示波器

⑦ 触发源：丰富的触发源功能（CH1、CH2、电源触发、外触发），使用交替触发操作可获得两个不相关电信号稳定的同步显示。

⑧ 触发耦合：全新的触发耦合电路设计，对各类不同频率、不同电平组合的电信号使用该操作可获得稳定的同步显示。

⑨ 自动聚焦：测量过程中聚焦电平可自动校正。

⑩ 触发锁定：触发电路呈全自动同步状态，无需人工调节触发电平。

⑪ 释抑调节：使各种复杂波形同步更加稳定。

3.4.2 仪器的成套性

该仪器提供的标准配置如下：

- 示波器　　一台
- 探针　　两根

3.4.3 使用注意事项

① 避免过冷或过热。不可将示波器长期暴露在日光或靠近热源的地方，如火炉。

② 不可在寒冷天气时在室外使用。仪器工作温度应是 0～40℃。

③ 避免在炎热与寒冷交替环境下使用。不可将示波器从炎热环境中突然转移到寒冷的

环境或相反进行，这将导致仪器内部形成水气凝结。

④ 避免湿度、水分和灰尘。如果将示波器置于湿度或灰尘多的地方，可能导致仪器操作出现故障。最佳使用相对湿度范围是35%～90%。

⑤ 示波器是一种精密测量仪器，应避免放置在强烈震动的地方，否则会导致仪器操作出现故障。

⑥ 避免放置仪器的地方有磁器和强磁场。示波器对电磁场较为敏感，不可在具有强烈磁场的地方操作示波器，不可将磁性物体靠近示波器。

⑦ 使用之前的检查步骤：

a．检查电压：首先检查示波器是否处于正确工作电压范围，工作电压范围：额定电压为交流220V，工作电压为交流198～242V。

b．确保所用的保险丝是指定的型号：为防止由于过电流引起的电路损坏，应使用正确的保险丝。其额定电压为交流220V，额定电流为1A。如果保险丝熔断，仔细检查原因，修理之后换上规定的保险丝。如使用的保险丝不当，不仅会导致出现故障，甚至会使故障扩大，因此，必须使用正确的保险丝。

c．辉度不可太亮，不可将光点和扫描线调的过亮，否则不仅会使眼睛疲劳，而且如果长时间使用，会使示波管的荧光屏变黑。

d．操作注意：为防止直接加到示波器输入端或探极输入端的电压过高，不可使用高于下列范围的电压：

输入电压（直接）：400V（DC＋ACp-p），频率≤1kHz；

使用探极时：400V（DC＋ACp-p），频率≤1kHz；

外触发输入：100V（DC＋ACp-p），频率≤1kHz；

z-轴输入：50V（DC＋ACp-p），频率≤1kHz。

3.4.4 面板控制键作用说明

阅读本节内容请参看图3-16所示的YB4320G前面板和图3-17所示的YB4320G/4340G/4360G后面板示意图，YB4340G/4360G与YB4320G的前面板基本一致。

1．主机电源部分

【46】交流电源插座：该插座下部装有保险丝，用来连接交流电源线。

【9】电源开关（POWER）：按键弹出为“关”位置，按电源开关键，接通电源。

【8】电源指示灯：电源接通时，指示灯亮。

【2】辉度旋钮（INTENSITY）：控制光点和扫描线的亮度，顺时针方向旋转旋钮，亮度增强。

【4】聚焦旋钮（FOCUS）：用辉度控制钮将亮度调至合适的标准，然后调节聚焦控制钮直至光迹达到最清晰的程度。虽然调节亮度时，聚焦电路可自动调节，但聚焦有时也会发生轻微变化，如出现这种情况，需重新调节聚焦旋钮。

【5】光迹旋转（TRACE ROTATION）：由于磁场的作用，当光迹在水平方向发生轻微倾斜时，该旋钮用于调节光迹与水平刻度平行。

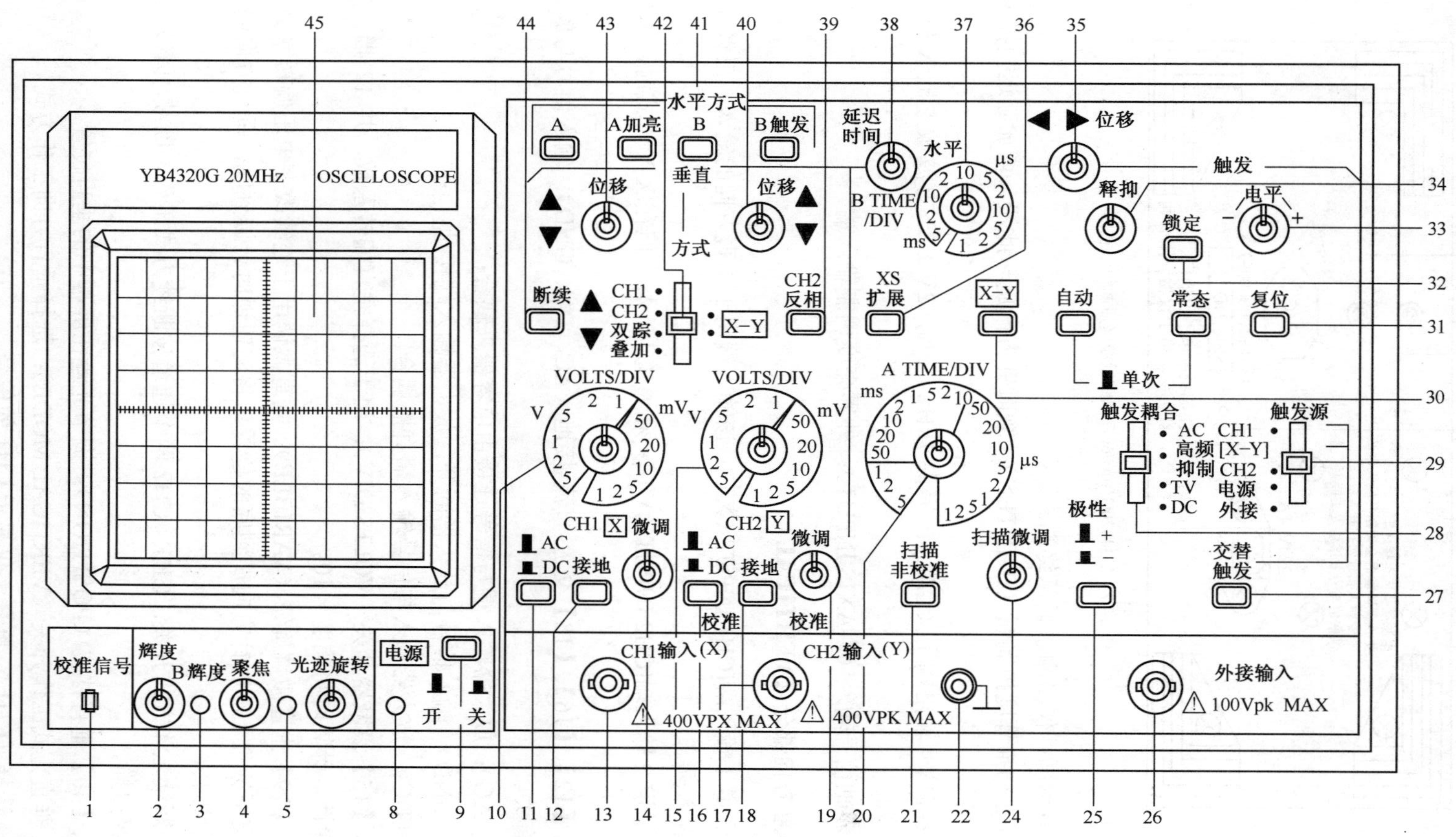

图 3-16 YB4320G 双踪示波器前面板示意图

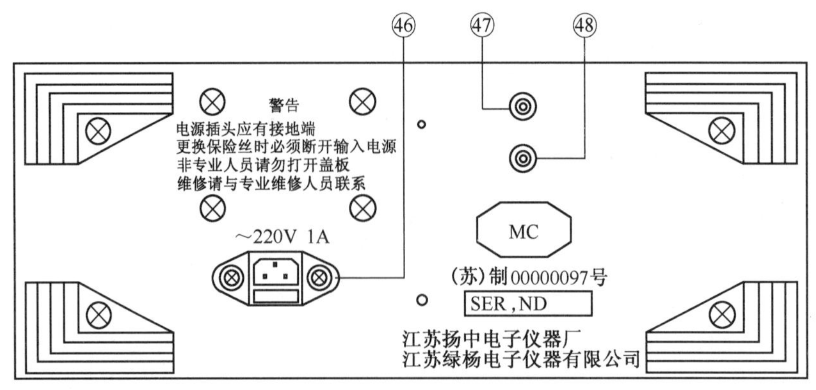

图 3-17　YB4320G/40G/60G 双踪示波器后面板示意图

【45】显示屏：仪器测量显示终端。

【3】延迟扫描辉度控制钮（B INTEN）：顺时针方向旋转此钮，增加延迟扫描 B 显示光迹亮度。

【1】校准信号输出端子（CAL）：提供 1kHz ± 2%，2V ± 2%方波做主机 X 轴、Y 轴校准用。

【47】Z-轴信号输入（Z-AXIS INPUT）：外界亮度调制输入端。

2．垂直方向部分（VERTICAL）

【13】通道 1 输入端[CH1 INPUT（X）]：该输入端用于垂直方向的输入，在 X-Y 方式时，作为 X 轴输入端。

【17】通道 2 输入端[CH2 INPUT（Y）]：和通道 1 一样，但在 X-Y 方式时，作为 Y 轴输入端。

【11】、【12】、【16】、【18】交流-直流-接地（AC、DC、GND）：输入信号与放大器连接方式选择有关。

交流（AC）：放大器输入端与信号连接由电容器来耦合；

接地（GND）：输入信号与放大器断开，放大器输入端接地；

直流（DC）：放大器输入与信号输入端直接耦合。

【10】、【15】衰减器开关（VOLTS/DIV）：用于选择垂直偏转系数，共 12 挡。如果使用 10∶1 的探针，计算时将幅度 × 10。

【14】、【19】垂直微调旋钮（VARIBLE）：垂直微调用于连续改变电压偏转系数。此旋钮在正常情况下应位于顺时针方向旋到底的位置。将旋钮逆时针旋到底，垂直方向的灵敏度下降到 2.5 倍以上。

【44】断续工作方式开关：CH1、CH2 两个通道按断续方式工作，断续频率为 250kHz，适用于低速扫描。

【43】、【40】垂直移位（POSITION）：调节光迹在屏幕中的垂直位置。

【42】垂直方式工作开关（VERTICAL MODE）：选择垂直方向工作方式。

通道 1 选择（CH1）：屏幕上仅显示 CH1 的信号。

通道 2 选择（CH2）：屏幕上仅显示 CH2 的信号。

双踪选择（DUAL）：屏幕显示双踪，以自动交替或断续方式，同时显示 CH1 和 CH2 的信号。

叠加（ADD）：显示 CH1 和 CH2 输入信号的代数和。

【39】CH2 极性开关（INVERT）：按此开关时 CH2 显示反向信号。

【48】CH1 信号输出端（CH1 OUTPUT）：输出约 100mV/div 的通道 1 信号。输出端接 50Ω 匹配终端时，信号衰减一半，约 50mV/div。该功能用于频率计显示等。

3．水平方向部分（HORIZONTAL）

【20】主扫描时间系数选择开关（time/div）：共 20 挡，在 0.1μs～0.5s/div 范围选择扫描速率。

【30】X-Y 控制键：按入此键，垂直偏转信号接入 CH2 输入端，水平偏转信号接入 CH1 输入端。

【21】扫描非校准状态开关键：按入此键，扫描时基进入非校准调节状态，此时调节扫描微调有效。

【24】扫描微调控制旋钮（VARIBAL）：此旋钮以顺时针方向旋转到底时，处于校准位置，扫描由 time/div 开关指示。此旋钮以逆时针方向旋转到底，扫描减慢 2.5 倍以上。当按键 21 未按入，旋钮调节无效，即为校准状态。

【35】水平位移（POSITION）：用于调节光迹在水平方向移动。顺时针方向旋转该旋钮向右移动光迹；逆时针方向旋转向左移动光迹。

【36】扩展控制键（MAG × 10）：按下去时，扫描因数× 10 扩展（YB4320G 为 × 5）。扫描时间是 time/div 开关指示数值的 1/10（1/5）。

【37】延迟扫描 B 时间系数选择开关（B time/div）：分 12 挡，在 0.1μs～0.5s/div 范围选择 B 扫描速率。

【41】水平工作方式选择（HORIZ DISPLAY）：

主扫描（A）：按入此键主扫描 A 单独工作，用于一般波形观察。

加亮（A INT）：选择 A 扫描的某区段扩展为延迟扫描，可用此扫描方式。与 A 扫描相对应的 B 扫描区段（被延迟扫描）以高亮度显示。

触发（B TRIG′D）：选择连续延迟扫描和触发延迟扫描。

【38】延迟时间调节旋钮（DELAY TIME）：调节延迟扫描对应于主扫描开始多少时间启动延迟扫描，调节该旋钮，可使延迟扫描在主扫描全程任何时间段启动延迟扫描。

【22】接地端子：示波器外壳接地端。

4．触发系统（TRIGGER）

【29】触发源选择开关（SOURCE）：

通道 1 触发（CH1，X-Y）：CH1 通道信号为触发信号，当工作方式为 X-Y 方式时，拨动开关应设置于此挡。

通道 2 触发（CH2）：CH2 通道的输入信号是触发信号。

电源触发（LINE）：电源频率信号为触发信号。

外触发（EXT）：外触发输入端的触发信号是外部信号，用于特殊信号的触发。

【27】交替触发（TRIG ALT）：在双踪交替显示时，触发信号来自于两个垂直通道，此方式可用于同时观察两路不相关信号。

【26】外触发输入插座（EXT INPUT）：用于外部触发信号的输入。

【33】触发电平旋钮（TRIG LEVEL）：用于调节被测信号在某选定电平触发，当旋钮转向“+”时显示波形的触发电平上升，反之触发电平下降。

【32】电平锁定（LOCK）：无论信号如何变化，触发电平自动保持在最佳位置，不需人工调节电平。

【34】释抑（HOLD OFF）：当信号波形复杂，用电平旋钮不能稳定波形时，可用该旋钮使波形稳定同步。

【25】触发极性按钮（SLOPE）：触发极性选择，用于选择信号的上升沿还是下降沿触发。

【31】触发方式选择（TRIG MODE）：

自动（AUTO）：在“自动”扫描方式时，扫描电路自动进行扫描。在没有信号输入或输入信号没有被触发同步时，屏幕上仍然可以显示扫描基线。

常态（NORM）：有触发信号才能扫描，否则屏幕上无扫描线显示。当输入信号的频率低于 50Hz 时，请用“常态”触发方式。

单次（SINGLE）：当“自动”、“常态”两键同时弹出时，被设置于单次触发状态，当触发信号来到时，准备（READY）指示灯亮，单次扫描结束后指示灯熄，复位键（RESET）按下后，电路处于待触发状态。

3.4.5 操作方法

1. 基本操作（按表 3-13 设置仪器的开关及控制旋钮或按键）

表 3-13　　YB4320G/40G/60G 双踪示波器的设置

项　目	编　号	设　置
电源（POWER）	（9）	弹出
辉度（INTENSITY）	（2）	顺时针 1/3 处
聚焦（FOCUS）	（4）	适中
垂直方式（VERT MODE）	（42）	CH1
断续（CHOP）	（44）	弹出
CH2 反相（INV）	（39）	弹出
垂直位移（POSITION）	（40）（43）	适中
衰减开关（VOLTS/DIV）	（10）（15）	0.5V/div
微调（VARIABLE）	（14）（17）	校准位置
AC-DC-接地（GND）	（11）（12）（16）（18）	接地（GND）
触发源（SOURCE）	（29）	CH1
耦合（COUPLING）	（28）	AC
触发极性（SLOP）	（25）	+
交替触发（TRIG ALT）	（27）	弹出

续表

项　目	编　号	设　置
电平锁定（LOCK）	（32）	按下
释抑（HOLDOFF）	（34）	最小（逆时针方向）
触发方式	（31）	自动
水平显示方式（HORIZ DISPLAY）	（41）	A
A TIME/DIV	（20）	0.5ms/div
扫描非校准（SWP UNCAL）	（21）	弹出
水平位移（POSITION）	（35）	适中
×5 扩展（×5MAG） ×10 扩展（×10MAG）	（36）	弹出
X-Y	（30）	弹出

按上述设定开关和控制按钮后，将电源线接到交流电源插座，然后按以下步骤操作：

① 打开电源开关，确定电源指示灯变亮，约 20s 后，示波器屏幕上会显示光迹，如 60s 后仍未出现光迹，应按上表检查开关和控制按钮的设定位置。

② 调节辉度（INTEN）和聚焦（FOCUS）旋钮，将光迹调到适当，且最清晰。

③ 调节 CH1 位移旋钮及光迹旋转旋钮，将扫描线调到与水平刻度线平行。

④ 将探极连接到 CH1 输入端，将 2V 校准信号加到探针上。

⑤ AC-DC-GND 开关拨到 AC，屏幕上将出现如图 3-18 所示的波形。

⑥ 调节聚焦（FOCUS）旋钮，使波形达到最清晰。

⑦ 为便于信号的观察，将 VOLTS/DIV 开关和 TIME/DIV 开关调到适当的位置，使信号波形幅度适中，周期适中。

⑧ 调节垂直位移和水平位移旋钮到适当位置，使显示的波形对准刻度线且电压幅度（V）和周期（T）能方便读出。

上述为示波器的基本操作步骤。CH2 的单通道操作方法与 CH1 类似，进一步的操作方法在下面章节中逐一讲解。

2．双通道操作

将 VERT MODE（垂直方式）开关置双踪（DUAL），此时，CH2 的光迹也显示在屏幕上，CH1 光迹为标准方波信号，CH2 因无输入信号显示为水平基线。

如同通道 CH1，将校准信号介入通道 CH2，设定输入开关为 AC，调节垂直方向位移旋钮（40）和（43），使两通道信号如图 3-19 所示。

双通道操作时（双踪或叠加），“触发源”开关选择 CH1 或 CH2 信号，如果 CH1 和 CH2 信号为相关信号，则波形均被稳定显示，如果为不相关信号，必须使用“交替触发”（TRIG ALT）开关，那么两个不相关信号波形也都被稳定同步。但此时不可同时按下“断续”（CHOP）和“交替触发”（TRIG ALT）开关。

5ms/div 以下的扫速范围使用“断续”方式；2ms/div 以上的扫速范围为“交替”方式。当“断续”开关按下时，在所有扫描范围内均以“断续”方式显示两条光迹，“断续”方式优先于“交替方式。”

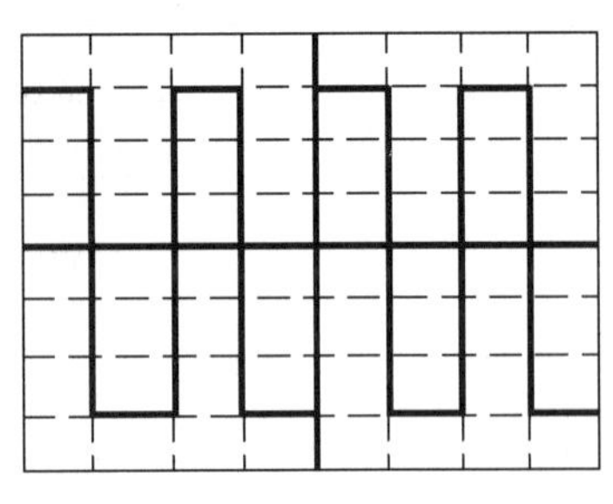

图 3-18　单通道操作得到的波形

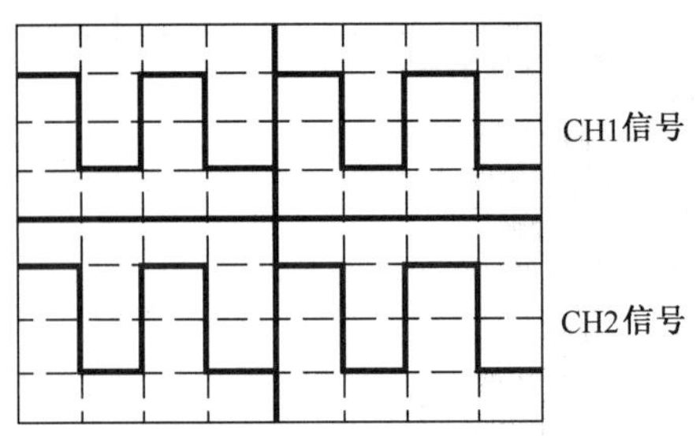

图 3-19　双通道操作得到的波形

3．叠加操作

将垂直方式（VERT MODE）设定在相加（ADD）状态，可在屏幕上观察到 CH1 和 CH2 信号的代数和，如图 3-20 所示。如果按下了 CH2 反向（INV）按键开关，则显示为 CH1 和 CH2 信号之差。

如果想要得到精确的相加或相减，借助于垂直微调（VAR）旋钮将两通道的偏转系数精确调整到同一数值上。

垂直位移可由任一通道的垂直移位旋钮调节，观察垂直放大器的线性，请将两个垂直位移旋钮设定在中心位置。

4．X-Y 操作与 X 外接操作

“X-Y”按键按下，内部扫描电路断开，由“触发源”（SOURCE）选择的信号驱动水平方向的光迹。当触发源开关设定为“CH1（X-Y）”位置时，示波器为“X-Y”工作，CH1 为 X 轴，CH2 为 Y 轴；当触发源设定外接（EXT）位置时，示波器变为“X 外接方式”（EXT HOR）扫描工作。

X-Y 操作：垂直方式开关选择“X-Y”方式，触发源开关选择“X-Y”，CH1 为 X 轴，CH2 为 Y 轴，可进行 X-Y 工作。水平位移旋钮直接用作 X 轴。

注意：X-Y 工作时，若要显示高频信号则必须注意 X 轴和 Y 轴之间的相位差及频带宽度。

X 外接操作：作用在外触发输入端（23）上的外接信号驱动 X 轴，任一垂直信号由垂直工作方式（VERT MODE）开关选择，当选定双踪（DUAL）方式时，CH1 和 CH2 信号均以断续方式显示，如图 3-21 所示。

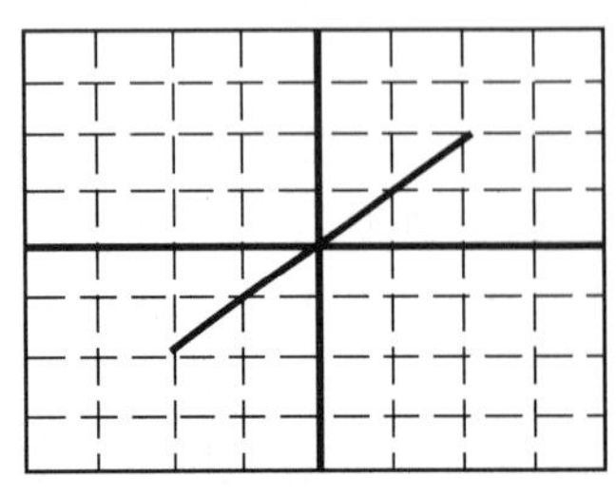

图 3-20　叠加工作模式

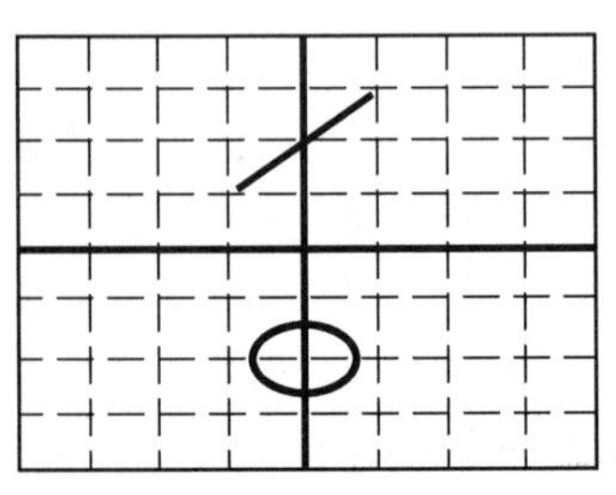

图 3-21　X 外接操作双路方式

5．触发

正确的触发方式直接影响示波器的有效操作，因此必须熟悉各种触发功能及操作方法。

（1）触发源开关功能

选择所需要显示的信号自身或是与显示信号具有时间关系的触发信号作用于触发，以便在屏幕上显示稳定的信号波形。

CH1：CH1 输入信号做触发信号。

CH2：CH2 输入信号做触发信号。

电源（LINE）：电源信号用作触发信号，这种方法用在被测信号与电源频率相关信号时有效，特别是测量音频电路，闸流管电路等工频电源噪声时更为有效。

外接（EXT）：扫描由作用在外触发输入端的外加信号触发，使用的外接信号与被测信号具有周期性关系。由于被测信号没有用作触发信号，波形的显示与被测量信号无关。上述触发源信号选择功能如表 3-14 所示。

表 3-14　　触发源信号选择功能

垂直方式 \ 触发源	CH1	CH2	DUAL	ADD
CH1	由 CH1 信号触发			
CH2	由 CH2 信号触发			
ALT	由 CH1 和 CH2 交替触发			
LINE	由交流电源信号触发			
EXT	由外接输入信号触发			

（2）耦合开关功能

根据被测信号的特点，用此开关选择触发信号的耦合方式。

交流（AC）：这是交流耦合方式，由于触发信号通过交流耦合电路，而排除了输入信号的直流成分的影响，可得到稳定的触发。该方式低频截止频率为 10Hz（－3dB）。使用交替触发方式且扫速较慢时（如产生抖动），可使用直流方式。

高频抑制（HF REJ）：触发信号通过交流耦合电路和低通滤波器（约 50Hz，－3dB）作用到触发电路，触发信号中高频成分通过滤波器被抑制，只有低频信号部分能作用到触发电路。

电视（TV）：TV 触发，以便于观察 TV 视频信号，触发信号经交流耦合通过触发电路，将电视信号馈送到电视同步分离电路，分离电路拾取同步信号作为触发扫描用，这样视频信号能稳定显示。调整主扫描 TIME/DIV 开关，扫描速度根据电视的场和行作如下切换：TV-V：0.5s～0.1ms/div；TV-H：0.5～0.1μs/div。

DC：触发信号被直接耦合到触发电路，触发需要触发信号的直流部分或需要显示低频信号以及信号占空比很小时，使用此种信号。

（3）极性开关功能

该开关用于选择触发信号的极性。

“+”：当设定在正极性位置时，触发电平产生在触发信号上升沿；

“－”：当设定在负极性位置时，触发电平产生在触发信号下降沿。

（4）电平控制器控制功能

该旋钮用于调节触发电平以稳定显示图像。一旦触发信号超过控制旋钮所设置的触发电平，扫描即被触发且屏幕上稳定显示波形，顺时针旋动旋钮，触发电平向上变化，反之向下变化，变化特性如图 3-22 所示。

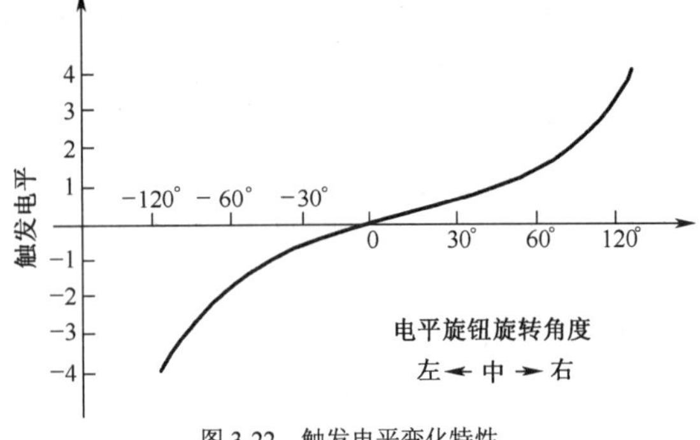

图 3-22 触发电平变化特性

电平锁定：按下电平锁定（LOCK）开关时，触发电平被自动保持在触发信号的幅值之内，且不需要进行电平调节即可得到稳定的触发，只要屏幕信号幅度或外接触发信号输入电压在下列范围内，该自动触发锁定功能都是有效的。

YB4320G：50Hz～20MHz，≥2.0DIV（0.25V）。

YB4340G/YB4360G：50Hz～40MHz，≥2.0DIV（0.25V）。

（5）“释抑”控制功能

当被测信号为两种频率以上的复杂波形时，上述提到的电平控制触发可能并不能获得稳定波形。此时，可通过调整扫描波形的释抑时间（扫描回程时间），能使扫描与被测信号波形稳定同步，如图 3-23 所示。

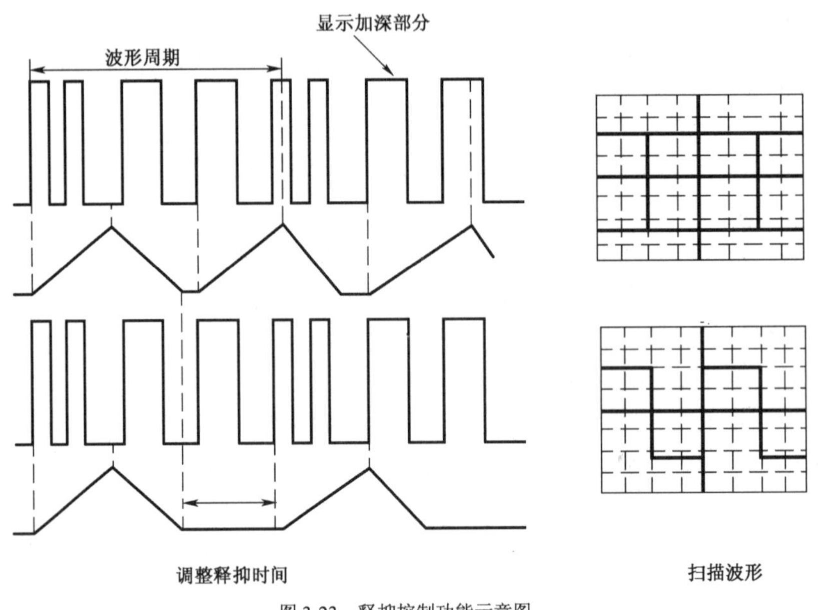

图 3-23 释抑控制功能示意图

图 3-23 中上半部分表示的是屏幕交叠的几条不同波形，当释抑“HOLD OFF”按钮在最小状态时，很难观察到稳定同步信号。

图 3-23 中下半部分所示的信号不需要部分被释抑掉，波形在屏幕显示没有重叠现象。

6．单次扫描工作方式

非重复信号和瞬间信号采用通常的重复扫描工作方式，在屏幕上很难观察。这些信号必须采用单次工作方式显示，并可拍照以供观察。

① “自动”和“常态”按钮均弹出。

② 将被测信号作用于垂直输入端，调节触发电平。

③ 按下“复位”按钮，扫描产生一次，被测信号在屏幕上即显示一次。

测量单次瞬变信号：

① 将“触发”方式设定为“常态”。

② 将校准输出信号作用于垂直输入端，根据被测信号的幅度调节触发电平。

③ 将“触发”方式设定为“单次”，即“自动”和“常态”按钮均弹出，在垂直输入端重新接入被测量信号。

④ 按下“复位”按钮，扫描电路处于“准备”状态且指示灯变亮。

⑤ 随着输入电路出现单次信号，产生一次扫描把单次瞬变信号显示在屏幕上，单次扫描也能以 A 加亮方式进行。但是它不能用于双通道交替工作方式。在双通道单次扫描工作方式中，应使用断续方式。

7．扫描扩展

当被显示波形的一部分需要时间轴扩展时，可使用较快的扫描速度，但如果所需扩展部分远离扫描起点，此时欲加快扫速，它可能会跑出屏幕。在此种情况下可按下扩展开关按钮，显示的波形由中心向左右两个方向扩展为 10 倍或 5 倍，如图 3-24 所示。

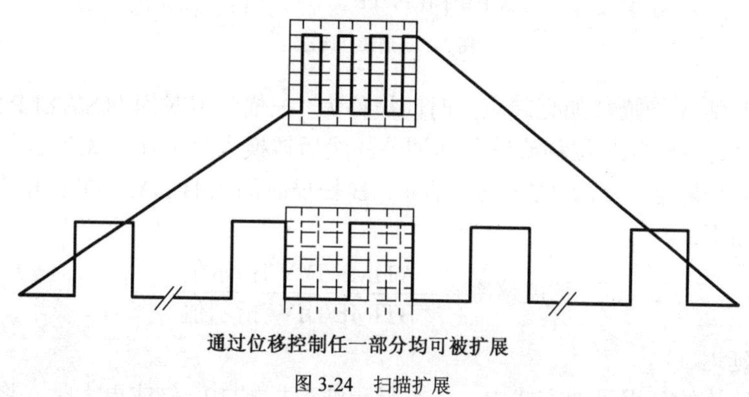

图 3-24　扫描扩展

扩展操作过程中的扫描时间如下：（TIME/DIV 开关指示值）× 1/10、× 1/5（YB4320G）。因此，未扩展的最快扫描值随着扩展变为：（如 0.1μs/div）0.1μs/div × 1/10 = 10ns/div。当扫描被扩展，且扫速快于 0.1μs/div 时，光迹可能会变暗，此时，被显示的波形可以通过 B 扫描方式进行扩展，这将在后面详细说明。

8．用延迟扫描进行波形扩展

前面所述的扫描扩展，虽然扩展方法简单，但扩展倍率仅限为 10 倍。本节中所述的延迟扫描方式，根据 A 扫描时间与 B 扫描时间之间的比值，扫描扩展范围可为几倍至几千倍。

当被测信号的频率较高，未扩展信号的 A 扫描系数较小时，得到的扩展倍率将变小，并且随着扩展倍率的扩大，光迹的亮度越来越暗，且延迟晃动加剧，为解决这些问题，该示波器中设定了一种连续可调的延迟电路和触发延迟电路。

（1）连续可调延迟

在扫描处于常规操作方式中一般将“水平显示方式”设定为“A”显示信号波形，然后将“B”TIME/DIV 开关的挡位值设定得比“A”TIME/DIV 快几挡。使水平显示方式的 B 触发（B TRIG′D）按钮处于弹出位置，然后将水平显示方式开关设定为 A 加亮（A INTEN）位置，延迟扫描波形的一部分将会加亮显示，如图 3-25（a）所示，表示该种状态可进行延迟扫描，加亮部分可在 B 扫描扩展。

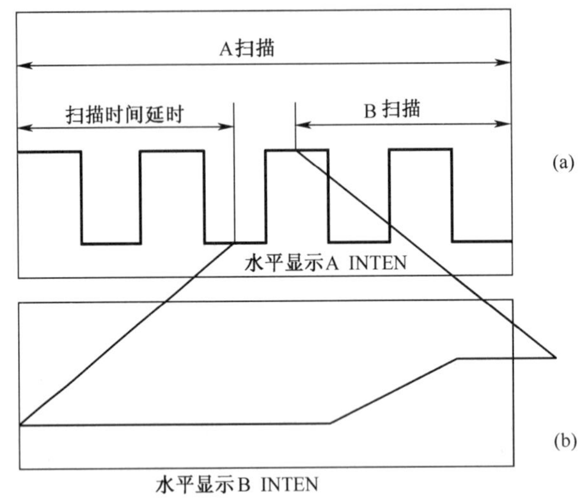

图 3-25　连续可调延迟

A 扫描起点到 A 扫描被加亮起点的时间被称为“扫描延迟时间”（SWEEP DELA TIME），该时间可通过“延迟时间”位移旋钮连续调节，然后转换水平工作开关到 B 扫描位置，B 扫描波形将扩展至全屏幕，如图 3-25（b）所示。B 扫描时间由 B TIME/DIV 开关设置，扩展倍率的计算方法如下：

$$扩展倍率=\frac{\text{“ATIME/DIV”指示值}}{\text{“BTIME/DIV”指示值}}$$

（2）触发延迟

在使用上述连续延迟可调方式中，当被显示波形扩展 100 倍或更大时，将会产生延迟晃动，为消除晃动可使用触发延迟方式触发，这样触发晃动随着 B 扫描再次触发而减小。且在这种操作过程中，即使按下了“B 触发”按钮，B 扫描由触发脉冲触发，A 触发电路仍继续工作，因此，即使通过旋转“时间延迟位移”旋钮来改变延迟时间，扫描起点仍然是跳跃变化的，而不是连续变化的。在 A 加亮方式中，屏幕上加亮部分是跳跃变化，但在 B 扫描方式时，B 扫描波形能保持稳定显示，如图 3-26 所示。

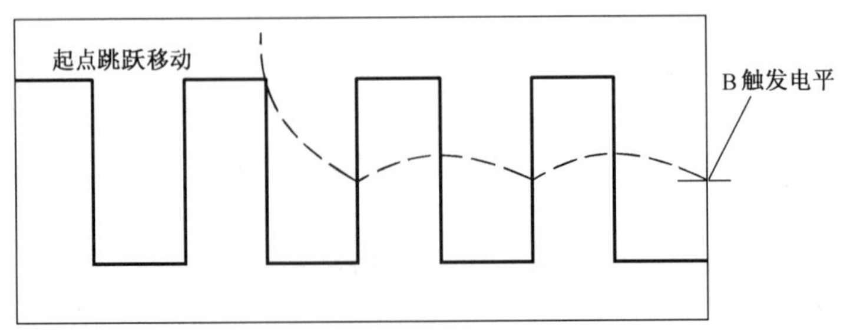

图 3-26　B 扫描波形

9．探针校准

如前所述，为使探针能够在本机频率范围内准确衰减，必须有合适的相位补偿，否则显示的波形就会失真，从而引起测量误差。因此在使用之前，探针必须作适当的补偿调节。将探针 BNC 接到 CH1 或 CH2 输入端，将 VOLTS/DIV 设定为 5mV，将探针接到校准电压输出端，如图 3-27 所示调节探针上的补偿电容得到最佳方波。

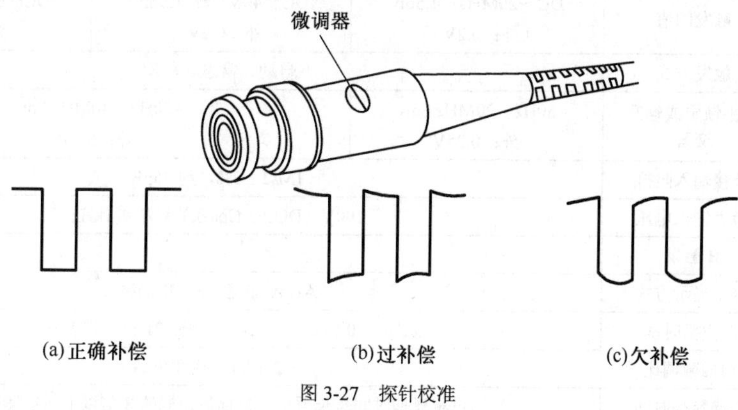

(a)正确补偿　　(b)过补偿　　(c)欠补偿

图 3-27　探针校准

3.4.6　技术指标

YB4320G/40G/60G 双踪示波器的技术指标如表 3-15 所示。

表 3-15　　YB4320G/40G/60G 双踪示波器的技术指标

<table>
<tr><th></th><th></th><th>YB4320G</th><th>YB4340G</th><th>YB4360G</th></tr>
<tr><td rowspan="14">垂直系统</td><td>偏转系数</td><td colspan="3">1mV～5V/div　1-2-5 进制分 12 挡；误差±5%（1～2mV±8%）</td></tr>
<tr><td>偏转系数微调比</td><td colspan="3">≥2.5：1</td></tr>
<tr><td rowspan="2">频带宽度（-3dB）</td><td>5mV～5V/div
DC～20MHz
1mV～2mV/div
DC～10MHz</td><td>5mV～5V/div
DC～40MHz
1mV～2mV/div
DC～15MHz</td><td>5mV～5V/div
DC～60MHz
1mV～2mV/div
DC～15MHz</td></tr>
<tr><td colspan="3">AC 耦合：频率下限（－3dB）10Hz</td></tr>
<tr><td>上升时间</td><td>5mV～5V/div 约 17.5ns
1～2mV/div 约 35 ns</td><td>5mV～5V/div 约 8.8ns
1～2mV/div 约 23ns</td><td>5mV～5V/div 约 6ns
1mV～2mV/div 约 23ns</td></tr>
<tr><td>瞬态响应</td><td colspan="3">上冲≤5%，阻尼≤5%（5mV/div）</td></tr>
<tr><td>工作方式</td><td colspan="3">CH1、CH2、双踪、叠加</td></tr>
<tr><td>相位转换</td><td colspan="3">180°（仅 CH2 通道可转换）</td></tr>
<tr><td>输入阻抗</td><td colspan="3">1MΩ±2%约 27pF；经探针：1MΩ±5%约 17pF</td></tr>
<tr><td>最大输入电压</td><td colspan="3">400V（DC＋ACpeak）频率≤1kHz</td></tr>
<tr><td>延迟时间</td><td></td><td colspan="2">有：可观察到脉冲前沿</td></tr>
<tr><td>通道隔离度</td><td>30：1，20MHz</td><td>30：1，40MHz</td><td>30：1，60MHz</td></tr>
<tr><td>共模抑制比</td><td colspan="3">1000：1，50kHz</td></tr>
</table>

续表

		YB4320G	YB4340G	YB4360G
触发系统	触发源	CH1、CH2、电源、外接		
	极性	+/–		
	耦合	AC、高频抑制、TV、DC（TV 耦合能观察 TV-V 和 TV-H，由 TIME/DIV 自动转换，TV-V：0.5s～0.1ms/div；TV-H：0.5～0.1μs/div）		
	触发阈值	DC～20MHz：1.5div（外：0.2V）	DC～40MHz：1.5div（外：0.2V）	DC～60MHz：1.5div（外：0.2V）
	触发方式	自动、常态、单次		
	电平锁定或触发交替	50Hz～20MHz 2div 外：0.25V	50Hz～40MHz 2div 外：0.25V	
	外接输入阻抗	1MΩ±2%，约 35pF		
	最大输入电压	100V（DC+ACpeak）频率≤1kHz		
	B 触发	有		
水平系统	水平显示方式	A：A 加亮。B：B 加亮		
	A 扫描时基	0.1μs～0.5s/div，1-2-5 进制分 21 挡；误差±5%		
	扫描微调比	≥2.5∶1，连续可调		
	扫描释抑时间	可将释抑时间延长至最小扫描休止期的 8 倍以上，连续可调		
	B 扫描时基	0.1μs～0.5ms/div ， 1-2-5 进制分 12 挡；误差±5%		
	延迟时间	0.1μs～0.5ms/div 连续可调		
	延迟晃动比		≤1∶10000	
	线形误差	×1：±8%，扩展×10：±15%		
X-Y 工作方式	灵敏度	Y 同 CH2，X 同 CH1，误差±5% ，扩展×10：±10%		
	X 频带宽度（–3dB）	DC～1MHz，–3dB	DC～2MHz，–3dB	
	X-Y 相位差	≤3°，DC～50kHz	≤3°，DC～100kHz	
水平外接方式	阈值	约 0.1V/div，在 CHOP 方式时，可使用于外扫描观察两个相关信号的时间、相位		
	频带宽度	到 1MHz，-3dB	到 2MHz，-3dB	
触发系统	阈值	TTL 电平（负电平加亮）		
	频率范围	DC～5MHz		
	输入阻抗	约 5kΩ		
	最大输入电压	50V（DC+ACpeak），频率≤1kHz		
探针信号	频率	方波：1kHz±2%		
	幅度	2V±2%		
示波管	类型	6 英寸，矩形屏		
	后加速电压	约 2kV	约 15kV	
	有效显示面积	8×10div		
其余特性	整机尺寸	310W×150H×440D（mm）		
	重量	约 8kg		
	适应电源	220V±10%，50±2Hz		
	额定功率	约 40W		
	工作环境	0～40℃，85%RH		
	储存环境	-10～+60℃，70%RH		

3.4.7 保养与储存

① 本设备由精密的元器件及精密部件构成，因此在运输和储存的时候必须小心轻放。

② 经常用干净的软布擦拭滤色片。

③ 储存该设备的最佳室温：－10～＋60℃。

④ 校准周期：为能够保证仪器测量精度，仪器每工作 1000 小时或 6 个月要求校准一次，若使用时间较短，则一年校准一次。

3.5 SG2270 型超高频毫伏表

3.5.1 概述

SG2270 型超高频毫伏表可测量 10kHz～1GHz 频段的正弦电压。测量电压范围为 1mV～10V，可广泛用于教学、生产等领域。SG2270 型超高频毫伏表可在 0～＋40℃的环境中工作，具有操作简单、维修方便等特点。外观如图 3-28 所示。

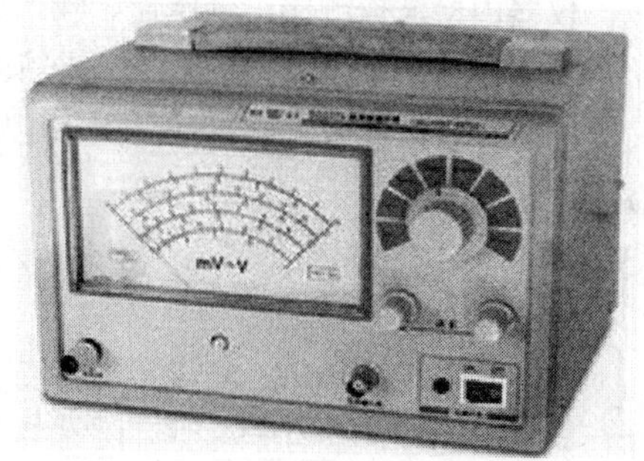

图 3-28 SG2270 型超高频毫伏表

3.5.2 性能特性

（1）测量频率 1000kHz 信号电压的最大示值误差（20±2℃）

① <5%（3mV 以上量程）；

② <15%（3mV 量程）。

（2）最大过载电压

最大过载电压 15V（100kHz）。

（3）频响最大示值误差

① 4%(10kHz≤f<100MHz)；

② 6%(100MHz≤f<200MHz)；

③ 8%(200MHz≤f<500MHz)；

④ 10%(500MHz≤f<800MHz)；

⑤ 15%(800MHz≤f<1000MHz)。

（4）输入阻抗

① ≥100kΩ(100kHz，3V 量程)；

② ≥50kΩ(50MHz，3V 量程)。

（5）零点漂移

≥2mm（20±2℃）。

（6）三通接头端面驻波系数

① ≥1.2（50MHz 以下）；

② ≥1.3（800MHz 以下）；

③ ≥1.35（1000MHz 以下）。

（7）供电电源

① 电源电压：220（1±10%）V；

② 电源频率：50（1±5%）Hz；

③ 电源功耗：≤5W。

（8）仪器尺寸和质量

① 尺寸：225mm×200mm×150mm；

② 重量：约 3.5kg。

3.5.3 工作原理

仪器由检波探测器、分压器、输入放大器、负反馈电路、稳压电路和显示输出组成。方框图如图 3-29 所示。被测电压从检波器探头输入，经倍压检波后输出直流电压，再经分压器传输入放大器，输入放大器放大信号推动表头电路显示被测电压读数。负反馈电路是为调节不同量程的增益而设计的。

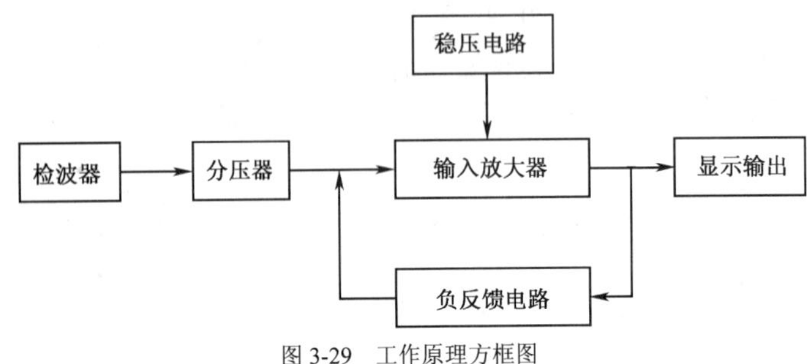

图 3-29 工作原理方框图

3.5.4 结构特性及使用方法

1. 面板说明（见图 3-30）

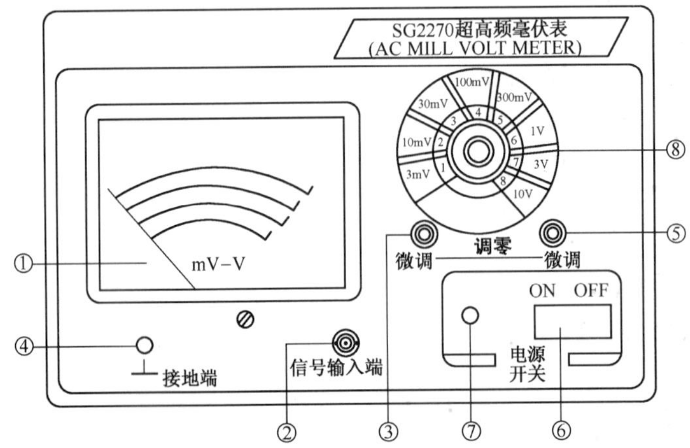

①显示器；②输入端；③粗调零；④接地端；⑤细调零；⑥电源开关；⑦电源指示灯；⑧量程开关

图 3-30 SG2270 型超高频毫伏表前面板

2．使用方法

连接电源线到后面板 AC220V 输入插座，接上 220V 交流电源，连通仪器前面板电源开关⑥，电源指示灯⑦亮，表明仪器工作正常，预热 15min。

接通检波器探头 BNC 插头至仪器输入插座②。T 形三通的一端接被测仪器，另一端接标准负载，选择适当的量程开关⑧，将检波器探头轻轻拔起，使其不与输入信号接通，通过粗调③、细调⑤调节使显示器为零，再将检波器探头轻轻插入与信号相通进行测量。

每当转换量程时，都必须断开信号调为零，然后再测量。在小信号测量时，可将探头上的接地夹和仪器的接地端④相接以提高测量精度。

3.5.5 维修、故障处理

仪器在移动或搬动时，应避免剧烈冲击，远程运输时，应包装好。

简单故障修理：

① 保险丝烧毁，取下后面板电源插座中的保险丝，更换 0.5A 的保险丝管。

② 接通电源，若指示灯不亮，检查 15V 电源或指示灯是否正常。

3.5.6 仪表的成套性

仪表的成套性如表 3-16 所示。

表 3-16　　YB4320G/40G/60G 双踪示波器的成套性

序　　号	名称和型号		数　　量	备　　注
1	SG2270 型超高频毫伏表		1	
2	附件盒	检波探头	1	鱼嘴夹
		N 形三通接头	1	
		50Ω 终端负载	1	
		长探针	1	
		隔离罩	1	
3	使用说明书		1	
4	电源线		1	
5	接地线		1	

3.6 SG3320 多功能计数器

3.6.1 概述

本仪器是一种测频范围为 1Hz～1000MHz 的多功能计数器。其特点是采用八位 0.5

英寸高亮度 LED 数码管显示，具有 6 种测量功能和多种基准频率信号输出，采用低功耗线路设计，体积小，重量轻，灵敏度高。具有全频段等精度测量、等位数显示功能（本机基础为 10MHz 等精度计数器）。高稳定性的晶体振荡器可保证测量精度和全输入信号的测量。

本仪器有 6 项主要功能：A 通道测频、B 通道测频、A 通道测周期、A 通道计数、A 通道脉冲正宽度及 A 通道脉冲负宽度，其全部测量采用单片机 AT89C52 及 DDS 进行智能化的控制和数据测量处理。其中 A 路输入通道具有输入信号衰减、低通滤波器选择功能。

该仪器可广泛用于实验室、工矿企业、大专院校、科研、生产调试线以及无线通信设备维修。高灵敏度的测量设计可满足通信领域高频信号的正确测量，并取得良好的效果。外观如图 3-31 所示，仪器的功能选择操作，指示器、输入端子参看后续章节的详细说明。

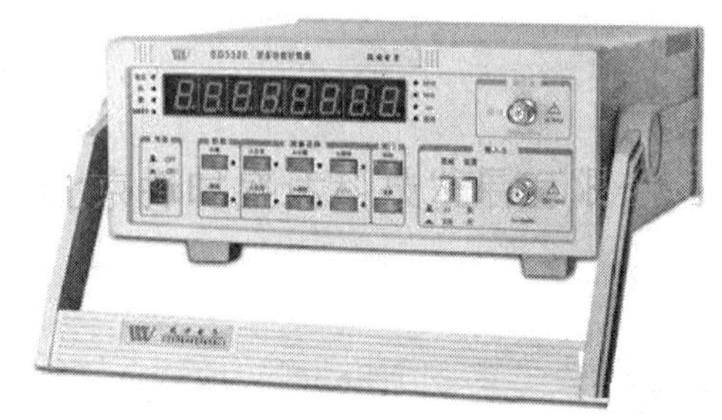

图 3-31　SG3320 多功能计数器

3.6.2　技术指标

① 频率测量范围：

A 通道：1Hz～100MHz；

B 通道：100～1000MHz。

② 周期测量范围（仅限于 A 通道）：

1Hz～10MHz。

③ 计数频率及容量（仅限于 A 通道）：

频率：1Hz～10MHz；

容量：108-1。

④ 脉冲宽度测量（仅限于 A 通道）：

频率：1Hz～1MHz。

⑤ 输入阻抗：

A 通道：R≈1MΩ；C≤35pF；

B 通道：50Ω。

⑥ 输入灵敏度：

A 通道：1Hz～10MHz 时，优于 50mV（RMS）；10Hz～100MHz 时，优于 30mV（有效值）；

B 通道：100～1000MHz 时，优于 20mV（RMS）。

测试条件：环境温度 25±5℃（环境温度 0～40℃时，输入灵敏度指标不得降低 10mV）；

输入波形：正弦波或方波。

⑦ 闸门时间预选：快速、慢速或保持。

⑧ 输入衰减（仅限于 A 通道）：×1 或×20 固定。

⑨ 输入低通滤波器（仅限于 A 通道）：

截止频率：约 100kHz；

衰减：约 3dB（100kHz 频率点，输入灵敏度不得<30mV）。

⑩ 最大安全电压：

A 通道：250V（直流和交流之和；衰减置× 20 挡）；

B 通道：3V。

⑪ 准确度：

± 时基准确度 ± 触发误差 × 被测频率（或被测周期）± LSD

其中：$\text{LSD} = \dfrac{100\text{ns}}{\text{闸门时间}}$ × 被测频率（或被测周期）

⑫ 时基标称频率为 10MHz，频率稳定度优于 5×10^{-6}/d。

⑬ 时基输出：

标称频率：0.125Hz～10MHz，32 种频率输出；

输出幅度（空载）："0" 电平，0～0.8V；"1" 电平，3～5V。

⑭ 显示：八位 0.5 寸发光数码管并带有十进制小数点显示数据；溢出灯、闸门灯、标频输出灯、MHz、kHz、μs 测量单位及保持指示灯，发光管指示；标频调节、功能选择、闸门预选指示灯。

⑮ 工作环境：0～40℃。

⑯ 电源电压：

电压：交流 220V ± 10%；

频率：50Hz ± 2%。

⑰ 质量：约 1.5kg。

⑱ 外形尺寸：280 × 250 × 80（mm）。

3.6.3 工作原理

SG3320 多功能计数器的工作原理框图如图 3-32 所示。

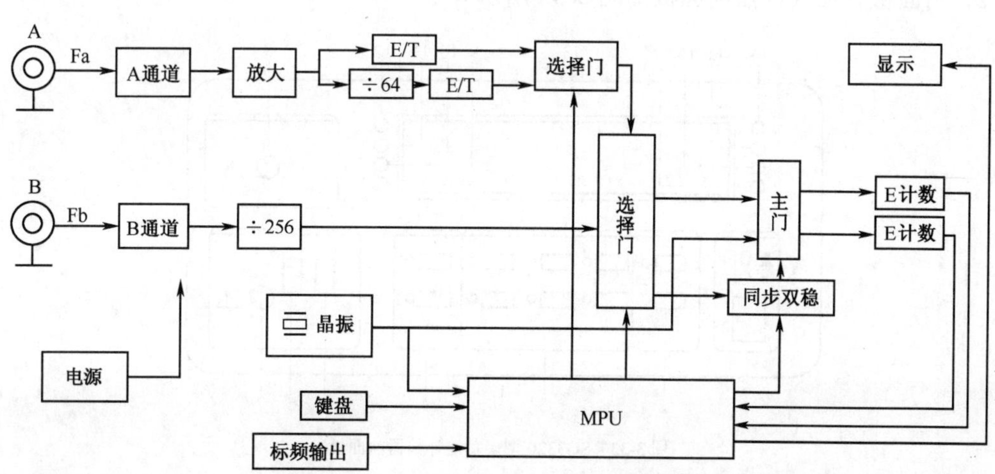

图 3-32 SG3320 多功能计数器的工作原理框图

测量的基本电路主要由 A 通道（100MHz 通道）、B 通道（1000MHz 通道）、系统选择控制门、同步双稳以及 E 计数器、T 计数器、MPU 微处理器单元、电源等组成。

该多功能计数器进行频率、周期测量是采用等精度的测量原理。即在预定的测量时间（闸门时间）内对被测信号的 N_x 个整周期信号进行测量，分别由 E 计数器累计在所选闸门内的对应个数，同时 T 计数器累计标准时钟的个数。最后由微处理器进行数据处理。

计算公式如下：频率：$F_x = N_x/T_x$

周期：$P_x = T_x/N_x$

根据上述原理，可知本机的闸门时间实际上是预选时间，实际测量时间为被测信号的整周期数（总比预选时间长），从而降低了测量误差，标频输出由微处理器直接控制，可输出多种标频信号，使仪器的使用范围更加广泛。

3.6.4 结构特征

SG3320 型多功能计数器机箱体积小，色彩淡雅，美观大方。1GHz 通道放大器和晶体振荡器都用小屏蔽盒进行屏蔽并实现保温要求。屏蔽盒的固定不用螺钉等紧固件，只需将盒体焊接在电路板上并卡好盖板即可，装配简单，使用维修方便可靠。

3.6.5 使用说明

本节介绍完整而必须的操作过程，包括前面板所有的控制、连接和显示、操作训练、用户保养等。

1．使用前的准备

① 电源要求：AC220V ± 10%，50Hz 单相，最大消耗功率为 10W。

② 测量前预热 20min 以保证晶体振荡器的频率稳定。

2．前面板特征（仪器前面板如图 3-33 所示）

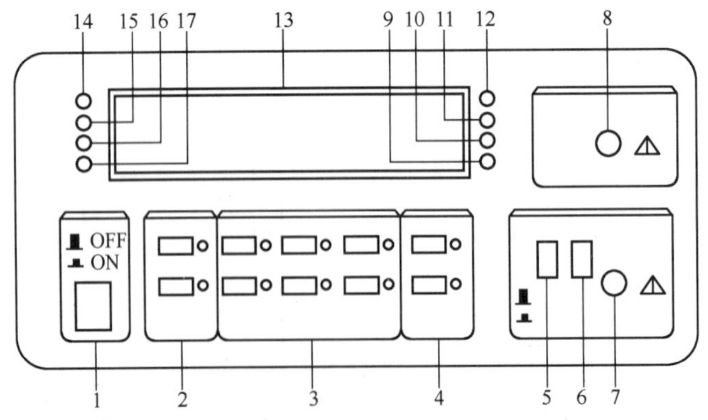

图 3-33 SG3320 型多功能计数器前面板

【1】电源开关：按下按钮电源打开，仪器进入工作状态，再按一下则关闭整机电源。

【2】标频选择：可按“升高”或“降低”键从 32 种标频输出脉冲波形中选择任意一种频率的脉冲波形。被选频率在面板上显示。

【3】测量选择：测量选择模块，可选择“A 频率”、“B 频率”、“A 周期”“A 计数”、“A 正宽”、“A 负宽”测量方式，按一下所选功能键，仪器认可操作有效后，给出相应的指示灯，以示所选择的测量功能。所选键按动一下，机内原有测量无效，机器自动复原，并根据所选功能进行新的控制。“A 计数”键按动一次为计数开始，闸门指示灯点亮，此时 A 输入通道所输入的信号个数将被累计并显示。当“A 计数”键再按动一次，仪器将自动清零，计数重新开始。

【4】闸门选择：闸门速度选择模块可供三种闸门速度预选（快速、慢速或保持）。闸门速度的选择不同将得到不同的分辨率。“保持”键的操作：按动一下保持指示灯亮，仪器进入休眠状态，显示窗口保持当前显示的结果，功能选择键、闸门选择键均操作无效（仪器不给予响应）。“保持”键重新按动一次保持指示灯灭，仪器进入正常工作状态。（注：“A 计数”功能操作时，仪器置保持状态下，此时计数暂停，显示状态不变，当“保持”释放后，机器将恢复计数功能，并在暂停前累计的基础上继续累计）。

【5】衰减：A 通道输入信号衰减开关，当按下时输入灵敏度被降低 20 倍。

【6】低通滤波器：此键按下，A 通道输入信号经低通滤波器后进入测量（被测信号频率大于 100kHz，将被衰减）。此键可提高低频测量的准确性和稳定性，提高抗干扰性能。

【7】A 通道输入端：标准 BNC 插座，被测信号频率为 1Hz～100MHz 接入此通道进行测量。当输入信号幅度大于 3V 时，应按下衰减开关 ATT，降低输入信号幅度能提高测量值的精确度。当信号频率<100kHz 时，应按下低通滤波器进行测量，可防止叠加在输入信号上的高频信号干扰低频主信号的测量，以提高测量值的精确度。

【8】B 通道输入端：标准 BNC 插座，被测信号频率大于 100MHz 时，接入此通道进行测量。

【9】“保持”显示灯：仪器处于保持状态时点亮。

【10】“μs”显示灯：周期测量时自动点亮。

【11】“kHz”显示灯：频率测量时，根据测量大小自动点亮。

【12】“MHz”显示灯：频率测量时，根据测量大小自动点亮。

【13】数据显示窗口：测量结果通过此窗口显示。

【14】“溢出”指示灯：显示超出八位时点亮。

【15】“快”指示灯：闸门速度置于“快速”时点亮。

【16】“慢”指示灯：闸门速度置于“慢速”时点亮。

【17】“标频输出”指示灯：当进行标频输出频率调节时点亮。

3．后面板特征（仪器后面板如图 3-34 所示）

【18】交流电源的输入插座（交流 220V ± 10%）。

【19】交流电源的限流保险丝座，座内保险丝规格为（0.5A/220V）。

【20】标频输出：内部基准信号的输出插座，该插座可输出 32 种频率的脉冲信号，这个信号可用作其他频率计数的标准信号。

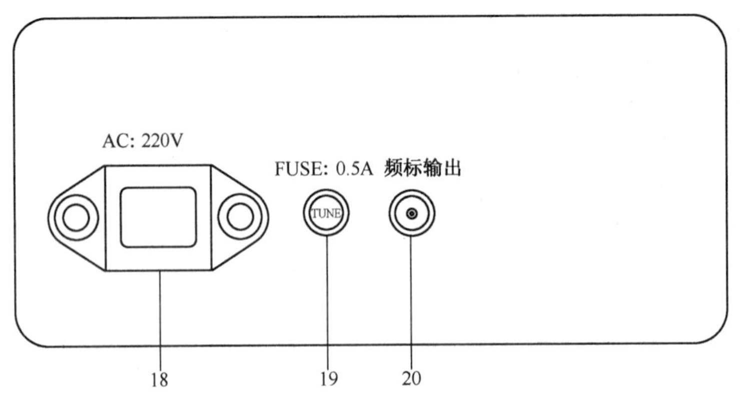

图 3-34 SG3320 型多功能计数器后面板

4．频率测量

根据所需测量信号的频率大致范围选择“A 频率”或“B 频率”测量。

“A 频率”测量输入信号接至 A 输入通道口，“A 频率”功能键按一下。“B 频率”测量输入信号接至 B 输入通道口，“B 频率”功能键按一下。

“A 频率”测量时，根据输入信号的幅度大小决定衰减按键置于“× 1”或“× 20”位置；输入幅度大于 3V（RMS）时，衰减开关应置“× 20”位置。并根据输入信号的频率高低，决定低通滤波器按键置“开”或“关”位置，输入频率低于 100kHz，低通滤波器应置“开”位置。

根据所需的分辨率选择适当的闸门预选速度（快或慢），闸门预选速度置于慢速时分辨率较高。

5．周期测量

功能选择模块置“A 周期”输入信号，接入 A 输入通道口。

根据输入信号频率高低和输入信号幅度大小，决定低通滤波器和衰减器的所处位置，具体操作参考“频率测量”。

根据所需的分辨率，选择适当的闸门预选速度（快或慢）。闸门预选速度置于“慢”时分辨率较高。

6．累计

功能选择模块置“A 计数”键一次，输入信号接入 A 输入通道口，此时闸门指示灯亮，表示计数控制门已打开，计数开始。

根据输入信号频率高低和输入信号幅度大小决定低通滤波器和衰减器的所处位置，具体操作参考“频率测量”。

“A 计数”键再置一次则计数重新开始。

按“保持”键一次，累计功能暂停，再按“保持”键一次，累计功能恢复，并在原累计基础上继续累计。

当计数值超过 10^8-1 后，则“溢出”指示灯亮，表示计数器已计满，显示已溢出，而显示的数值为计数器的累计尾数。

7．脉宽测量

输入信号接入 A 输入通道口。功能选择模块置“A 正宽”或“A 负宽”可分别测量脉冲信号的正、负脉宽。

根据输入信号频率高低和输入信号幅度大小，决定低通滤波器和衰减器的所处位置，具体操作参照“频率测量”。

8．标频输出的调节

仪器开机即输出 10MHz 标频信号，按“上升”键和“下降”键可在 0.125Hz～10MHz 范围内改变标频信号的频率，改变后的频率值在仪器面板上数据显示窗口内显示。

3.6.6 维护与维修

1．维护

本仪器使用一段时间后，为保证本仪器的测量准确性和小信号的正常测量，应对其时基振荡器的频率和 A 通道的触发电平进行一次校正。

（1）维修设备要求

① 石英晶振：f_0 为 10MHz，稳定度为 $\pm1\times10^{-8}$。

② 正弦波发生器：频率范围为 1kHz～1GHz。

（2）时基频率校正

① 环境温度要求：+22～+25℃；

② 预热时间：大于 30min；

③ 将石英晶振的输出频率输入至 A 通道输入口；

④ 闸门预选速度置“慢”，功能置“A 频率”测量；

⑤ 观察测量结果，读数应为 10.000000MHz，如有偏差，则应打开仪器上盖，调节仪器电路板上晶体振荡器屏蔽盒小孔内微调器件，以保证读数为 10.000000MHz ± 1Hz。

（3）触发电平校正

① 置正弦波信号发生器输出频率为 10MHz，输出幅度为 20mV；

② 将信号接至 A 通道输入口；

③ 闸门预选速度置“慢”，功能置“A 频率”测量；

④ 观察测量结果应为一个稳定读数。如果读数不稳，应打开仪器上盖，微调 A 通道输入电路的电位器，以达到读数稳定。

2．维修

遇到故障后，必须仔细分析整机的组成框图弄清故障部位，加以修理或电询生产厂家仪器公司技术服务部，以获得技术支持。

常见故障的处理如下：

① 接通电源后，数码管不显示，应检查电源保险丝是否完好，若保险丝断，则更换保险丝；若保险丝完好，应开机检查电路。

② 电源电路为常见三端稳压块电路，按工作原理检查变压器次级电压、整流滤波、三端稳压块，若有损坏，更换已坏器件。

③ 若遇仪器忽好忽坏，则打开机盖，检查机内连接电缆是否有接触不良现象。

3.6.7 仪器的成套性

- SG3320 型多功能计数器　　　　一台
- 电源线（6V/250V）　　　　一根
- Q9 一双夹测试电缆　　　　一根
- BGXP—1—18—0.3 保险丝　　　　一只

3.7 SG1052S 高频信号发生器

3.7.1 概述

SG1052S 高频信号发生器具有下列优点：采用台式便携式结构，体积小巧，造型新颖。电路采用高可靠的集成电路组成高质量的音频信号发生器、调频立体声信号发生器和稳压电源。高频信号发生器采用稳幅的调频、调幅电路，性能稳定，波形好。6 位 LED 显示频率计数器可以直接读取内部信号发生器或外部信号源的频率。

3.7.2 工作特性

1．调频立体声信号发生器

① 工作频率：88～108MHz ± 1%。

② 导频频率：19kHz ± 1Hz。

③ 1kHz 内调制方式：左（L）、右（R）和左+右（L + R）。

④ 外调输入：输入的信号源内阻小于 600Ω，输入幅度小于 15mV，输入插孔：左（L）声道输入和右（R）声道输入。

⑤ 高频输出：不小于 30mV（有效值），分高、低挡输出连续调节。

2．调频、调幅高频信号发生器

① 工作频率：100kHz～150MHz 分 6 个频段，见表 3-17。

② 1kHz 内调制方式：调幅、载频（等幅）和调频。

③ 高频输出：不小于 30mV（有效值），分高、低挡输出连续调节。

表 3-17 **SG1052S 高频信号发生器的频段划分**

频　　段	频率范围（MHz）	频率误差（%）
2	0.1～0.33	5
3	0.32～1.06	5
4	1～3.5	5
5	3.3～11	6
6	10～35	6
7	34～150	8

3．音频信号发生器

① 工作频率：1kHz ± 10%。

② 失真度：小于 1%。

③ 音频输出：最大 2.5V（有效值）。分高、中、低三挡输出连续可调，最小可达微伏数量级。

4．频率计数器

① 频率范围：HF 挡为 10Hz～100MHz，VHF 挡为 100～1300MHz。

② 灵敏度：不大于 100mV（有效值）。

③ 最大输入电压：3V（有效值）。

④ 频率精度：$\pm 5\times10^{-5}\pm 1$ 字。

⑤ 输入阻抗：HF 挡为 1MΩ，VHF 挡为 50Ω。

5．正常工作条件

① 环境温度：0～40℃。

② 相对温度：＜90%（40℃）。

③ 大气压：86～106kPa。

④ 电源电压：220 ± 22V；50 ± 2.5Hz。

⑤ 电源功耗：＜10W。

6．仪器的外型尺寸及重量

尺寸：220 × 160 × 240（mm）；重量：4kg。

3.7.3 工作原理

SG1052S 高频信号发生器是由音频信号发生器、调频调幅高频信号发生器、调频立体声信号发生器、频率计、频段选择开关、各种功能开关和稳压电源等组成的，如图 3-35 所示。

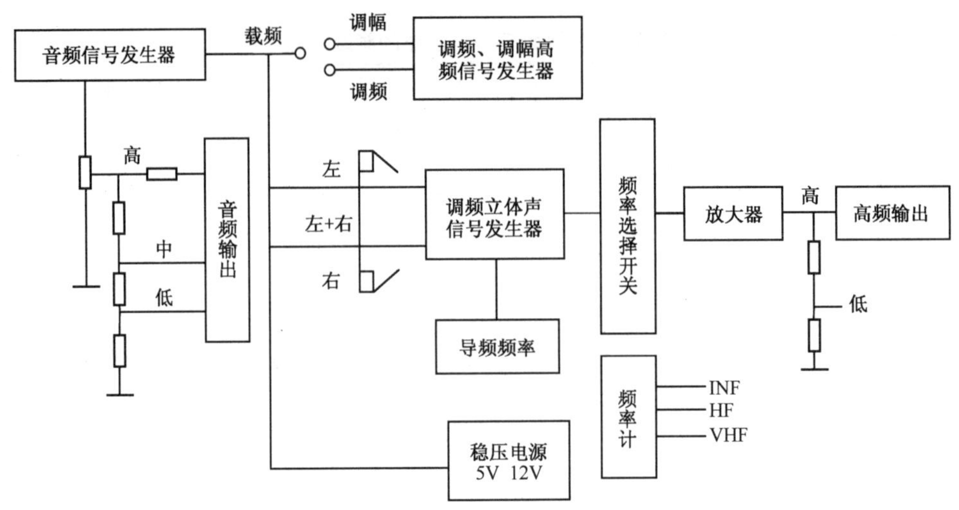

图 3-35 SG1052S 高频信号发生器原理框图

音频信号发生器：由运放、稳幅管和阻容组成稳幅低失真的文氏电桥振荡器。

调频调幅高频信号发生器：由高频稳幅的 LC 振荡电路组成，它由频段选择开关转换电感 L 来改变频段，从而达到双向（$f_{上}$、$f_{下}$）的调频，载频（等幅）无调制信号输入为等幅波。

调幅：采用调制稳幅电平的方法，使等幅振荡变成调幅波。

调频立体声信号发生器：由立体声集成电路和 LC 振荡回路组成，它的负载波频率 38kHz 由石英晶体振荡产生，导频频率 19kHz，其调制方式由转换开关置于左（L）、右（R）、左+右（L + R）等以及双通道外调输入插孔。

稳压电源：由电源变压器次级输出，经过桥式整流和电容滤波，用集成电路稳压 12V。

3.7.4 结构特征

仪器的外形如图 3-36（a）、（b）所示，其中图 3-36（b）是该仪器的后面板示意图。仪器采用塑料面板，固定在基座和底座上，再盖上外罩构成便携式仪器。在仪器内部基座的右边频段开关上装有高频发生器的电感，左下是放大器和稳幅控制电路，基座的右后边是稳压电源和音频振荡器，可变电容器的右边是高频振荡电路，左边是调频立体声发生器电路，中后是电源变压器，仪器的后面有电源输入插座、保险丝座、导频输出插座和外调双通道输入插座。图中各个数字指示的含义如下：

1—电源开关；

2—电源指示灯；

3—音频输出幅度调节；

4—音频输出高、中、低开关；

5—音频输出插座；

6—高频发生器的调幅、载频（等幅）、调频开关；

7—高频（射频）输出插座；

8—高频发生器的频宽调节；

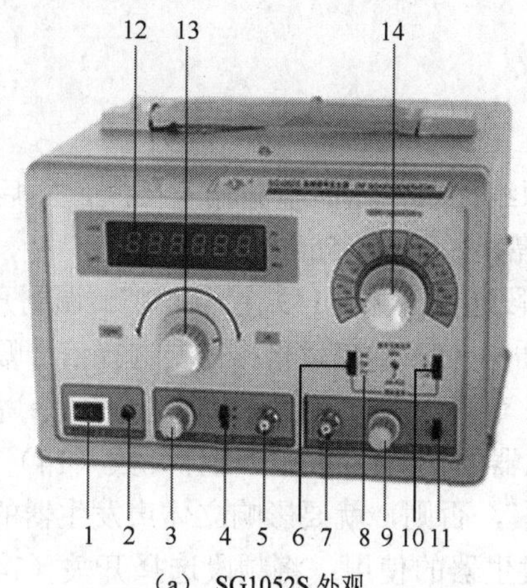

（a） SG1052S 外观

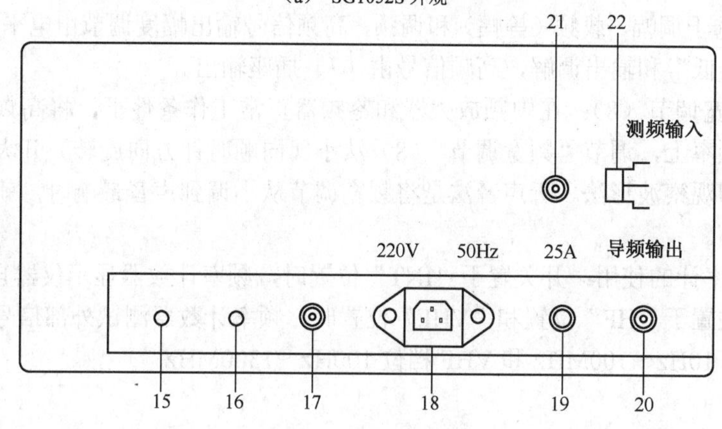

（b） SG1052S 后面板示意图

图 3-36 SG1052S 外观及后面板示意图

9—高频输出幅度调节；

10—立体声发生器调制选择：左（L）、右（R）、左+右（L + R）；

11—高频输出高、低开关；

12—LED 六位数字显示中，Hz、kHz、MHz 三个指示灯分别代表信号的频率范围，GATE 灯的闪烁是闸门时间，OVER 灯亮是代表输入的信号频率超出范围；

13—频率调节；

14—频段选择开关；

15—外调左（L）输入插孔；

16—外调右（R）输入插孔；

17—外调高频输入插孔；

18—电源输入插座；

19—保险丝座；

20—导频输出插座；

21—外测频输入插座；

22—测频选择开关。

3.7.5 使用操作

① 开机预热，先将电源线插入仪器的电源输入插座，然后将电源线的插头插入电源插座，开电源开关使指示灯发亮，预热 3～5min。

② 音频信号使用：将频段选择开关（14）置于“1”。调制开关（6）置于“载频（等幅）CM”，音频信号由音频输出插座（5）输出，根据需要选择信号幅度开关的“高、中、低”挡，如：低挡调节范围自微伏到 2 个毫伏；中挡自毫伏到几十毫伏；高挡自几十毫伏到 2.5 伏。

③ 调频立体声信号发生器的使用：将频段选择开关（14）置于“1”；调制开关（6）置于“载频”，切忌置于“调频”，否则，就要影响立体声发生器的分离度。

④ 调频调幅高频信号发生器的使用：将频段选择开关（14）按需置于选定频段，调制开关（6）按需选于调幅、载频（等幅）和调频，高频信号输出幅度调节由电平选择开关（11）置于“高”或“低”和输出调解，高频信号由（7）插座输出。

⑤ 调节频宽调节（8）：在中频放大器和鉴频器正常工作条件下，将高频信号发生器的频率调在中频频率上，调节“频宽调节”（8）从小（向顺时针方向旋转）开大，使示波器的波形不失真，即观察波形法。听声音法是将频宽调节从小调到声音最响时，就不调大了，应稍调小一些即可。

⑥ 数字频率计的使用：开关置于“INT”位置时，频率计数器显示仪器自身 RF 信号发生器频率，开关置于“HF”位置和“VHF”位置时，频率计数器测试外部信号频率，测量范围分别为 HF 挡 10Hz～100MHz 和 VHF 挡位 100Hz～1300MHz。

3.7.6 仪器的成套性

- SG1052S 高频信号发生器　　一台
- 电源线　　一根
- 高频电缆　　一根
- 保险丝管　　一只

3.8 Create-DCD 数控钻床

3.8.1 概述

随着电子产业的飞速发展，快速制板设备已成为高校电子相关专业实验室、电子产品设计、生产企业及科研所极感兴趣的设备。然而，快速制板过程中，PCB 板钻孔一直是电子设计者们面临的一个难题。科瑞特最新推出的 Create-DCD 小型数控钻床以其快速、精确的产品性能不仅缩短了制板周期，同时大大地降低了快速制板的难度，有效提高了制板的成功率，必将成为快速制板的首选设备。

Create-DCD 印刷电路板数控钻床是通过将钻孔文件导入计算机的控制软件中，由控制软件分批将钻孔数据（坐标及数量）发送至数控钻床，数控钻床根据接收的数据来完成精确的定位及钻孔。其外观如图 3-37 所示。

3.8.2 Create-DCD 特点

① 支持 Protel、PowerPCB 等软件输出的 PCB 文件格式及钻孔文件格式。

② 能全自动完成铣边。

③ 支持不同厚度电路板的多种规格钻孔。

④ 配备操作软件、操作简便。

⑤ 可直接升级成其他板材的数控钻床。

⑥ 是快速制板仪钻孔专用的理想配套设备。

图 3-37 Create-DCD 数控钻床的外观

3.8.3 Create-DCD 技术参数

① 最大工作面积：330mm × 230mm。

② 驱动方式：X、Y、Z 轴步进马达。

③ 移动速度：1.0m/min（Max）。

④ 最小孔径：Φ0.35mm。

⑤ 钻孔深度：0.2～3.175mm。

⑥ 最大钻孔速度：60strokes/min（Max）。

⑦ 操作方式：自动。

⑧ 通信接口：RS-232（传输速率：57600bit/s）。

⑨ 最大转速：10000 转/秒。

⑩ 操作系统：Windows98/Me/2000/XP。

⑪ 计算机配置：CPU：586DX-500MHz，RAM：256M。

⑫ 工作电压：AC200～240V/50Hz。

⑬ 功率：100W。

⑭ 体积：540mm × 460mm × 410mm。

⑮ 重量：25kg。

3.8.4 Create-DCD 数控钻床的标准配置

标准配置如表 3-18 所示。

表 3-18　Create-DCD 数控钻床的标准配置

序　号	配 件 名 称	型号/规格	数　量
01	数控主机	Create-DCD	1 台
02	工具套件	起子	1 套
03	钻头 1	Φ0.40mm	1 支

续表

序　号	配件名称	型号/规格	数　量
04	钻头 2	Φ0.80mm	1 支
05	钻头 3	Φ0.95mm	1 支
06	钻头 4	Φ1.20mm	1 支
07	钻头 5	Φ3.00mm	1 支
08	控制软件		1 套

3.8.5　数控钻床的安装

数控钻床的安装包括硬件和软件的安装，其中，硬件的安装需要完成数控钻床与 PC 机之间电源及数据线路的连接，而软件安装主要完成在 PC 机里安装与操作系统版本相应的控制软件即可。

1．硬件的安装

将数控钻床放在电脑桌的一旁，将附带的串口线一头连接到数控钻床的串口，另一头连接到 PC 机的串口（串口 1 或串口 2 任意），再将数控钻床的电源线连接好。

2．软件的安装

PC 机配置需求：

① 586DX-500M 以上 CPU，256MB 以上内存；

② 带可用的串口（COM1/COM2）1 个以上；

③ 操作系统 Windows98/2000/NT/XP 可选；

④ 附带 CD-ROM 驱动器。

将数控钻床软件光盘插入到 CD-ROM 中，打开光盘，进入如图 3-38 所示界面，打开“Create-DCD 控制软件”目录，运行 setup.exe 文件，点击“下一步”，在序列号栏中输入对应的序列号（序列号在“序列号.txt 文件中”），即可完成软件的安装。

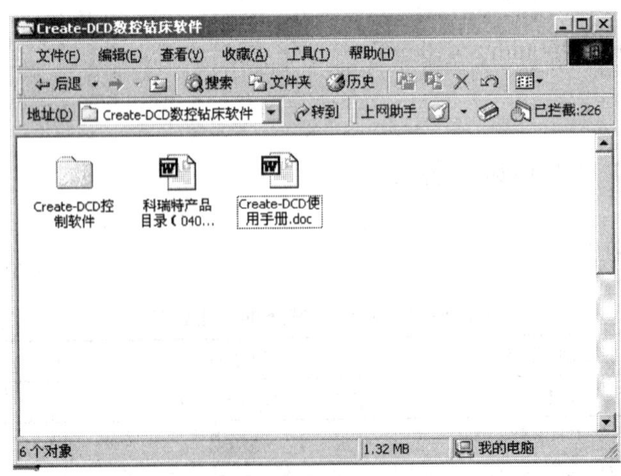

图 3-38　Create-DCD 数控钻床的软件安装界面

3.8.6 软件的使用

1. 钻孔前的准备

先连接好数控钻床的串口线与电源线，将数控钻床回复到原点位置（指主轴电机靠最右端，底面平台靠最后端），再将线路板底层朝上，线路板边框线右下角应与显示器显示的电路图左上角对应，同时确保线路板下边框线与底板边框处于同一水平线，装好某种规格的钻头。用胶带将待钻孔的电路板粘贴在底板适当位置，再手动调整底板和主轴电机的位置，使钻头对准线路板边框线右下角，最后启动钻孔机主电源和主轴电源。

2. 钻孔

将待钻孔的PCB板图调入控制程序，并单击“输出”按钮，选择数控钻与计算机相连的串口，设置线路板厚度为2，并点击“输出”按钮，出现如图3-39所示的窗口，根据钻头与线路板的距离，调整钻头上升或下降，使钻头接近线路板约1mm的距离（钻头上升或下降移动的距离单位为mm），然后根据钻头与线路板边框线右下角的偏移位置选择主轴左、右移动，底板前、后移动适当距离（主轴左、右移动和底板前、后移动的数值），使钻头与线路板边框线右下角对准。

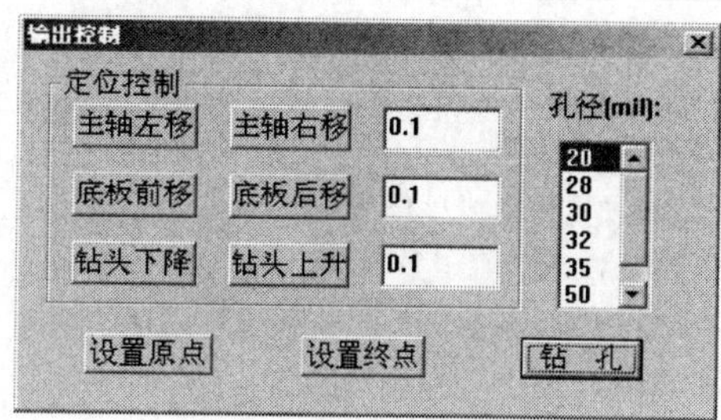

图3-39 输出控制界面

对准好起点位置后，点击“设置原点”按钮，然后点击“设置终点”按钮，此时主轴电机会自动移到终点位置并停留在终点位置（即线路板边框线左上角）。选择右边列表框中某种规格的孔径，点击“钻孔”按钮，钻孔机即开始钻孔。

钻好一批规格的孔后，如需更换钻头，则在钻头上升、下降输入框中输入适当的值，使钻头抬高适当的距离，以方便更换钻头。更换钻头前，一定要先关闭主轴电源，但不要关闭总电源开关，否则需要重新定位。更换好钻头后，将钻头下降适当距离，使钻头与线路板的距离为1mm左右。选择对应规格的孔，点击“钻孔”按钮，数控钻床即开始打下一批孔，依此类推，即可完成所有规格的打孔工作。

第二篇　电工电子装配实习指导

第4章　数字万用表原理与安装工艺

4.1　数字万用表原理介绍

DT830B 的核心器件是双积分 A/D 转换器（模/数转换）IC7106，通过它可以实现模拟量向数字量的转换，并可直接驱动液晶显示器。IC7106 有很高的输入阻抗，典型值为 10MΩ，且单电源供电。内部除设有双积分式 A/D 转换和整套的数字电路外，还设有稳定性很高的基准稳压源，用于积分时的比较电压和测量时的基准电压，并设有时钟振荡及分频电路，用于积分模拟开关和数字电路控制以及液晶显示屏的驱动。

4.1.1　双积分 A/D 转换器

万用表是在一个只有基本量程的直流数字电压表的基础上扩展而成的，这个电压表相当于数字万用表的“表头”，其原理见图 4-1。在图 4-1 中，除显示器外，其余功能可全部集成在一个芯片上，具有这些功能的芯片叫 A/D 转换器，较常见的有 IC7106、IC7107 等多种型号，它们都属于双积分式 A/D 转换器。双积分 A/D 转换器内部电路虽然很复杂，但根据图 4-1 所示的电路可以说明其原理。它在一个测量周期内的工作过程如下。

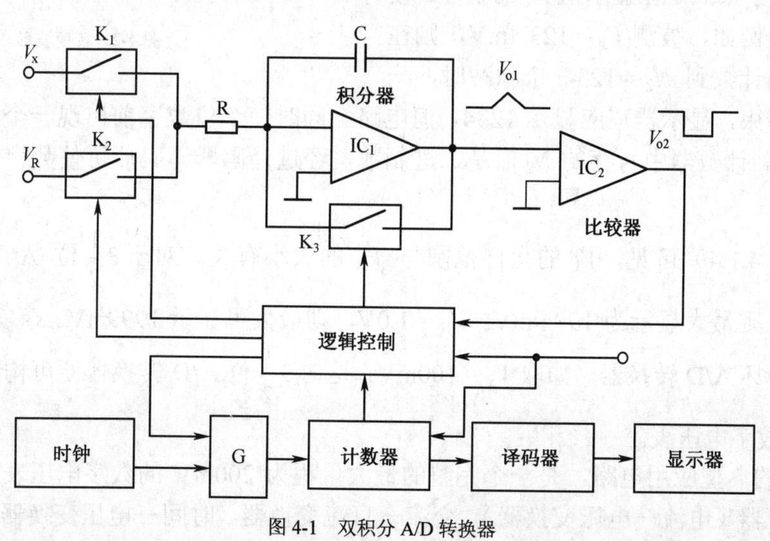

图 4-1　双积分 A/D 转换器

测试开始，计数器清零，积分电容 C 放电，然后控制逻辑使 K_2、K_3 断开，K_1 接通，积分器对被测电压 V_x 进行正向积分，采样过程时间为 T_1，其积分斜率为 T_1/RC，正向积分也叫采样。采样期间积分输出 V_{o1} 线性增加，经过零比较器得到过零方波，通过逻辑控制打开门 G，计数器开始对时钟脉冲计数，当计数到最高位为 1 时，溢出脉冲通过控制逻辑使 K_1、K_3 断开，K_2 接通，采样结束，计数器复零。积分输出：

$$V_{o1} = V_x T_1 / RC \tag{4.1.1}$$

K_2 接通基准电压 V_R 后，积分器开始第二次积分（反向积分），反向积分过程时间为 T_2，其积分斜率为 T_2/RC，V_{o1} 开始线性下降，计数器也重新计数。当 V_{o1} 降至零时，比较器输出的负方波结束，控制逻辑使 K_2 断开，K_3 接通，积分停止，同时关闭门 G，计数停止，一个测量周期结束，积分输出为：

$$V_x = (V_{o1} - V_R T_2) / RC = 0 \tag{4.1.2}$$

由式（4.1.1）、式（4.1.2），可得：

$$V_x = V_R T_2 / T_1 \tag{4.1.3}$$

转换波形见图 4-2。

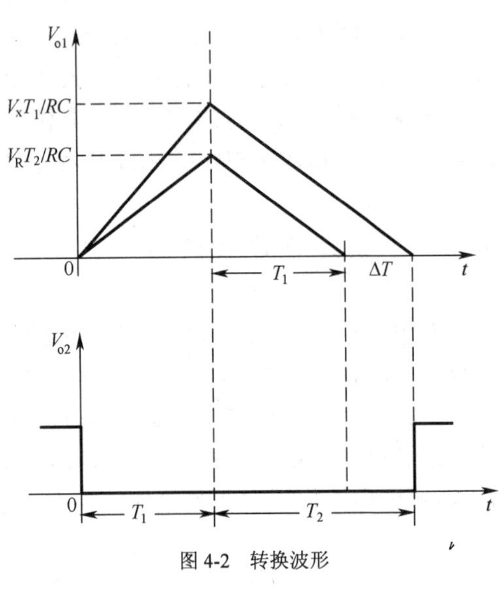

图 4-2 转换波形

设时钟脉冲周期为 T_0，则 $T_1 = N_1T_0$，$T_2 = N_2T_0$，N_1、N_2 分别是正、反向积分期间计数的时钟脉冲个数，带入式（4.1.3）得：

$$V_x = V_R N_2 / N_1 \tag{4.1.4}$$

对于 $3\frac{1}{2}$ 位 A/D 转换器，采样期间计数到 1000 个脉冲时计数器有溢出，故 $N_1 = 1000$ 是个定值，如再规定 $V_R = 100\text{mV}$，则有：

$$V_x = 0.1N_2 \tag{4.1.5}$$

式（4.1.5）说明，适当选择 N_1 及 V_R 的值，可使 V_x 与 N_2 的有效数字相同，只是小数点位置不同，如将小数点定在显示值 N_2 的十位，便可直接读数。例如，被测 $V_x = 123.4\text{mV}$，则在反向积分期间计数到 $N_2 = 1234$ 个脉冲时，一个测量周期结束，显示器理应显示 1234，但电路上同时使个位数字前出现一个小数点，故实际显示 123.4。计数器中暂存的 N_2 值是二进制数，经过译码器译码后可使数字显示器显示十进制数。

由上式（4.1.4）可见，V_x 的允许范围与 V_R 的大小有关。对于 $3\frac{1}{2}$ 位 A/D 转换器，如 $V_R = 100\text{mV}$，则最大显示为 199.9mV；$V_R = 1.0\text{V}$，则最大可显示 1999mV。事实上 V_R 不宜过大，否则会损坏 A/D 转换器。如取 $V_x = 100\text{mV}$，这时 $3\frac{1}{2}$ 位 A/D 转换器便可构成基本量程为 0.2V 的直流数字电压表。

IC7106 的典型应用电路，是一个完整的最大量程为 200mV 的数字电压表，如果再配以分压器、分流器（电流—电压变换器）、交流—直流变换器、时间—电压变换器，电阻—电压变换器以及小数点位数显示等，就可以组成一个多量程数字万用表。

许多普及型数字万用表就是用这种基本量程为 0.2V 的直流数字电压表作表头扩展而成的。要测较高的直流电压，可采用分压器将被测电压降到 0.2V 以下。要测交流电压、交、直流电流及电阻，可以采用相应的转换器转换成直流电压。如被测电量数值较大，可以先分压（或分流），而后再转换，使转换后的直流电压在 0.2V 以下即可。数字万用表的原理框图如图 4-3 所示。

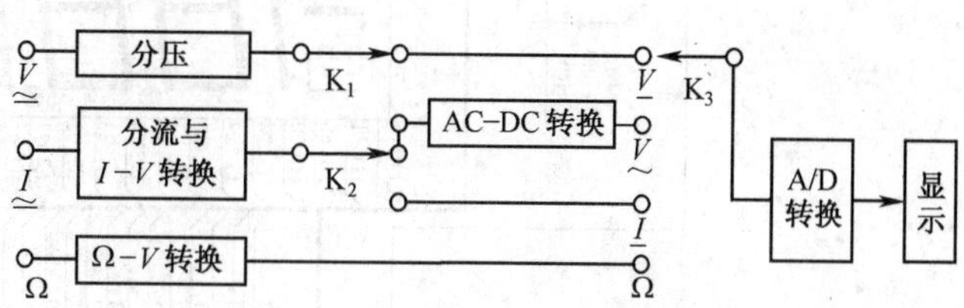

图 4-3　数字万用表的原理框图

从双积分 A/D 转换器的工作过程还可看出数字万用表的特点：首先，从式（4.1.4）可知，被测电压只与基准电压及计数器的计数值有关，而这两者的准确度都可以做得较高，所以数字万用表测试准确度较高。其次，叠加在 V_x 上的短暂干扰在积分过程中会被积分掉。如 T_1 取值为工频信号周期（20ms 的整数倍），则叠加在 V_x 上的工频干扰也会被积分掉，所以它的抗串扰干扰能力强。第三，分辨力高，$3\frac{1}{2}$ 位数字万用表的最高分辨力为 0.1mV。但它也有缺点，从双积分 A/D 转换器工作过程可知，如果 V_x 是变化的量，则正、反向积分、计数器计数都不能正常进行，显示就会紊乱，所以数字万用表不能测连续变化的电量。

IC7106 各主要引脚的功能如下（见图 4-4）：

第 1 和 26 脚分别为电源的正负极；第 2～25 脚用于液晶屏驱动，其中 20 脚为负极性指示驱动，21 脚为负电极驱动，其余为数字笔划驱动；第 30、31 两脚分别为输入的负和正端；第 35、36 两脚为基准电压的负和正端；第 32 脚为模拟地端，接仪器的公共端；第 37 脚为数字电路地端；第 38、39、40 脚为振荡器外接阻容元件脚，改变其外接 RC 值，可改变振荡频率。

4.1.2　直流电压的测量

对原理图直流电压测量部分予以减化，并用选择开关选择不同的分压比和小数点位数显示，就可以构成多量程数字电压表，简化电路如图 4-5 所示。

由于各量程间最大测量电压倍率为 10 倍，故分压电阻按 10∶1、100∶1、1000∶1 取值（1000V 挡除外）。其取值原则应能满足：

$$U_A = [U_m / (R_B + R_C)] \times R_C \qquad (4.1.6)$$

式（4.1.6）中：U_A 为分压输出（即 7106 的最大设计输入电压），其值为 200mV；U_m 为最大测量电压（各挡标注电压）；R_B 为上分压电阻；R_C 为下分压电阻。

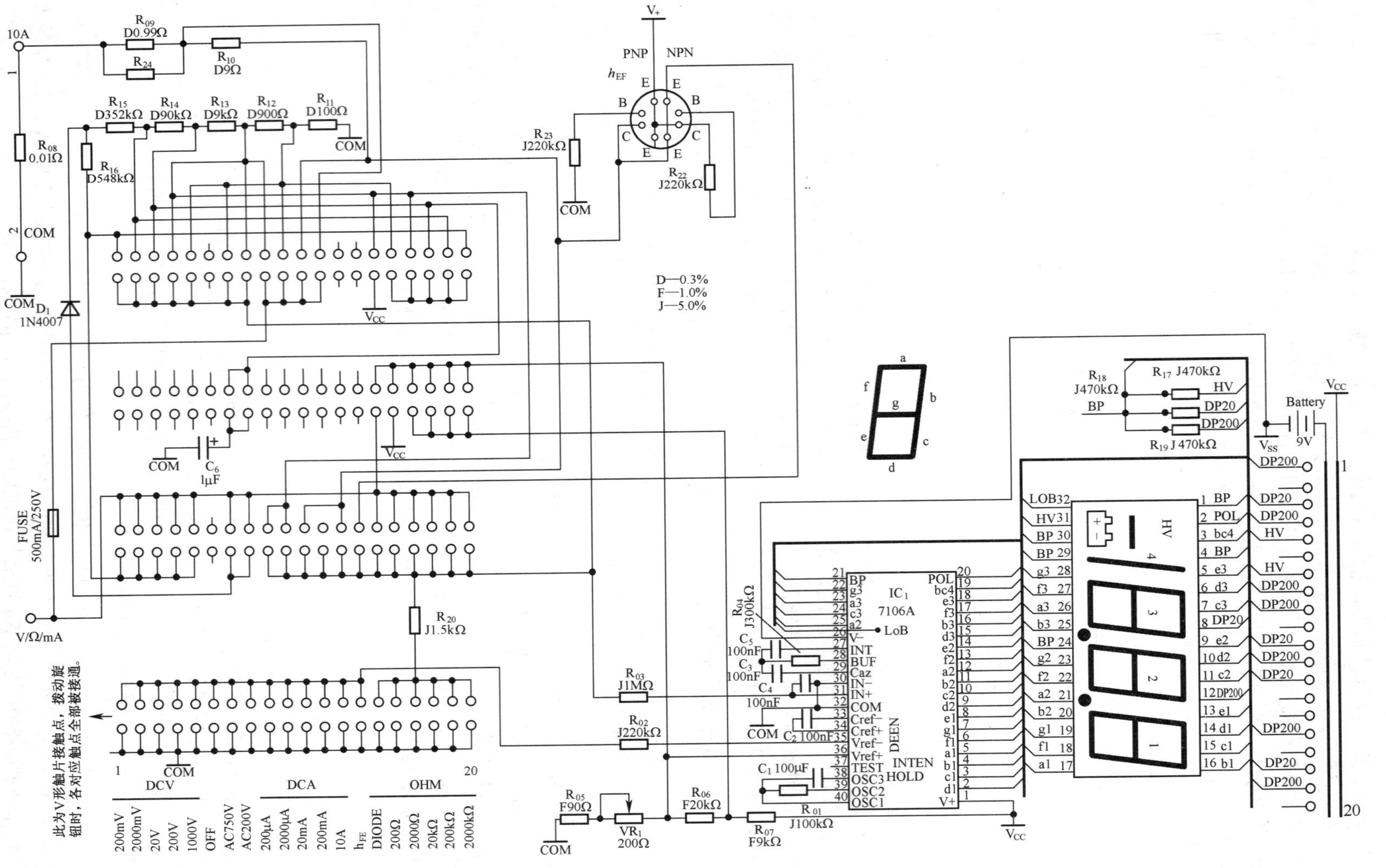

图 4-4 数字万用表 DT830B 原理图

例如在 2V 挡，R_{15}、R_{16} 构成上分压电阻，R_{11}～R_{14} 构成下分压电阻，代入式（4.1.6）得：

$$U_A=[2V/(0.1+0.9+9+90+352+548)]\times(0.1+0.9+9+90)=200mV$$

再将小数点定在 10^3 位，就可测量 1.999V 以下的直流电压。此时如果输入 2V 以上的电压，则读数满度而溢出。

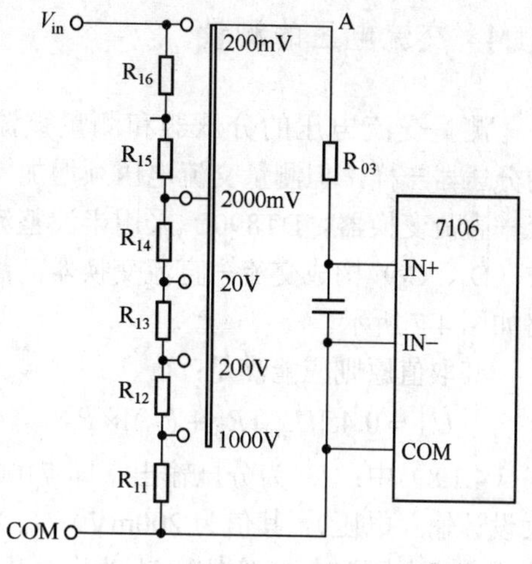

图 4-5 简化后直流电压测量电路

4.1.3 直流电流的测量

对图 4-3 电路配以适当的分流器（电流—电压变换器），并用选择开关选择不同的分流比，就可构成多量程直流数字电流表，简化电路如图 4-6 所示。

由于各量程间最大测量电压倍率为 10 倍，故分流电阻按 10∶1、100∶1、1000∶1 取值（10A 挡除外）。其取值原则应能满足：

$$U_A = I_m \times R_C \tag{4.1.7}$$

式（4.1.7）中：U_A 为电压输出（即 7106 的最大设计输入电压），其值为 200mV，I_m 为最大测量电流（各挡标注电流），R_C 为分流电阻。

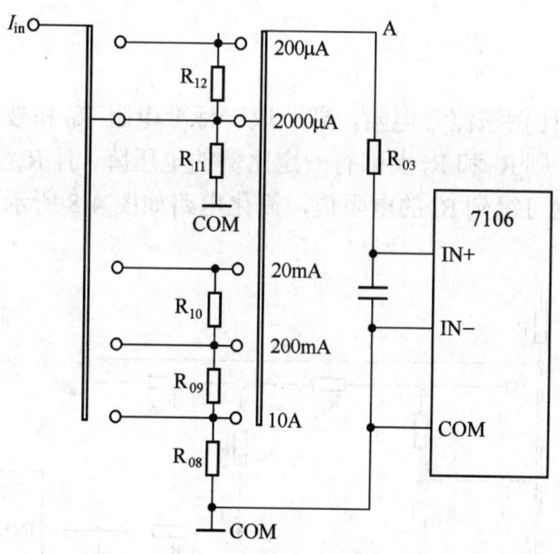

图 4-6 简化后直流电流测量电路

例如在 2000μA 挡，R_{11} 构成分流电阻，代入式（4.1.7）得：

$$U_A = 2000\mu A \times 100\Omega = 2mA \times 100\Omega = 200mV$$

再将小数点定在零位，就可测量 1999μA 以下的直流电流。此时如果输入 2000μA 以上的电流，则读数满度而溢出。

4.1.4 交流电压的测量

测量交流电压的分压器和测量直流电压的分压器一样，但测量交流电压须增加一个交流—直流变换器。DT890B 采用半波整流加滤波（D_1、C_6）构成交流—直流变换器，简化电路如图 4-7 所示。

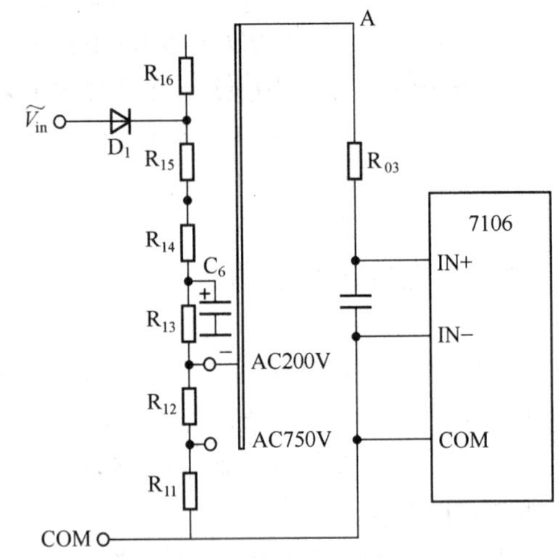

图 4-7 简化后交流电压测量电路

其取值原则应能满足：

$$U_A = 0.45[U_m/(R_B + R_C)] \times R_C \qquad (4.1.8)$$

式（4.1.8）中：U_A 为分压输出（即 7106 的最大设计输入电压），其值为 200mV，U_m 为最大测量交流电压（750V 除外），R_B 为上分压电阻，R_C 为下分压电阻。

例如在 AC200V 挡，R_{15}、R_{14}、R_{13} 构成上分压电阻，R_{12}、R_{11} 构成下分压电阻，代入式（4.1.8）得：

$$U_A=0.45[200V/(352+90+9+0.9+0.1)] \times (0.1+0.9)=200mV$$

再将小数点定在 10^1 位，就可测量 199.9V 以下的交流电压。此时如果输入 AC200V 以上的电压，则读数满度而溢出。

4.1.5 电阻的测量

DT890B 采用电压比例法测量电阻，即：取一标准电阻 R_0 和被测电阻 R_x 串联后在电阻两端加一标准电压 U_R，则 R_0 和 R_x 上都有一定比例的电压降，且 R_x 上的电压降 U_x 与 R_0 的大小成正比，测量 U_x，就可得到 R_x 的电阻值，简化电路如图 4-8 所示。

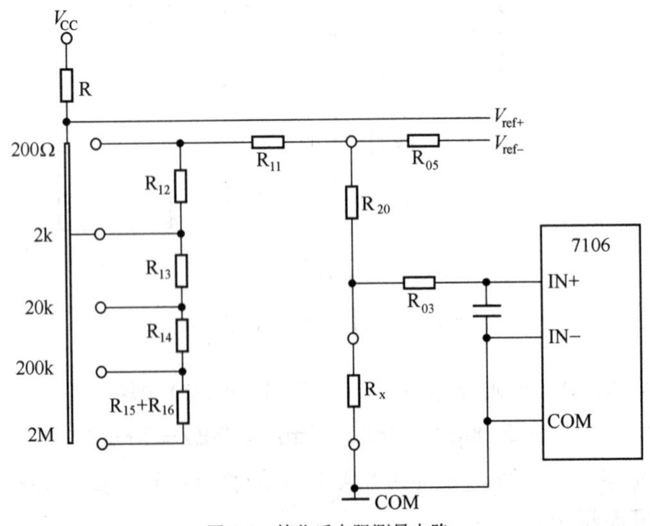

图 4-8 简化后电阻测量电路

根据 7106 设计要求，当 $R_x = R_0$ 时，读数显示为 2000，即：

$$显示读数 = (U_x/U_0) \cdot 1000 = (R_x/R_0) 1000 \quad (4.1.9)$$

式（4.1.9）中：U_x 为被测电阻 R_x 上的压降，U_0 为标准电阻 R_0 上的压降。

各挡位的标准电阻均根据这一公式去选择，再将小数点定在相应的数位上，就可直接读电阻值。例如 2k 挡，取 $R_0 = R_{11} + R_{12} = 1k\Omega$，并将小数点定在零位上，就可测量 1999Ω 以下的电阻，超过 2kΩ时，则读数溢出。

4.2 DT830B 数字万用表技术指标

4.2.1 直流电压

表 4-1 所示为直流电压指标。

表 4-1 直流电压指标

量　程	分 辨 力	准 确 度
200mV	100μV	±(0.5% + 2)
2000mV	1mV	
20V	10mV	
200V	100mV	±(0.8% + 2)
1000V	1V	

输入电阻：1MΩ。

4.2.2 直流电流

表 4-2 所示为直流电流指标。

表 4-2 直流电流指标

量　程	分 辨 力	准 确 度
200μA	100nA	±(1% + 2)
2000μA	1μA	
20mA	10μA	
200mA	100μA	±(1.2% + 2)
10A	10mA	±(2% + 2)

过载保护：0.2A/250V 保险丝，10A 挡无保险丝。

4.2.3 交流电压

表 4-3 所示为交流电压指标。

表 4-3　　　　　　　　　　　　　　　　交流电压指标

量　程	分 辨 力	准 确 度
200V	100mV	±(1.2% + 2)
750V	1V	

频率响应：45～400Hz。

4.2.4 电阻

表 4-4 所示为电阻指标。

表 4-4　　　　　　　　　　　　　　　　电 阻 指 标

量　程	分 辨 力	准 确 度
200Ω	0.1Ω	±(0.8% + 2)
2000Ω	1Ω	
20kΩ	10Ω	
200kΩ	100Ω	±(1% + 2)
2000kΩ	1kΩ	

最大开路压：2.8V。
过载保护：250V 直流或交流有效值，小于 10 秒。

4.2.5 三极管

V_{ce} 约为 2.8V，I_b 约为 10μA，显示出 $h_{FE} = 1000$。

4.3 数字万用表元器件介绍

4.3.1 DT830B 数字万用表元器件清单

DT830B 数字万用表元器件清单如表 4-5 所示。

表 4-5　　　　　　　　　　　　DT830B 数字万用表元器件清单

编　号	材 料 名 称	型 号 规 格	单　位	数　量
插 件 清 单				
1	线路板		片	1
2	二极管	1N4007	只	1
3	电位器	200Ω	只	1
4	金属化电容	100nF	只	4

续表

编号	材料名称	型号规格	单位	数量
5	电解电容	1μF	只	1
6	瓷片电容	100pF	只	1
7	金属膜电阻	0.99Ω	只	1
8	金属膜电阻	9Ω	只	1
9	金属膜电阻	100Ω	只	1
10	金属膜电阻	900Ω	只	1
11	金属膜电阻	9kΩ	只	1
12	金属膜电阻	90kΩ	只	1
13	金属膜电阻	352kΩ	只	1
14	金属膜电阻	548kΩ	只	1
15	电阻 1%	910Ω	只	1
16	电阻 1%	9kΩ	只	1
17	电阻 1%	20kΩ	只	1
18	电阻 1%	10Ω	只	1
19	电阻 1%	1.5kΩ	只	1
20	电阻 1%	100kΩ	只	1
21	电阻 1%	220kΩ	只	3
22	电阻 1%	300kΩ	只	1
23	电阻 1%	470kΩ	只	3
24	电阻 1%	1MΩ	只	1
焊接清单				
25	集成电路	7106 芯片	只	1
26	晶体管插座	短圆形	只	1
27	输入插座	54 × 8 × 1	只	3
28	保险丝架	“r” 型	只	2
29	电源线	6.5cm	条	2
组装清单				
30	导电橡胶*		条	2
31	保险丝	0.5A	只	1
32	液晶*	853	片	1
33	康铜丝 R08	0.02Ω	条	1
34	自攻螺丝	2 × 6	粒	3
35	自攻螺丝	2.5 × 8	粒	2
36	外壳		套	1
37	钢珠	$\Phi 3$	粒	2

续表

编　　号	材 料 名 称	型 号 规 格	单　　位	数　　量
38	齿轮弹簧		条	2
39	接触片“V”	A59	片	6
包 装 清 单				
40	功能板		片	1
41	测试表笔		付	1
42	说明书		本	1
43	包装盒		个	1
44	层叠电池	9V	块	1
45	原理图		张	
46	材料清单		张	

注：金属膜电阻精度为 0.3%。

4.3.2 电阻器

DT830B 采用的电阻全部为精密电阻，其阻值及精度采用五个色环表示，见表 4-6。电阻的色标是由左向右排列的，第一至第三色环表示电阻的有效数字，第四色环表示倍乘数，第五色环表示允许误差。例如：“棕 黑 绿 棕 棕”表示 1.05kΩ ± 1%。

表 4-6　　电阻器的色标表

颜　　色	第一位数	第二位数	第三位数	第四位数	允许误差
黑	0	0	0	× 1	
棕	1	1	1	× 10	± 1%
红	2	2	2	$\times 10^2$	± 2%
橙	3	3	3	$\times 10^3$	
黄	4	4	4	$\times 10^4$	
绿	5	5	5	$\times 10^5$	± 0.5%
蓝	6	6	6	$\times 10^6$	± 0.2%
紫	7	7	7	$\times 10^7$	± 0.1%
灰	8	8	8		
白	9	9	9		
金				× 0.1	± 5%
银				× 0.01	± 10%
无色					± 20%

4.3.3 液晶显示屏

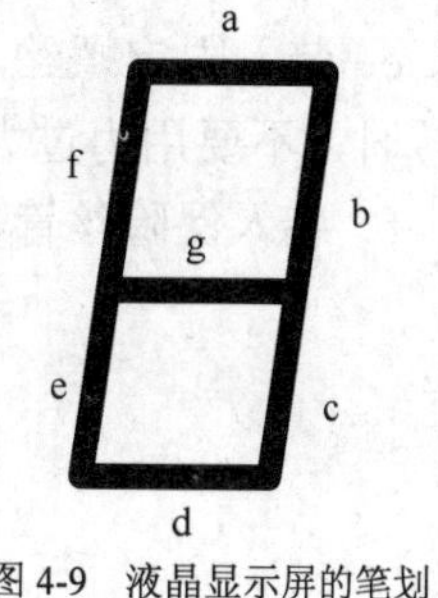

图 4-9 液晶显示屏的笔划

DT830B 数字万用表显示器采用的是液晶显示屏，IC7106 计数器中暂存的二进制数，经过译码器译码后可直接驱动显示屏的笔划，使数字显示器显示十进制数。液晶显示屏的笔划如图 4-9 所示。

4.4 数字万用表装配步骤

① 首先，应保证印刷线路板焊点的清洁，以免影响焊接效果和显示效果，尤其是 IC7106 芯片与导电橡胶的接触点。

② 在线路板元件标号处插入 2～3 个器件（如电阻、电容等），然后，将线路板放入机盒内，盖上后盖，把握一下元件焊接高度，以免后盖因元件太高而合不上，元件采用直立方式安装，当确定某元件高度后，以后其他元件的焊接高度均应等于或低于此元件高度。

③ 焊接前，要注意元件的标号、标称值以及位置，仔细对照线路板和装配图。色环电阻的阻值可根据表 4-6 查得，然后，用标准表相应的欧姆挡校对。

④ 焊接要点：由于印刷线路板表面已作阻焊和助焊处理，即焊点涂有助焊剂，其他表面涂有阻焊剂，且焊锡丝管内含有助焊剂。只要保证线路板表面、元件管脚和烙铁头清洁，就可直接焊接。

⑤ 焊接方法：元件直立从线路板正面插入，然后，从线路板背面焊接，焊接时，将烙铁头顶部与元件管脚和线路板焊点接触进行预加热，然后加入焊锡丝。焊接时间不宜过长，以免损坏线路板，焊点堆锡不要太多，以免与其他焊点短路和影响美观。每个元件焊完后，都要检查一下是否存在虚焊。方法是，待器件冷却后，扳动一下器件，观察焊点是否活动，如活动，须重新补焊。最后，用斜口钳剪掉多余管脚。

注意：二极管和电解电容应注意其极性、三极管插座凸处应与表盘插口凹处对应、表笔插孔应正面焊接、电阻应正面焊接、电源线（+、–）应正面焊接。

⑥ 装配：

a．取出功能板，先在机壳正面比量一下，然后撕下背面粘接面，一次性将其贴到机壳正面。要注意不干胶的清洁性。

b．在外壳显示框处装入液晶屏，注意液晶屏方向不要装倒，然后装入导电橡胶定位框和导电橡胶条（上下各一条）。

c．取出拨盘旋钮，在指导教师的指导下，用镊子装入 V 形接触片、齿轮弹簧、钢珠。

d．在指导教师的指导下，将拨盘旋钮中央的凸杆插入线路板的定位孔，连同线路板一起装入万用表壳体内，此时，钢珠极易碰掉，要特别注意。线路板应斜插入万用表内壁上方最下卡锁处，以免无法装入后备板。还应注意线路板与导电橡胶接触良好，调试时，如发现显示缺字段，大多是因为线路板与导电橡胶接触不良造成的。

e. 装入固定螺丝，转动拨盘旋钮，观察显示，根据挡位的不同，应有相应的指示。注意，旋转时，不要用力过大或速度过快，以免钢珠掉下。

f. 装入保险丝管、电池（应注意极性），安装背盖前应对基准电压进行调整。

4.5 数字万用表的调试

（1）安装旋钮，装入电池

检查所有元器件焊接无误后，安装旋钮，最后装入电池，应注意电池的极性。

（2）查看旋钮安装是否正确

如焊接、安装无误，旋钮指针朝上指向“OFF”挡时，液晶显示屏应无显示；当旋钮转到其他任何位置时，液晶显示屏应有数字跳变显示，说明电路接通，拨盘旋钮安装正确。

（3）校准基准电压

用数字万用表（型号：UT39A）为标准表，来对安装的万用表进行测试。

首先，将标准表拨至 200mV 挡，将黑表笔接被测万用表的公共地端（COM 端），将红表笔接被测万用表的基准电压端 VR（7106A 的 V_{ref+}），用螺丝刀调整电位器 VR_1，使标准表的读数为 100mV 即可。

注意：基准电压一经校准，电位器 VR_1 就不要再随意乱调，否则会影响测量精度。

（4）直流电压挡的校对

考虑到安全因素，这里只要求 200V 以下挡位的校对，即 DC200mV、DC2V、DC20V、DC200V 四挡。方法如下：

首先，确认基地提供的直流稳压电源处于电压输出状态（电流控制按键弹起，电流表无指示），调整电压旋钮使电压表指示在 200mV 以下。然后，将已装好的万用表挡位拨至 200mV，并将正负表笔分别接至稳压电源的正负端子上，观察万用表的显示，并记录之。再利用标准表的同样挡位测试之，并与先前的记录比较，结果应相近。依此类推，分别对 2V、20V、200V 挡位进行测试，如果误差太大，说明电路焊接、元件错位、安装有误或基准电压不准等。应重点检查分压电阻 R_{11}～R_{16} 和基准电压。

注意：测量时，测量挡位应高于被测信号源一个挡位，以保证万用表的安全和测量精度，当显示溢出时，应将挡位拨高一挡。此注意事项适用于交流电压、直流电流等其他所有挡位的测量。

（5）交流电压挡的校对

在直流电压挡校对无误的情况下，可直接对交流电压挡（～750V 挡）进行校对，首先，将万用表置于 AC750V 挡，利用表笔测量电源插座的交流 220V 电压，并记录之，然后用标准表的同样挡位测量，并进行比较，如有问题，则重点检查整流二极管 D_1。AC200V 挡可利用调压器进行测量，指导教师在测量前，应将调压器输出调至 30V 以下，然后才能允许学生测试。

注意：本测试涉及到 220V 电压，测试时应注意安全。

（6）直流电流挡的校对

直流电流挡只要求对 DC200mA 挡进行校对。

首先，确认基地提供的直流稳压电源处于电流输出状态（按下电流挡按键，电流表应有指示），调整电流旋钮使电流表指示在 200mA。然后，将已装好的万用表挡位拨至 DC200mA，并将正负表笔分别接至稳压电源的电流输出正负端子上，观察万用表的显示是否为 200mA。如有误差，应重点检查直流分流电路。

注意：

① 直流电流的测量时，一定要确认稳压电源输出处于电流输出状态，不能用万用表的电流挡测试电压，否则，会造成元件的损坏。

② 直流电流的校对应以电流表的指示为标准，不要用标准表对其校对。

（7）欧姆挡的校对

基地将提供不同阻值的标准电阻，学员可根据电阻的标称值加以测试，如误差太大，可重点检查欧姆挡部分电路。

注意： 电阻测量时，请不要用双手捏住电阻两端进行测试，以免产生测量误差。

（8）二极管、三极管的测量

在 DIODE 挡位下，测量二极管两端，正向读数应为 500～600 之间，反向读数应为无穷大。

在 HFE 挡位下，可对三极管的电流放大倍数进行测量，三极管由基地提供，测量时，应注意三极管类型（NPN 和 PNP）以及三极管的极性（e、c、b），并与基地提供的该三极管标准电流放大倍数比较，如误差太大，则重点检查三极管测量电路。

4.6 DT830B 数字万用表的使用

数字万用表虽然有很多优点，但较为娇贵，若使用不当，极易损坏或使读数产生误差，所以使用中要特别注意使用方法。

① 测量前首先根据测量内容选择适当的挡位，并在开关到位后轻轻左右晃动几下，查看开关是否真正在所需的位置上，并可使开关内部充分接触良好。

② 在不知道测量内容的最大数值时，开关应先放在这一测量内容的最大量程上，然后再根据测量结果选择合适的挡位。严禁大数值、低值挡测量，以防仪表溢出及损坏。

③ 开启电源后，先查看电池低电压指示字母“LOWBAT”是否显示，如果显示，则表示电池电压不足，应立即调换新电池，否则将会产生很大的测量误差。之后再查看仪表调零情况，在电压、电流、三极管测量挡位时，仪表应自动显示为零。电阻挡两表笔开路时显示为无穷大（溢出），两表笔短路时，也应显示为零（200Ω 挡约有 0.3Ω 的阻值属正常）。

④ 测量时须使表笔和被测件接触良好，如果被测点有锈污等，应先清除后再行测量，特别是小阻值的电阻测量，更须如此，以免增加测量误差。

⑤ 仪表虽有极性显示装置，但测量时应尽量采用正极性测量，以免反极性测量时增加误差。

⑥ 由于 LCD 液晶显示屏的适应温度范围较窄，在低温下，液晶显示反应能力差，高温又易使之加速老化，所以使用和储放均应在 0～40℃的范围内，最低不能超过−10℃。

⑦ 仪表要轻拿轻放，防止跌落和剧烈震动，特别是液晶显示屏极易破碎，应严防挤压。

第 5 章　调频调幅收音机原理与安装工艺

5.1　无线电通信的基础知识

5.1.1　无线电波的划分

在飞速发展的信息时代，无线电通信技术在各种信息的传递中起着至关重要的作用。在无线电通信中起关键作用的是电磁波。载着信息的高频信号通过天线发送信号产生电场，同时天线周围也产生磁场。伴随电场的向外扩展，也有磁场向外扩展，这样电场和磁场由近到远向外传播，即交变磁场和交变电场形成统一的波，也就是我们所说的电磁波。它以光的速度在空间传播。

无线电波是波长比较长的电磁波，在电磁波中所占的范围很广。随着无线电技术的发展，波长在长和短两方面不断发展。波长最短到几百微米，波长最长可达几万米。无线电波按波长划分如表 5-1 所示。

表 5-1　　无线电波波长划分表

波段名称	波段范围	频 率 范 围	频 段 名 称	主 要 用 途
长波	10^3～10^4m	30～300kHz	低频（LF）	电力通信、导航
中波	10^2～10^3m	300kHz～3MHz	中频（MF）	调幅广播、导航
短波	10～10^2m	3～30MHz	高频（HF）	调幅广播
超短波	1～10m	30～300MHz	甚高频（VHF）	调频广播、电视、移动通信
分米波	10～10^2cm	300MHz～3GHz	特高频（UHF）	电视、移动通信、雷达
厘米波	1～10cm	3～30GHz	超高频（SHF）	微波通信、卫星通信
毫米波	1～10mm	30～300GHz	极高频（EHF）	微波通信

无线电波可以用波长表示，也可以用频率表示。习惯上频率低的无线电波（如：长、中、短波）用“频率”表示。频率高的无线电波（如：超短波、微波）用“波长”表示。频率和波长的关系如下：

$$\lambda = \frac{c}{f} \text{ 或 } f = \frac{c}{\lambda}$$

f为频率，单位用“赫兹（Hz）”；

λ为波长，单位用“米（m）”；

c为波速，单位用“米/秒（m/s）”。

按照表 5-1，分米波、厘米波及毫米波统称为微波。上述波段划分只是相对的，因为各波段之间没有明显的分界线，但各波段之间的特性却有明显的差别，所以在实践中要不断地加深认识和理解。

5.1.2 无线电波的传播

无线电波从发送天线传播到接收天线有不同的传播方式。无线电波主要有 4 种传播方式，即地波、天波、空间波、散射波，如图 5-1 所示。

地波是无线电波沿着地面推进，又叫表面波。如图 5-1（a）所示，由于地球表面对地波的吸收作用，使地面波的强度逐渐降低，而且降低的多少与地面波的频率以及地表是海洋还是陆地有关，海洋的吸收比陆地的吸收要小，频率低比频率高吸收小。因此地波的传播距离受影响，但在传播上比较稳定可靠，在无线电发展初期广泛使用。现今 3000m 以上的长波，主要是靠地面波来传播，强度随传播距离增大而减小。我国的中波广播采用地波，如图 5-2（a）所示，地波只适宜较小频率范围长波和中波的广播、通信业务上使用。

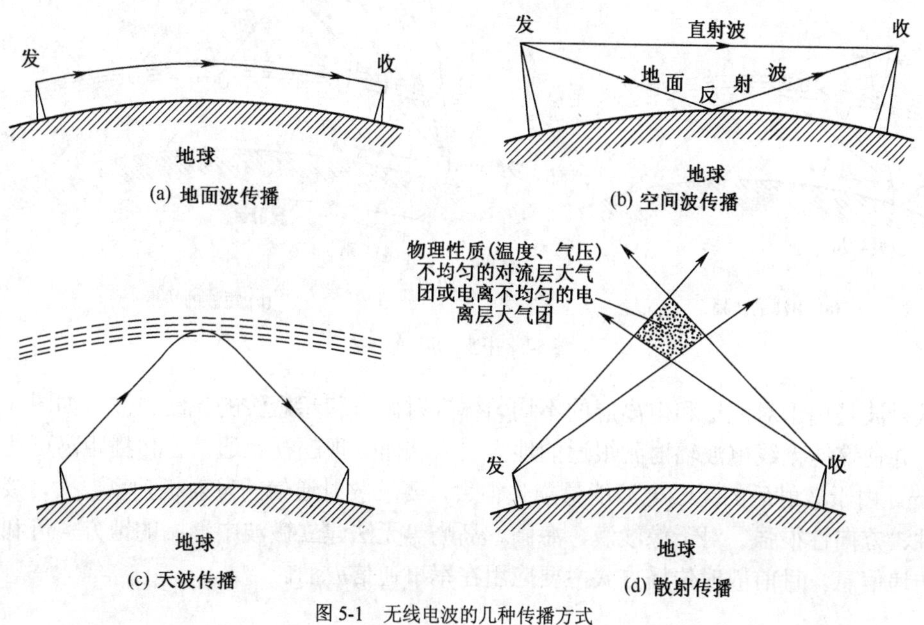

图 5-1 无线电波的几种传播方式

天波是依靠电离层的反射和折射作用返回地面达到接收点的无线电波，如图 5-1（c）所示。电离层就是距地面 40～80km 上空高度电离的大气层。电离层能反射电波，对电波也有吸收作用，但对频率很高的电波吸收的很少。短波主要靠天波传播，如图 5-2（b）所示，电波可以通过电离层的一次反射到达接收点，也可以经过电离层及地面的多次反射到达接收点。短波在传播时会出现信号衰落现象，使信号在传播时产生强烈的失真和干扰，甚至有时接收不到信号，这是短波传播的一个严重缺点。另外，在离电台近处接收不到信号，而在离电台一定距离以外的地方又能收到信号，这种现象叫跳越现象。虽然接收不太稳定，但它能以很小的功率借助天波传播到很远的距离，因此可以用作国际台广播、无线传真、海上和空中通信等。

空间波是从发射点由空间直线传播到达接收点的无线电波，又叫直射波，由于空间传播距离仅限于视距范围，因此又叫视距传播，如图 5-1（b）所示。频率在 30MHz 以上超短波和微波主要依靠空间波传播，传播距离有限，依据架设天线的高度决定，即视线范围大小而定。超短波波段很宽，可分布大量的无线电电台而不至于互相干扰，其传播过程与电离层无关，所以超短波通信很稳定。但这种传播因受遮挡物如高山和高大建筑的阻挡，传播距离和传播高度受限制。近年来利用空间波传输的通信方式建造地面微波中继站，微波的频率极高，频带极宽，能传送大量的信息，在地面每隔 50～60km 建一个微波中继站，如接力赛跑一样，信息通过微波接力通信被广泛传播。而且这种传播方式可不受任何自然条件的限制被传播的很远。电视广播广泛采用这种传送方式。但建立地面中继站经常受到自然条件的限制，如在海洋、沙漠或高山上建站就很困难。为了克服这些条件限制又发展了卫星中继通信。

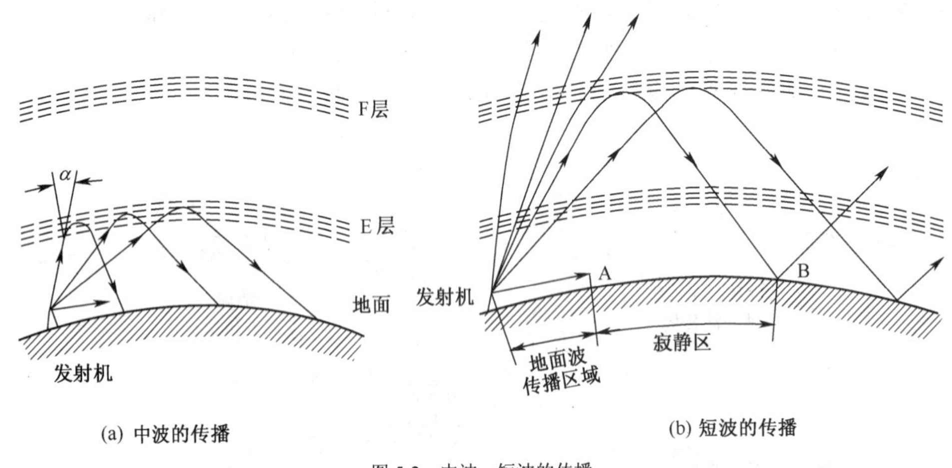

图 5-2　中波、短波的传播

散射波是由于对流层和电离层的不均匀体散射微波和超短波的无线电波，如图 5-1（d）所示，并使这些无线电波辐射到很远的地方去，从而实现超视距通信，传播距离可达几百到 1000km。由于散射后的无线电波能量损失很大，要求散射通信的发射机功率要大，接收机要灵敏性、方向性很强。对于像沙漠、海疆、岛屿等无法建立微波中继站的地方，可利用散射波来传递信息。目前散射传播方式主要应用在军事通信方面。

5.1.3　无线电广播的基本原理

在现代飞速发展的社会里，信息资源的传递离不开先进的现代通信方式，卫星通信、数字通信、数据通信、光纤通信、移动通信等各种通信方式不断发展和日趋完善，无线电通信可利用在空中传播的电磁波来传递消息（消息可以是符号、文字、语言、图片、音乐和活动景象等）。按所传递的消息的不同，通信方式分为 5 种，可以是：电报、电话、传真、广播、电视。从广义看，无线定位、无线遥控也是通信。前三种通信方式为双工通信，只限于两个站点可同时发送和接收信息。如图 5-3 所示，A、B 两个通信地点，A 站以波长λ_1向 B 站发送信息，而 B 站以

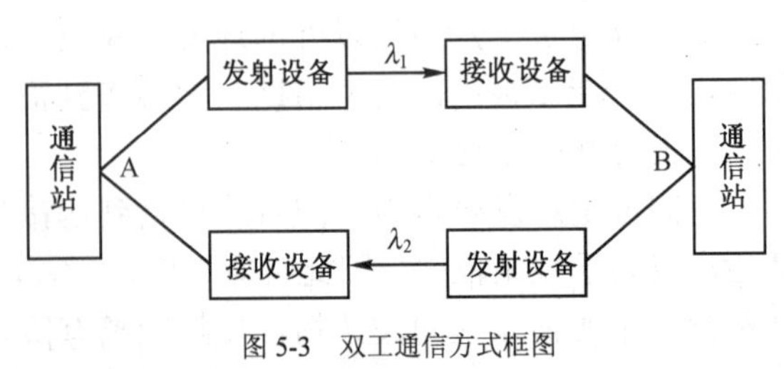

图 5-3　双工通信方式框图

波长λ_2向 A 站发送信息。这样在 A 站和 B 站间建立了双工无线电通信系统，A 站与 B 站可以进行通话、通报或传真。

无线通信的另一种方式是单工通信，无线广播和电视采用这种通信方式。广播电台和电视台通过发送设备播发节目（语言、音乐、图像等），将被无数形状各异的接收机所接收。虽然从发射机到接收机的通信线路有无数条，但它是单一方向的，同一地点不能同时发送和接收，如图 5-4 所示。

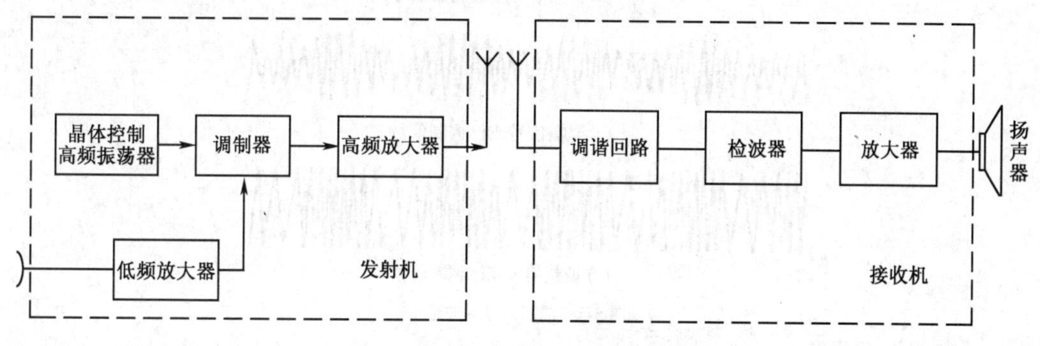

图 5-4　无线电广播框图

5.2　无线电传播信号的处理

5.2.1　调制与解调

人耳所能听到的声音的频率为 20Hz～20kHz，我们习惯叫音频信号，它不能直接以电磁波形式向空中传播，即使传播出去，各种信号在这样的频域内混淆起来，也无法收听。无线电传播的理论证明，只有频率足够高的电信号（高频信号）才能以电磁波的方式发射出去，但高频信号虽然能方便地发射传向远方，却不能转换成被人耳听到的声音，为解决信号传输的矛盾，人们利用高频信号作为运载工具，让音频信号加载在高频载波上，使声音传向远方。音频信号加在高频信号的过程就叫“调制”，音频信号为调制信号，等幅的高频信号称为被调制信号，也称为载频。被音频信号调制后的高频信号就叫已调制信号或者叫已调波。如图 5-5 所示，图（a）为音频信号，图（b）为高频信号或被调制信号，图（c）、（d）为已调制信号。

调制信号为正弦波的调制方式分为 3 种，调制信号去调制高频载波的幅度称调幅；调制信号去调制高频载波的频率称调频；调制信号去调制高频载波的相位称调相；调频和调相统称为角度调制。调制好的信号载着语言、音乐等信息才能传播。无线电广播电台通过话筒、调制器、发射天线等设备进行无线广播的。

无线电波传播时，虽然信号由强渐弱，但信号特征即加载在载波上的音频信号不变。通过接收机接收下来，从高频调制波上取下音频信号，这个过程就叫解调，它是调制的逆过程。解调按已调波的性质又分为检波和鉴频。调幅波的解调叫检波；调频波的解调叫鉴频。

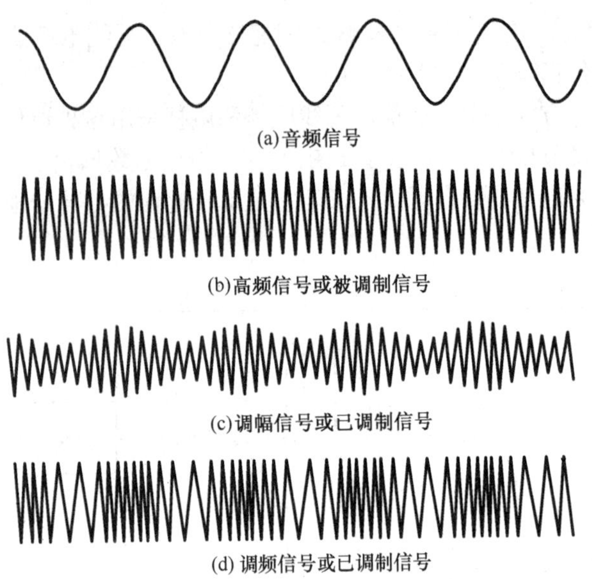

图 5-5　调制信号的波形

5.2.2　振幅调制与频率调制

1. 调幅与调幅波

调制后的高频载波的振幅随着所要传送的音频信号的规律变化，这种已调波称为调幅波。如图 5-6 所示，其数学表达式如下：

当音频信号为：$u_\Omega(t) = U_\Omega \cos \Omega t$

高频载波：$u_0(t) = U_0 \cos \omega_0 t$

在理想情况下，调制后的已调波：

$$\begin{aligned} u(t) &= U(t)\cos\omega_0 t \\ &= (U_0 + KU_\Omega \cos\Omega t)\cos\omega_0 t \\ &= U_0(1 + m_a \cos\Omega t)\cos\omega_0 t \end{aligned}$$

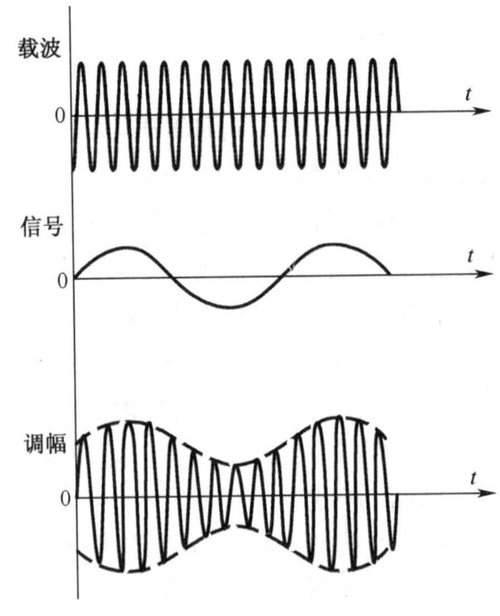

图 5-6　调幅波的波形

式中 $m_a = \dfrac{KU_\Omega}{U_0}$，叫做调幅指数或调幅度，取值范围 $0 < m_a < 1$，无线广播信号的 $m_a < 90\%$。上式表明高频已调波的振幅是受调制信号控制的，而信号的频率不变，将 $u(t)$展开：

$$\begin{aligned} u(t) &= U_0(1 + m_a \cos\Omega t)\cos\omega_0 t \\ &= U_0 \cos\omega_0 t + m_a U_0 \cos\omega_0 t \cos\Omega t \\ &= U_0 \cos\omega_0 t + \tfrac{1}{2} m_a U_0 \cos(\omega_0 + \Omega)t + \tfrac{1}{2} m_a U_0 \cos(\omega_0 - \Omega)t \end{aligned}$$

上式表明 u_Ω 调制下的已调波是由三个不同频率的余弦波组成的，ω_0 为载频中心频率。$(\omega_0 - \Omega)$ 为下边频，$(\omega_0 + \Omega)$ 为上边频，调幅波的带宽 $B = (\omega_0 + \Omega) - (\omega_0 - \Omega) = 2\Omega$，$\Omega$是调制

信号的角频率，设 F 为音频信号的频率，则 $B=2F$。

按照频谱分析，振幅调制这种非线性频率变化过程，实际是频谱搬移的过程，低频信号被搬移到高频信号两侧。要实现调幅主要利用非线性器件的非线性特性，按调制信号的大小可以分为小信号调幅，又称平方律调幅。另一种是大信号调幅，它利用二极管伏安特性直线段。二极管的导通和截止受 $u_{\Omega}(t)$ 控制，当 $u_{\Omega}(t)$ 正半周二极管导通时，负半周二极管截止。负载是 CL 并联谐振回路，中心频率调谐在 ω_0 上，通频带为 2Ω。由此在负载的两端便可得到我们需要的调幅波。

调幅电路很多，如二极管平衡调幅器，利用抵消原理来抵制载波，实现双边带调幅；以及二极管环形调幅器等。

无线电广播的发射机所采用的调幅电路为高电平调幅电路，电路除了实现幅度调制外，还具有功率放大的功能。

2．调频与调频波

频率调制只是角度调制的一种，调频使用调制信号去控制高频载波的频率，使调频已调波上的瞬时频率按照音频调制信号的规律变化。

当以频率为 Ω 的调制信号：

$$u_{\Omega}(t)=U_{\Omega}\cos\Omega t$$

去调制中心频率为 ω_0 的高频信号：

$$u_0(t)=U_0\cos\omega_0 t$$

时，调制后的已调波为：

$$u(t)=U_0\cos(\omega_0 t+m_f\sin\Omega t)$$

由图 5-7 所示的波形可见，已调波为等幅的疏密波，其规律是按照调制信号的规律变化的，当音频信号为正半周时，随着调制信号的幅度增加调频波的频率增大，负半周随着调制信号的频率减小。

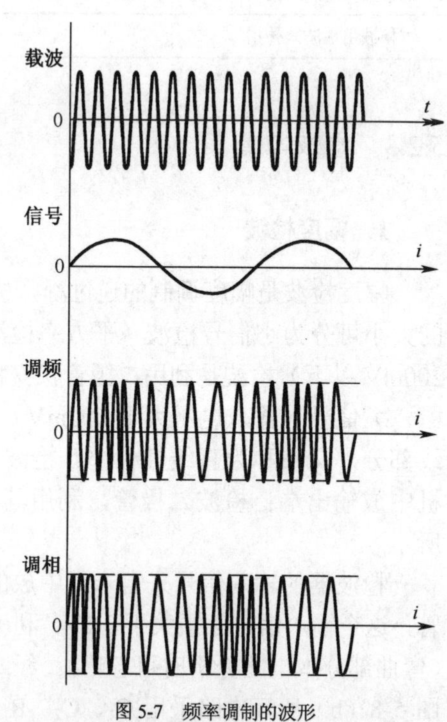

图 5-7　频率调制的波形

$u(t)=U_0\cos(\omega_0 t+m_f\sin\Omega t)$ 中的 m_f 是调频指数或调频度，$m_f=\Delta\omega/\Omega$。

$\Delta\omega(t)=k_f u_{\Omega}(t)$ 是按照调制信号 $u_{\Omega}(t)$ 的规律变化的，与调制电压成正比，k_f 是比例常数。

调频波的进行频谱分析有无数个边频分量，所以频带宽度也是无限的，实用中边频度不小于微调制时载波幅度 U_0 的 10%都为有效频带。当音频信号角频率为 Ω 时，设音频信号频率为 F，则通频带为 $B=2(m_f+1)F$。

调频波与调幅波相比有许多优点。因为调频波的振幅不变，可用限幅器去掉因幅度引起调频波变化的干扰信号，同时提高了设备的有效利用率。当 m_f 选择适当时，可使 U_0 小一些，使信号集中在上下边频带上，使有效功率提高，因此无线电广播和广播电视广泛采用调频信号。

调频的方法有直接调频法和间接调频法。直接调频法就是用调制信号直接控制高频载波的振荡频率，如选用 LC 振荡器设法控制 L 或 C 的大小，使它们按照调制信号的变化而变化，以起到调频的目的。如用变频二极管调频，加入调制信号 $u_{\Omega}(t)$ 使变容二极管的结电容 C_j 发生变化。

$C_j = k_0 \Big/ \sqrt{U_{be} + U_{\Omega}}$ 是随着 U_{Ω} 的变化而变化的，从而实现了调频。

间接调频电路是先对调制信号积分，得到新的调制信号，然后对高频波调相，结果得到调频波。必须借助调相才能实现调频。调相是用调制信号控制谐振回路或移相网络的电抗元件或电阻元件实现调相。另外用矢量合成法调相，由于间接调频不是在主振级进行的，调频波的频率稳定度比较高，缺点是电路复杂，实现有一定的难度。调频波与调幅波性能比较见表 5-2。

表 5-2　　调频波与调幅波比较

调　幅　波	调　频　波
调幅波的频率不变	调频波的幅度不变
调幅波的振幅受控制信号控制	调频波的频率受控制信号控制
调幅波的振幅变化的大小和控制信号的强度成比例	调频波的频率变化的大小和控制信号的强度成比例
调幅波的控制信号频率分量只能产生一对上下边频	调频波的控制信号频率分量能产生无数对上下边频
调幅波在无线广播的占频宽小于 20kHz	调频波在无线广播的占频宽大于 200kHz
调幅波用地波来传播	调频波用直线波传播

5.2.3　检波与鉴频

1. 幅度检波

幅度检波是幅度调制的逆过程，检波器的作用是从调幅波中还原出音频信号，根据信号的大小可分为小信号检波（平方率检波）和大信号检波（包络检波）。小信号（输入电压为 200mV 以下）检波是利用二极管伏安特性曲线的非线性实现的。

大信号（输入电压大于 500mV）检波又叫包络检波，它利用二极管伏安特性曲线的直线部分，又被称为直线性检波。检波器电路由三部分组成：信号输入电路，主要是指收音机中放输出端；检波二极管，利用其单向导电性；检波器的负载电路，具体电路如图 5-8 所示。

检波器的输入信号来自末级中放的输出回路，通过中频变压器的输出 L_2 耦合送入二极管，这个输入信号必须大于 0.5V，利用二极管的单向导电的特性取伏安特性曲线的直线部分（弯曲部分本电路分析时可忽略）。经二极管检波后的信号送入 R 和 C 并联组成的负载电路，图 5-8（b）所示电路采用 C_1、C_2、R 组成的π型滤波器，可提高检波效率，起着输出端高频滤波的作用。C_4是音频耦合电容，起着阻隔直流传送音频信号的作用。检波二极管的输出是脉动的直流，其中包含直流分量、低频分量和高频分量。低频分量的变化与输入高频调幅波的包络变化一致，通过 W 调解 C_4 耦合的低频电压就是我们需要的音频信号电压。

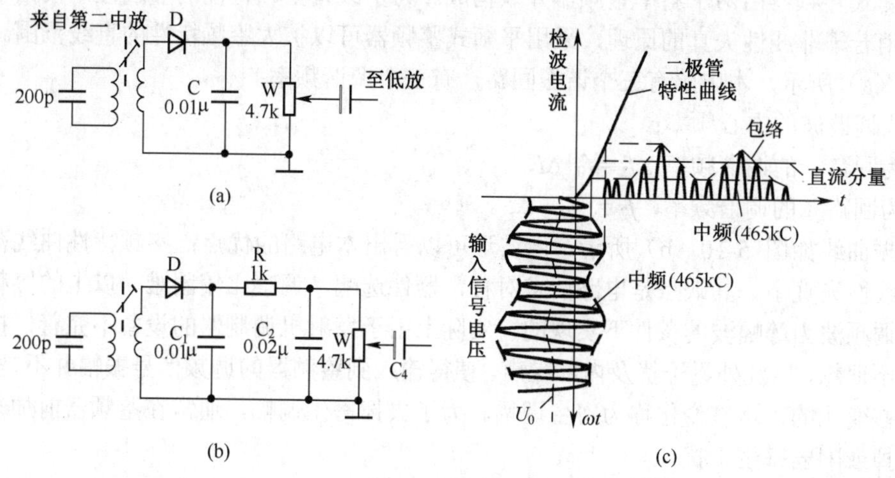

图 5-8　大信号检波电路及其波形

2．调频波的解调——鉴频

从调频波中还原出调制信号的过程称为解调，解调出的音频信号与输入的调频波的频率变化成线性关系，所以叫频率检波，又叫鉴频。实现鉴频首先将调频信号的频率的变化变换为幅度的变化，然后使用幅度检波取出原来的调制信号。鉴频器由两部分组成，一为线性变换电路，将等幅的调频波变换成幅度变化的调频波；二为含非线性元件的幅度检波器，对幅度变化的调频波进行检波，通常采用二极管检波器。鉴频器种类很多，有斜率鉴频器、振幅鉴频器、相位鉴频器、比例鉴频器等。

（1）斜率式鉴频器

斜率式鉴频器是利用谐振回路的幅度—频率特性，将输入的等幅调频波变化为幅度随调频波瞬时变化的调幅—调频波。再利用包络检波器将原来的调制信号解调出来，电路如图 5-9 所示。

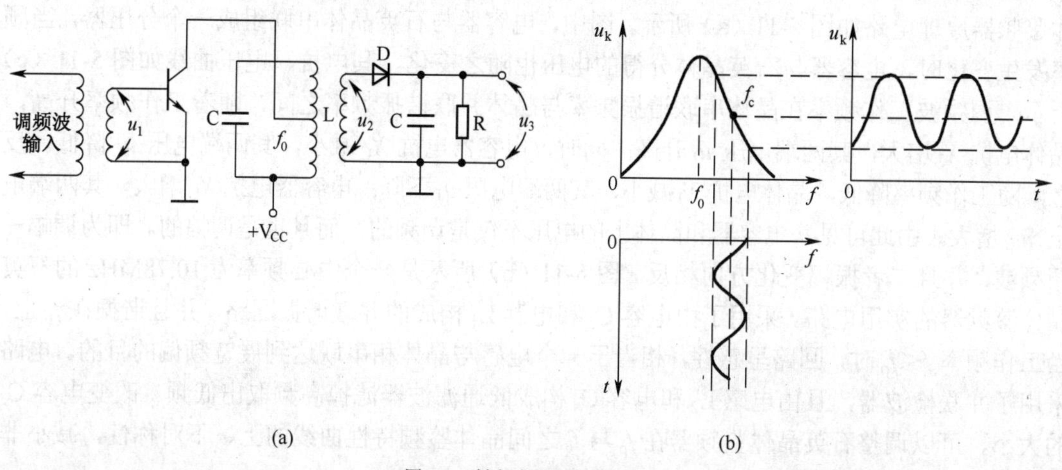

图 5-9　斜率式鉴频电路及波形

从波形上可以看出，这种鉴频方法运用LC谐振曲线的倾斜部分实现频率检波的，虽然电路简单，但由于谐振曲线的直线范围小，检波的非线性失真大，只能应用在一般简单的设备中。

（2）平衡式鉴频器

平衡式鉴频器由两个斜率鉴频器并联构成。为了改善鉴频特性的非线性，根据平衡输出可以抵消若干非线性失真的原理，采用平衡式鉴频器可以扩大鉴频特性的直线范围。电路如图 5-10（a）所示，本电路有三个谐振回路，有三个调谐频率：

f_0 为调谐波的中心频率；

f_1 为回路一的调谐频率，$f_1 = f_0+\Delta F$；

f_2 为回路二的调谐频率，$f_2 = f_0 - \Delta F$。

谐振曲线如图 5-10（b）所示。由波形可以看出本电路的优点：鉴频特性曲线范围比较宽，非线性失真小。其缺点是电路要求对称，器件选配、调整比较困难。以上的鉴频方法都是假设调频波为等幅波的条件下实现的，实际上由于发射机调制器的设备不完善，接收机调节曲线不理想，以及外界干扰及内部噪声，使得输入到鉴频器的调频信号振幅并不是等幅的，而是有些变化的，这些变化称为寄生调幅。为了去掉寄生调幅，通常在鉴频器前加一个限幅器来去掉或削弱寄生干扰。

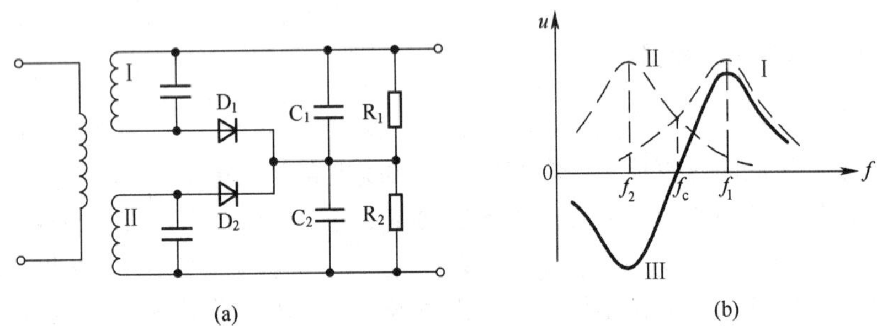

图 5-10　振幅鉴频器电路及波形

（3）晶体鉴频器

晶体鉴频器具有结构简单、调整方便、鉴频灵敏度高等优点，因此得到广泛的应用。晶体鉴频器原理电路如图 5-11（a）所示。图中，电容器与石英晶体串联组成一个分压器，当频率发生变化时，电容器与石英晶体分得的电压也随之变化，其电抗、电压曲线如图 5-11（c）所示。调频波工作频率在晶体串联谐振频率与晶体并联谐振频率之间，随着工作频率升高，晶体电抗 X_J 增大，其两端电压 u_J 升高；同时，电容器电抗 X_C 减小，其两端电压 u_C 降低。反之，随工作频率降低，晶体电抗 X_J 减小，其两端电压 u_J 下降；电容器电抗 X_C 增大，其两端电压 u_C 增大。由此可见，电容器和晶体上的电压不仅是调频的，而且也是调幅的。即为调幅—调频波，并且二者振幅变化方向相反。图 5-11（b）所示是一个中心频率为 10.78MHz 的石英晶体鉴频器的实用电路。采用了由电容 C_3 和电感 L_1 构成的并联谐振回路，并且谐振在 f_p 上，当工作频率 $f < f_p$ 时，回路呈感性，相当于一个电感与晶体相串联达到展宽频偏的目的。电路采用了并联检波器，且由电感 L_2 和电容 C_4 构成低通滤波器滤掉高频取出低频。改变电容 C_2 的大小，可以调整石英晶体鉴频器在 f_p 与 f_q 之间晶体鉴频特性曲线的上、下对称性，减小非线性失真，提高鉴频质量。

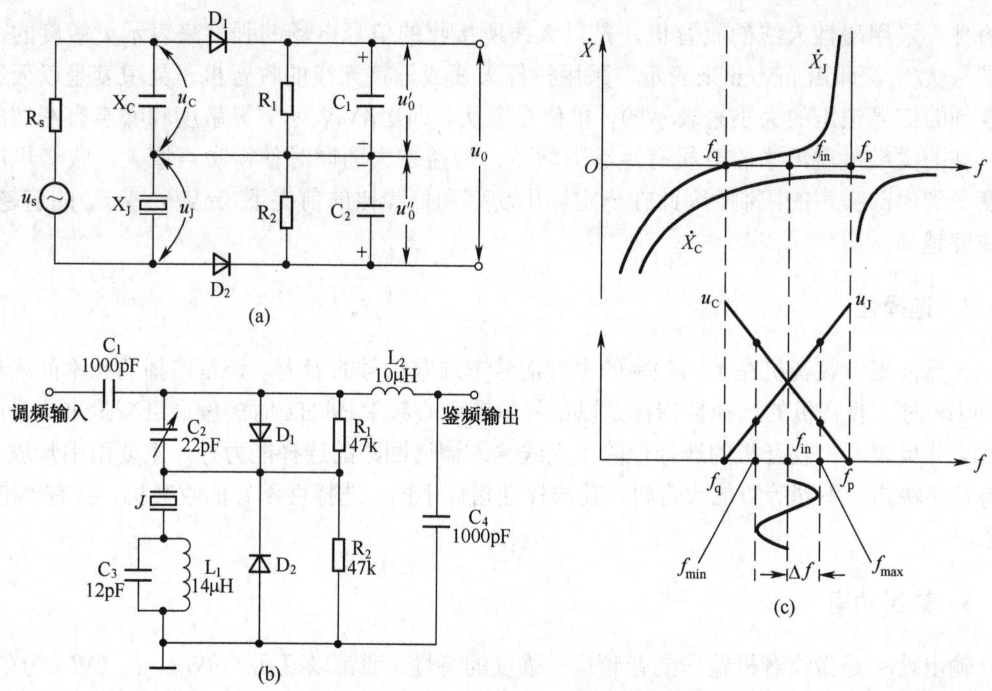

图 5-11　晶体鉴频器原理电路和波形

5.3　收音机的构成及工作原理

5.3.1　收音机的分类

无线广播电台是通过发射机的天线发射无线广播信号，收音机是通过接收天线接收到广播信号将其还原成声音的机器。根据无线广播信号的种类可分为调幅广播和调频广播，接收信号的种类又把收音机分为调幅收音机、调频收音机和调幅/调频收音机。调幅收音机主要应用于中波段和短波段。调频收音机主要应用于超短波波段。无论是调幅或调频收音机，在结构上都分为两类。一类是高放式收音机，另一类是超外差式收音机；根据体积的不同，可分为落地式收音机、台式收音机、便携式收音机、袖珍式收音机；根据供电电源的不同，可分为交流收音机、直流收音机、交直流两用收音机；依据部颁标准可分为 A 类、B 类、C 类，即高、中、低挡的收音机；按用途可分为汽车用收音机、立体收音机、时钟收音机、收扩两用收音机、收录两用收音机、收录扩唱四用机等。

5.3.2　收音机的性能指标

1．灵敏度

灵敏度用来表示收音机接收微弱信号的能力。灵敏度高的收音机，能接收到远地电台的微弱信号，同样规格的收音机灵敏度高的接收到的电台信号要多些。灵敏度的表示方法有两种：采用磁性天线的收音机，是以天线所接收的信号电场的强度来表示灵敏度的，单位是毫伏/米，即用 mV/m 来表示；采用拉杆天线或外接天线的收音机，灵敏度是以天线上接收到的信号电压的大小来表示的，单位是微伏，即用μV 表示。灵敏度和噪声有密切的关系，高的灵敏度就要求收音机有足够的增益，增益增大的同时使得噪声增大，收音机的灵敏度受到内部噪声的限制，因此在一定输出功率和信噪比的前提下，mV/m 或μV 的值越小，灵敏度越高。

2．选择性

选择性表示收音机在不同频率的电台信号中选取信号的能力。调幅广播的频率间隔标准为 9kHz 时，收音机的选择性指标是以信号偏调中心频率±9kHz 时的偏调衰减量来测量的，通常用分贝表示；收音机的选择性除了天线输入调谐回路的选择能力外，主要由中频放大级的特性来决定。不同等级的收音机，其选择性指标不同。选择性不好的收音机，会有“串台”现象。

3．输出功率

输出功率是指收音机输出的音频信号强度的特性，通常以毫瓦（mW）、瓦（W）为单位。要求输出功率大一些，因为大功率的收音机可以改变音量，使失真度更小，音响效果宽厚圆润。由于同样的收音机输出功率愈大时，失真也大，因此比较两台收音机的输出功率大小时，必须同时比较他们的失真度指标，在失真度相等的条件下，一般额定功率越大越好。

4．频率范围

频率范围简称波段，即指收音机所能接收的频率范围。它反映了收音机的频率覆盖能力。中波波段为 535～1605kHz，其频率覆盖系数为 1605/535 = 3。短波波段为 1.6～26MHz。超短波波段是 38～108MHz。在此范围内，收音机灵敏度所及的电台都应接收到信号。

5．电源消耗

收音机正常工作时，电源电压与整机消耗电流的乘积称为电源消耗，主要指两种情况，一是指无信号输入时的消耗，二是指最大功率输出时的消耗，电源消耗越小越好。

5.3.3 收音机的工作原理和电路结构

1．直接放大式晶体管收音机

直接放大式又称直放式，图 5-12 所示为直放式收音机电路框图。收音机对接收的高频已调波信号直接进行放大，未经变频直接送入检波器检波，还原出音频信号，经低放、功放推动扬声器发出声音。这种收音机虽然电路简单容易制作，但是收听波段内的低端和高端音量不均匀，而且电路的稳定性、选择性较差，失真度较大，由于电路结构及稳定性差，导致整机增益受限，灵敏度下降。所以现在晶体管直放式收音机已经很少生产了，取而代之的是性能优异的超外差式收音机，如图 5-13 所示。

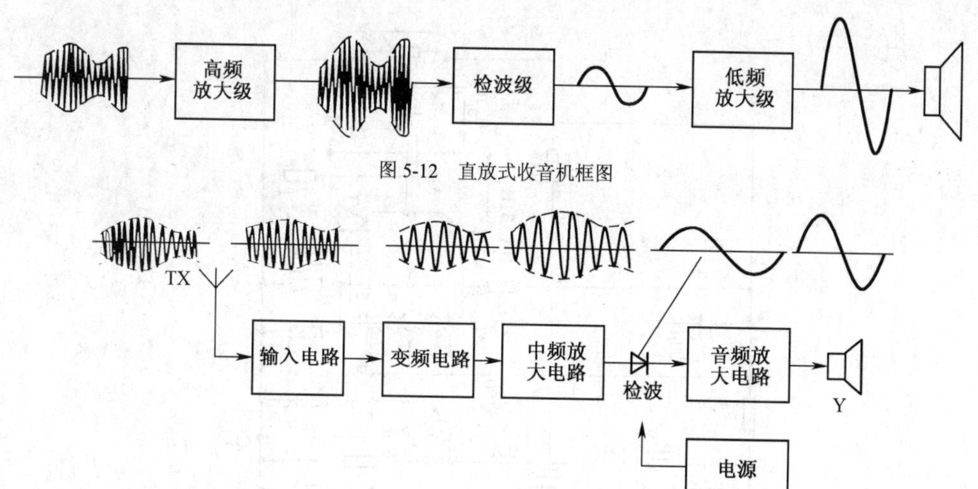

图 5-12 直放式收音机框图

图 5-13 超外差式收音机框图

2．超外差式调幅晶体管收音机

超外差式收音机接收的广播信号通过变频器将信号变换成一个固定频率为 465kHz 的中频信号，这个中频信号经中频放大后送入检波器还原出音频信号，音频信号在经低频放大器、功率放大器送入扬声器发出声响。由于超外差收音机接收的已调信号经变频变为固定的中频已调波，每个调谐回路都是固定的统一频率，使得回路的通频带做得比较宽，选择性也提高了，工作起来比较稳定，整个接收范围的高端和低端的灵敏度比较均匀，所以超外差式适合调频广播又适合调幅广播，只是这两种收音机的解调电路不同。超外差调幅采用幅度检波器检波，超外差调频收音机采用频率鉴频器检波。

介绍调幅超外差式收音机的工作原理时，为了叙述方便，以图 5-14 所示的典型七管收音机电原理图为例进行分析。

（1）输入变频级

由于同一时间内广播电台很多，收音机天线接收到的不仅仅是一个电台的信号。各电台发射的载波频率均不相同，收音机的选频回路通过调谐改变自身的振荡频率，当振荡频率与某电台的载波频率相同时，即可选中该电台的无线信号，从而完成选台。选出的信号并不是立即送到检波级，而是要进行频率的变换。利用本机振荡产生的频率与外接收到的信号进行差频，输出固定的中频信号（AM 的中频为 465kHz，FM 的中频为 10.7MHz）。如图 5-15 所示，在收音机的电路中有三个 LC 调谐回路，C_{1a}、C_2 和 L_2 组成了天线调谐回路，从最大到最小调节 C_{1a} 的容量，可以使调谐回路的谐振频率在最低的 535kHz 到最高的 1605kHz 范围内连续变化。调谐回路的作用就是调谐它自身的固有频率，使他同外来信号的某一个信号频率一致，即产生谐振信号。为了从中选出 $f_{振}-f_{谐}$就是 465kHz 的中频信号，串入了由中频变压器的“3～5”端和 C_7 并联组成的谐振回路，利用并联谐振的特点获得中频信号而抑制其他信号。本电路采用一个三极管完成本振信号与外来信号的混频。在一些较高级的收音机里，通常用两只晶体管分别完成本振和混频的任务。这种电路叫混频器，其特点是振荡管和混频管可以同时工作在最佳状态；振荡器与输入回路的牵连较少，因此电路工作稳定，噪声也较小。

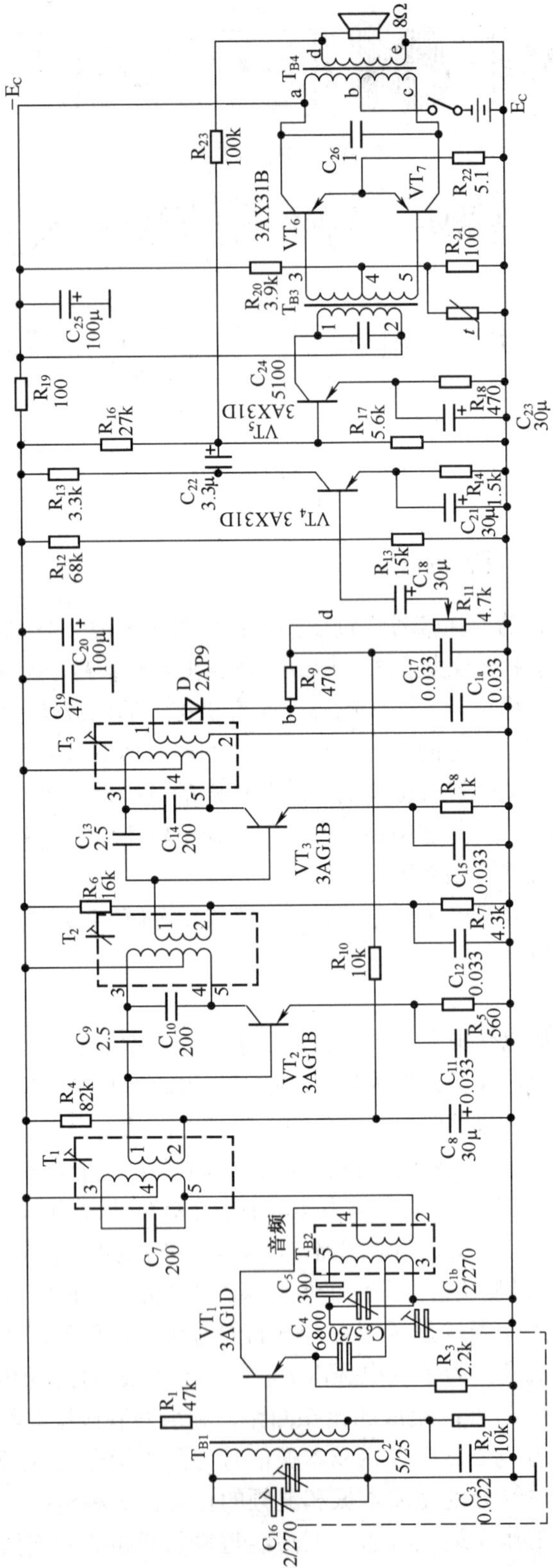

图 5-14 超外差收音机电路

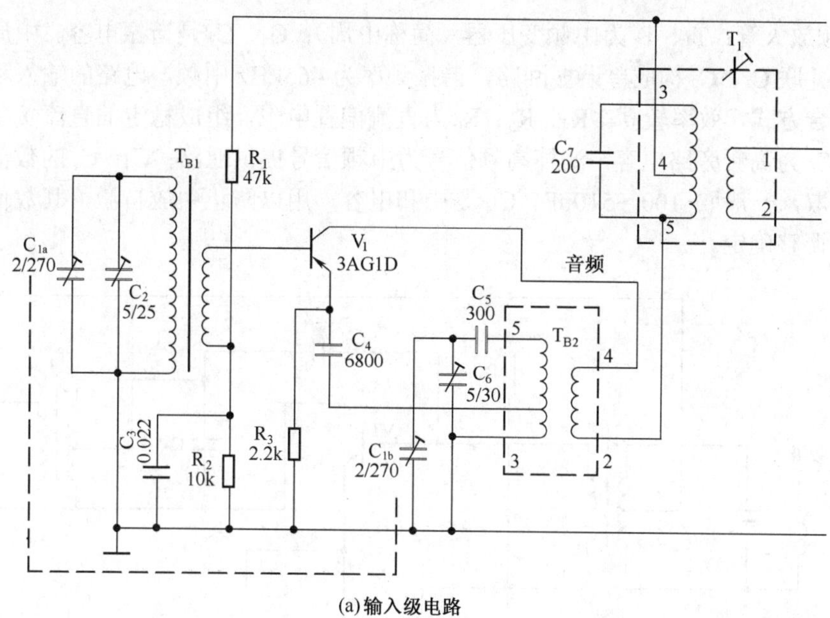

(a)输入级电路

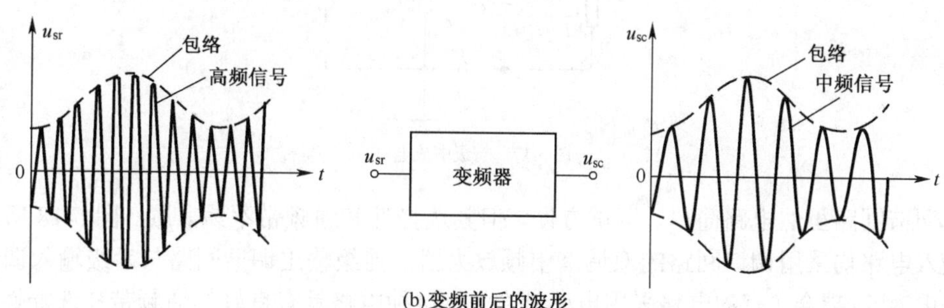

(b)变频前后的波形

图 5-15　变频输入级电路及波形

图 5-16 所示是收音机混频器的典型电路。图中 VT_1 为混频管，VT_2 为振荡管。由 VT_2 和振荡变压器 T_1 组成的变压器反馈式振荡器产生的振荡信号耦合给 VT_1 的发射极，同时，与 VT_1 基极输入的电台信号进行混频，混频后的信号由 VT_1 的集电极输出，并在集电极调谐式负载上谐振产生中频信号，完成混频过程。

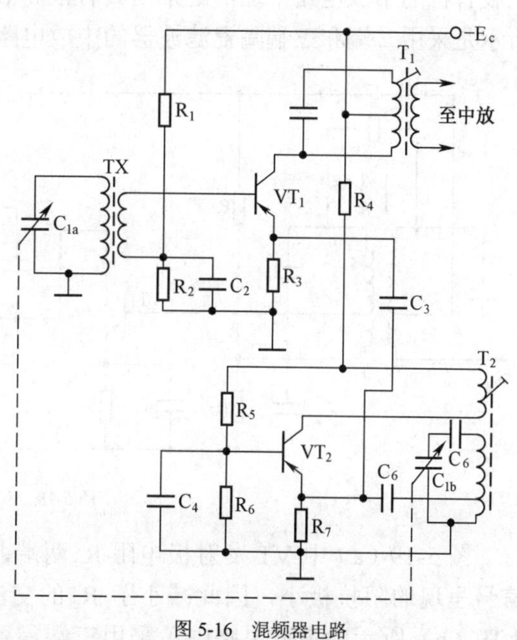

图 5-16　混频器电路

（2）中频放大级

中频放大电路是超外差收音机的重要组成部分。它的好坏直接对收音机的整机灵敏度、选择性、音质以及自动增益控制特性等主要指标起着决定性的影响。因此要求中频放大级一般为 1～3 级，每级增益约在 25～35dB。图 5-17 所示是一级中放的典型电路。

VT 为中频放大管；T_1、T_2 为中频变压器（简称中周）；C_4、C_7 是谐振电容。中周的初级线圈两端分别并联 C_4、C_7 构成单谐振回路，谐振频率为 465kHz 中频。电路的输入和输出均采用变压器耦合方式，效率较高。R_4、R_5、R_6 为直流偏置电阻，组成稳定的直流负反馈式偏置电路。C_5、C_6 为高频旁路电容，滤掉高频信号为中频信号提供通路；C_4、C_7 的数值按采用的中周型号选取，一般取 100～510pF。C_N 是中和电容，用以防止中放自激，其数值很小，需要在实验中调整确定。

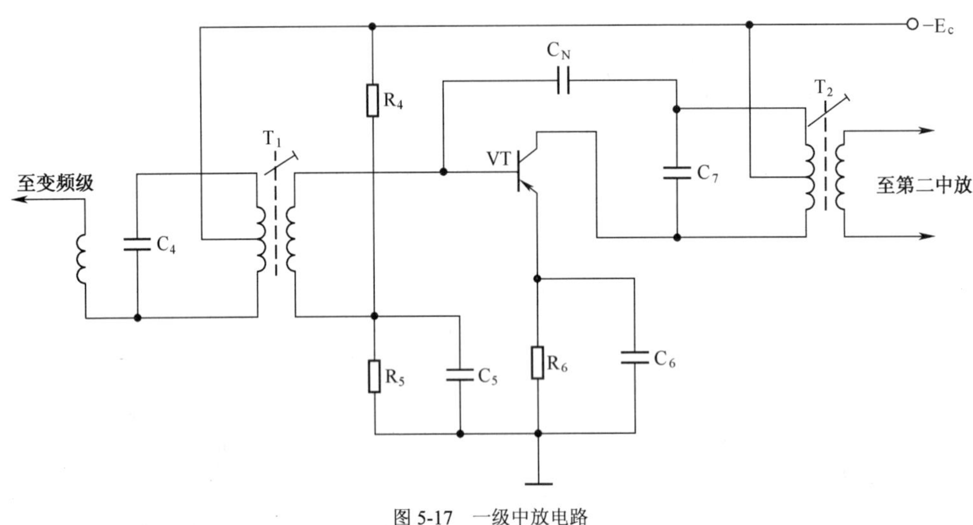

图 5-17　一级中放电路

单调谐回路虽然电路简单、调试方便，但其选择性和通频带不易兼顾。图 5-18 所示是输出、输入电路均采用调谐回路的双调谐中频放大器。前级输出调谐回路与后级输入调谐回路由外接电容 C_3 耦合（有的电路采用电感耦合）。这种电路具有良好的通频带和选择性。在一些收音机的中放电路中还广泛采用具有很高 Q 值的陶瓷滤波器来代替 LC 谐振回路。图 5-19 所示是采用二端和三端陶瓷滤波器的中放电路。

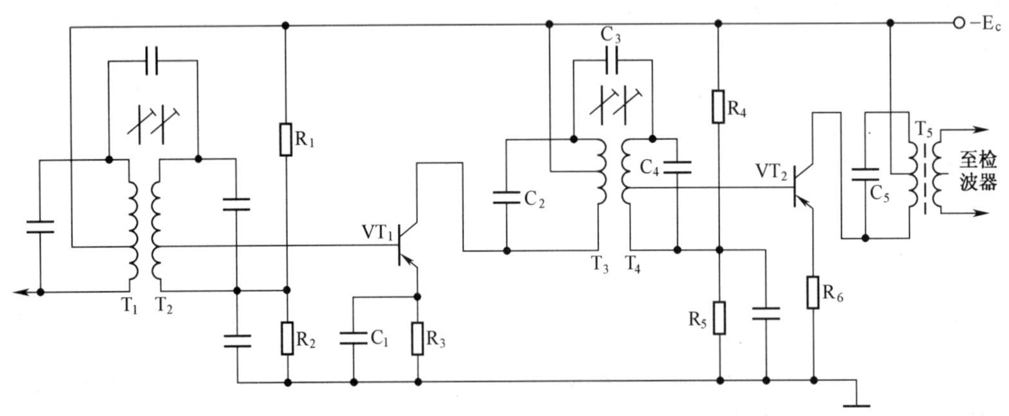

图 5-18　双调谐中放电路

图 5-19（a）中 VT 发射极电阻 R_e 两端并联一只二端陶瓷滤波器 2L465，它对 465kHz 信号呈现的阻抗极小，因此减小了 R_e 的交流负反馈作用，提高了中频增益和选择性。图 5-19（b）所示的中放电路中，采用三端陶瓷滤波器 3L465 作为级间耦合元件。其性能优

良，选择性及通频带均优于单调谐放大器，而且电路简单，不需要调试。具体电路分析见图 5-20。

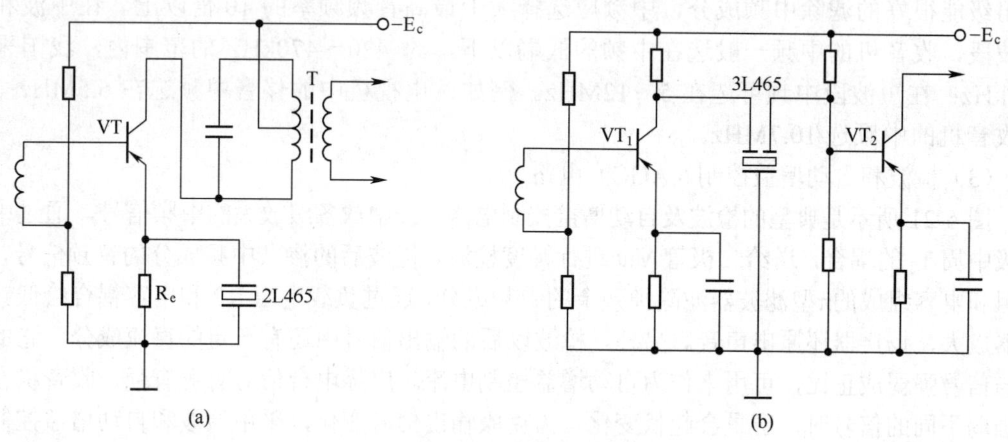

图 5-19　二端和三端陶瓷滤波器的中放电路

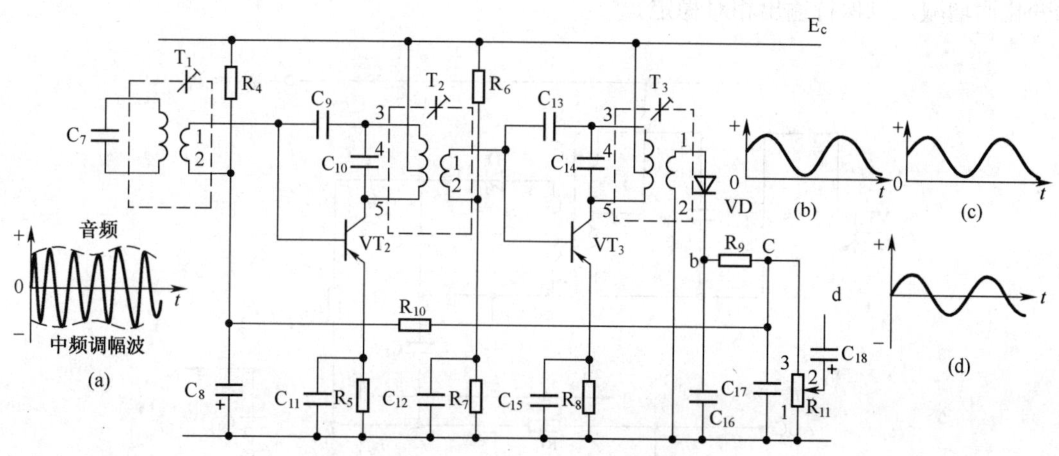

图 5-20　两级中频放大电路

图 5-20 所示电路的中频放大级有如下特点：①获得高增益，采用两级单调谐中频放大。②稳定性好，采用三个中频变压器的调谐回路，保证了准确的调谐。③具有良好的通频带特性，对于扰信号抑制能力比较强，而对信号本身影响或衰减都很小。变频级输出的中频信号由 T_1 的“1”端加在中放管 VT_2 的基极，“2”端经 C_8 接地，中频调制信号输入到 VT_2 的基极和发射极之间，组成共发射极放大电路。一级放大后的中频调幅信号通过中频变压器由 T_2 次级输出，送给第二级中放（也是共发射电路）进行第二次放大。放大后的中频调幅波又通过第三中频变压器 T_3 的次级输出。经两级中频放大的信号最后送到二极管 VD 进行检波。在图 5-20 中，R_4、R_5、R_{10}、R_9、VD、R_{11} 以及 R_C（中频变压器“5”～“4”端）为 VT_2 的直流偏置元件，调节 R_4，使集电极电流在 0.3～0.5mA 之间，保证了 VT_2 正常工作。R_6、R_7、R_8、R_C（中频变压器“5”～“4”端）为 VT_3 的直流偏置元件。调节 R_6，使集电极电流在 0.6～1.0mA 之间，保证了 VT_3 正常工作。各级中频变压器在收

音机中完成的任务是不同的，第三中频变压器要求足够的通频带和增益，第二中频变压器要求适当的通频带和选择性，而第一中频变压器则要求有较好的选择性。此外为了使检波输出级能很好的滤除中频成分，中频应选择大于最高音频频率的 10 倍以上。在中波和短波波段，收音机的中频一般选在中频的低端以下，约 420～470kHz 的范围内，我国采用 465kHz；在短波段中频可选在 5～12MHz。例如，电视机中的伴音中频选在 6.5MHz；调频收音机的中频选 10.7MHz。

（3）检波和自动增益控制（AGC）电路

图 5-21 所示是典型的检波及自动增益控制电路。经中放各级放大的中频信号，通过中放末级中周 T_3 的耦合，送给二极管 VD 进行幅度检波，检波后的掺杂中频成分的音频信号，被电阻和电容组成的π型滤波器滤除掉残余的中频成分，通过负载电阻 RP 和电容耦合给低频放大器放大，扬声器还原出声音。另外，检波以后的输出信号中还有一定的直流成分，它的大小与信号强弱成正比，可用来作为自动增益控制电流。广播电台信号有弱有强，收音机在接收强弱不同的信号时，音量会起伏变化。为克服输出信号变化，采用检波和自动增益控制电路。收音机加有自动增益控制（AGC）电路，可以使检波前的放大增益自动随输入信号的强弱变化而增减，以保持输出相对稳定。

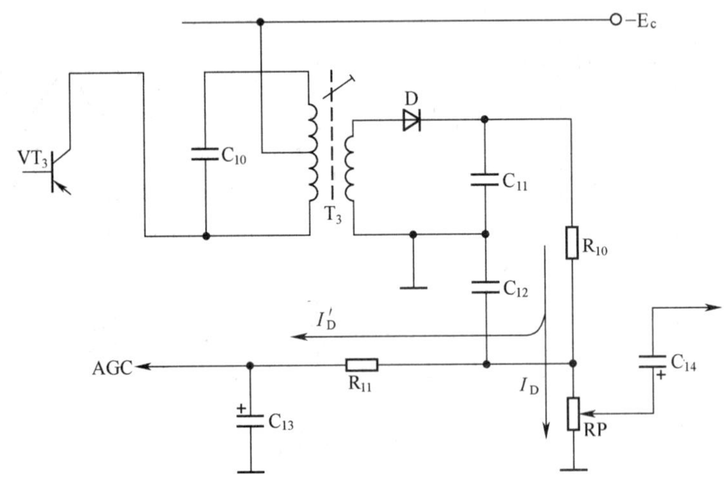

图 5-21 检波与自动增益控制电路

如图 5-21 所示，AGC 控制电流取自检波后的直流成分 I_D 的一部分电流 I'_D，送到第一中放管的基极。由于 I'_D 与第一中放管的基极电流方向相反，使基极电流减小，第一中放级增益下降。输入信号越强，I'_D 越大，其控制作用越强，反之控制作用减小。这种控制方法较为简单，但当外来信号很强时，I_D 可能很大，以致使被控管趋向截止而产生严重失真。为了加强 AGC 作用，加有二次自动增益控制电路，通常称作阻尼二极管自动增益控制电路。如图 5-22 所示，电路由 R_5、VD_1、R_4、C_3 组成。C_3 对中频信号来说，阻抗极小，VD_1 负极如同交流接“地”，忽略电源电阻，则电源可视为对交流短路。这时相当于 VD_1 与 R_5 串联后，并联接在中周的初级 1、2 端。从直流角度看，VD_1 与 R_5 串联后是和 R_4 并联的。当外来信号较小时，检波后的直流分量 I_D 对中放管 VT_2 的控制作用小，VT_2 集电极电流较大，流过 R_4 使 R_4 两端产生的压降较大，其电压极性是上负下正，对 VD_1 来说是反向偏压，VD_1 内阻很大，它对 T_1 初级影响很小，不足以使 T_1 初级线圈的 Q 值下降，混频增益不变。当外来信号很强时，I_D 增大，VT_2 受控，集电极电流几乎截止，R_4 上的压降近于零，VD_1 导通，内阻减小，VD_1 对 T_1 初级的并联作用加强，T_1 初级线圈 Q 值急剧下降，通带增宽而混频增益降低，抑制了强信号，避免了只用简单 AGC 控制方法可能出现的强信号阻塞失真。适当选择 R_4 的大小，可以控制二次 AGC 的强度。

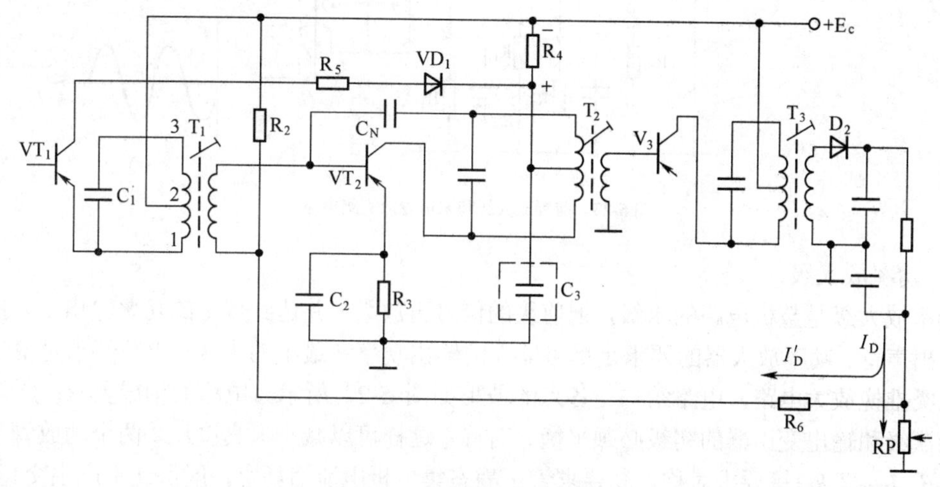

图 5-22　二极管阻尼控制电路

图 5-20 所示电路中，中频放大的信号经二极管滤波后，变成掺杂中频、音频、直流三种成分的混杂信号，电路中由 C_{16}、C_{17} 和 R_9 组成的π型滤波器，滤掉残余的中频信号，其直流成分作为自动增益的控制信号，通过 R_{10}、C_8 接在 VT_2 的基极，由 R_{10}、C_8 组成的 RC 型滤波器又将残余音频成分旁路到地，因为自动增益控制信号的正向极性和基极的极性相反，当外来信号增强时基极的正向偏置电压就会减小，从而使集电极电流也相应减小，结果第一中放级的增益就会自动下降；当接收到的外来信号较弱时，中放级的增益又恢复高些。于是，就达到了自动控制增益的目的。

（4）低频放大与功率放大的电路

① 低频放大级：

解调后得到的音频信号经低频放大和功率放大电路放大后送到扬声器或加到耳机，完成电声转换。音频低放电路要求有较大的增益，电路设置一般有前置放大级和末前置放大级，如图 5-23 所示。R_{11} 为可调电位器，负责收音机的音量调节，调节 R_{11} 得到适当的音频信号通过 C_{14} 隔直耦合，送到 VT_4 基极放大。VT_4 是阻容耦合放大器，C_{21} 是发射极旁路电容，能进一步旁路掉残余的中频信号。C_{22} 为极间耦合电容，将前置放大器信号耦合给末前级放大器，同时进一步隔掉直流分量。VT_5 和 R_{16}、R_{17}、R_{18}、C_{23}、B_3 组成变压器耦合放大器，可以获得较大的功率增益。为了适应推挽功放级的需要，变压器的次级有中心抽头，使得输出信号分成大小相等、方向相反的两路。波形如图 5-23（b）、（c）所示。电路中的 C_{24} 为低频旁路电容，可以进一步滤掉残余的中频信号，抑制噪声和超音频寄生振荡，特别是变压器耦合的放大器，因变压器的漏感及变压器的电感负载的影响，可能产生超音频自激振荡。并联 C_{24} 之后，噪声和振荡得到改善和消除，使得收音机的音质柔和动听。

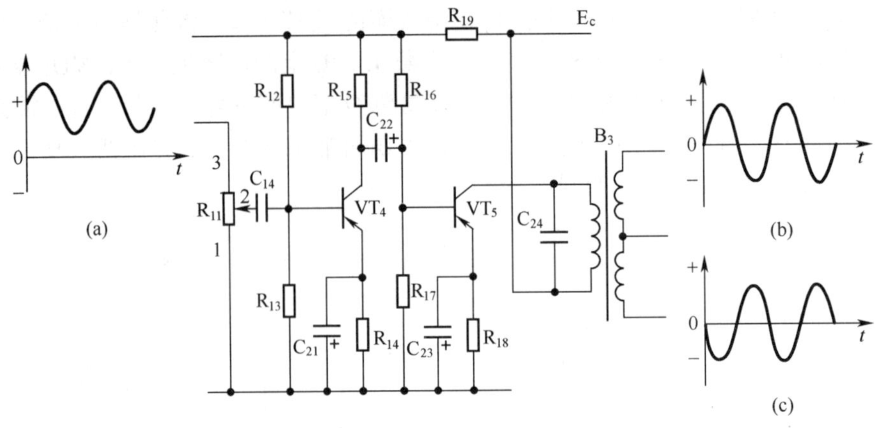

图 5-23　前置放大级和末前置放大级电路

② 功率放大级：

功率放大级是整机电路的末级，把前级的信号再放大，并达到规定的功率输出，去推动扬声器发出声音。功率放大器的要求是尽可能大的输出功率和最小的失真。电路特点是变压器耦合的乙类推挽放大电路，电路结构与各点的波形如图 5-24 所示。电路的构成要求：①输入变压器的次级和输出变压器的初级必须平衡、对称，这样可以减小失真度。②两个功放管是对称管，其β、I_{CEO}、R_{be}等要求对称。③要求管子静态集电极电流消耗小，能保证不产生交越失真。④输出变压器的 4 端连接 R_{23} 到 VT_5 的基极构成负反馈电路，要求 4 端与 VT_5 基极的极性必须相反，否则变成正反馈，造成整机自激啸叫。因此注意二者的极性，相同时应对调输入或输出变压器的初、次级任一根引出线的位置。⑤考虑末级动态的电流很大，为了防止整机自激和改善电源变化引起波动，避免产生寄生耦合，要求末级的所有需要接地的元件应一点接地。

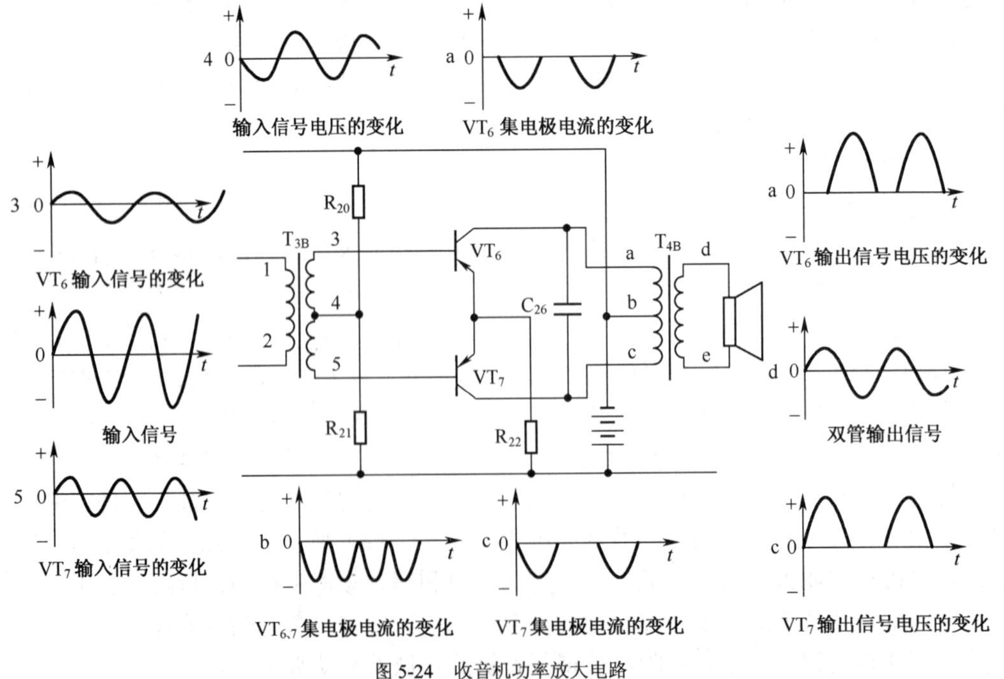

图 5-24　收音机功率放大电路

功率放大器除了采用乙类推挽电路外，还有甲类单端放大、乙类单端放大、甲乙类推挽放大电路多种。由于乙类推挽放大电路效率高、省电，广泛应用于收音机的末级。

3．HX108-2 调幅收音机

图 5-25 为七管中波调幅袖珍式半导体收音机电路图，采用二级中放电路，用两只二极管正向压降稳压电路，稳定从变频、中放到低放的工作电压，不会因电池电压降低而影响接收灵敏度，使收音机仍能正常工作。本机体积小巧，外观精制，便于携带。

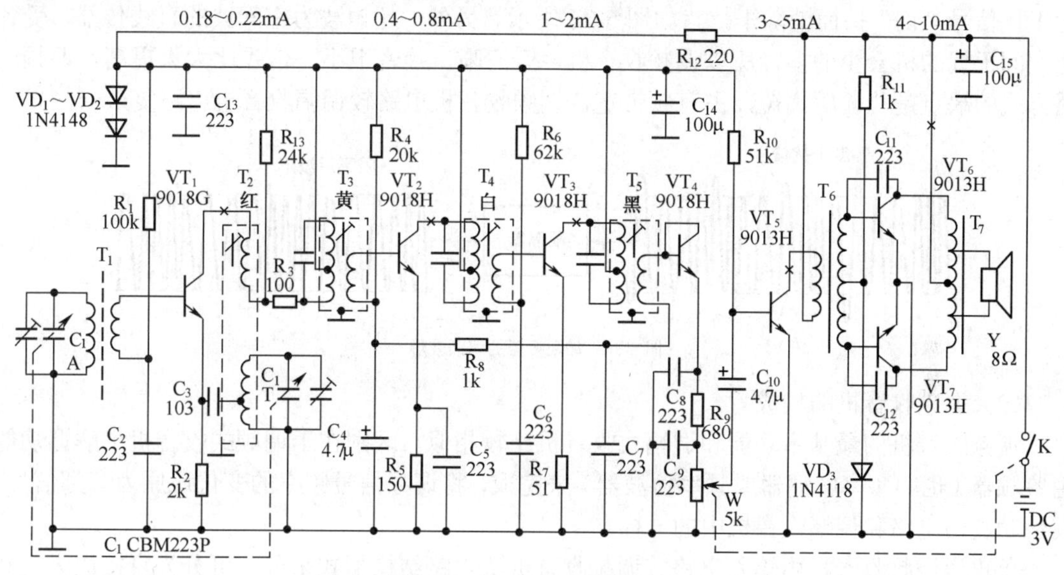

图 5-25 HX108-2 调幅收音机电路

HX108-2 调幅收音机工作原理：由 T_1 及 C_1 组成的天线调谐回路，选出我们所需的电信号 f_1，进入三极管 VT_1（9018）基极；本振信号调谐将高出 f_1 频率一个中频的 f_2（f_1+465kHz，例如，f_1 为 700kHz，则 f_2 = 700+465kHz = 1165kHz）输入 VT_1 发射极，由三极管 VT_1 进行变频，通过 T_3 选出 465kHz 中频信号，经 VT_2 和 VT_3 二级中频放大，进入 VT_4 检波管，检出音频信号经 VT_5（9014）低频放大和由 VT_6、VT_7 组成的功率放大器进行功率放大，推动扬声器发声。图中 VD_1、VD_2（1N4148）组成 1.3V±0.1V 稳压，固定变频、一中放、二中放、低放的基极电压，稳定各级工作电流，以保持灵敏度。三极管 VT_4（9018）PN 结用作检波。R_1、R_4、R_6、R_{10} 分别为 VT_1、VT_2、VT_3、VT_5 的工作点调整电阻，R_{11} 为 VT_6、VT_7 功放级的工作点调载又是中频选频器，该机的灵敏度、选择性等主要指标靠中频放大器保证。T_6、T_7 为音频变压器，起交流负载及阻抗匹配作用，在收音机的安装工艺中将作详细介绍。

4．调频收音机

调频广播以其频带宽、音质好、噪声低、抗干扰能力强等突出优点使世界各国争相发展，实现了调频立体声广播并促进调频广播技术日趋成熟。调频广播使用超短波段，调频广播的国际标准波段为 88～108MHz。调频收音机一般采用超外差式接收，中频为 10.7MHz。

（1）调频广播的特点

调频广播与调幅广播相比，克服了调幅广播电台间隔小、接收通频带窄、保真度不高、抗干扰能力差、密集的电台信号干扰及差拍及串音严重等缺点。这是因为调频广播采用了载波频率随调制音频信号变化而幅度不变的调频方式。调频波在音频信号正半周时，频率增高而波形变得紧密；音频信号处于负半周时，频率降低波形变得疏松，波形疏密相间随音频调制信号的变化而变化。频偏的大小与调制信号的幅度成正比。一般调频广播的最大频偏规定为±75kHz，所以每一个电台最少要占用 150kHz 的频谱空间。为了留有余量，每一电台要有 200kHz 的通带范围。为了在调频波段容纳较多的电台，调频广播使用超短波发射。而调频收音机都设计有限幅器，把外来的以幅度调制的各种干扰信号，采用幅度限幅器，将调频波上的干扰信号“切”掉而消除干扰，如图 5-26 所示。另外，超短波为空间波的直线传播，受各种空间干扰的机会少的多，所以调频收音机声音清晰，噪音很小，信噪比大大提高。调频广播方式的缺点是传输距离短，占有频带宽，调频收音机电路较调幅收音机电路复杂一些。

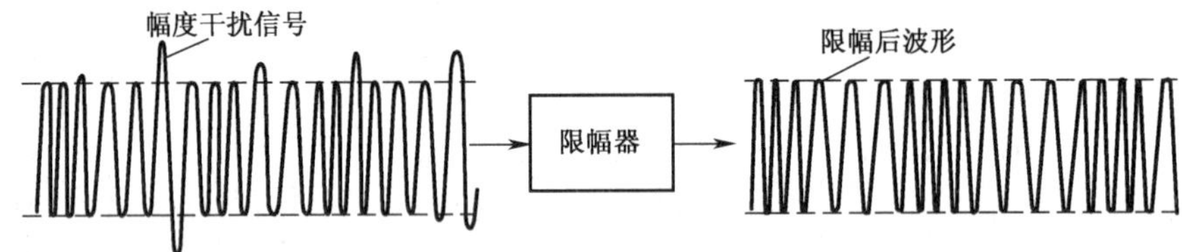

图 5-26　加限幅器的调频波形

（2）调频收音机的构成

调频收音机的最基本功能和调幅式收音机比较相似。区别在于调频式收音机中解调功能由鉴频器（也叫频率解调器或频率检波器）来完成，将调频信号频率的变化还原为音频信号。其他功能的电路和调幅收音机中的一样。

单声道调频收音机由输入电路、调频收音机依电路结构形式来分，可分为直接放大式和超外差式两种；依接收信号的种类来分，有单声道调频收音机和调频立体声收音机。单声道调频收音机和调频立体声收音机的结构框图如图 5-27 所示。调频收音机电路由高频放大电路、混频电路、中频放大电路、鉴频器，低频放大电路和喇叭或耳机组成。调频立体声收音机的结构和单声道调频收音机结构的区别就在于：在鉴频器后加一个立体声解调器，分离出两个音频通道，来推动两个喇叭，形成立体声音。

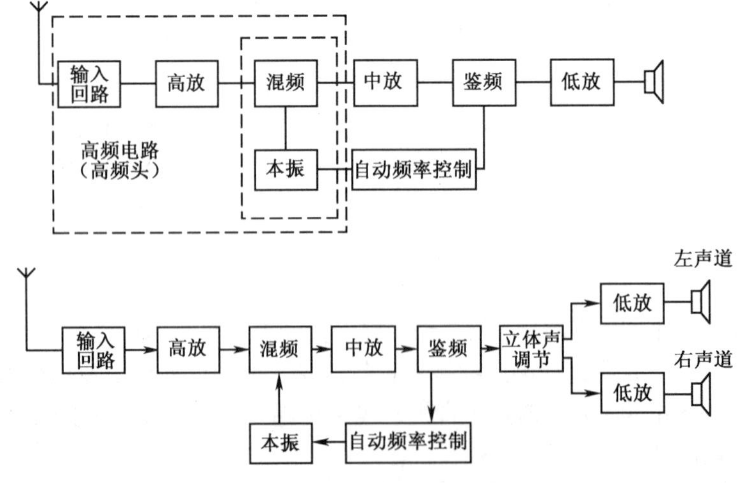

图 5-27　单声道调频及调频立体声收音机原理方框图

（3）调频高频头

调频收音机输入电路与调幅收音机输入电路相比，不同的是调频收音机工作频率高，输入阻抗较低，选择性较差，一般需在变频前增加一级高频放大，以提高抗干扰能力。输入回路和高放、混频、本机振荡组成调频调谐器（或称调频高频头），简称调频头。调频头的本机振荡在普通调频收音机中由变频管兼任。高级调频收音机中一般采用独立的本机振荡器。

图 5-28 所示是普通收音机用的双管调频头电路。图中 VT_1 为高频放大管，VT_2 为变频管。两管均为共基极连接方式，有高频特性好、工作稳定的优点。高放输入回路采用不调谐方式，因此回路应具有带通特性，用以保证 88～108MHz 的信号顺利通过。L_1、C_2 组成的并联谐振回路有载 Q 值很低，其谐振曲线很不尖锐，中心谐振频率一般取 98MHz 左右，能提高灵敏度。天线接收到的调频信号通过 C_1 进入输入回路，然后由 C_3 耦合给高放管 VT_1 进行高频放大，在 VT_1 集电极调谐负载 L_2、C_{5a}，回路上选出所需要的电台信号。信号由 C_8 耦合给变频管的输入端；同时由 L_4、C_{5b} 等元件和 VT_2 组成的共基极电容反馈式振荡器产生的本振信号，通过反馈电容 C_{11} 输送到 VT_2 的输入端，与输入电台信号混频。经变频后产生的中频信号通过中频变压器 T_1 耦合给第一中放管进行中频放大。图中 L_3、C_9 构成中频陷波器，用来抑制外来中频信号的干扰。R_1 是 VT_1 的发射极电阻，R_2 是 VT_1 的基极偏置电阻，为 VT_1 提供稳定的偏置。R_4、R_5 组成的偏置电路，为 VT_2 提供稳定的偏置。C_4、C_{10}、C_{12} 为高频旁路电容。R_3、R_6 起稳定作用。R_7、VD 为稳压电路。

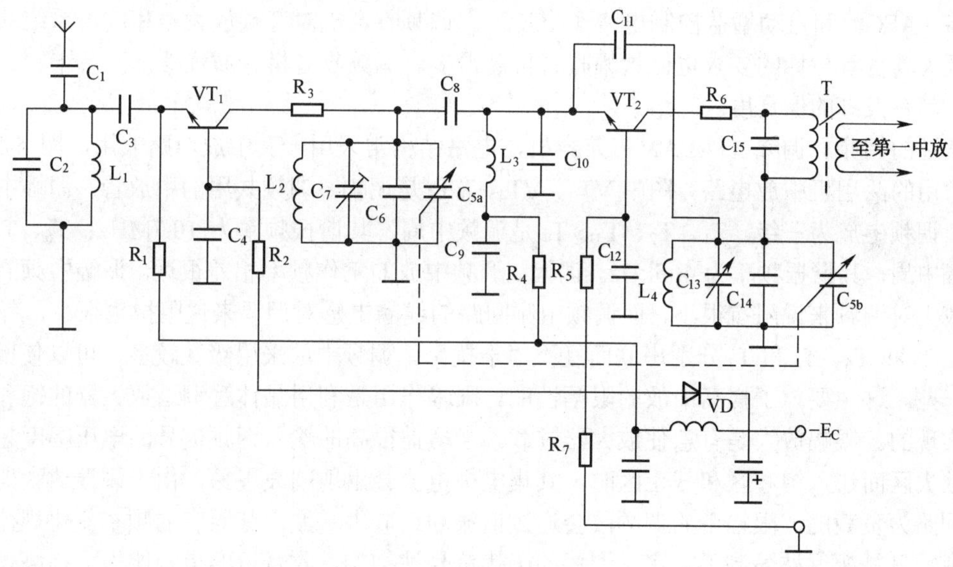

图 5-28　双管调频头电路

双管调频头电路较简单，但本振、混频工作状态不易兼顾。一般中、高档调频收音机多采用具有独立本机振荡器的调频头。图 5-29 所示是一种具有独立本机振荡器的三管调频头电路。图中 VT_2 是专用的振荡管，L_1、C_{1b}（及 C_2、C_3）为振荡回路，本振信号通过 C_4 输送到调频管 VT_2 的基极，与高放信号进行混频。中频信号由 VT_2 集电极调谐回路取出。VT_1、VT_2 接成共发射极电路。

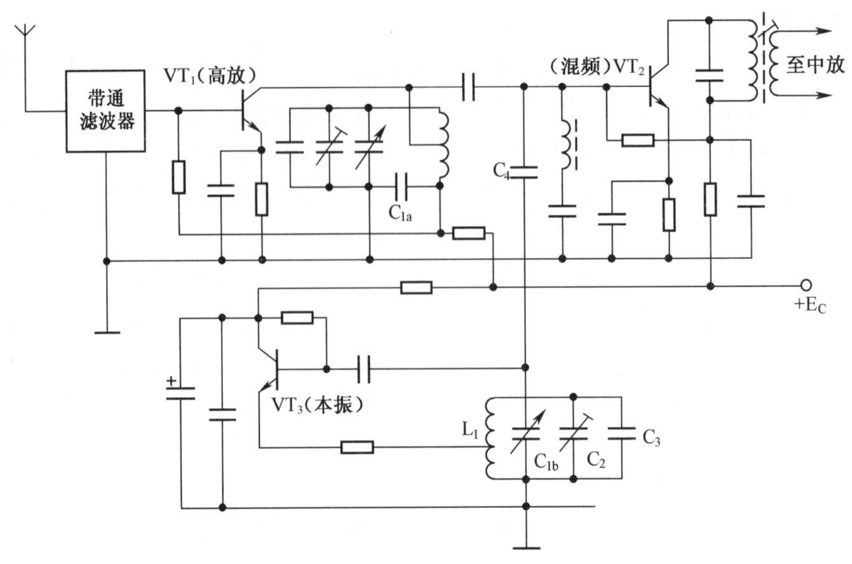

图 5-29　三管调频头电路

（4）中放与自动控制电路

调频中放电路与调幅中放电路在结构形式上基本相同。中放电路为了提高接收灵敏度，一般需 2～4 级。中放通常带有限幅特性，以便对干扰信号的寄生调幅进行削波。解调电路大都采用具有限幅作用的比例鉴频器。为了提高整机的稳定性，有的机型还附加有自动频率控制电路（AFC）和自动增益控制电路（AGC）。调频收音机对音频放大器和放声系统的频率响应及失真度等指标的要求也比调幅收音机高得多。调频收音机音质优美，高音丰富，层次分明，具有很高的保真度。

普通的调频、调幅（FM/AM）兼容机，电路结构常采用一套中放电路兼用，图 5-30 所示是常用的两用机中放电路。图中 VT_3、VT_4、VT_5 是调幅、调频共用的中放管。调幅中放为两级，调频中放为三级。T_1、T_2、T_3、T_4 是调频中周，其谐振频率为 10.7MHz；T_5、T_6、T_7 是调幅中周，其谐振频率为 465kHz。调幅、调频中放的工作频率相差很远。调幅中频回路的电容较大对调频来说阻抗很小，而调频中频回路的线圈电感对调幅来说阻抗也很小，所以 T_2 和 T_5、T_3 和 T_6、T_4 和 T_7 分别串联而互不“干扰”。调频中放采用级数较多，可以使增益尽量高一些。这主要为了提高中放的限幅性能。限幅作用是利用晶体管调谐放大器的饱和与截止来实现的。限幅放大是有意使放大器过载。当增益很高的输入调频信号的电压幅度超出晶体管放大区而进入饱和区和截止区时，其集电极电流会出现削波现象。由于调谐放大器是以谐振回路为负载的，限幅后的调频波会通过谐振回路取出基波，其原有的频率变化规律和波形不变，只是幅度被限制了，寄生调幅的干扰信号被抑制，收音机的信噪比大大提高。调频机的限幅中放通常在鉴频器之前。限幅器要求有合适的门限电压，晶体管的工作点要选择恰当。图中各元件作用与调幅中放电路基本相同。不同的是各中放管的集电极都串联了一只电阻，它们的作用是减小信号大小变化时，晶体管阻抗变化对调谐回路参数的影响，另外，对抑制放大器自激，保证放大器稳定工作也有一定作用。调频中放电路形式很多。双调谐中放电路及陶瓷滤波器中放电路在中、高档收音机中应用较多。有的机型在第一中放和第二中放之间加一级射极跟随器隔离，以提高第一中放的增益。

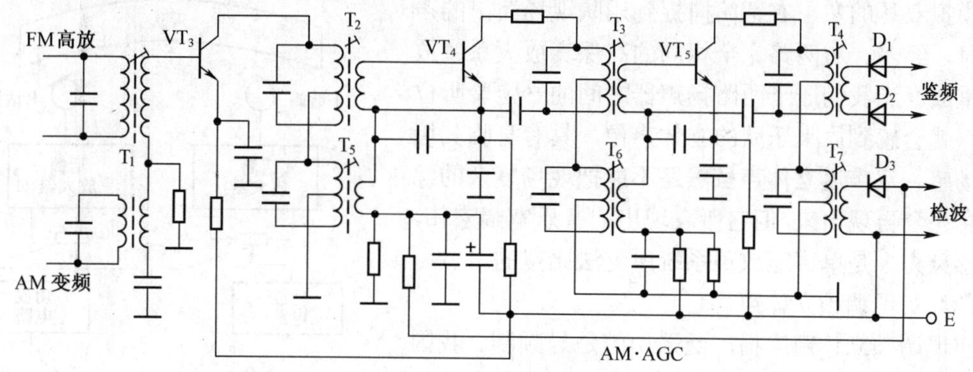

图 5-30　调频、调幅中放电路

（5）鉴频电路

图 5-31 所示是调频收音机的鉴频电路。它由 T_8 及二极管 VD_1、VD_2 等元器件组成比例鉴频器。中频放大的调频信号通过 T_8，信号的频偏变化变为幅度变化。其幅度变化规律与调制音频信号的变化规律相同，再送给 VD_1、VD_2 进行幅度检波。检波后的音频信号由 T_7 的次级输出。R_4、C_3、R_5、C_4 组成滤波器削减高频噪音。R_1、R_2 分别与 VD_1、VD_2 串联，以减小两只二极管特性的不平衡。电解电容 C_2 主要起限幅作用。调频、调幅两用收音机近年来成为市场的需求，电路的组成除中波调幅和超短波调频的高频部分是各自独立的外，鉴频和检波输出通过开关转换，中放、低放和功放共用。

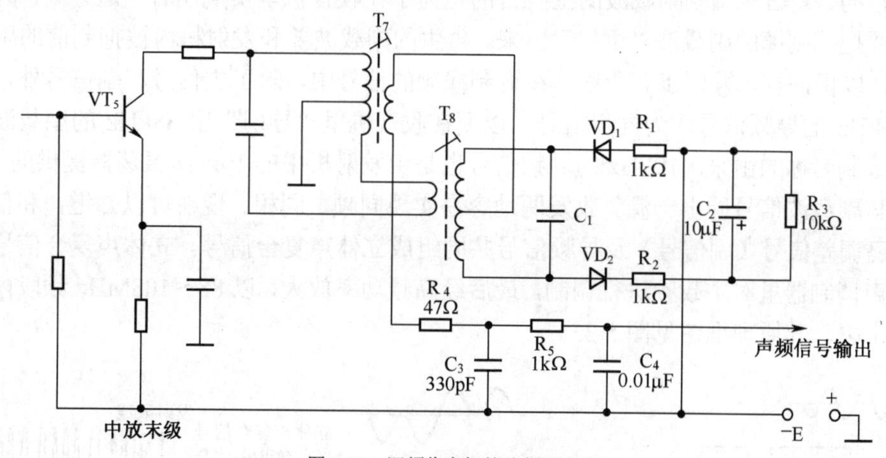

图 5-31　调频收音机的鉴频器电路

5．调频立体声收音机

（1）立体声的形成

人的听觉具有敏锐的方向感，具有声像定位的能力。在倾听某一声源发出的声音时，两耳接收声波会有一定的时间差、声强差和相位差。单声道放声时，声音来自一个方向，声源是一个点，听者感觉不出声音的方位感、展开感，也就是立体感。比如我们坐在听众席欣赏舞台上交响乐团的演出，可以准确判断出各种乐器、各个声部的位置，对乐队的宽度感、深度感及分布感很明显。人耳的这种“双耳效应”是我们享受立体声得天独厚的条件。立体声技术正是模仿人的“双耳效应”的方向效果而实现的。图 5-32 是音频立体声系统的示意图。

图中模拟双耳的左、右话筒捕捉到乐队现场演出的声音信息，经左、右两路完全相同的高保真放大系统放大后重放。当我们居于两路扬声器之间的一定聆听位置时，就会感到原来乐队的立体声像，具有身临其境的现场感。双声道立体声虽然还不能把现场复杂的综合信息完全再现出来，但它所表现出的音乐宽阔宏伟，富于感染力，是单声道放声系统所无法比拟的。

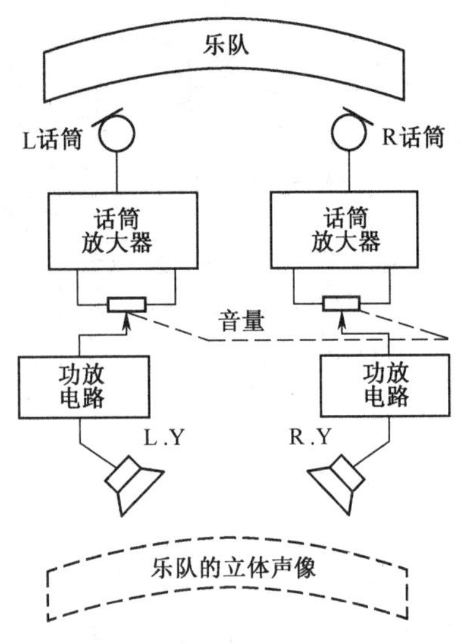

图 5-32　音频立体声系统示意图

（2）实现调频立体声

实现调频立体声广播广泛采用的是导频制。我国也把导频制作为立体声广播的制式。导频制的主要优点之一是具有兼容性。就是普通单声道调频收音机可以收听立体声调频广播；立体声调频收音机也可以收听单声道调频广播。导频制立体声广播的过程是这样的：左（L）、右（R）两路音频信号先运用和差方法在矩阵电路里变成和信号 L+R 及差信号 L－R，L+R 作为主信号，而 L－R 要先去调制一个 38kHz 的副载波，产生 L－R 调差信号，作为副信号。38kHz 的副载波是由 19kHz 振荡器产生的振荡信号经倍频器倍频供给的。为了避免副载波占用频带和增加发射功率、降低信噪比，必须在副载波完成产生副信号的任务以后，将它抑制掉。这种抑制副载波的调幅过程是在平衡调制器里进行的。差信号调制副载波的主要目的是为了在收音机里实现左右声道分离，因此在收音机里还要把抑制掉的副载波“再生”出来。再生的副载波要和发射机内被抑制前的副载波同频、同相，以保证收、发同步。所以，在调制载频的信号中，除了主信号和副信号外，还要加入一个 19kHz 的导频信号作为同步信号，以便在收音机里“导引”出 38kHz 的副载波信号。这正是导频制名称的由来。19kHz 的导频信号也是由发射机中的 19kHz 振荡器提供的。因此，导频信号与副载波信号同出一源。收发两地容易实现同频、同相。现在可以知道，和信号（主信号）、已调差信号（副信号）及导频信号共同组成立体声复合信号。立体声复合信号在发射机的立体声调制器里对主载频进行调制，最后经高频功率放大，以 88～108MHz 频段内的某一频率发射出去。其原理框图见图 5-33。

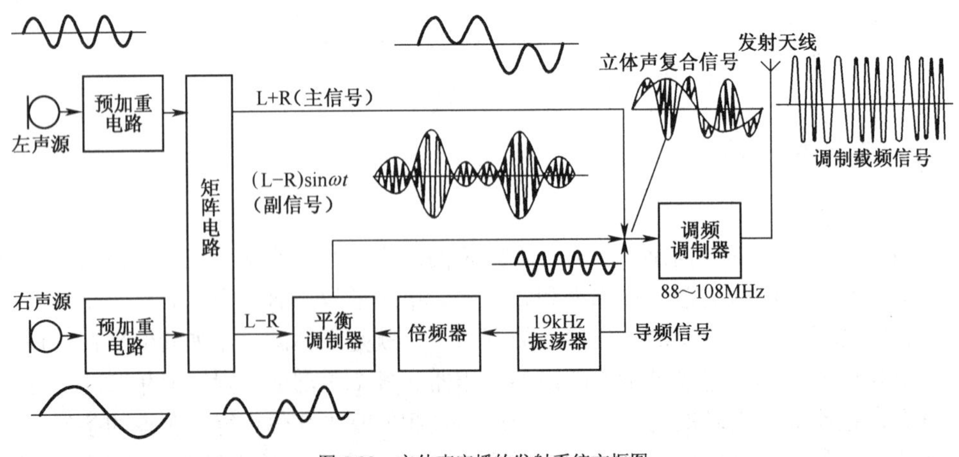

图 5-33　立体声广播的发射系统方框图

调频立体声收音机在接收到调频立体声信号后，经高放、变频、中放、鉴频，取出立体声复合信号，然后把它加到立体声解调器中分离出左、右两个声道信号来。左声道信号和右声道信号分别输送给两路音频放大器，再推动两路扬声器进行立体声重放，如图 5-34 所示。

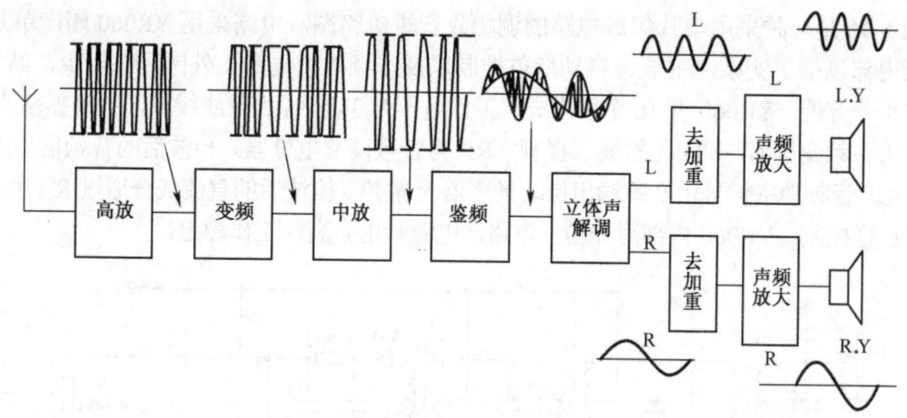

图 5-34 调频立体声收音机框图

调频立体声收音机电路的输入回路、高放、变频、中放及鉴频电路与单声道调频收音机电路完全相同。不同的是调频立体声收音机多了一个立体声解调器和一路音频放大器及一路扬声系统。立体声解调器后面的去加重网络用来去除高频噪声，改善调频收音机的高音频段的信噪比。在发射机的音频电路中有意使高音频预先得到“加重”，而在接收机里再去除这种“加重”成分，去加重网络实际是一个低通滤波器，如图 5-35 所示。

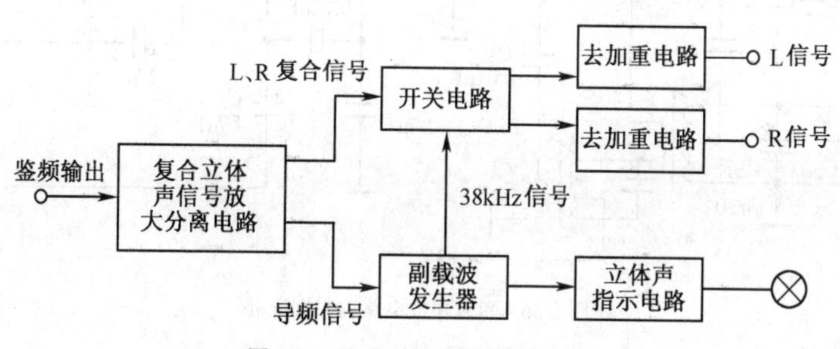

图 5-35 电子开关式解调器方框图

（3）立体声解调器的简单工作过程

由鉴频器解调出的立体声复合信号先在复合信号分离出主、副信号和导频信号。导频信号进入副载波发生器，经倍频、放大、恢复发射端被抑制的 38kHz 副载波，并用副载波作为开关信号与主、副信号一起加到开关电路。38kHz 开关信号以每秒 38000 次的速率快速切换，交替导通左、右声道信号，从而将左、右声道信号解调出来。早期的立体声解码器是由分立元件组成的。由于分立元件解码器电路复杂，可靠性及分离度指标都很差，目前已极少采用，广泛采用性能十分优越的集成电路立体声解码器和集成锁相环（PLL）立体声解码器。

6. 集成电路收音机

集成电路在音响设备方面的应用日益广泛，收音机电路集成化、小型化已成为收音机发展方向。目前收音机的高频、中频、检波、鉴频及音频电路均已实现集成化，而且集成度越来越高。除了调频调谐器由于工作频率较高，需要专用的集成电路以外，其他各功能电路均可集成在一块电路里。

（1）单片集成电路调幅收音

图 5-36 是一种采用单片集成电路的调幅收音机电路图。电路采用 YR060 国产单片集成电路，其内部包括了变频、中放、自动增益控制以及音频放大电路。外围元件较少，结构简单，调试也十分方便。YR060 有 16 个引出脚，工作电压为 3V。L_1 为天线线圈，L_2 为振荡线圈，T_1、T_2、T_3 为中频变压器，VD 为检波二极管，RP 为音量调节电位器。检波后的音频信号由 6 脚输入，放大的音频功率信号由 9 脚输出推动扬声器 Y 放声。检波后的直流成分通过 R_{13} 进入 12 脚，在内部进行控制。YR060 内部附加稳压电路，电源利用率高，工作稳定。

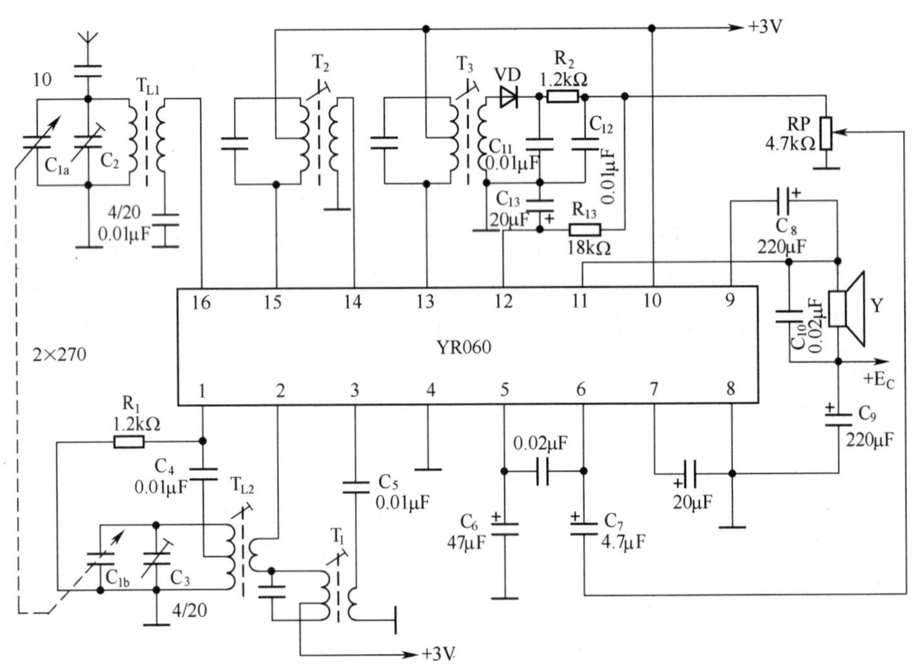

图 5-36 单片集成电路调幅收音机

（2）HX203 AM/FM 调频调幅收音构成和工作原理

收音机的电路结构早期的多为分立元件电路，目前基本上都采用了大规模集成电路为核心的电路。HX203 AM/FM 收音机是典型的单片集成电路结构，收音机通过调谐回路选出所需的电台，送到变频器与本机振荡电路送出的本振信号进行混频，产生中频输出（我国规定的 AM 中频为 465kHz，FM 中频为 10.7MHz），中频信号将检波器检波后输出音频信号，音频信号经低频放大器、功率放大器，推动喇叭发出声音。

HX203AM/FM 型的收音机电路主要由索尼公司生产的专为调频、调幅收音机设计的大规模集成电路 XCA1191M 组成。由于集成电路内部无法制作电感、大电容和大电阻，故外围元件多以电感、电容和电阻为主，组成各种控制、供电、滤波等电路。XCA1191M 加上外围元件构成的微型低压收音机，包含了 AM/FM 收音机从天线输入至音频功率输出的全部功能。HX203AM/FM 型收音机电路图如图 5-37 所示。

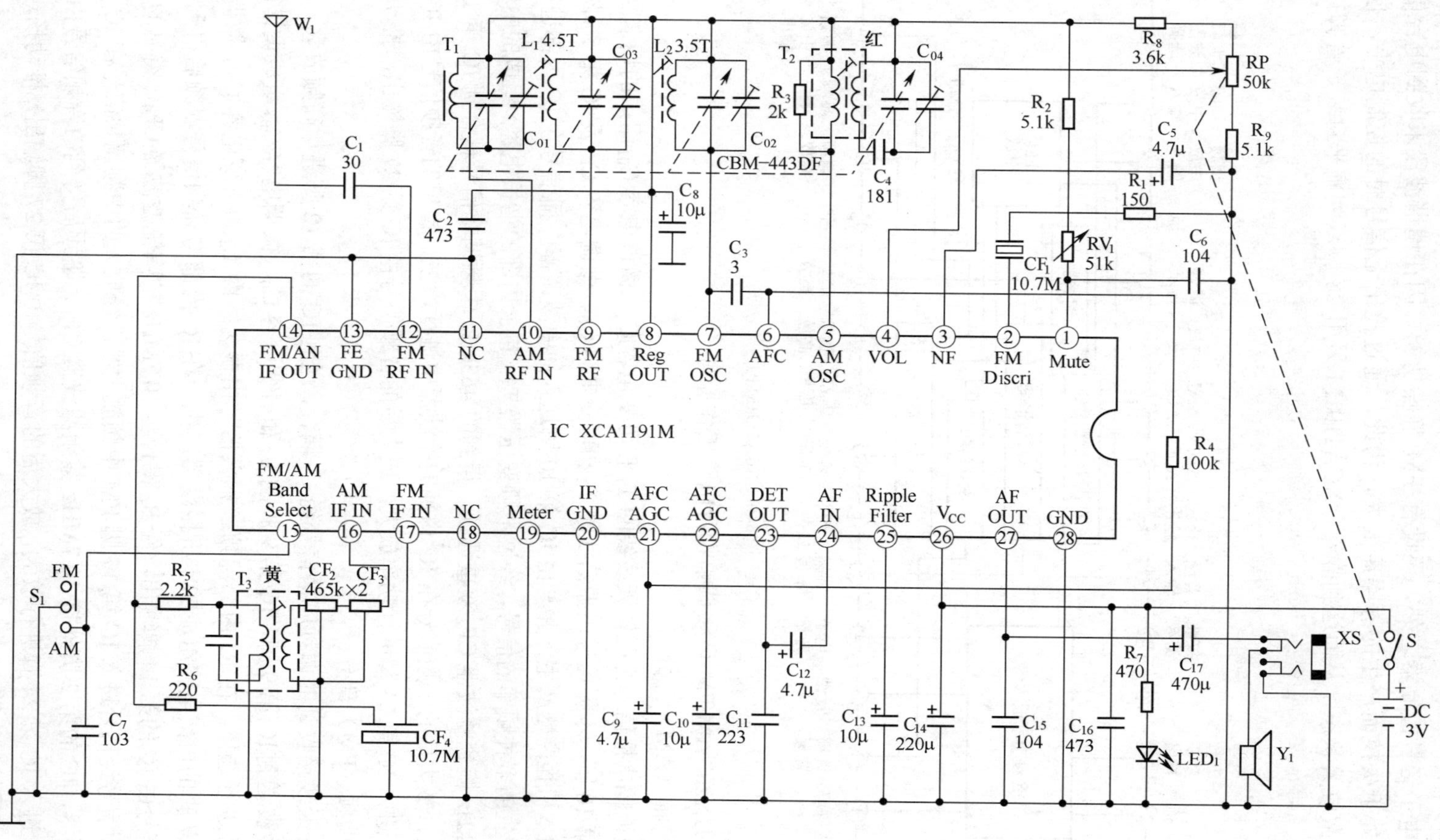

图 5-37 HX203AM/FM 型收音机电路图

该电路的推荐工作电源电压范围为 2～7.5V，$V_{CC} = 6V$。电路内除设有调谐指示 LED 驱动器，电子音量控制器之外，还设有 FM 静噪功能。因在调谐波段未收到电台信号时，内部增益处于失控而产生的静噪声很大，为此，通过检出无信号时的控制电平，使音频放大器处于微放大状态，从而达到静噪。XCA1191M 采用 28 脚双列扁平封装，管脚排列如图 5-38 所示。

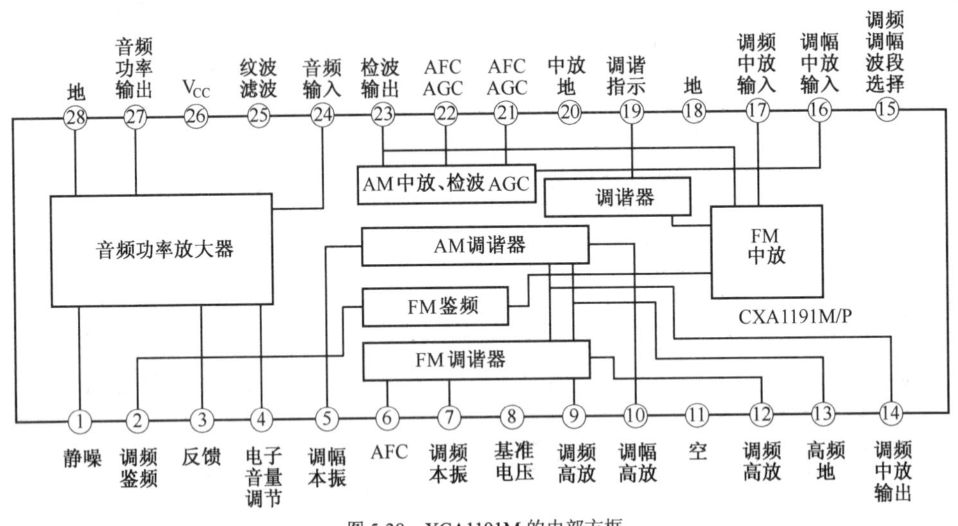

图 5-38　XCA1191M 的内部方框

（3）HX203 AM/FM 调频调幅收音电路工作原理

① 调幅（AM）部分：

中波调幅广播信号由磁棒天线线圈 T_1 和可变电容 C_0、微调电容 C_{01} 组成的调谐回路选择，送入 IC 第 10 脚。本振信号由振荡线圈 T_2 和可变电容 C_0、微调电容 C_{04} 及 IC 第 5 脚的内部电路组成的本机振荡器产生，并与由 IC 第 10 脚送入的中波调幅广播信号在 IC 内部进行混频，混频后产生的多种频率的信号，经过中频变压器 T_3（包含内部的谐振电容）组成的中频选频网络及 465kHz 陶瓷滤波器 CF_2 双重选频，得到的 465kHz 中频调幅信号耦合到 IC 第 16 脚进行中频放大，放大后的中频信号在 IC 内部的检波器中进行检波，检出的音频信号由 IC 的第 23 脚输出，进入 IC 第 24 脚进行功率放大，放大后的音频信号由 IC 第 27 脚输出，推动扬声器。

② 调频（FM）部分：

拉杆天线接收到的调频广播信号经 C_1 耦合，送到 IC 的第 12 脚进行高频放大，放大后的高频信号被送到 IC 第 9 脚，IC 第 9 脚的 L_1 和可变电容 C_0、微调电容 C_{03} 组成调谐回路，对高频信号进行选择，在 IC 内部混频。本振信号由振荡线圈 L_2 和可变电容 C_0、微调电容 C_{02} 与 IC 第 7 脚的内部电路组成的本机振荡器产生，在 IC 内部与高频信号混频后得到多种频率的合成信号由 IC 的第 14 脚输出，经 R_6 耦合至 10.7MHz 的陶瓷滤波器 CF_4，得到的 10.7MHz 中频调频信号经耦合进入 IC 第 17 脚 FM 中频放大器，经放大的中频调频信号在 IC 内部进入 FM 鉴频器，IC 的第 2 脚外接 10.7MHz 鉴频滤波器 CF_1。鉴频后得到的音频信号由 IC 第 23 脚输出，进入 IC 第 24 脚进行放大，放大后的音频信号由 IC 第 27 脚输出，推动扬声器发声。

③ 音量控制电路：

由电位器 RP 调节 IC 第 4 脚的直流电位高低来控制收音机的音量大小。

④ AM/FM 波段转换电路：

由电路图可以看出当 IC 第 15 脚接地时，IC 处于 AM 工作状态；当 IC 第 15 脚与地之间串接 C_7 时，IC 处于 FM 工作状态。波段开关控制电路非常简单，只需用一只单刀双置（1 × 2）的开关，便可方便地进行波段转换控制。

⑤ AGC 和 AFC 控制电路：

XCA1191M 的 AGC（自动增益控制）电路由 IC 内部电路和接于第 21 脚、第 22 脚的电容 C_9、C_{10} 组成，控制范围可达 45dB 以上。AFC（自动频率微调控制）电路由 IC 的第 21 脚、第 22 脚所连内部电路和 C_3、C_9、R_4 及 IC 第 6 脚所连电路组成，它能使 FM 波段接收频率稳定。

XCA1191M 的极限参数如表 5-3 所示。

表 5-3 **XCA1191M 的极限参数表**

参　数	额 定 值
电源电压 V_{CC}(V)	2～7.5
功耗 P_o(mW)	700
工作温度 T_{opr}(℃)	−20～75
储存温度 T_{stg}(℃)	−55～155

5.3.4 收音机的附属电路

1．短波频率微调电路

调幅多波段收音机都能接收到正常的中波段信号，但在短波段接收时，由于在频率覆盖范围内电台密集，调谐双联可变电容器角度变化有限，信号不易调准，频段越高，这种情况就越明显。短波频率微调电路就是针对上述问题而设计的。频率微调方式很多，广泛采用改变微调本振频率的方法，见图 5-39。

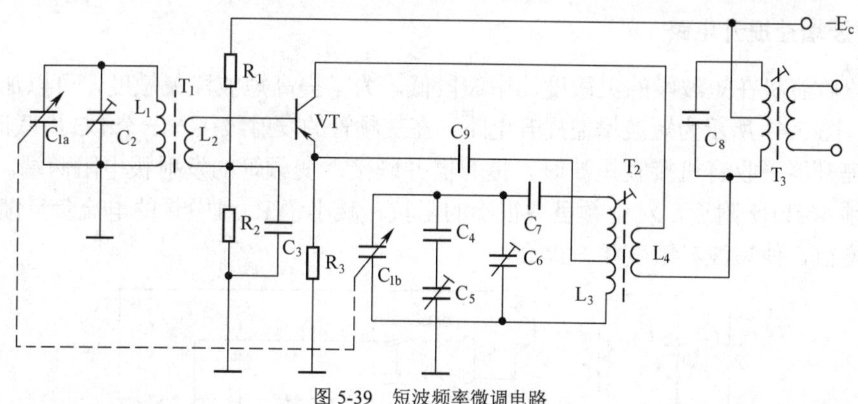

图 5-39　短波频率微调电路

图中 VT 为变频管，L_3、C_{1b} 组成振荡回路，C_6 是补偿电容，C_7 是垫整电容，C_4 与 C_5 串联构成短波频率微调电路。当调节 C_5 时，本振频率改变。由于 C_4、C_5 取值很小，本振频率变化缓慢，达到调准短波电台的目的。调节 C_5 的旋钮（细调）与调谐旋钮（粗调）紧挨着，一般先用调谐钮粗调出接收电台的位置，再用微调钮 C_5 调准接收信号。

2．本地、远程转换开关

一台好的收音机要求有好的信号接收能力，希望强弱信号都能很好地接收到，但由于元器件和制作技术等的限制，从性价比的角度，在收音机电路中增加了一个转换开关，能在接收本地电台的强信号时，收音机灵敏度调低一些，以减小失真和杂音；在接收远地电台的弱信号时，又将收音机灵敏度调高一些，保证能接收到远来的弱信号。本地、远程转换开关如图 5-40（a）所示。电路采用在变频级输入线圈两端并联电阻降低 Q 值的方法。当强信号输入时，使收音机的灵敏度下降。开关 K 就是本地、远程开关。在电路中 K 串联一个小电阻 R，与 L_2 并联构成本地、远程电路，当 K 闭合时，使 L_2 的 Q 值降低，通频带变宽，输入信号减小，整机灵敏度下降。反之，K 开启时，脱离 L_2，收音机恢复原有的灵敏度。有的收音机还在采用上述方法的同时，在音频前置放大器的输入端用开关接入电阻的方法来改善音频放大器的强信号阻塞失真，效果更好，如图 5-40（b）所示。

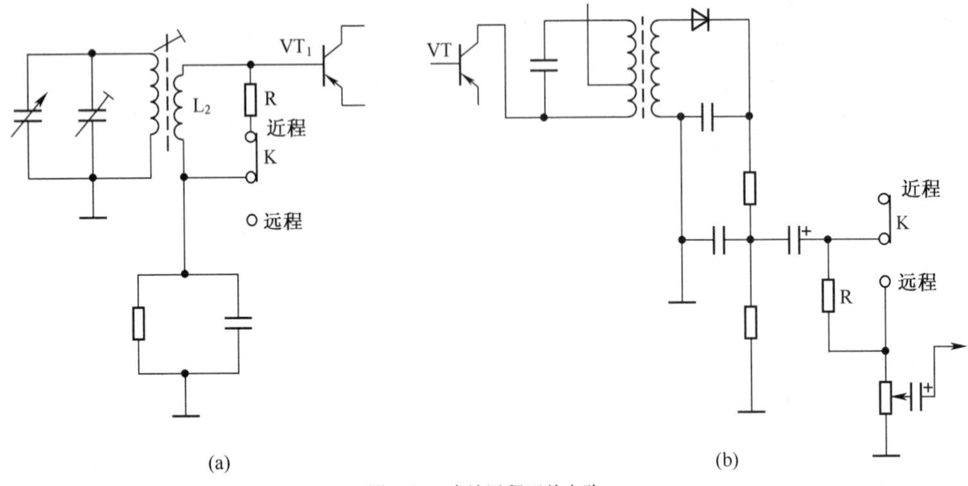

图 5-40　本地远程开关电路

3．短波增益提升电路

多波段收音机在短波段的灵敏度比中波段低。为了提高短波段灵敏度，可以加接短波增益提升器，图 5-41 所示为短波增益提升电路。在变频管的发射级接入一个 LC 串联谐振回路，就是短波提升器。收音机接收短波时，提升器并联接入变频管的发射极电阻两端。LC 串联谐振在中频 465kHz 附近，对中频呈现很小的阻抗，减小了 R_e 对中频的电流负反馈作用，提高了变频增益，使短波灵敏度相对提高。

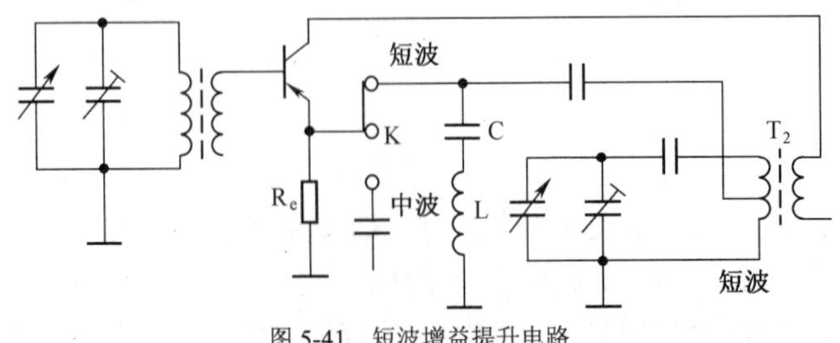

图 5-41　短波增益提升电路

4．自动频率微调电路（AFC）

AFC 电路是调频收音机的特有电路。其作用是保持本机振荡器的频率稳定，避免中频失谐。AFC 电路利用了变容二极管随所加的反向电压增大而电容量变小的特性，把变容二极管并联在本振回路，接一固定负电压作为起始电容量。鉴频器输出的直流电压作为 AFC 控制电压，加在变容二极管上。当选到一个电台信号，与本振信号调谐在 10.7MHz 中频时，鉴频器输出的直流电压为零、变容二极管维持起始电容量，本振频率维持稳定。当本振频率因某种因素而升高时，中频随之升高，鉴频器输出一正电压使变容二极管的反向电压减小，其电容量增大使本振频率降低；相反，当本振频率因某种因素而降低时，鉴频器输出直流负电压，变容二极管电容量减小又使本振频率升高，从而实现本振频率的自动微调。图 5-42 所示的自动频率微调电路中，变容二极管的固定负偏压由电阻 R_1 和 R_2 分压取得。鉴频器输出的直流电压经 R_4、R_3 加到变容管的正极与其两端的固定负电压叠加，达到控制变容管容量的目的。R_4、C_5、C_6、R_3 用来滤除鉴频器输出的直流电压中的音频成分。

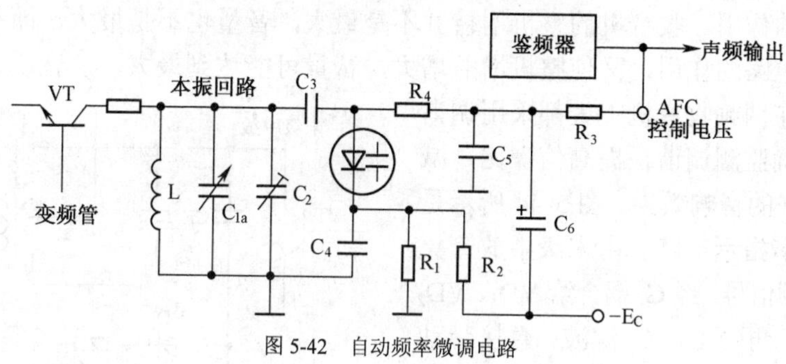

图 5-42　自动频率微调电路

5．静噪调谐电路

静噪调谐电路主要用来消除调谐过程中的噪声。图 5-43 所示是一种静噪调谐电路。

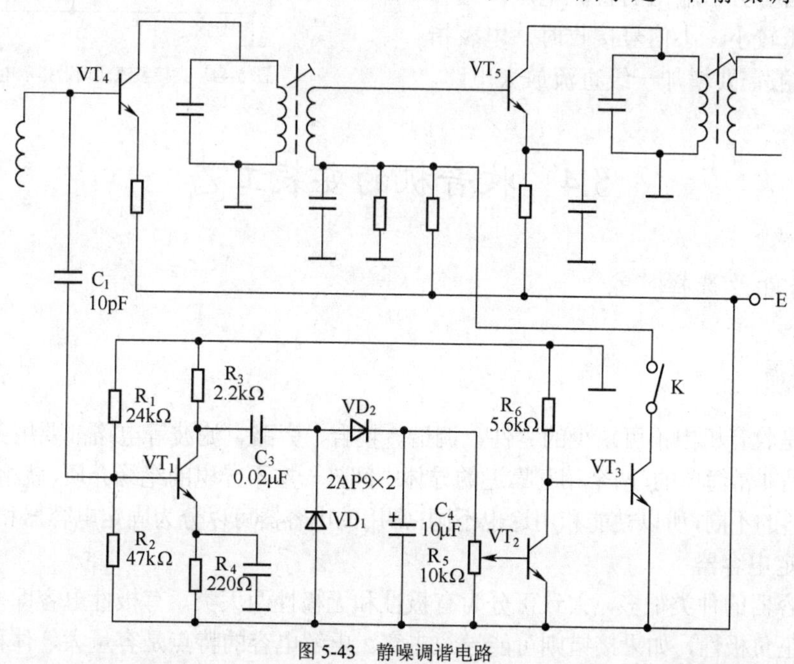

图 5-43　静噪调谐电路

图中 VT_1、VT_2、VT_3、VD_1、VD_2 等组成静噪电路。当有信号输入时，从中放末前级中放管 VT_4 的基极取出的信号经 C_1 送到 VT_1 放大，放大的信号经 D_1、D_2 倍压整流和 C_4 滤波后，再经 R_5 使 VT_2 得到一正向偏压而导通，VT_2 的集电极电压低于 VT_3 的导通电压，VT_3 截止，静噪电路不起作用。当无信号输入时，VT_4 的基极只有噪声电压经 C_1 进入 VT_1 放大，虽经整流滤波也会使 VT_2 得到一个正偏压。但这一偏压很小，不足以使 VT_2 导通，VT_2 集电极电压升高，VT_3 处于饱和导通状态。VT_3 集射极间很小的内阻并联在末级中放管下偏置电阻上，使 VT_3 基极偏压急剧减小而截止，噪声信号无法通过，达到静噪目的。图中 K 是静噪开关，当收听弱信号电台时，弱信号电压不足以使 VT_2 导通，有可能被抑制，所以接收弱电台信号时应把 K 关闭。

6．调谐指示电路

普通的调幅收音机都没有安装调谐指示器，常以音量的大小来判定调谐准确，其实对有自动增益控制的收音机来讲，音量的大小并不能完全说明调谐的准确。当调谐准确时因自动增益控制电路的作用，收音机的整机增益并不是最大，音量也不是最大，而在稍微偏调时，自动增益控制电路的作用，又使整机增益增大，音量可能达到最大，从音质、音色上看二者是有区别的。在调频收音机中大都采用调谐指示电路。正确监测调谐，提高信噪比，减小失真，获得好的音响效果。图 5-44 所示是直接整流式调谐指示电路。由末级中放管集电极输出的中频信号，经 C_1 耦合给 VD_1、VD_2 进行倍压整流，再经 C_2、C_3 滤波，直接带动微安表指示，当正确调谐时，中频信号最强，表针指示值最大。有的调谐指示电路，电表驱动电压取自鉴频器输出的直流电压。这种电路指示电压较小，小信号接收时，电表指示不明显，一般需要增加一级直流放大电路。

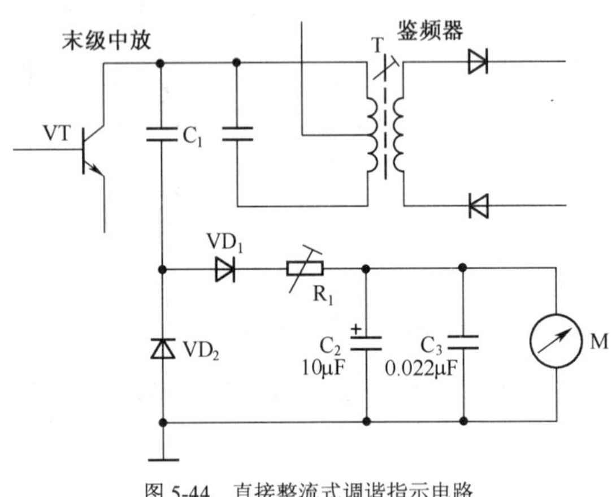

图 5-44　直接整流式调谐指示电路

5.4　收音机的安装工艺

5.4.1　元器件及选择

1．电容器

电容器是收音机中不可缺少的零件，调谐、耦合、旁路、滤波等电路都要用到它。电容器的结构原理是非常简单的，两个相互靠近的导体中间夹一层不导电的绝缘介质，就组成了电容器。由于制造材料的不同，所以性能和用途也不同，常用的电容器可以分为固定电容器和可变电容器。

（1）固定电容器

固定电容器的种类很多，大致可分为有极性和无极性两大类。有极性电容即电解电容，接入时要注意正负极性，如果接错则可能导致击穿。电解电容的特点是容量大，体积小。收音机电路里常用作耦合电容、旁路电容、滤波电容等。无极性电容常称为普通电容。普通电容器与电解电容器相比容量小、耐压高、体积小、漏电小等，多用在晶体管收音机的输入回路、本机振荡回路、中放调谐回路。固定电容的主要参数及测量方法在第1章有详细的介绍，请参阅。

（2）可变电容器

可变电容由转动的动片和固定的定片组成，定片与外壳绝缘，动片固定在转轴上，随转轴转动，与外壳相接。可变电容器有空气可变电容器和有机介质可变电容器，按结构分为单联、双联和多联。超外差收音机里常用双联电容。双联可变电容有两种，一种两组片子最大容量不一样（差容），容量大的一组接输入回路线圈，容量小的一组并接在振荡回路线圈，这种叫差容双联电容，在设计上考虑了超外差的跟踪问题，安装时可省掉一只振荡回路的垫整电容，但差容双联只能装配一个波段的收音机或波段覆盖系数一样的多波段收音机；另一种双联两组片子最大容量一样的叫等容双联，用这种双联装在多波段收音机时，振荡回路的垫整电容不能省掉。

2．磁性天线

晶体管收音机电路中一般都采用磁性天线。将调谐回路的线圈绕在磁棒上，就是磁性天线，如图 5-45 所示。磁棒一般用铁氧体材料制成，黑色的锰锌铁氧体环导磁率μ比较大（通常$\mu=40$或400），它的工作频率比较低，在1.6MHz以下，因此只适应中频波段，又称为中波磁棒。棕色的镍锌铁氧体μ比较小（$\mu=40$或60），它的工作频率比较高，在12MHz和26MHz左右，是用在短波波段，又叫短波磁棒。由于两种磁棒的环导磁率不同，不能混用。如果中波段用了短波磁棒，由于短波磁棒的导磁率μ低，致使中波天线线圈的电感量不足，影响磁性天线的接收信号能力，最终导致晶体管收音机的灵敏度下降。在晶体管收音机电路中有些中短波收音机采用中波磁棒与短波磁棒中间胶合起来接成一根。磁棒的尺寸、形状对晶体管收音机的灵敏度也有影响，圆形磁棒机械强度高，磁棒可以做得长些，对灵敏度提高有利。扁形磁棒比圆形磁棒节省位置。磁棒上的线圈是一种电感器件，它与可变电容组成调谐回路，线圈的电感L和可变电容C决定了谐振频率，在接收频率范围内线圈的圈数，与磁棒的长度和可变电容的容量都有关。线圈的质量直接影响晶体管收音机电路接收频率范围和性能，为了使线圈Q值高，大都采用多股漆包线合成的纱包线和丝包线来绕制。另外线圈的电感量和Q值还与它在磁棒上的位置有关，线圈靠近磁棒的中心，电感量越大而Q值减小。线圈靠近磁棒

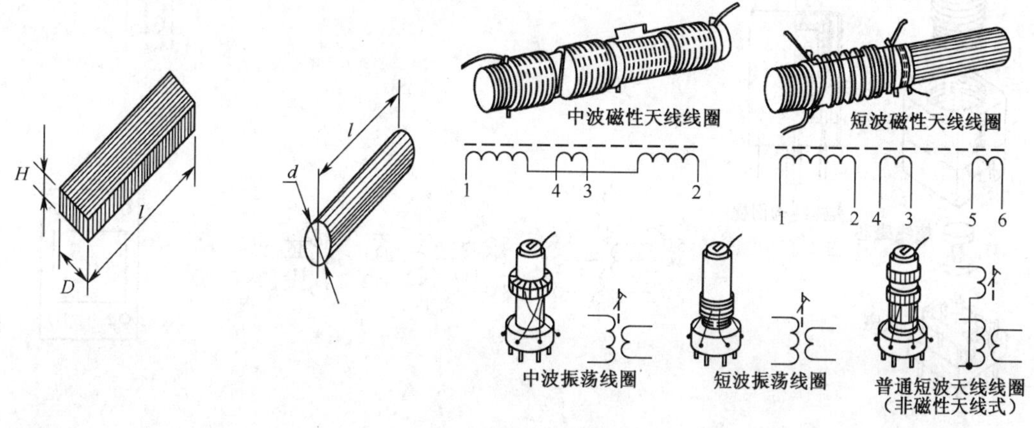

图 5-45　磁棒及磁性天线

两侧，则电感量越小而 Q 值增大。所以线圈一般绕在磁棒的一侧或者磁棒的两侧。晶体管收音机在调整时可以通过移动线圈上的位置来提高灵敏度。磁棒易折断和破碎，安装时要注意，天线线圈都有初次级绕组，安装前要用万用表测量，首先测量初、次级绕组是不是开路和短路。

3．中频变压器和本机振荡线圈

中频变压器是超外差收音机中的重要元件，作为中频放大级的选频和耦合元件，它在很大程度上决定了收音机的灵敏度、选择性和通频带等指标。

晶体管收音机电路中使用的有单调谐和双调谐两种。根据耦合方式可分为电感耦合、电容耦合；根据调谐方式又可分为调感式、调容式两种。晶体管收音机里的中频变压器多采用封闭磁芯型结构，如图 5-46（a）所示。使线圈的磁场限制在磁芯中，因此可以采用较小的屏蔽罩，体积可以减小。一般多采用单调谐耦合中频变压器如图 5-46（b）所示，它只在初级线圈与电容器间组成一个调谐回路，次级线圈主要是级间耦合作用并不是调谐回路。为了使前后级阻抗适当匹配，初级线圈圈数比较多，次级线圈圈数比较少，为了提高谐振回路的 Q 值、提高选频特性，并防止自激振荡，初级线圈采用抽头的方法。调感方式通过调节线圈内阻的磁芯以改变线圈的电感量，从而达到调整谐振频率的目的。双调谐变压器的初、次级线圈并联电容器组成双调谐回路。两个回路之间可以采用电容耦合方式，如图 5-46（c）所示，也可以采用电感耦合方式。调谐方式常采用调感式如图 5-46（d）所示。

中频变压器实质上是一个带通滤波器，为了得到好的音质，收音机要求中频变压器有很好的通频带。广播通频带都是±10kHz，除此之外的信号要迅速衰减，才能保证好的选择性和声音的保真度。双调谐中频变压器通频带特性比较好，采用这种变压器，能使晶体管收音机的中频放大主要指标（选择性和音质）有所改善。

晶体管收音机电路中采用两级中频放大，需要三个中频变压器，各级中频变压器在晶体管

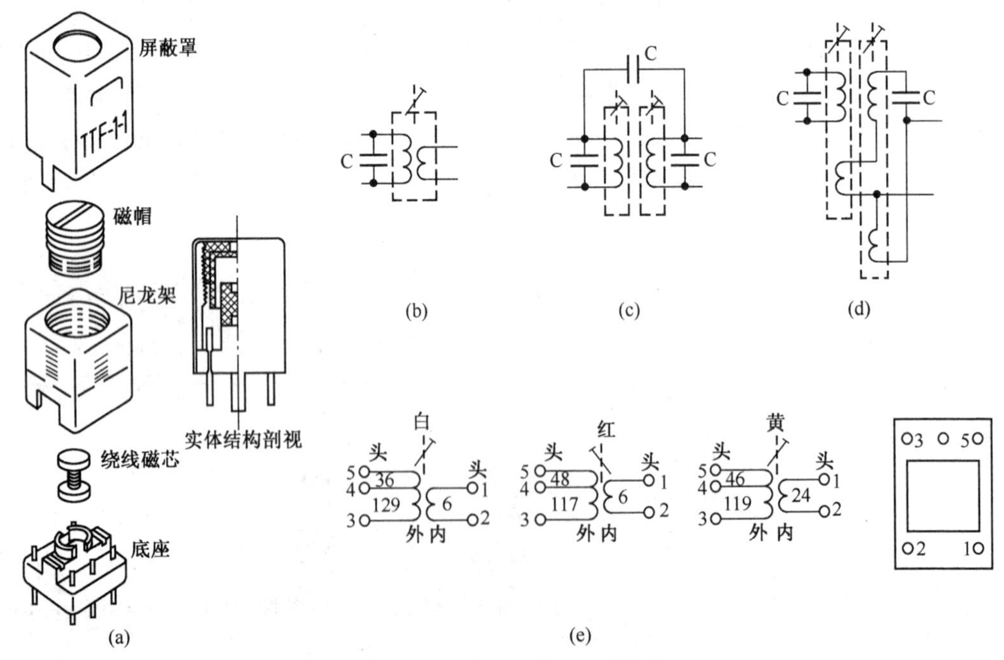

图 5-46 中频变压器结构及调谐方式

收音机中完成的任务是不一样，第一级中频变压器要求有很好的选择性；第二级中频变压器要有适当的通频带和选择性；第三级的中频变压器则要求有足够的通频带和增益。由于每级中频变压器前后之间的阻抗匹配不同，中频变压器的变压比抽头数都不一样，所以三个中频变压器配套不能混用，通常用不同的颜色标志在每个中频变压器的磁帽上以示区别，如图 5-46（e）所示。

本机振荡线圈的外形和结构与中频变压器一样，其规格应与中频变压器配套，在外形颜色上有所区别。另外本振线圈所连接的电容器有等容和差容的区别，所接负载有本机基极注入电路和本机发射极注入电路的区别，所以要求本机振荡线圈与中频变压器配套不能随便换用。本机振荡线圈和中频变压器引脚多，再加上屏蔽罩两只引脚，共有 7 只焊接脚，在焊接前一定要检查它的好坏、识别级数的颜色。检查好坏用万用表先查各初、次级绕组有无断路；测量初、次级绕组之间有无短路；测量初级绕组与金属屏蔽罩之间有无短路；测量次级绕组与金属屏蔽罩之间有无短路。

4．陶瓷滤波器

在超外差收音机的中频放大器中，中频变压器不管是单调谐还是双调谐组成都是由 LC 回路所构成，通常也称 LC 回路叫滤波器。压电陶瓷制成的滤波器比普通的 LC 谐振回路有许多优点：体积小、重量轻、品质因数高，因此广泛用于晶体管收音机的中频放大电路中。陶瓷滤波器有二极性、三极性、多极性之分。它的外形结构有许多种，陶瓷滤波器的原理是利用陶瓷压电材料的压电效应，如图 5-47 所示。电信号输入后，通过机电换能转换成机械振动，由始端传到终端，再由机电换能还原成电能，由于机械振动对频率响应很尖锐，所以品质因数很高。二极性陶瓷滤波器的一种结构如图 5-48 所示。

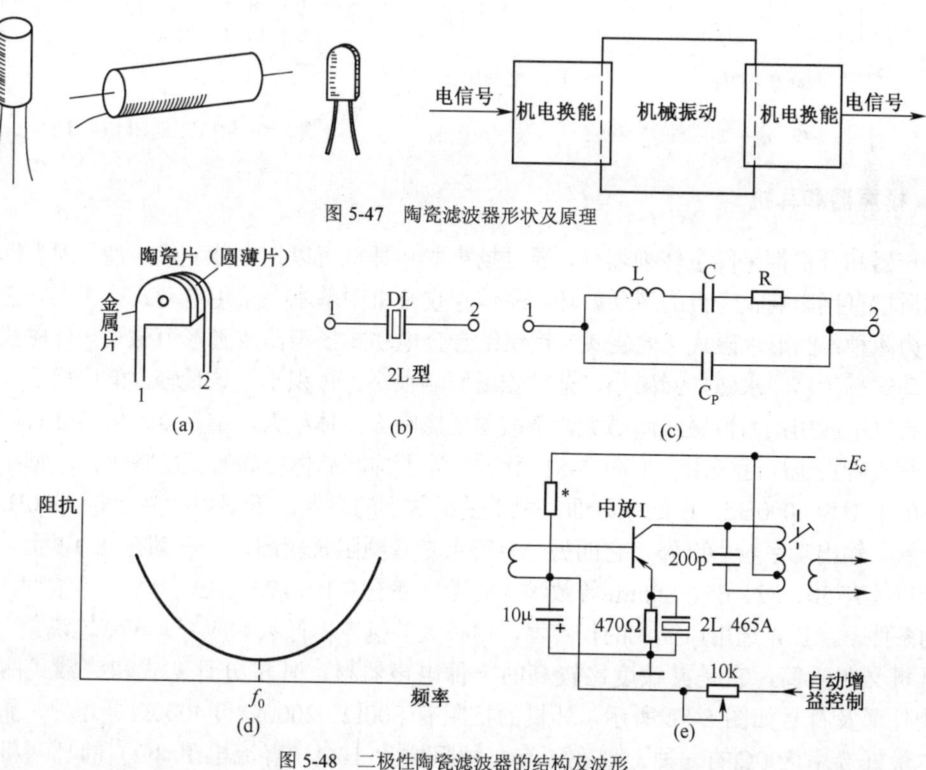

图 5-47　陶瓷滤波器形状及原理

(a)　(b)　(c)　(d)　(e)

图 5-48　二极性陶瓷滤波器的结构及波形

5．输入、输出变压器

晶体管收音机电路中，在末级为了获得较大的功率增益和最大功率输出，末前级和末级常采用变压器耦合。输入变压器的作用是把低频放大器的输出信号耦合给功率放大器，使低放级与功放级之间适当地阻抗匹配；输出变压器的作用是把末级功率放大器的输出信号耦合给扬声器，并使功放级的输出阻抗与扬声器的阻抗相匹配。

晶体管收音机采用的输入、输出变压器体积小，效率一般在 60%～80%。效率与变压器铁芯材料有关，铁芯材料有冷轧硅钢片（0.2～0.35）、铁氧体 E24（宽 30mm）、E30（宽 30mm），以及坡莫合金片（0.1～0.3mm）等。一般在高级的收音机里输入输出变压器广泛采用这种高导磁率的坡莫合金片。其优点是电感量高，低频特性好，体积小等。

收音机的输入、输出变压器的形状相同，产品上都有标注“输入”、“输出”，如缺少标记时，可根据输入、输出变压器结构的不同点来区别，如图 5-49、图 5-50 所示。输入变压器的初级是双端输入，两引线间的直流电阻值很大。输出变压器的次级是双端输出，两根引线比较粗之间的电阻值最小。由此通过外型识别，再用万用表测量阻值，就能容易分清变压器类型，同时也检测了变压器绕组的通路、短路、断路。因此安装收音机时变压器绕组的阻值测量是必不可少的。

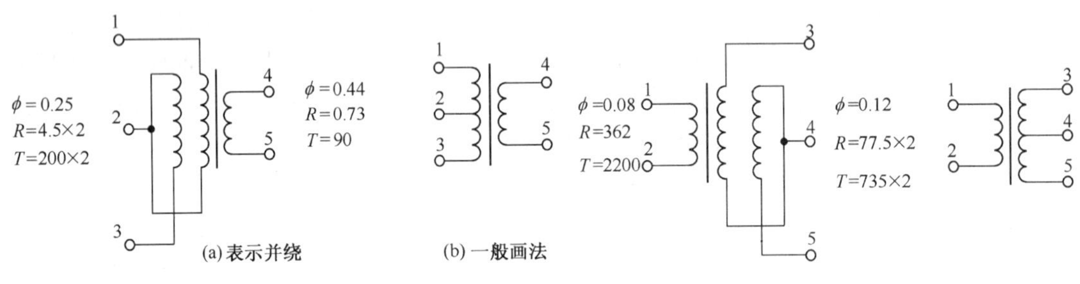

图 5-49　输入变压器接法与符号　　　　图 5-50　输出变压器接法与符号

6．扬声器和耳机

扬声器和耳机都是能量转换器件，通过扬声器和耳机可以把电能变成声能，因为扬声器和耳机的质量直接影响收音机的音质好坏。晶体管收音机中基本上采用电动式扬声器，它按磁性材料分为两种：圆形永磁式（内磁式）铝镍钴合金电动式扬声器及圆形恒磁式（外磁式）钡铁氧体电动式扬声器。永磁式漏磁小，杂散磁场影响很小，体积小，重量轻，但价格贵，适合袖珍式收音机中应用；而恒磁式漏磁大，杂散磁场影响大，体积大，重量重，价格便宜，所以小型晶体管收音机也广泛采用，如图 5-51 所示。为了抑制晶体管高音频的噪声，小型扬声器高音频率的上限为 4000Hz。在低频方面，由于受纸盆小的限制，下限频率为 200～400Hz。小型扬声器除了输出功率较小以外，它的另一个特点是音圈阻抗较高，一般都在 8Ω以上。扬声器的标准口径有 50、57、65、80mm 等数种，标准功率有 0.1、0.25、0.3、0.5W 等数种。在体积容许的条件下，优先选用口径大的扬声器，口径大的扬声器低频响应好，声音饱满。

耳机又叫听筒，它是灵敏度比较高的一种电声器材。耳机分耳塞式和头戴式两种，它的实物外形及符号如图 5-52 所示。耳机的抗阻有 800Ω、2000Ω和 4000Ω等几种，晶体管收音机中最好选用 800Ω的一种。现在还有一种阻抗为 10Ω（直流电阻 8Ω）的耳塞机，是专供晶体管收音机使用的。它是由塑料外壳、振动膜片、马蹄形磁铁以及线圈等所组成。磁铁是用来提供固定的磁性以吸住振动膜片，使振动膜片平时就略微弯曲。它是通过两根“L”形软铁使磁铁的两个磁极传至振动膜片的近处，软铁上绕有线圈，组成电磁铁，当音频电流通过线圈时，电磁铁就产生变动磁场，叠加在固定磁场上，使总磁场得到增强或减弱，从而使振动膜片在原来的基础上得到进一步的弯曲或放松，已造成周围空气相应的振动而发出声音。

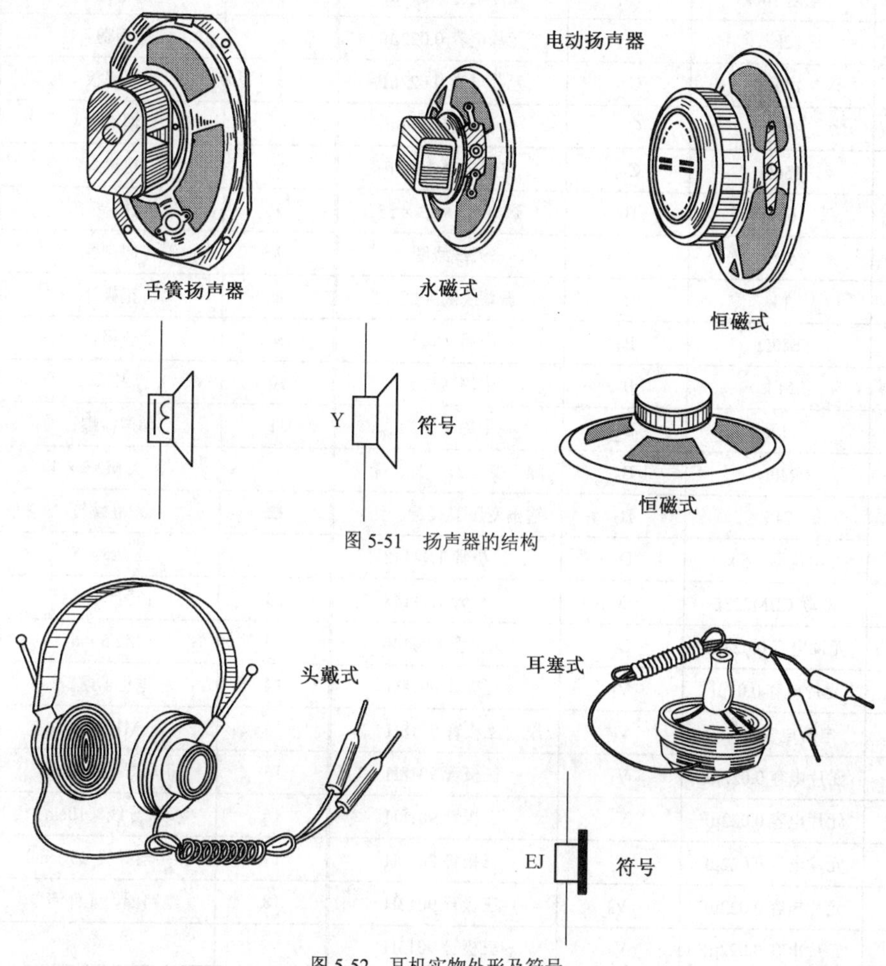

图 5-51　扬声器的结构

图 5-52　耳机实物外形及符号

扬声器的好坏判别：一般要求扬声器的磁性强，纸盆的外圈较软而薄、近音圈的中央较硬而厚，用手平衡地推动纸盆能感到柔和，但有较大的弹性，这样的扬声器才能发音柔和动听，洪亮悦耳。

5.4.2　HX108-2 调幅收音机安装工艺

1．元器件检测

在上一章节介绍元器件的同时，简单介绍了常用的元器件检测，按照 HX108-2 调幅收音机元件清单（如表 5-4 所示）照单清点、分类检查。尤其磁棒和天线线圈要仔细放好。用数字万用表检测表 5-5 所列元器件的好坏，测量的方法参考第 1 章的介绍。

表 5-4　　元器件清单

元器件位号目录				结构件清单		
位　号	名称规格	位　号	名称规格	序　号	名称规格	数　量
R_1	电阻 100k	C_{11}	元片电容 0.022μF	1	前框	1
R_2	2k	C_{12}	元片电容 0.022μF	2	后盖	1
R_3	100Ω	C_{13}	元片电容 0.022μF	3	周率板	1
R_4	20k	C_{14}	电解电容 100μF	4	调谱盘	1
R_5	150Ω	C_{15}	电解电容 100μF	5	电位盘	1
R_6	62 k	B_1	磁棒 B5 × 13 × 55	6	磁棒支架	1
R_7	51Ω		天线线圈	7	印制板	1
R_8	1 k	B_2	振荡线圈（红）	8	正极片	2
R_9	680Ω	B_3	中周（黄）	9	负极簧	2
R_{10}	51 k	B_4	中周（白）	10	拎带	1
R_{11}	1 k	B_5	中周（黑）	11	调谱盘螺钉	
R_{12}	220Ω	B_6	输入变压器（蓝、绿）		沉头 M2.5 × 4	1
R_{13}	24 k	B_7	输出变压器（黄、红）	12	双联螺钉	
W	电位器　5 k	D_1	二极管 1N4148		M2.5 × 5	2
C_1	双联 CBM223p	D_2	二极管 1N4148	13	机芯自攻螺钉	
C_2	元片电容 0.022μF	D_3	二极管 1N4148		M2.5 × 6	1
C_3	元片电容 0.01μF	V_1	三极管 9018G	14	电位器螺钉	
C_4	电解电容 4.7μF	V_2	三极管 9018H		M1.7 × 4	1
C_5	元片电容 0.022μF	V_3	三极管 9018H	15	正极导线（9cm）	1
C_6	元片电容 0.022μF	V_4	三极管 9018H	16	负极导线（10cm）	1
C_7	元片电容 0.022μF	V_5	三极管 9013H	17	振声器导线（10cm）	2
C_8	元片电容 0.022μF	V_6	三极管 9013H	18	电路圈、元件清单	1
C_9	元片电容 0.022μF	V_7	三极管 9013H			
C_{10}	电解电容 4.7μF	Y	$2\frac{1}{2}$ 扬声器 8Ω			

表 5-5　　元器件测量表

类　别	测量内容	万用表量程
电阻 R	电阻值	× 10、× 100、× 1k
电容 C	电容绝缘电阻	× 10k
三极管 h_{fe}	晶体管放大倍数 9018H（97-16） 9014C(200-600)、9013H（144-202）	h_{fe}
二极管	正、反向电阻	× 1k

续表

类别	测量内容	万用表量程
中周	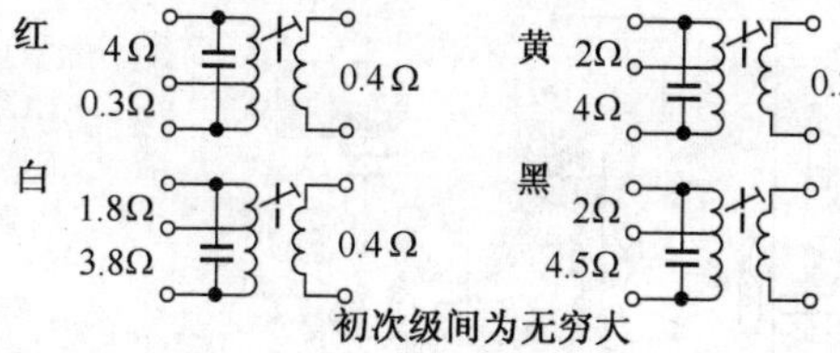 红 4Ω 0.3Ω 0.4Ω；黄 2Ω 4Ω 0.3Ω；白 1.8Ω 3.8Ω 0.4Ω；黑 2Ω 4.5Ω 1Ω；初次级间为无穷大	×1
输入变压器（蓝色）	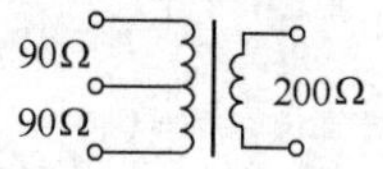 90Ω 90Ω 200Ω	×1
输出变压器（红色）	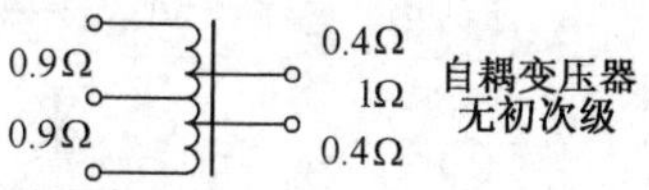 0.9Ω 0.9Ω 0.4Ω 1Ω 0.4Ω 自耦变压器无初次级	×1

2．元器件的准备

经检测好的元器件引线和引脚有漆膜、氧化膜，要清理干净。电阻和二极管的引脚作弯脚处理。具体做法请参阅第1章。

天线线圈套在磁棒上，并固定在磁棒支架上。电位器拨盘装在电位器上，用螺丝固定住。输入、输出变压器不能调换。

3．焊接

在装配工作中，焊接技术是很重要的。收音机元件的装接主要利用锡焊，不但能固定零件，而且能保证可靠的电流通路。焊接质量的好坏，将直接影响收音机的质量。例如不良的焊接会使零件损坏或电路不通，或者引起接触不良的噪音，以及接点脱落或假焊等。焊接技术在第1章中有详细的介绍。

元器件的焊接顺序：首先是电阻、电容、晶体管；其次是中周、输入、输出变压器、电位器、双联电容；最后是天线线圈、电源引线、扬声器的引线。

注意：每次焊接完一部分元件，都要检察焊接的质量，若有虚焊、漏焊、错焊等及时纠正，才能保证收音机的顺利安装成功。

4．大件的安装

① 电容双联 CBM-223P 安装在印刷电路板正面，将天线组合件上的支架放在印刷电路板反面电容双联上，然后用螺钉固定，并将双联引脚超出电路板部分，弯脚后焊牢，并剪去多余部分。

② 天线线圈引线1与双联电容 $C_{1\text{-}A}$ 端进行连接，引线2焊接于电容双联公共点接地。引线3焊接于 VT_1 的基极，引线4焊接于 R_1、C_2 的公共点接地。

③ 将电位器组合件焊接在电路板指定位置，如图5-53所示。

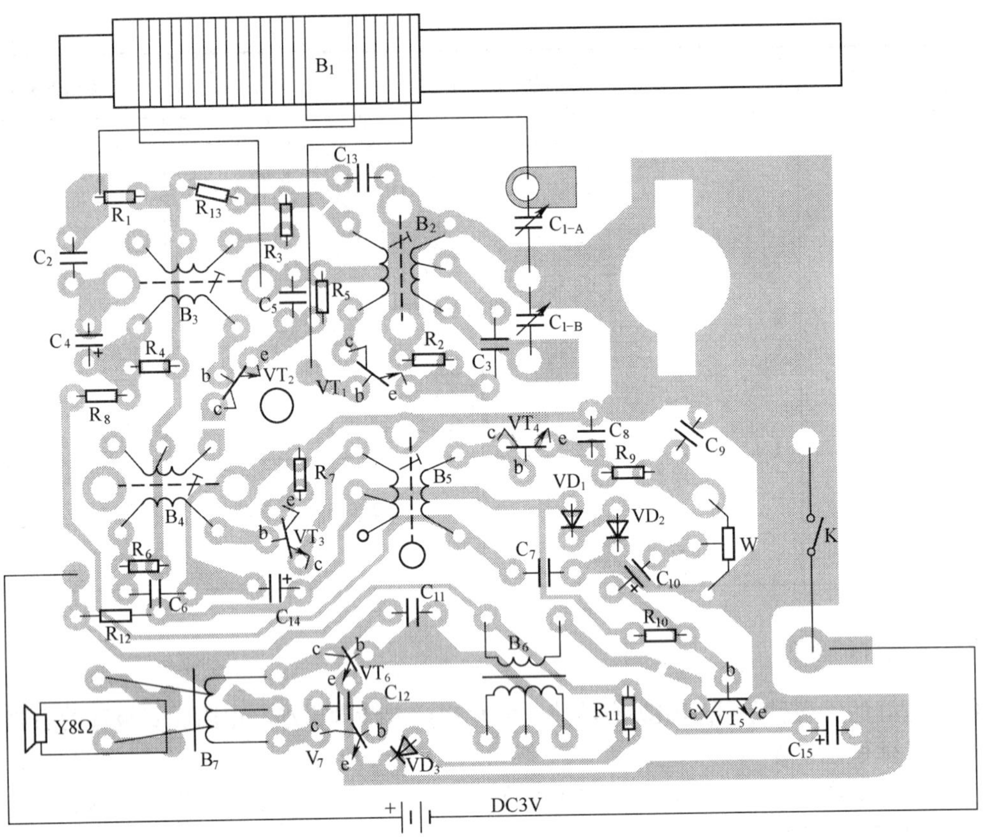

图 5-53　HX108-2 调幅收音机装配图

5．开口检查与试听

收音机装配焊接完成后，请检查元件有无装错位置，焊点有无脱焊、虚焊、漏焊。所焊元件有无短路或损坏。发现问题要及时修理、更正。用万用表进行整机工作点工作电流测量，如检查都满足要求，即可进行接收信号试听。各点工作电流如下：

$I_{C1} = 1.18\sim1.2\text{mA}$

$I_{C2} = 0.4\sim0.8\text{mA}$

$I_{C3} = 1.2\text{mA}$

$I_{C5} = 2.5\text{mA}$

$I_{C6} = I_{C7} = 4\sim10\text{mA}$

6．前框准备

① 将负极、正极弹簧片安装在塑壳上。如图 5-54（a）所示，焊好连接点及黑色、红色引线。

② 将周率板反面双面胶保护纸去掉，然后贴于前框，注意要贴装到位，并撕去周率板正面保护膜。

③ 将 YD57 喇叭安装在前框，如图 5-54（b）所示，用一字螺丝批固定脚左侧，利用突出的喇叭定位圆弧的内侧为支点，将其导入带钩压脚固定，再用电烙铁烙铆 3 只固定脚。

④ 将拎带套在前框内。

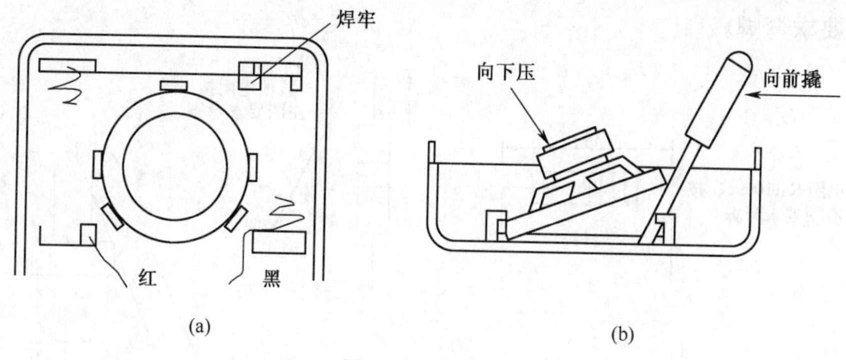

图 5-54　外框安装

⑤ 将调谐盘安装在双联轴上，用螺钉固定，注意调谐盘指示方向。

⑥ 按图纸要求分别将 2 根白色或黄色导线焊接在喇叭与线路板上。

⑦ 按图纸要求将正极（红）负极（黑）电源线分别焊在线路板的指定位置。

⑧ 将组装完毕的机芯按照图 5-55 所示装入前框，一定要安装到位。

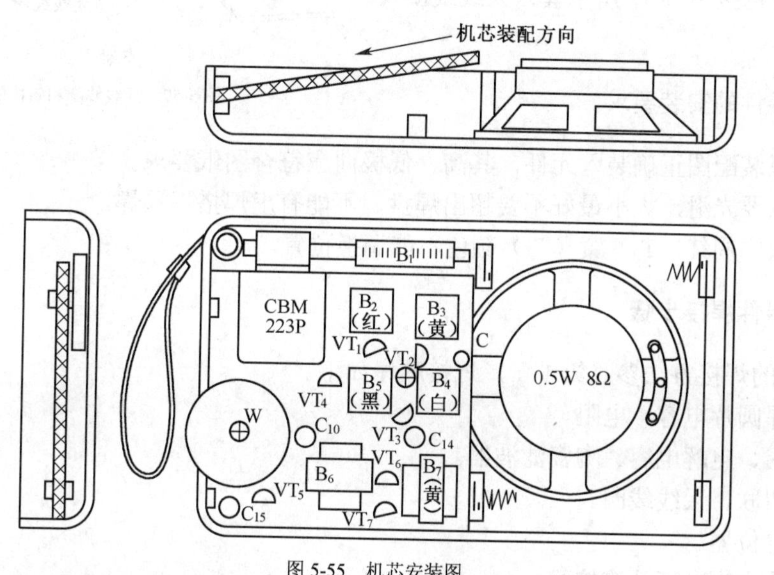

图 5-55　机芯安装图

5.4.3　HX203FM/AM 收音机安装工艺

1．元器件检测

按照元器件清单清点数目，按类别进行分类，整理好易折易断的器件，如天线线圈和磁棒。对一些常用器件进行测量检验（参照 HX108-2 调幅收音机对元器件的检验方法进行）。

2．元器件的准备

将所有元器件引脚上的漆膜、氧化膜清除干净，然后进行搪锡（如元器件引脚未氧化则省去此项），将 R_4（100kΩ）依照图 5-56 所示的要求作弯脚处理，将其他电阻与发光二极管按图要求弯脚。

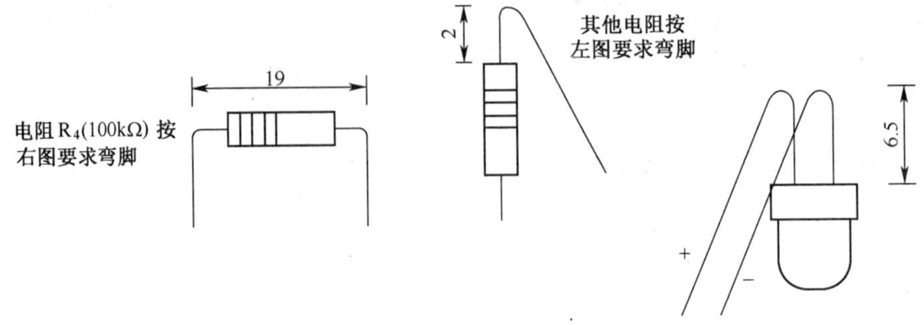

图 5-56　元件的处理

3．组合件准备

① 将电位器拨盘装在 K4-5K 电位器上，用螺钉固定。

② 将磁棒按图 5-57 所示套入天线线圈及磁棒支架。

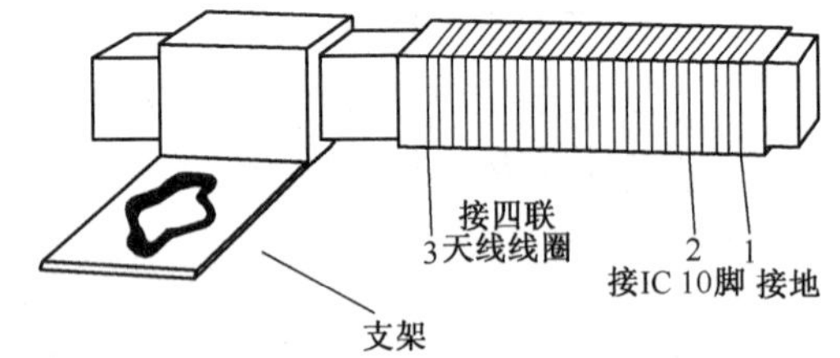

图 5-57　天线线圈和磁棒的装配

4．元器件的安装要求

① 按照装配图正确装入元件，其高、低极向应符合图纸要求。

② 焊点要光滑，大小最好不要超出焊盘，不能有虚焊搭焊漏焊。

③ 两只中周红（T_2）黄（T_3）颜色不能调换位置。

5．元器件焊接步骤

元器件的焊接方法参照第 1 章，焊接顺序如下。

① 先焊圆片电容、电阻。

② 中周、电解电容、陶瓷滤波器。

③ 装四联、天线线圈。

④ 焊电位器。

⑤ 电池夹喇叭插孔连接线。

特别提示：每次焊完一个步骤的元件，应检查一遍焊接质量是否有错焊、漏焊，发现问题及时纠正。

6．装大件

① 将四联安装在印刷电路板正面，将天线组合件上的支架放在印刷电路板反面四联上，然后用 2 只螺钉固定，并将四联引脚超出电路板部分弯脚后焊牢，安装时注意 AM、FM 联方向，如图 5-58 所示。

② 中波天线线圈的焊接：线圈引线 3 焊接于四联 AM 天线联，线圈引线 1 焊接于四联中间接线点，线圈引线 2 焊接于 IC 第 10 脚，如图 5-58 所示。

③ 将拉杆天线压簧片插入四联左边 A 点孔内并焊好。

④ 将加工好的发光二极管按图 5-58 中 B 点所示，从电路板正面插入孔内，待发光管的红色部分完全露出线路板时焊接。

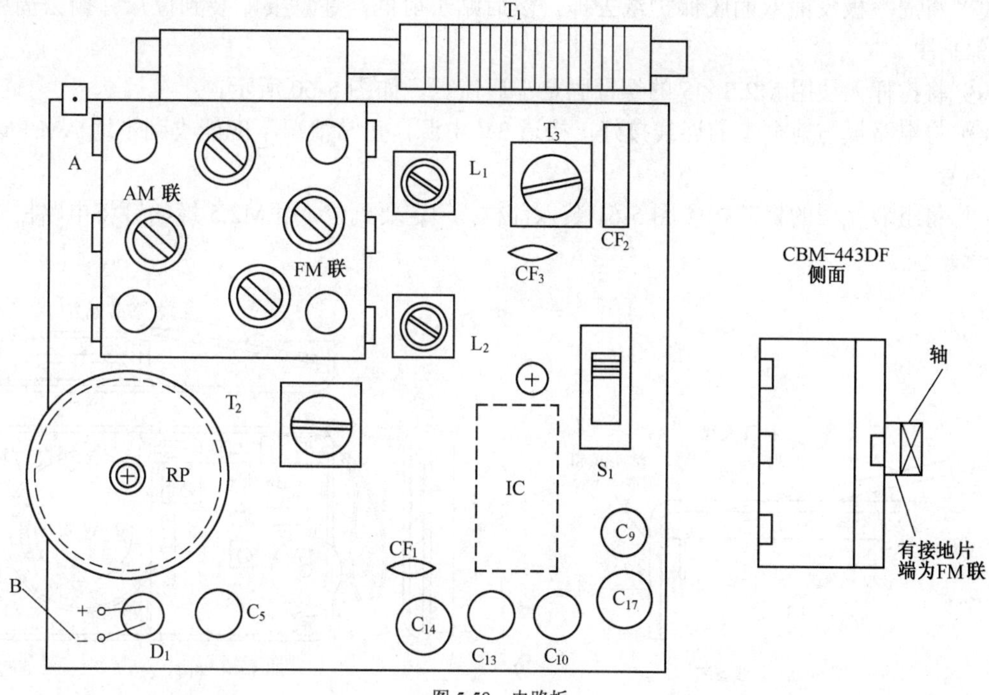

图 5-58 电路板

7. 前框准备

① 按图 5-59（a）将 YD57 喇叭安装于前框，用一字小螺丝批靠在带钩固定脚左侧，利用突出的喇叭定位圆弧的内侧为支点，将其导入带钩压脚固定，是否用烙铁热铆 3 只固定脚视具体情况而定。

② 按图 5-59（c）将ϕ3.5 耳机插孔用螺母固定在机壳相应位置。

③ 按图 5-59（c）插上正极片与负极弹簧，并将图中带箭头处焊牢。

④ 按图 5-59（c）焊上相应导线，并接入印制板相应位置。

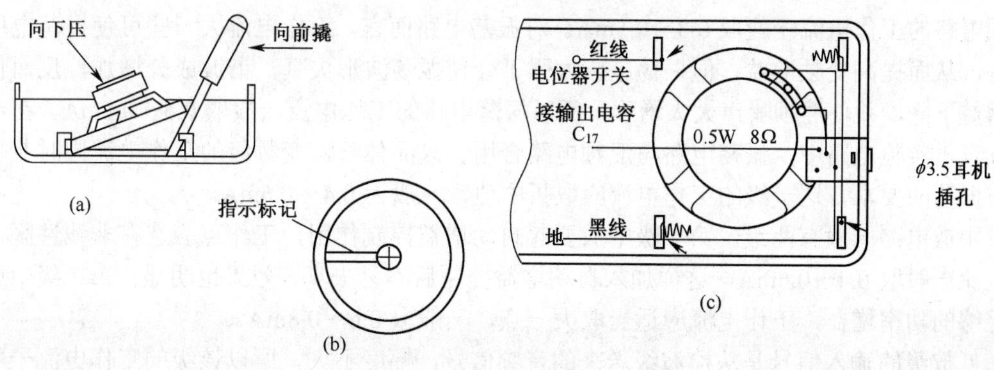

图 5-59 前框安装

⑤ 调谐盘安装在四联轴上，如图 5-59（b）所示，用 M2.5 × 5 螺丝钉固定，注意调谐盘

指示方向。

⑥ 将拎带套在前框内。

⑦ 将周率板反面双面胶保护纸去掉，然后贴于前框，注意要贴装到位，并撕去周率板正面保护膜。

⑧ 将拉杆天线用 M2.5 × 5 的螺钉固定于后盖上，如图 5-60 所示。

⑨ 将电路板与前框上的连线接好，接通 3V 电源，正常情况下应能收到本地 AM/FM 电台的信号。

⑩ 将组装完毕的机芯按照图 5-61 装入前框，一定要到位，用 M2.5 螺丝钉将电路板固定于机壳。

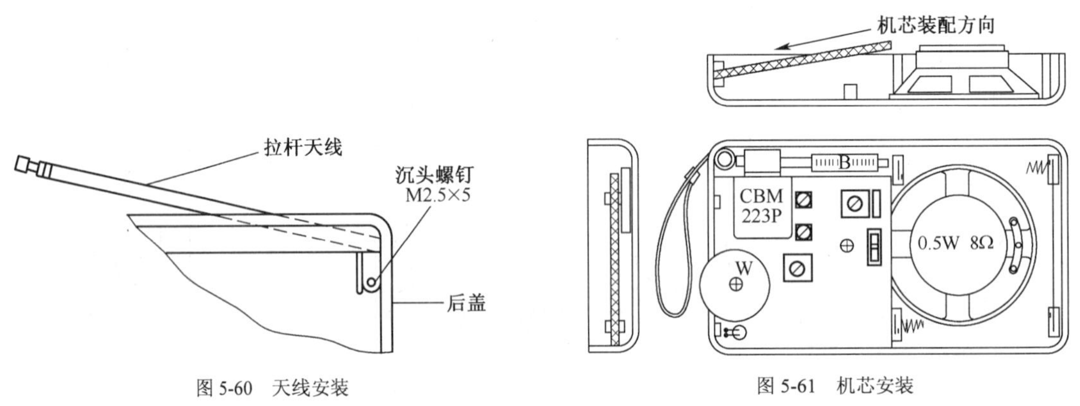

图 5-60 天线安装

图 5-61 机芯安装

5.5 测量与调试

5.5.1 直流工作点的调试

在晶体管收音机电路中，由于各级的功能不同，各级晶体管的直流工作点也就不同。变频级包括混频电路和振荡电路两部分。从混频的要求来考虑，晶体管应工作在非线性区，工作电流要小。但混频级还要求对中频信号有一定的放大作用，因而工作电流不能太小。所以，混频电路的工作电流一般取 0.3～0.5mA。对振荡电路而言，工作电流大一些可使振荡电压强一些，从而提高变频增益。但振荡电压太强了会使振荡波形失真，谐波成分增加，反而使变频增益下降，并使混频噪声大大增强，所以振荡电路的工作电流一般取 0.5～0.8mA。在一般的收音机实验电路中，振荡电路与混频电路合用一只晶体管，变频级的工作电流同时兼顾混频与振荡的要求，这一级的工作电流应取折中值，一般为 0.4～0.6mA。

中放电路一般有两级。第一级中放要起自动增益控制作用，工作点应选在非线性区，工作电流一般取 0.4～0.6mA，这样加入自动增益控制后不易失真，效果也明显；第二级中放要有足够的功率增益，工作电流应适当取大一点，一般取 0.6～0.8mA。

低放级的输入信号是从检波级送来的音频信号，幅度不大，所以该级的工作电流一般取 1.2～2.5mA。

功放级一般采用推挽电路，为了消除交越失真，提高效率，应使它工作在甲乙类，工作电流一般取 2～6mA。

5.5.2 中频的调整

收音机中频的调整是指调整收音机的中频放大电路中的中频变压器（简称“中周”），使各中频变压器组成的调谐放大器都谐振在规定的 465kHz 的中频频率上，从而使收音机达到最高的灵敏度和最好的选择性。因此中频调得好不好，对收音机的影响是很大的。

新的中频变压器在出厂时都经过调整。但是，当这些中频变压器被安装在收音机上以后，还是需要重新调整的。这是由于它所并联的谐振电容的容量总存在误差，同时安装后存在布线电容。这些都会使新的中频变压器失谐。另外，一些使用已久的收音机，其中频变压器的磁芯也会老化，元件也有可能变质。这些也会使原来调整好的中频变压器失谐。所以，仔细调整中频变压器是装配新收音机和维修旧收音机时不可缺少的一步工作。一般超外差式收音机使用的都是通用的调感式中频变压器。中频的调整主要是调节中频变压器的磁帽的相对位置，以改变中频变压器的电感量，从而使中频变压器组成的振荡回路谐振在 465kHz 上。调试仪器包括高频信号发生器、双踪示波器、晶体管毫伏表、制作的环形接收天线（调 AM 用）、无感应螺丝批、音频信号发生器等。测试电路如图 5-62 所示。

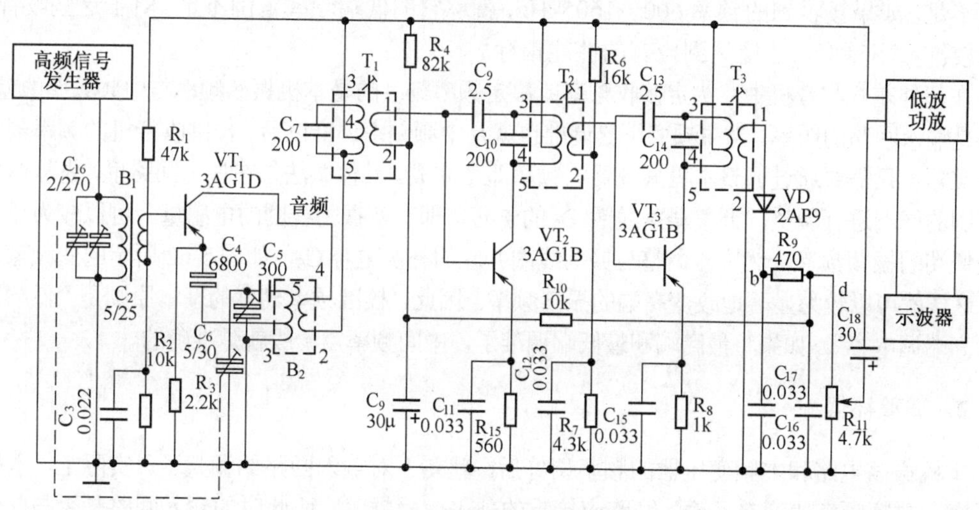

图 5-62 中频变压器调试电路

首先在元器件装配焊接无误及机壳装配好后，将机器接通电源，在 AM 能收到本地电台后，即可进行调试工作。先将双联旋至最低频率点，高频信号发生器置于 465kHz 频率处，输出场强为 10mV/M，调制频率 1000Hz，调幅度 30%，收到信号后，观察示波器有 1000Hz 波形，再用无感应螺丝批依次调节黑、白、黄三个中周，要反复调节，使其输出最大，465kHz 中频即调好。

5.5.3 统调跟踪

收音机的统调跟踪主要是调整超外差式收音机的输入电路和振荡电路之间的配合关系，使收音机在整个波段内都能正常收听电台广播，同时使整机灵敏度及选择性都达到最好的程度。统调跟踪主要包括两个方面的工作：一是校准频率刻度，二是调整补偿。下面以收音机的中波段为例，说明统调跟踪的原理。

1．校准频率刻度

收音机的中波段通常规定在 535～1605kHz 的范围内。它是通过调节双联可变电容器，使电容器从最大容量变到最小容量来实现这种连续调谐的。校准频率刻度的目的，就是通过调整收音机的本机振荡的频率，使收音机在整个波段内收听电台时都能正常工作，而且收音机指针所指出的频率刻度与接收到的电台频率相对应。

一般地，我们把整个频率范围内 800kHz 以下称为低端，将 1200kHz 以上称为高端，而将 800～1200kHz 之间称为中间。正常的收音机，当双联电容器从最大容量旋到最小容量时，频率刻度指针恰好从 520kHz 移到 1605kHz 的位置，收音机也应该能接收到 535～1605kHz 范围内的电台信号。在这种情况下，我们称这台收音机的频率范围和频率刻度是准确的。但是，没有调整过的新装收音机或者已经调乱了的收音机，其频率范围和频率刻度往往是不准的，不是偏高就是偏低。例如，一个收音机所能接收到的信号频率不是 535～1605kHz，而是 500～1500kHz，就称它的频率范围偏低。如果收音机所能接收到的信号频率是 700kHz～2.1MHz，就称它的频率范围偏高。如果接收到的信号是 535～1500kHz，就称它的高端频率范围不足。如果接收到的频率 600～1605kHz，就称它的低端频率范围不足。对于这些收音机，必须校准频率刻度，才能达到应有的性能指标。

在超外差式收音机中，决定接收频率或决定频率刻度的是本机振荡频率与中频频率的差值，而不是输入回路的频率。当中频变压器调准也就是中频频率调准以后，校准收音机的频率刻度的任务实际上只需要通过调整本机振荡器的频率即可完成。具体做法是在振荡回路里，先从信号频率范围的低端进行调整，调整振荡线圈 B_2 的磁芯，即改变振荡线圈的电感量，可以较为显著地改变低端的振荡频率。然后再调整与振荡线圈并联的补偿电容 C_6，如图 5-62 所示的变频输入电路，这样就可以较为显著地改变高端的振荡频率。因此，校准频率刻度的基本原则是“低端调电感，高端调电容”。如果将最高端和最低端调准了，中间频率点一般就是准确的。

2．调整补偿

本机振荡电路和中频变压器的频率调好后，就剩下对输入回路的调整了。实际上，本机振荡频率与中频频率就确定了输入回路应接收的外来信号频率。而此时的输入回路是否与此信号频率谐振，就决定了超外差式收音机的灵敏度和选择性。调整补偿就是调整输入回路，使它与振荡回路跟踪并正好在这一外来信号的频率上谐振，从而使收音机的整机灵敏度和选择性达到最佳状态。所以通常调整输入回路就称为调整补偿，调整补偿要进行所谓“三点统调”，即在输入调谐回路的低端 600kHz、中间 1000kHz 和高端 1500kHz 处进行调整。调低端时，应调整输入回路线圈在磁棒上的位置，即调 B_1。调高端时，应调整与输入回路线圈并联的微调电容 C_2，如图 5-62 所示。所以调整补偿电容的基本原则仍可归纳为“低端调电感，高端调电容”。

振荡回路和输入回路调好后，使用时只要调节双联可变电容器，就可以使输入回路和振荡回路的频率同时发生连续的变化，从而使这两个回路的频率差值保持 465kHz，即所谓同步跟踪。但是，要使整个波段内每一点都达到同步是不易实现的。我们前面所进行的对刻度和调整补偿也都只是在特殊的频率点上进行的，所以严格地说，超外差式收音机的输入回路和振荡回路在整个波段内实际上只有三点是跟踪的，称为三点同步或三点跟踪。

3．三点统调原理

超外差式收音机的主要特色是有变频级。

如图 5-62 所示，变频级有三个谐振回路。一个是 B_1（变压器 B_1 的 1～2 端之间的电感）、C_{1a}、C_2 组成的输入回路，调节这个回路可以选择不同频率的电台信号 f_s；一个是由 B_2（变压器 B_2 的 3～5 端之间的电感）、C_{1b}、C_5、C_6 组成的本机振荡回路，调节这个回路，可以改变本机振荡的频率 f_L；另一个是由 T_1（变压器 T_1 的 3～5 端之间的电感）、C_7 组成的中频回路，它谐振于固定的中频 f_I（465kHz）。三种频率之间的关系满足 $f_L - f_s = f_I$ 时，称为外差跟踪。当所接收的信号频率 f_s 改变时，本振频率 f_L 也得到相应的改变，才能保持上述的跟踪关系。改变 f_s 及 f_L 是通过改变调谐回路电容实现的。为了简单起见，一般把两个回路的可变电容 C_{1a} 和 C_{1b} 的动片连在同一个轴上组成所谓的“双联电容”，来满足两个调谐回路的需要。这种通过改变双联电容的容量，使三个调谐回路的频率满足 $f_L - f_s = f_I$ 的过程，称为跟踪调谐，如图 5-63 是理想的跟踪曲线。

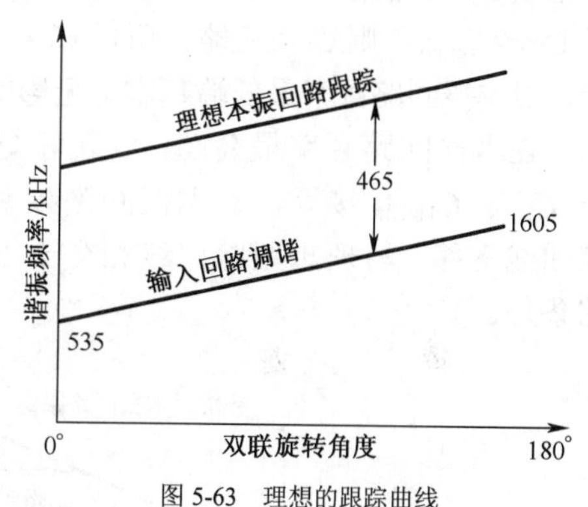

图 5-63　理想的跟踪曲线

图 5-63 中 f_L 与 f_s 完全跟踪的理想曲线，即在 0～180° 范围内处处满足跟踪条件。而实践证明，要在整个波段内，每一点都要做到跟踪是不现实的。收音机工作在中波段时，输入信号频率范围为：535～1605kHz；

其输入回路频率覆盖系数为：$K_S = \dfrac{f_{Smax}}{f_{Smin}} = \dfrac{1605}{535} = 3$；

本振频率范围为：(535+465)～(1605+465)kHz，即 1000～2070kHz；

其本振回路频率覆盖系数为：$K_L = \dfrac{f_{Lmax}}{f_{Lmin}} = \dfrac{2070}{1000} = 2.07$。

可见，在一个波段内，振荡回路与输入回路的频率覆盖系数不相等所以要达到如图 5-63 所示的跟踪效果是不可能的，实际的跟踪曲线如图 5-64、图 5-65 所示。

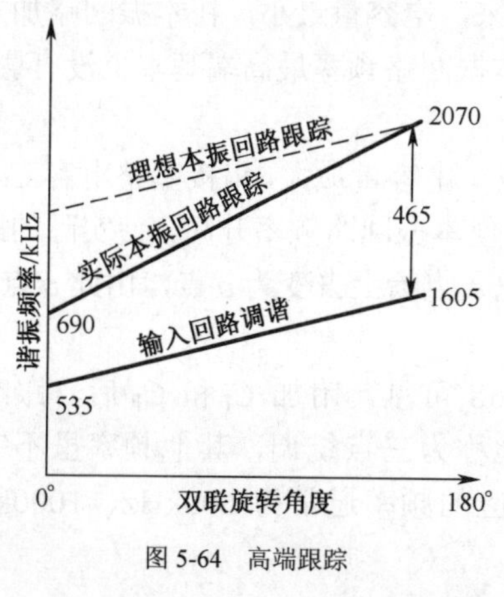

图 5-64　高端跟踪

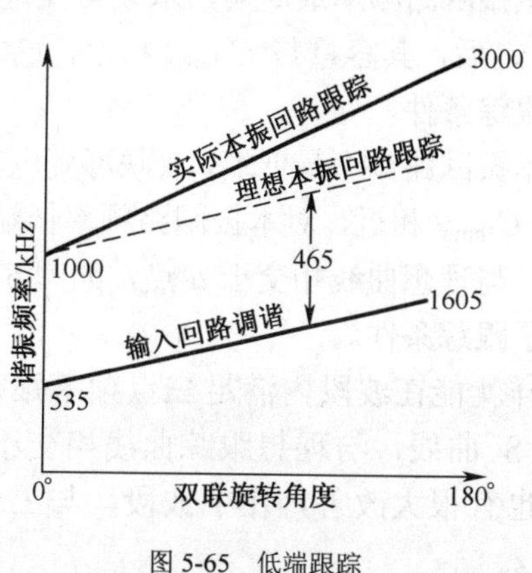

图 5-65　低端跟踪

输入回路、本振回路从最低频率变到最高频率时，由于他们的波段覆盖系数不同，只能做到某一点跟踪，最高端满足跟踪要求或者最低端满足跟踪要求。由于输入回路和本振回路采用两组等容双联可变电容器（有薄膜介质密封双联电容的容量为7～270pF，空气双联电容的容量为2～366pF）这就给收音机的统调造成了困难。

为了改善实际跟踪状况，解决的方法是采用等容双联电容器在本振回路增加两个附加电容。一个与本振回路串联，通常称垫整电容，其容量与 C_{1bmax} 相近；另一个与本振回路并联，通常称补偿电容，其电容量较小，与 C_{1bmin} 相近。

当在本振回路中并联补偿电容时：

在本振回路频率最低端，双联可变电容全部旋进去，电容最大，加补偿电容 C_I，因其电容量较小，补偿电容与双联可变电容 C_{1bmin} 的最小值近似，电容 C_{1b} 值最大（全部旋进），此时 $C_I \ll C_{1bmax}$，则 C_I 可忽略，所以 C_I 对振荡回路低频端没影响，其电容量较小，与 C_{1bmin} 相近，对本振回路频率最低端基本上无影响，振荡频率最低端 a 点满足跟踪条件。

在本振回路频率最高端，双联可变电容全部旋出来，电容量最小，加入补偿电容 C_I，因 C_I 与 C_{1bmin} 接近，对本振回路频率最高端影响较大，使最高振荡频率降低，结果跟踪曲线下移，与理想跟踪曲线相交于 b'点，如图 5-66 所示，很显然 b 点和 b'点都满足跟踪条件。

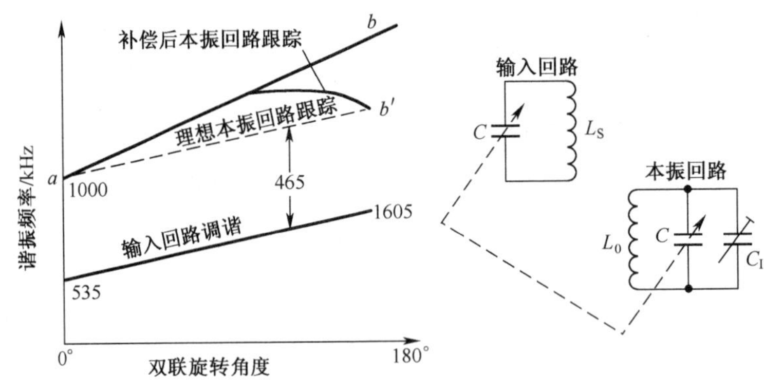

图 5-66　并联补偿电容时跟踪曲线

当本振回路中串联一个垫整电容时：

在本振回路频率最高端，双联可变电容全部旋出来，电容量最小，在本振回路加入垫整电容 C_P 之后，其容量与 C_{1bmax} 相近，$C_P \gg C_{1bmin}$ 对本振回路频率最高端基本上没有影响，b 点满足跟踪条件。

在本振回路频率最低端，双联可变电容全部旋进去，电容量最大，串接垫整电容 C_P 之后，因 C_P 与 C_{1bmax} 相近，对本振回路频率低端影响较大，使本振回路频率升高，使实际的跟踪曲线上翘，与理想曲线相交于 a 点，如图 5-67 所示，把 a 点抬上去变为 a'点，由此 a'点、b 点都满足了跟踪条件。

这样就能在波段内满足三点频率跟踪，由图 5-68 可见，附加 C_I 和 C_P 后，跟踪曲线变成了 S 曲线，与理想跟踪曲线相交于三点，因此称为三点统调，其他频率虽不完全跟踪，但也有很大改善，在中波段，与三个统调点对应的频率通常为 600kHz、1000kHz 和 1500kHz。

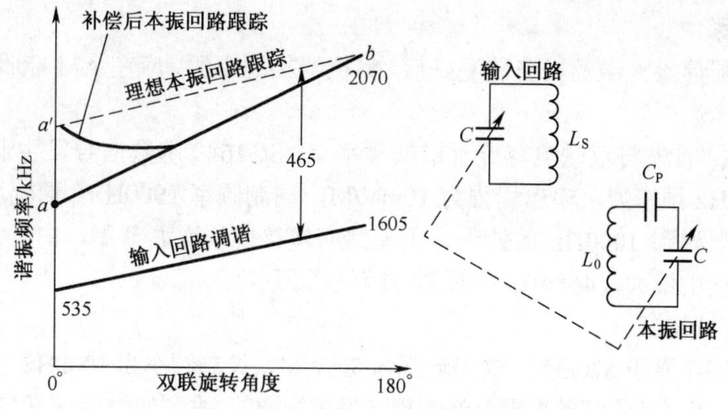

图 5-67 串联垫整电容的跟踪曲线

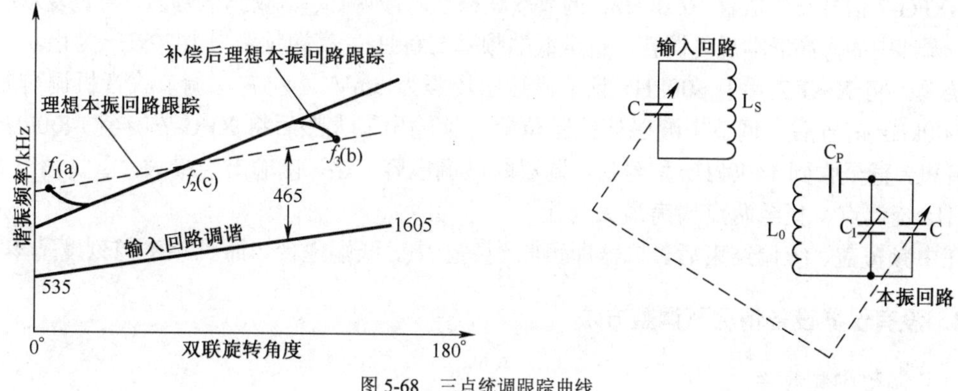

图 5-68 三点统调跟踪曲线

5.5.4 HXl08-2 型外差式收音机测量与调试

1. 调试用仪器设备

（1）测量用仪器设备

① 稳压电源（3V/200mA，或 2 节 5 号电池）；

② 高频信号发生器（SG1649 函数信号发生器或 XFG-7 信号发生器）；

③ 双踪示波器；

④ 毫伏表；

⑤ 圆环天线（调 AM 用）；

⑥ 无感应螺丝批。

（2）测试仪器连接方框图

测试仪器连接方框图如图 5-69 所示。

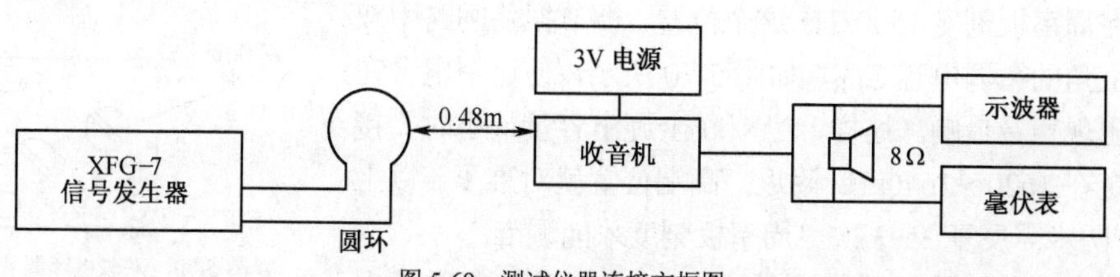

图 5-69 测试仪器连接方框图

（3）调试步骤

在元器件装配焊接无误及机壳装配好后，将机器接通电源，应在 AM 能收到本地电台后，即可进行调试工作。

① 中频调试：首先将双联电容旋至最低频率点，SG1649 函数信号发生器或 XFG-7 信号发生器置于 465kHz 频率处，输出场强为 10mV/M，调制频率 1000Hz，调幅度 30%，收到信号后，用示波器观测到 1000Hz 的波形，用无感应螺丝批依次调节黑、白、黄三个中周，经反复调节，使其输出最大，465kHz 中频即调节好了。

② 覆盖及统调调试：

覆盖：将 XFG-7 置于 520kHz，输出场强为 5mV/M，调制频率为 1000Hz，调制度 30%，双联电容调至低端，用无感应螺丝批调节红中周（振荡线圈），收到信号后，再将双联电容旋到最高端，XFG-7 信号发生器置 1620kHz，调节双联振荡联微调 C_{A-2}，收到信号后，再重复双联旋至低端，调红中周，高低端反复调整，直至低端频率 520kHz，高端频率为 1620kHz 为止。

统调：将 XFG-7 置于 600kHz 频率，输出场强为 5mV/M 左右，调节收音机调谐旋钮，收到 600kHz 信号后，调节中波磁棒线圈位置，使输出最大然后将 XFG-7 旋至 1400kHz，调节收音机，直至收到 1400kHz 信号后，调双联微调电容 C_{A-1}，使输出为最大，重复调节 600～1400kHz 统调点，直至两点均为最大为止。

在中频覆盖、统调结束后，机器即可收到高、中、低端电台，而且频率与刻度基本相符。

2．没有仪器设备情况下调整方法

（1）调整中频频率

本套件所提供的中频变压器（中周），出厂时都已调整在 465kHz（一般调整范围在半圈左右），因此调整工作较简单。打开收音机，随便在高端找一个电台，先从 B_5 开始，然后 B_4、B_3，用无感螺丝刀（可用担料、竹条或者不锈钢制成）向前顺序调节，调到声音响亮为止。由于自动增益控制作用，以及当声音很响时，人耳对音响的变化不易分辨的缘故，收听本地电台当声音已调到很响时，往往不容易调精确，这时可以改变接收较弱的外地电台或者转动磁性天线方向以减小输入信号，再调到声音最响为止。按上述方法从后向前的次序反复细调两三遍直至最佳即告完成。

（2）调整频率范围（对刻度）

① 调低端：在 550～700kHz 范围内选一个电台，例如中央人民广播电台 640kHz，参考调谐盘指针指在 640kHz 的位置，调整振荡线圈 B_2（红色）的磁芯，便能收到这个电台信号，并调到声音较大。这样，当双联电容全部旋进容量最大时的接收频率在 525～530kHz 附近时，低端刻度就对准了。

② 调高端：在 1400～1600kHz 范围内选一个已知频率的广播电台，如 1500kHz，再将调谐盘指针指在周率板刻度 1500kHz 这个位置，调节振荡回路中双联顶部左上角的微调电容 C_{1-B}，如图 5-70 所示，使这个电台在这个位置出现声音最响。这样，当双联全旋出容量最小时，接收频率必定在 1620～1640kHz 附近，高端位置就对准了。以上（1）、（2）两步需反复 2～3 次，周率板刻度才能调准。

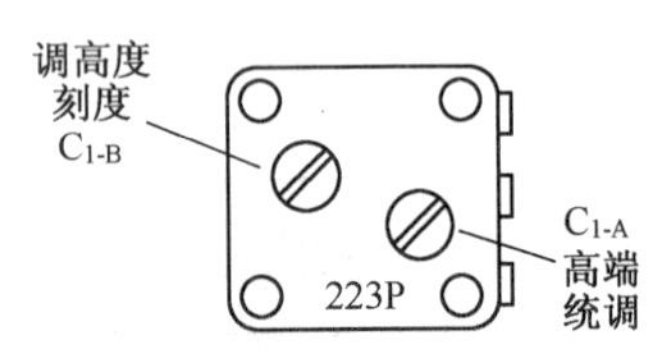

图 5-70　双联电容调节示意图

③ 统调：利用最低端收到的电台，调整天线在磁棒上

的位置，使声音最响，以达到低端统调。利用最高端收听到的电台，调节天线输入加回路中的微调电容（$C_{l\text{-}A}$）如图 5-70 所示，使声音最响，以达到高端统调。为了检查是否统调好，可以采用电感量测试棒（铜铁棒）来加以鉴别。

（3）铜铁棒的制作方法

取一支废笔杆或塑料软管，一端嵌入铜棒或铝棒，也可以用直径 1～2mm 铜线在笔杆上绕成 3～5 匝的铜环，另一头嵌入 20mm 的高频磁芯，也可用断磁棒代替，这样一支电感量测试棒就制作成功了，如图 5-71 所示。

图 5-71　铜铁棒的形状

（4）测试方法

将收音机调到低端电台位置，用测试棒铜端靠近天线线圈（B_1），如果声音变大，则说明天线线圈电感量偏大，应将线圈向磁棒外侧稍移；用测试棒铁端靠近天线线圈，如声音增大，则说明线圈电感量偏小，应增加电感量，即将线圈往磁棒中心稍加移动；用铜铁棒两端分别靠近天线线圈，如果收音机声音均变小说明电感量正好，则电路已获得统调。

3．组装调整中易出现的问题

（1）变频部分

判断变频级是否起振，用 5000 型万用直流 2.5V 挡正表棒接 VT_1 发射极，负表棒接地，然后用手接触双联振荡联（即连接 B_2 端），万用表指针应向左摆动，说明电路工作正常，否则说明电路中有故障。变频级工作电流不宜太大，否则噪声大。红色振荡线圈外壳两脚均应折弯焊牢，以防调谐盘卡盘。

（2）中频部分

中频变压器不能互相调换位置，如果中频变压器顺序号位置搞错，会使收音机的灵敏度和选择性降低，有时会产生自激。

（3）低频部分

输入、输出变压器的位置搞错，虽然工作电流正常，但音量很低，VT_6、VT_7 集电极（c）和发射极（e）搞错，工作电流调不上，音量极低。

4．HXl08-2 型外差式收音机故障检测

在安装正确、元器件无差错，无缺焊、无错焊及搭焊的前提下，一般由后级向前级进行检测，先检查低、功放级，再看中放级和变频级。检测方法如下：

（1）检测整机静态总电流

本机静态总电流应小于 25mA，无信号时，若大于 25mA，则该机出现短路或局部短路，无电流则电源没接上。

（2）检测工作电压

总电压 3V 正常情况下，VD_1、VD_2 两个二极管电压在 1.3±0.1V，此电压大于 1.4V 或小于 1.2V 时，此机均不能正常工作。大于 1.4V 时二极管 1N4148 可能极性接反或已坏，检查二极管。小于 1.2V 或无电压应检查：①电源 3V 是否接上；②阻值为 220 的 R12 电阻是否接对或接好；③中周（特别是白中周和黄中周）初级与其外壳是否短路。

（3）检测变频级工作电流

如果无工作电流，应检测：①天线线圈次级是否接好；②三极管 V19018 已坏或未按要求接好；③振荡线圈（红）次级是否接通，④R_3（100Ω）虚焊或错接了大阻值电阻。⑤电阻 R_1（100kΩ）和 R_2（2kΩ）接错或虚焊。

（4）检测一级中放无工作电流

检查点：①VT_2 晶体管是否坏了或 VT_2 管管脚插错；②R_4（20kΩ）电阻未接好；③黄中周次级开路；④C_4（4.7μF）电解电容短路；⑤R_5（150Ω）开路或虚焊。

（5）检测一级中放工作电流大于 2mA（标准是 0.4～0.8mA，见原理图）

检查点：①R_8（1kΩ）电阻未接好或连接 1kΩ电阻的铜箔里有断裂现象；②C_5（233）电容短路或 R_5（l50Ω）电阻错接成 51Ω；③电位器坏，测量不出 R_9（680Ω）阻值或未接好；④检波管 VT_4（9018）坏，或管脚插错。

（6）检测二级中放无工作电流

检查点：①黑中周初级开路；②黄中周次级开路；③晶体管坏或管脚接错；④R_7（51Ω）电阻未接上；⑤R_6（62kΩ）电阻未接上。

（7）检测二级中放电流太大，大于 2mA

检查点：R_6（62kΩ）是否接错，阻值是否远小于 62kΩ。

（8）检测低放级无工作电流

检查点：①输入变压器（蓝）初级开路；②VT_5 三极管坏或接错管脚；③电阻 R_{10}（51kΩ）未焊好或三极管脚接错。

（9）低放级电流大于 6mA

检查点：R_{10}（51kΩ）电阻是否装错，或是阻值太小。

（10）功放级无电流（VT_6、VT_7 管）

检查点：①输入变压器次级不通；②输出变压器不通；③VT_6 和 VT_7 三极管坏或接错管脚；④R_{11}（1kΩ）电阻未接好。

（11）功放级电流太大，大于 20mA

检查点：①二极管 VD_4 坏或极性接反，管脚未焊好；②R_{11}（1kΩ）电阻装错了，用了小电阻（远小于 1kΩ的电阻）。

（12）整机无声

检查点：①检查电源是否加上；②检查 VD_1、VD_2（1N4148）两端是否是 1.3±0.1V；③有无静态电流小于或等于 25mA；④检查各级电流是否正常，变频级 0.2±0.02mA，一级中放 0.6±0.2mA，二级中放 1.5 ± 0.5mA，低放 3±lmA，功放 4±10mA，（说明 15mA 左右属正常）；⑤用万用表"× 1"挡测量检查喇叭，应有 8Ω左右的电阻，表棒接触喇叭引出接头时应有"喀喀"声，若无阻值或无"喀喀"声，说明喇叭已坏，测量时应将喇叭焊下，不可连机测量；⑥B_3 黄中周外壳未焊好；⑦音量电位器未打开。

5.5.5 HX203AM/FM 调频调幅收音机的测量与调试

1．所用仪器设备

① 稳压电源一台；

② AM 高频信号发生器一台；
③ 毫伏表一台；
④ FM 高频信号发生器一台；
⑤ 示波器一台；
⑥ 环形天线一支；
⑦ 无感螺丝批一支；
⑧ 万用表一只。

2．工作电压的测量

在收音机装配和焊接完成之后，需要用万用表对整机工作电压进行测量，CXA1191M 各管脚直流电压见表 5-6，表 5-7 是电参数表。如测试数值与所示数值大致相符，则满足要求。如果所测电压与上表所列数据相距太大则要检查有问题引脚周围的元器件和印刷电路板是否有断开的地方，发现问题及时纠正，直至所有管脚电压正常。

表 5-6　　CXA1191M 各管脚直流电压参考表

脚位	AM	FM	脚位	AM	FM	脚位	AM	FM	脚位	AM	FM
1	0.5	0.2	8	1.25	1.25	15	0	0.6	22	1.2	0.8
2	2.6	2.2	9	1.25	1.25	16	0	0	23	1.1	0.5
3	1.4	1.5	10	1.25	1.25	17	0	0.6	24	0	0
4	0.12	0.12	11	0	0	18	0	0	25	2.7	2.7
5	1.25	1.25	12	0	0.3	19	0	0	26	3.0	3.0
6	0.4	0.6	13	0	0	20	0	0	27	1.5	1.5
7	1.25	1.25	14	0.2	0.5	21	1.35	1.25	28	0	0

表 5-7　　CXA1191M 的电参数（V_{cc} = 6V，T = 25℃，f = 1kHz）

参　数	测 试 条 件	最小值	典型值	最大值
AM 静态电流　I_Q（mA）	V_{in} = 0(AM)		3.5	10
FM 静态电流　I_Q（mA）	V_{in} = 0(FM)		7.0	14
FM 高放电压增益 G_{V1}（dB）	V_{in1} = 4dBμV，100MHz	32	39	46
FM 检波输出电平 V_{D1}（mV）	V_{in3} = 4dBμV 10.7MHz（1kHz，22.5kHz，DEV）	39	77.5	155
FM-IF 限幅电平 V_{D2}（dBμV）	V_{in3} = 90dBμV（－3dB 点） （1kHz，22.5kHz，DEV）		24	32
FM 检波输出失真　THD$_1$（%）	V_{in3} = 90dBμV 10.7MHz（1kHz，75kHz，DEV）		0.3	2.0
FM 调谐表电流　I_{B1}（mA）	V_{in} = 60dBμV，10.7MHz	1.8	3.5	7.0
AM 高放电压增益 G_{V2}（dB）	V_{in2} = 60dBμV，1660kHz	15	22	29
AM-IF 电压增益 G_{V3}（dBμV）	V_{in3} 为 455kHz（1kHz，MOD = 30%）输出－34dBm 时的电平	14	20	27
AM 检波输出电平 V_{D3}（mV）	V_{in3} = 85dBμV 455kHz（1kHz，MOD = 30%）	39	77.5	159

续表

参　数	测 试 条 件	最小值	典型值	最大值
AM 调谐表头电流 I_{B2}（mA）	V_{in} = 85dBμV 455kHz（1kHz，MOD = 30%）	1.3	3.0	7.0
AM 检波输出失真 THD_2（%）	V_{in2} = 95dBμV，V_{CC} = 7.8V 1600kHz（1kHz，MOD = 30%）		0.6	2.0
音频电压增益　G_{v4}（dB）	V_{in} = 60dBμV，10.7MHz V_{in4} = －30dBm，1kHz	27	31.6	36
音频失真　THD（%）	V_{in4} = 20dBm，1kHz，10.7MHz P_O = 50mW，V_{in3} = 60dBμV		0.3	2.5
静噪电平　V_{D4}（dB）	P_O = 50mW，V_{in3} = OFF V_{in4} = －20dBm，1kHz	8	15	22

3．仪器设备的连接线路与测试

（1）测试连接线路图

① AM 收音机调试仪器接线框图（见图 5-72）。

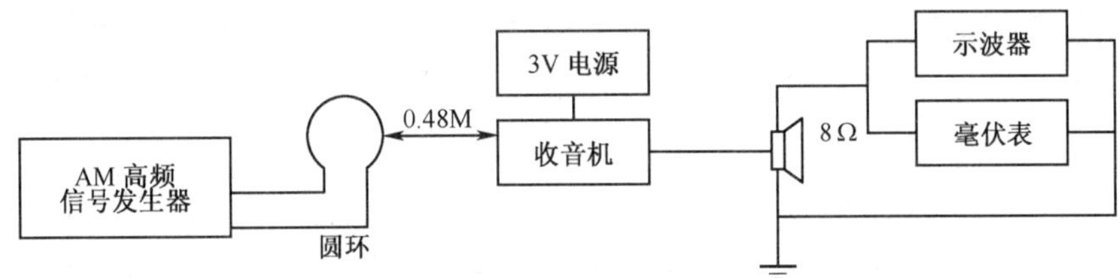

图 5-72　AM 收音机调试仪器接线框图

② FM 收音机调试仪器接线框图（见图 5-73）。

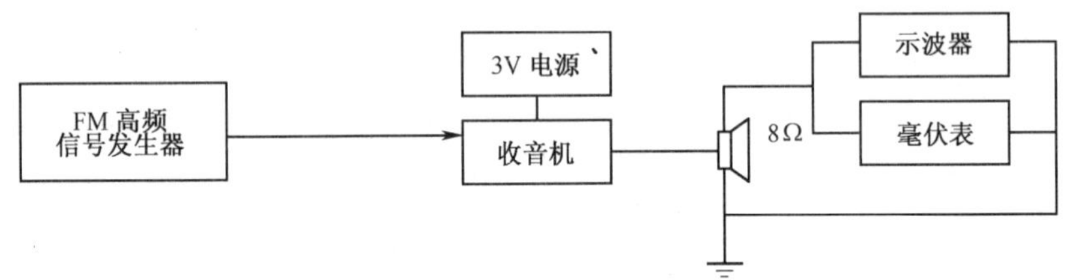

图 5-73　FM 收音机调试仪器接线框图

（2）中频调试

接通 3V 电源，在 AM/FM 两个波段均能听到广播电台的声音后即可进行调试工作。

① AM 频率覆盖调整：将波段开关置于 AM，四联微调电容旋到低端，高频信号发生器调制方式置于 AM，载频调到 465kHz，输出调节 10mV/M，调制频率调到 1000Hz，调制度为 30%，收到信号后示波器上应显示 1000Hz 的波形，用无感螺丝批调节 T_3（黄）中周使输出最大，465kHz 中频即调整好。

② FM 频率覆盖调整：FM 中频为 10.7MHz，因本机使用了两个 10.7MHz 陶瓷滤波器，使 FM 中频无需调试。

（3）覆盖及统调调试

① AM 的覆盖调试：将波段开关置于 AM，如图 5-74 四联微调电容旋至低端，高频信号发生器调制方式置于 AM，载频调到 520kHz，输出调节 5mV/M，调制频率调到 1000Hz，调制度为 30%，用无感螺丝批调节 T_2（红）振荡线圈，接收到信号后再将四联电容旋钮旋至最高端，高频信号发生器的载频调到 1620kHz，调节 AM 振荡微调电容 C04，使声音输出最大。

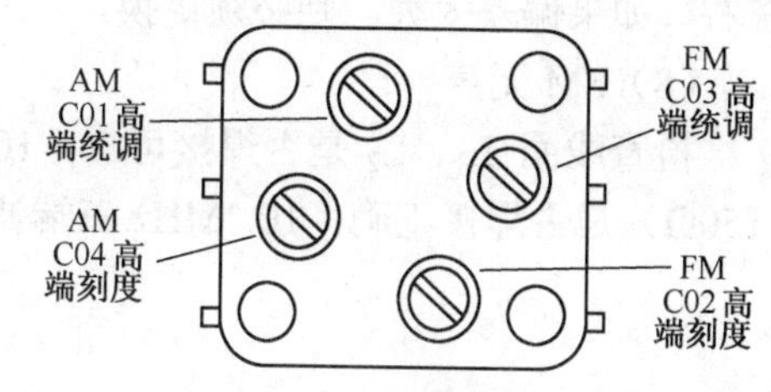

图 5-74　四联微调电容

② AM 的统调调试：将高频信号发生器载频调到 600kHz，输出场强为 5mV/M，调节收音机调谐旋钮收到 600kHz 信号后调节中波磁棒线圈位置，使输出最大为止，然后将载频调至 140kHz，调节收音机，直到收到 1400kHz 信号后调节双四联微调 C01，使输出为最大，反复调节 600kHz 和 140kHz 直至两点输出均为最大为止，用蜡将线圈封牢。

③ FM 的覆盖与统调：收音机波段开关置于 FM，高频信号发生器置于 FM，调制度频偏 40kHz，载频调为 108MHz，输出幅度为 40μV 左右，信号由拉杆天线段输入，将四联电容置于高端，调节四联微调电容 C02，收到信号后再调 C03 使输出为最大，然后将四联电容旋至低端，载频调为 64MHz，输出幅度为 40μV 左右，调节 L_2 磁芯电感，收到信号后调 L_1 磁芯电感使输出为最大，高端 108MHz 和低端 64MHz 重复以上步骤直至输出最大为止。

最后，将后盖盖上，使拉杆天线和压簧片接触良好，安装上两节五号电池便可正常收听。

4．常规故障级排除方法

（1）无声

首先检查 IC 有无漏焊、搭焊，方向是否焊接错。IC 引脚电容是否接好，电解电容正负极性是否焊接反，IC 从 1～28 脚的引出脚所接元件是否正确，按原理图检查一遍，插孔是否接对。

（2）自激啸叫声

检查 C_2（473）、C_{16}（104）电容有无焊牢。

（3）发光管不亮

发光二极管焊反或损坏。

（4）AM 串音

不管在哪个频率，始终有同一广播电台的信号，则为选择性差。可将 CF_2（465kHz）黄色陶瓷滤波器从电路板拆下，反向接入或调换新的。

（5）机械振动

音量开大时，喇叭中发出“呜呜”声，用耳机试听则没有。原因为 T_2、T_3、L_1、L_2 磁芯松动，随着喇叭音量开大时而产生共振。解决方法：用蜡封固磁芯即可排除。

（6）AM/FM 开关失灵

检查开关是否良好，检查电容 C_7（103）是否完好或焊牢，检查 IC15 脚是否与开关、C_7 连接可靠或存在虚焊。

（7）AM 无声

检查天线线圈的 3 根引出线是否有断线，与电路板相关焊点连接是否正确。检查振荡线圈 T_2（红）是否存在开路。用数字万用表测量正常值 1～3 脚为 2.8Ω左右，4～6 脚为 0.4Ω左右。如果偏差太大，则必须更换。

（8）FM 无声

检查线圈 L_1、L_2 是否焊接可靠；10.7MHz 二端鉴频器（CF_1）是否焊接不良；电阻 R_1（150Ω）是否焊接正确；10.7MHz 三端滤波器是否（CF_2）存在假焊。

第三篇　现代电子线路设计技术指导
——电类专业生产实习指导

第6章　电子线路原理图与印刷电路板设计技术

6.1　Protel 99 软件简介

Protel 99 是 Protel 公司近十几年来基于 Windows 平台开发的最新电路设计软件，能实现从电学概念设计到物理生产数据输出以及这之间的所有分析、验证和设计数据库管理。因而今天的 Protel 最新产品已不是单纯的 PCB（印刷电路板）设计工具，而是一个系统工具，覆盖了以 PCB 为核心的整个物理设计。

Protel 99 软件主要包括原理图设计、PCB 设计、原理图混合信号仿真、PLD 设计等几大部分。本书重点介绍原理图和 PCB 设计技术。

总体上讲，设计电路板最基本的过程可以分为三大步骤：

（1）电路原理图的设计

电路原理图的设计主要是运用 Protel 99 的原理图设计系统（Advanced Schematic）来绘制一张电路原理图。这可以利用 Protel 99 提供的各种原理图绘图工具和编辑功能来完成。

（2）产生网络表

网络表是电路原理图设计（SCH）和印刷电路板设计（PCB）之间的一座桥梁，它是电路板自动设计的灵魂。网络表可以从电路原理图中获得，也可以从印刷电路板中提取，还可以通过文本编辑软件书写。

（3）印刷电路板的设计

印刷电路板的设计主要是针对 Protel 99 的另外一个重要部分 PCB 而言的。Protel 99 提供了强大功能实现电路板的版面设计。

6.2　Protel 99 原理图设计

6.2.1　电原理图概念

所谓电原理图就是使用电子元器件的电气图形符号以及绘制电原理图所需的导线、总线等绘图工具来描述电路系统中各元器件之间的连接关系，所使用的是一种符号化、图形化的语言。

图 6-1 是大家非常熟悉的单管放大电路的电原理图。它由 4 个电阻、3 个电容和 1 个 NPN 型三极管组成，图中使用了导线、电气节点、接地符号、电源符号+V_{CC}四种绘图工具将电阻、电容、三极管等元器件的电气图形符号连接在一起。

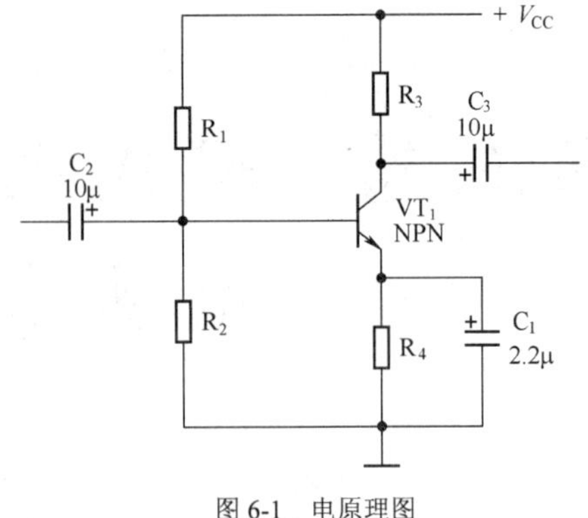

图 6-1 电原理图

6.2.2 电原理图编辑器（SCH）的操作步骤

① 设置 SCH 编辑器的工作参数（不是必须，可以采用系统缺省的参数工作，尤其是初学者，可以先不修改系统工作参数）。

② 选择图纸幅面、标题栏式样、图纸放置方向等（对于初学者来说也可以先采用缺省设置）。

③ 放大绘图区，直到绘图区呈现大小适中的栅格线为止。

④ 在工作区内放置元器件：先放置核心元件的电气图形符号，再放置电路中其他元件的电气图形符号。

⑤ 调整元件位置。

⑥ 修改、调整元件的标号、型号及其字体大小、位置等。

⑦ 连线、放置电气节点、网络标号以及 I/O 端口。

⑧ 放置电源及地线符号。

⑨ 运行电气设计规则检查（ERC），找出原理图中可能存在的缺陷。

⑩ 加注释信息。

⑪ 生成网络表文件（或直接执行 PCB 更新命令，自动产生一个同名的 PCB 文件）。

⑫ 打印。

6.2.3 原理图编辑器窗口组成

启动 Protel 99，选择“Schematic Document”（电原理图），并单击“OK”按钮确认（或直接双击“Schematic Document”图标）后，在 Documents 文档下自动创建一个以“Sheet n”为文件名的原理图文件（但文件名并未确定，处于重命名状态，用户可以直接修改文件名，然后按回车键或单击鼠标左键确认）。直接双击“设计文件管理器”窗口内“Documents”文件夹下相应的原理图文件名即可进入电原理图编辑状态，如图 6-2 所示。

Protel 99 原理图编辑窗口由菜单栏、工具栏、原理图编辑窗等部分组成。在原理图编辑窗口上还有各种设计文件标签，以方便编辑器、文件之间的切换。菜单栏内包含了“File”（文件操作）、“Edit”（编辑）、“View”（浏览）、“Place”（放置）、“Design”（设计）、“Simulate”（模拟仿真）、“Tools”（工具）、“PLD”（可编程器件）等菜单项。

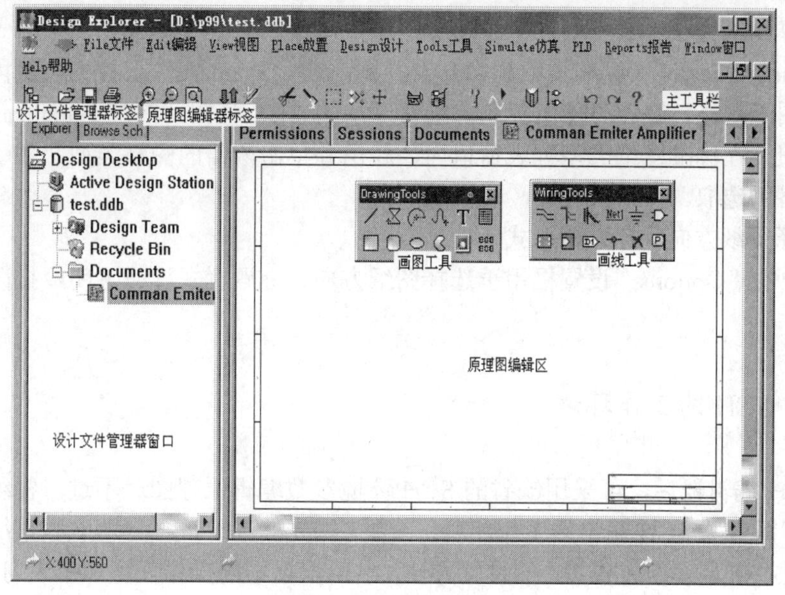

图 6-2 原理图编辑窗口

在“设计文件管理器标签”处单击“Browse Sch”按钮，再不断单击主工具栏内的“放大”按钮（或利用 Page Up、Page Down 键放大或缩小原理图编辑区），直到原理图编辑区内出现大小适中的“栅格线”以便操作。

6.2.4 图纸类型、尺寸、底色、标题栏等的选择

在编辑原理图前，可先根据原理图复杂程度以及打印机或绘图机的最大打印幅面，选择图纸类型、尺寸以及标题栏式样等，操作过程如下：

单击“Design”菜单下的“Options”（选项）命令。在弹出的对话框内，单击“Sheet Options”（纸张选项）标签，在如图 6-3 所示的“Document Options”的文档设置窗内选择图纸类型、尺寸、底色等有关选项。

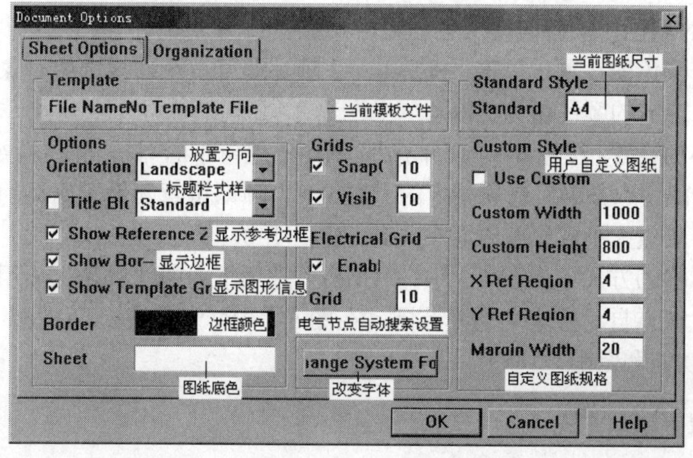

图 6-3 Document Options（文档选择）设置窗口

（1）选择图纸大小

在“Standard Style”（标准图纸规格）设置框内的“Standard”下拉列表窗内显示了当前正在使用的图纸规格，缺省时使用英制图纸尺寸中的“B”号图。单击“Standard”列表窗右侧的下拉按钮，在标准图纸类型列表窗口内，找出并单击所需的图纸类型，如 A4 等，即可完成图纸规格的选取。

（2）选择图纸方向、标题栏格式

图 6-3 中的“Options”设置框用于选择图纸方向、标题栏式样、关闭或打开图纸边框等选项。

6.2.5 设置 SCH 的工作环境

启动 SCH 编辑器后，可采用缺省的 SCH 环境参数编辑原理图。不过，在编辑、绘制原理图前，需了解有关 SCH 编辑器工作环境、参数（如光标形状、大小、可视栅格形状、颜色，光标移动方式、屏幕刷新方式等）的设置方法，然后根据不同操作任务和个人习惯重新设置，操作起来也许会更方便、自然，工作效率也许会更高。

1．光标形状、大小的选择

在“原理图编辑窗口”内单击“Tools”菜单下的“Preferences”（优化）命令，在弹出的对话框内单击“Graphical Editing”标签，单击“Cursor”项即可重新选择光标的形状和大小。

2．可视栅格形状、颜色及大小的选择

可视栅格设置仅影响屏幕的视觉效果，打印时，不打印栅格线。

① 栅格形状的设置：单击“Cursor/Grid Options”（光标/栅格选择）设置框内的“Visible”项，即可选择可视栅格的形状：

【Dot Grid】：点划线。

【Line Grid】：直线条。

② 栅格颜色的设置：单击“Color Options”（颜色）选项框内的“Grid”（栅格）项，即可重新选择栅格的颜色（缺省时为灰色，对应的颜色值为 213）。

③ 选中对象颜色的设置：单击“Selection”项，即可重新选择选中对象在屏幕上的颜色（缺省时为黄色，对应的颜色值为 230）。

④ 栅格大小的设置：在图 6-3 中，单击“Design”菜单下的“Options”命令，再单击“Sheet Options”标签，单击“Grids”选项框内的“Visible”项即可重新设置栅格的大小。缺省值为 10（没有单位），取值大小仅影响视觉效果，一般不用修改。

⑤ 选择光标移动方式：在图 6-3 中，“Grids”选项框内的“Snap”项用于锁定栅格。

⑥ 设置电气格点自动搜索功能及范围：在图 6-3 中，“Electrical Grid”用于设置“电气格点自动搜索”功能和范围。

3．设置编辑区移动方式

“Autopan Options”选项框用于选择编辑区移动方式。在画线或放置元件操作过程中，即

在命令状态下，当光标移到编辑区窗口边框时，SCH 编辑器窗口将根据“Autopan Options”项设定的移动方式自动调整编辑区的显示位置，其中：

【Auto Pan Off】：关闭编辑区自动移动方式。

【Auto Pan Fixed Jump】：按 Step Size 和 Shift Step 两项设定的步长移动（建议采用这种移动方式）。

【Auto Pan Recenter】：以光标的当前位置为中心，重新调整编辑区的显示位置。

在速度较快的微机系统中，如 Pentium Ⅱ、Celeron 以上档次微机系统中，最好关闭编辑区自动移动方式，否则因刷新、移动速度太快，反而不好；而在慢速微机系统中，可采用编辑区自动移动方式。

4．打开/关闭“自动放置电气节点”功能

在连线操作过程中，当两条连线交叉或连线经过元件引脚端点时，SCH 编辑器会自动在连线的交叉点放置一个“电气节点”，使两条连线在电气上相连；同样，当连线经过元件引脚端点时，也会自动放置一个“电气节点”，使元件引脚与连线在电气上相连。

如图 6-4 所示，单击“Options”设置框内的“Auto-Junction”复选框，去掉其中的“√”，即可关闭自动节点放置功能。

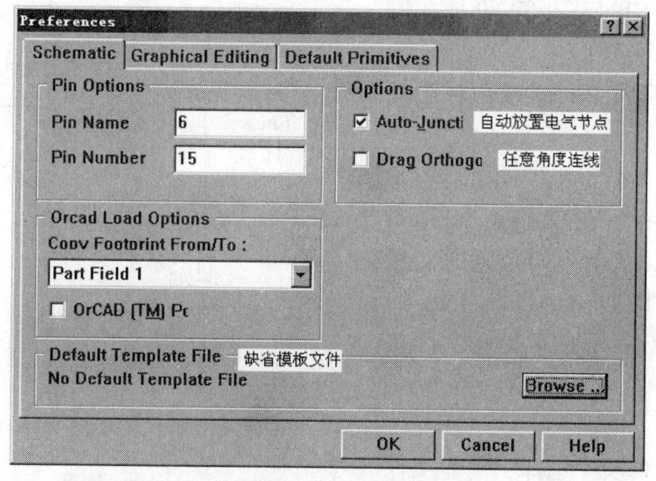

图 6-4　设置 SCH 编辑器工作环境的“Schematic”标签

5．禁止/允许任意角度连线

在图 6-4 中，单击“Options”设置框内的“Drag Orthogo”（任意角度连线）复选框，即可禁止（缺省设置）/允许任意角度连线，一般不使用任意角度连线方式。

6．设置模板文件

用户除了使用 SCH 编辑器提供的缺省模板文件作底图外，还可以选择 Protel 99 提供的其他模板文件作底图，甚至使用自己建立的模板文件作底图。

Protel 99 模板数据库文件存放在\Design Explorer 99\System\Template 目录下，扩展名为 .tab。单击图 6-4 中的“Browse”按钮，在弹出的“Default Template File”对话框内，选择

相应的模板数据库文件并确认，所选择的模板文件即出现在图 6-4 的“Default Template File”文本盒内，然后单击“OK”按钮并退出，即可完成模板文件的装入过程。

需要说明的是：新装入的模板文件，并不立即生效，只有重新打开一个新的电原理图文件时，才使用新装入的模板文件作底图。

6.2.6 绘制原理图

设置了 Protel 99 原理图编辑器的工作环境、图纸尺寸等参数后，就可以在当前图纸的工作区内绘制、编辑原理图。下面以图 6-5 所示的电路为例，介绍电原理编辑图的基本操作。

连续单击主工具栏内的“放大工具”按钮（或按“Page Up”键），直到工作区内显示出大小适中的可视栅格线为止，即可进行原理图的绘制操作。

1．元件电气图形符号库及管理

原理图中元件的电气图形符号存放在不同的元件电气图形库文件中，初学者往往不知道正在编辑的原理图中的元器件（如图 6-5 中所示的核心元件 NPN 三极管）存放在哪一元件电气图形符号库中。

（1）元件库概念及 Protel 99 元件电气图形符号库的认识

在 Protel 99 中，编辑原理图所需的元件电气图形符号均存放在 Design Explorer 99\Library\Sch 子目录下不同数据库文件（.ddb）内。DDB（即 Design Data Book 的简称）文件实际上是元件库文件包，在 DDB 数据库文件内可能包含一个或多个 .lib 库文件。

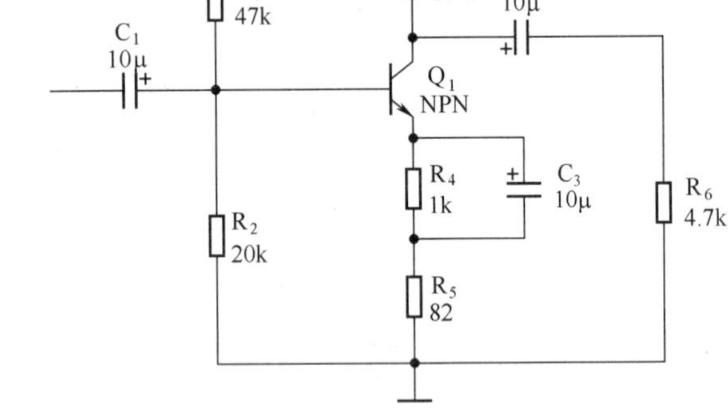

图 6-5 原理图编辑操作演示电路

（2）从元件库列表中选择当前库文件

当前元件库文件显示在原理图编辑器窗口的“元件电气图形库”列表盒内。如果当前元件库列表盒为空白，可单击该列表窗内的下拉按钮，从已打开的元件库列表中选择特定的元件库作为当前元件库。当前元件库文件内的元器件名称显示在元件列表窗口内。

（3）元件库的装入与取消

如果元件电气图形库列表窗口内没有显示目标元件电气图形库（.lib）文件名，则说明该元件库没有装入，需要通过“Add/Remove”按钮装入。下面以装入 C:\Design Explorer 99\Library\Sch 目录下的 Sim.ddb（仿真分析用元件电气图形库）文件为例，说明元件库装入的操作过程：

① 在原理图编辑器窗口内，单击元件电气图形库列表窗下的“Add/Remove”按钮。

② 在“Change Library File List”窗口内，单击“文件类型（T）”列表下拉按钮，选择 .ddb 文件类型（由于 Protel 99 元件电气图形存放在 .ddb 数据库文件包内，因此一般选择 .ddb 类

型文件，当需要装入 Protel 98 及以前版本的元件电气图形库时，可选择 .lib 文件类型)。

③ 连续单击“搜索(I)”列表窗的下拉按钮，直到元件库文件所在目录 C:\Design Explorer 99\Library\Sch 成为当前目录为止。

④ 在文件列表窗口内找出目标元件电气图形库文件 Sim.ddb，然后双击该文件（或单击库文件名后，再单击“Add”按钮)，所选择的元件库文件即出现在“Selected Files”（选定库文件）列表窗口内。

⑤ 单击“Selected Files”列表窗下的“OK”按钮以退出，即完成元件库文件的装入。

（4）确定元件所在库

当操作者无法确定待放置元件的电气图形符号位于哪一元件电气图形库时，可单击原理图编辑窗口内元件列表窗口下的“Find”按钮，在“Find Schematic Component”（查找原理图用元件电气图形符号）窗口内的“Find Component”文本框内输入待查找的元件名（可以是元件的全名或其中的一部分)；设置查找范围后，单击“Find Now”按钮，启动元件查询操作。

2．放置元件

（1）放置元件的操作过程

编辑原理图的第一步就是从元件电气图形库中找出所需元件的电气图形符号，并把它们逐一放到原理图编辑区内。下面以图 6-5 所示的分压式偏置放大电路为例，介绍元件放置的操作过程。

① 选择待放置元件所在的电气图形库作为当前使用的元件库。

② 在元件电气图形库列表窗口内，找出并单击 Miscellaneous Devices.lib 文件，使它成为当前元件电气图形库。

③ 在元件列表内找出并单击所需的元件。

在放置元件操作过程中，一般优先安排原理图中核心元件的位置。在如图 6-5 所示的电路中，核心元件是 NPN 三极管。因此，通过滚动元件列表窗内的上下滚动按钮，在元件列表窗口内找到并单击“NPN”元件。

④ 放置元件：单击元件列表窗口下的“Place”（放置）按钮，将 NPN 三极管的电气图形符号拖到原理图编辑区内。

从元件库中拖出的元件，在单击鼠标左键前，一直处于激活状态，元件位置会随鼠标的移动而移动。移动鼠标，将元件移到编辑区内指定位置后，单击鼠标左键固定，然后再单击鼠标右键或 Esc 键退出放置状态，这样就完成了元件放置操作。

在图中，三极管电气图形符号上的“NPN”是元件的型号，“Q?”是元件的序号（这显然不是我们期望的)，单击“Place”按钮后，可直接按下“Tab”键，进入元件属性对话窗进行修改。

执行“Place”（放置）菜单下的“Part”命令，同样可以实现放置元件操作，但远不如通过“Place”按钮操作方便。

由于 Protel 99 具有连续放置功能，固定第一个电阻后，可以不断重复“移动鼠标→单击鼠标左键”的方法放置其他电阻，待完成了所有同类元件放置操作，再单击右键（或按下“Esc”键）退出，这样操作效率较高。

按同样方法，将极性电容（元件名称为 Electro1）等元件的电气图形符号粘贴、固定在编辑区内。

（2）调整元件位置和方向

如果感到图中元件的位置、方向不合理，可通过如下方式调整：

方法一：将鼠标移到待调整的元件上，单击鼠标左键，选定目标元件，被选定的元件的四周将出现一个虚线框。

方法二：将鼠标移到目标元件上，按下鼠标左键不放，然后直接移动鼠标（或通过空格、X、Y 键也能迅速移动或调整元件的方向），当元件调整到位后，松开左键即可。

（3）删除多余的元件

当需要删除图中的某一个或某几个元件时，可通过如下方式实现：

方法一：将鼠标移到需要删除的元件上，单击鼠标左键，选定需要删除的目标元件，然后再按“Del”键。

方法二：执行“Edit”（编辑）菜单下的“Delete”命令，然后将光标移到待删除的元件上，单击鼠标左键即可迅速删除光标下的元件，然后单击鼠标右键退出删除状态（执行了 Protel 99 中的某一命令后，一般需要通过单击鼠标右键或按“Esc”键退出）。

方法三：当需要删除某一矩形区域内的多个元件时，最好单击“主工具”栏内的“标记”工具。然后将光标移到待删除区的左上角，单击鼠标左键，移动光标到删除区右下角，单击鼠标左键，标记待删除的元件。然后执行“Edit”菜单下的“Clear”命令。

（4）修改元件选项属性

细心的读者可能发现，图元件电气图形符号上的“R?”、“C?”、“Q?”“U?”代表什么？它们就是元件序号。在缺省状态下，元件序号用“R?”、“C?”、“Q?”、“U?”表示，这显然不是我们所期望的，因为图 6-5 中的 NPN 三极管的序号是 Q1。可以通过如下方法修改元件的序号、封装形式、型号（或大小）等元件选项属性。

① 在放置元件操作过程中修改。

在放置元件操作过程中，单击“Place”按钮将元件从元件图形库中拖出后，没有单击鼠标左键前，元件一直处于激活状态，这时按下键盘上的“Tab”键，即可调出元件属性设置窗。

② 激活后修改。

将鼠标移到元件上，直接双击也可以调出元件选项属性设置窗。

重新设定元件序号、型号（或大小）以及封装形式等选项。

③ 修改、调整元件序号/型号（大小）。

在 Protel 99 中，许多对象（如元件、元件序号、型号等）均具有相同或相似的属性和操作方法。

例如将鼠标移到电阻 R4 的序号“R4”上，按下鼠标左键不放，移动鼠标即可将该序号移到另一位置。在移动过程中，按下空格键还可以旋转序号字符串（字符对象，如序号、型号，只有旋转功能，没有对称功能）。

将鼠标移到序号上，双击鼠标左键，还可以调出“序号”的选项属性设置窗。例如将鼠标移到“C1”序号上，双击左键即可调出 C1 序号的选项属性设置窗。

3．连线操作

完成元件放置及位置调整操作后，就可以开始连线，放置电气节点、电源及地线符号等操作。

在 Protel 99 原理图编辑器中，原理图绘制工具，如导线、总线、总线分支、电气节点、网络标号等均集中存放在“画线”工具（Wiring Tools）中（如图 6-6 所示）。

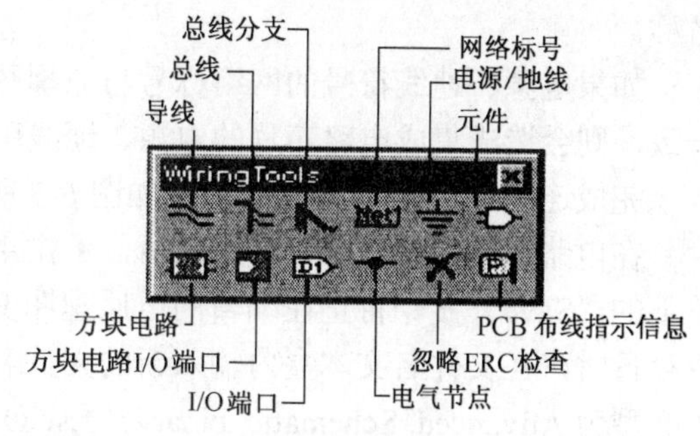

图 6-6　画线工具

（1）连线

单击画线工具中的“导线”工具（注意在连线时一定要使用“Wiring Tools”工具中的导线），SCH 编辑器即处于连线状态，将光标移到元件引脚的端点、导线的端点以及电气节点附近时，光标下将出现一个黑圆圈（表示电气节点所在位置）。连线过程如下：

① 单击导线工具。

② 必要时按下空格键切换连线方式。Protel 99 提供了 Any angle（任意角度）、45 Degree Start（45° 开始）、45 Degree End（45° 结束）、90 Degree Start（90° 开始）、90 Degree End（90° 结束）和 Auto Wire（自动）6 种连线方式。一般可以选择“任意角度”外的任一连线方式。

③ 当需要修改导线选项属性（宽度、颜色）时，按“Tab”键调出导线属性设置对话窗。连线是否正确也可从网络表文件描述的元件连接关系中看出。

在连线状态下，通过空格键即可在 6 种连线方式中进行切换。一般说来，可以使用“任意角度”外的任一种连线方式按上面描述的操作方法生成直角、45° 连线。但为了提高连线效率，应根据需要采用相应的连线方式。

（2）删除连线

将鼠标移到需要删除的导线上，单击鼠标左键，导线即处于选中状态（导线两端、转弯处将出现一个灰色的小方块），然后按下“Del”键，即可删除被选中的导线。

（3）调整导线长短和位置

当发现导线长短不合适时，可将鼠标移到导线上，单击左键，使导线处于选中状态；然后将鼠标移到小方块上，单击左键，鼠标箭头立即变为光标形状；移动光标到另一位置，即可调节线段端点、转折点的位置，使导线被拉伸或压缩；然后再单击鼠标左键固定。

将鼠标移到导线上，按下左键不放，移动鼠标也可以移动导线的位置。

4．放置电气节点

单击画线工具中“放置电气节点”工具，将光标移到“导线与导线”或“导线与元件引脚”的“T”形或“十”字交叉点上，单击鼠标左键即可放置表示导线与导线（包括元件引脚）相连的电气节点。

5．放置电源和地线

单击画线工具中的“电源/地线”工具，然后按下“Tab”键，调出电源/地线选项属性设置窗口，进入对应元件选项属性设置窗，然后单击“Pin Hidden”复选框，显示芯片隐藏的引脚，再单击“OK”按钮退出，这样也可以迅速了解到相应芯片的电源、地线引脚名称。

如果电源、地线符号的网络标号与原理图中集成电路芯片电源引脚与地线引脚的名称不一致，则会造成集成电路芯片的电源、地线引脚不能正确连接到电源和地线节点上。

完成连线并放置电源/地线后，如图 6-5 所示的单管放大电路就完成了。

在电路图编辑过程中以及结束后，单击主工具栏内的“存盘”工具或“File”（文件）菜单下的“Save”命令将正在编辑的电原理图文件存盘。当用“File”菜单下的“Save as”命令存盘时，在文件名文本盒内输入新的文件名，在文件格式列表框选择文件类型（原理图文件类型为 Advanced Schematic binary（*.sch））后，单击“OK”按钮退出，新文件将存放在当前设计数据库文件包的 Document 文件夹内。

6．总线、总线分支、网络标号工具的使用

当原理图中含有集成电路芯片时，常用“总线”代替数条平行的导线，以减少连线占用的图纸面积。但“总线”毕竟只是一种示意性连线，通过总线连接的元件引脚电气上并不相连，还需要使用“总线分支”、“标号”作进一步的说明。

（1）放置总线（Place Bus）

例如在如图 6-7 所示的电路中，当需要将 IC1 的 P20～P26 引脚分别与 IC3 的 A8～A14 相连时，除了平行导线外，也可以使用总线、总线分支以及标号来描述它们彼此的连接关系。

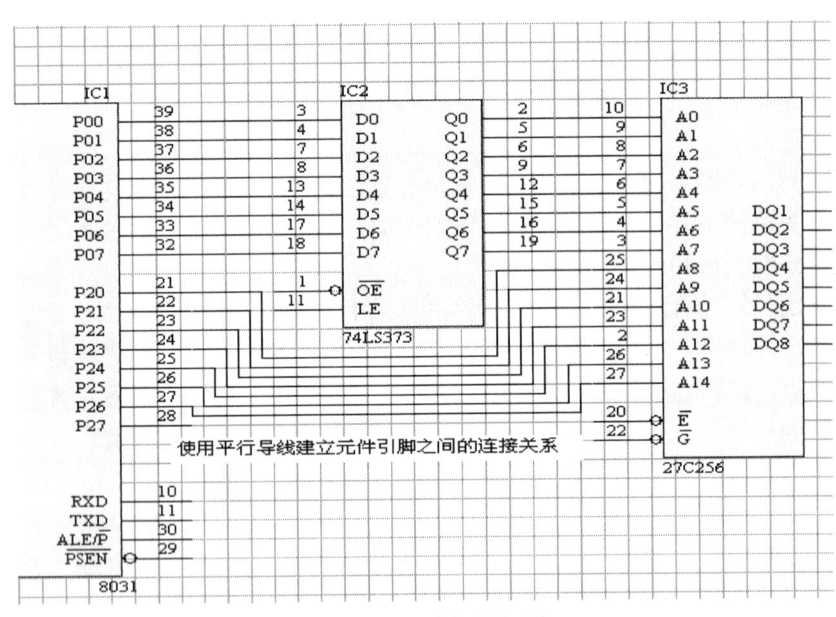

图 6-7 用导线连接的原理图

画总线与画导线的操作过程完全相同。其方法为单击画线工具栏的放置总线（Place Bus）工具，将光标移到总线的起点并单击鼠标左键（固定起点），移动光标到转弯处单击（固定转折点），移动光标到总线终点并单击（固定终点），然后再单击鼠标右键结束该总线（与画导线类似，此时仍处于画总线状态，可继续画总线，不需要画总线时，可再单击鼠标右键退出）。

(2) 放置总线分支（Place Bus Entry）

使用“总线”来描述元件连接关系时，一般还需要“总线分支（Place Bus Entry）”连接元件引脚或导线。放置总线分支（Place Bus Entry）的操作过程如下：

单击画线工具栏的放置总线分支（Place Bus Entry）工具，总线分支即附在光标上，通过空格、X或Y键调整总线分支方向后，移动光标到需要放置总线分支的元件引脚或导线的端点，再单击鼠标左键固定。

与总线配合使用的总线分支往往需要多个，不断重复“移动光标→单击”操作就可以连续放置多个总线分支。当所需的总线分支放置完毕后，再单击鼠标右键，退出总线分支放置状态。

(3) 放置网络标号（Place Net Label）

总线、总线分支毕竟只是一种示意性的连线，元件引脚之间的电气连接关系并没有建立，还需要通过“网络标号”（Net Label）来描述两条线段或线段与元件引脚，即两电气节点之间的连接关系。在导线或引脚端点放置两个相同的网络标号后，导线与导线（或元件引脚）之间就建立了电气连接关系。原理图中具有相同网络标号的电气节点均认为电气上相连，这样可以使用网络标号代替实际的连线。放置网络标号的操作过程如下：

单击画线工具栏的放置网络标号（Place Net Label）工具，一个虚线框就出现在光标附近，虚线框内的字符串就是最近一次输入的网络标号名称。按下“Tab”键，进入网络标号选项属性设置窗口，设置网络标号名称、颜色、字体及大小等属性后，将光标移到需要放置这一网络标号的引脚端点或导线上，单击鼠标左键即可完成。

注意：在放置网络标号时，网络标号电气节点一定要对准元件引脚端点或导线，否则不能建立电气连接关系；网络标号可以是任意长度的字符串，但当网络标号以“数字”结尾，如用A8、D0或SD2等作为网络标号时，在放置了当前网络标号后，网络标号会自动递增，这样在放置多个网络标号时，单击放置“网络标号”工具，并设置第一个网络标号名后，即可不断重复“移动→单击”操作迅速放置其他的网络标号。

7. I/O端口

如果原理图中的元件数目较多，使用实际导线连接显得很乱时，除了使用网络标号来表示元件引脚之间的连接关系外，还可以使用I/O端口描述导线与导线或元件引脚（包括任何两个电气节点）的连接关系。

6.2.7 利用画图工具添加说明性图形和文字

1. 画图工具介绍

画图工具，如直线（Line）、多边形（Polygon）、椭圆弧（Elliptical Arcs）、椭圆（Ellipses）、毕兹曲线（Bezier）等均存放在“画图”工具（Drawing Tools）栏内。因此，如果画图工具没有出现，则可执行“View”菜单下的“Toolbars\Drawing Tools”命令打开画图工具窗（栏），然后直接单击“画图”工具窗内的工具完成相应的操作（与执行“Place\Drawing Tools”菜单下相应的画图工具命令效果相同，但直接单击Drawing Tools工具窗（栏）内相应的画图工具要方便得多）。

2．常见图形的绘制技巧

通过下面的几个实例介绍画图工具的基本使用方法，利用直线、曲线、文字等画图工具在电路中添加如图 6-8 所示的输入/输出信号波形。操作过程如下：

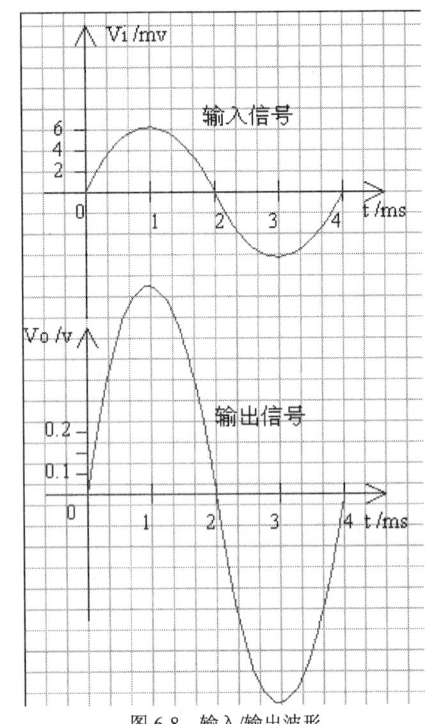

图 6-8　输入/输出波形

① 单击画图工具（Drawing Tools）窗内的直线工具，按下“Tab”键进入直线选项属性设置窗口，选择线条粗细（Small 即小、Smallest 即最小、Medium 即中等、Large 即粗）、形状（Solid 即实线、Dashed 即虚线、Dotted 即点画线）后，将光标移到直线段起点并单击鼠标左键（固定直线段的起点），移动光标到直线段终点并单击鼠标左键（固定直线段的终点），再单击鼠标右键（这时仍处于画直线状态，如果要退出画线状态，必须再单击鼠标右键），形成 X 轴线段。

② 将光标移到 Y 轴的起点并单击，移动光标到 Y 轴的终点并单击，然后再单击右键即可完成 Y 轴直线段的绘制。

③ 利用同样方法，绘出 X 轴、Y 轴的箭头，然后单击右键或“Esc”键退出直线绘制状态。

④ 单击画图工具（Drawing Tools）内的曲线工具，必要时按下“Tab”键进入曲线选项属性设置窗口，选择线条粗细、颜色。

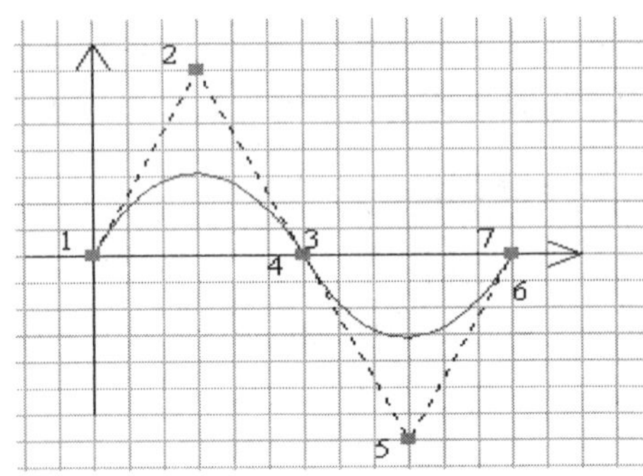

图 6-9　正弦信号波形的绘制顺序

⑤ 将光标移到正弦曲线的起点，如图 6-9 中的 1 点，单击左键固定→将光标移到 2 点，并单击左键→将光标移到图中的 3 点，并单击左键，即可看到正弦信号的正半周→再单击左键，固定正弦信号正半周的形状（即 3、4 点重合）→将光标移到 5 点，并单击左键→将光标移到图中的 6 点，并单击左键，即可看到正弦信号的负半周→再单击左键，固定正弦信号负半周的形状（即 6、7 点重合）。

⑥ 单击右键或按下“Esc”键退出曲线绘制状态，即可获得一个周期的正弦波信号。

⑦ 单击画图工具（Drawing Tools）窗内的文本（Place Annotation）工具，按下“Tab”键进入文本选项属性设置窗口，输入文本信息（缺省时是最近一次输入的文本信息），设置文本的字体颜色、字体大小等选项后，单击“OK”按钮退出即可（文本信息选项属性设置窗口与网络标号选项属性设置窗口相同，如果要输入汉字信息，也必须使用智能 ABC 外的其他输入方法）。

⑧ 将光标移到适当位置，单击鼠标左键固定文本信息即可。然后不断按下“Tab”键，输入 X 轴、Y 轴单位、坐标刻度等文本信息。

利用同样方法制作输出特性曲线，最后就可获得如图 6-8 所示的输入、输出曲线。

6.2.8 原理图的编辑技巧

1．操作对象概念

在 Protel 99 原理图编辑器中，画线、画图工具中的所有工具的操作方式相同；性质相同或相近的操作对象，如画线工具中的导线、总线以及画图工具中的直线、曲线等的选项属性设置窗内各设置项含义也相同或相近，又如画线工具中的网络标号工具与画图工具中的文本工具也具有相同的选项属性。

2．单个对象的编辑

（1）选定当前操作对象

将鼠标移到待选定的操作对象上，单击鼠标左键即可将鼠标下的对象作为当前操作对象。当把画图工具中的直线，画线工具中的导线、总线以及总线分支等作为当前操作对象时，线段的起点、终点以及转弯处均出现一个灰色的小方块；而将元件及其序号、型号以及网络标号、文本信息等操作对象作为当前操作对象时，其四周将出现一个虚线框。

（2）删除单个对象

将鼠标移到待删除对象上，单击鼠标左键，选定待删除的对象，然后按下“Del”键，即可将其删除。但需要注意的是：不能单独删除元件序号、型号，原因是元件序号、型号是元件的组成部分，只有删除元件本身才能删除与元件关联的序号和型号。

（3）移动

方法一：将鼠标移到需要平移的操作对象上，按住鼠标左键不放（鼠标箭头将变为光标），移动鼠标器，光标下的操作对象也跟着移动，这样就可以直接将操作对象移到指定位置。

方法二：执行“Edit”菜单下的“\Move\Move”或“\Move\Drag”命令，然后将光标移到需要平移的对象上，单击鼠标左键，移动光标，可直接将操作对象移到另一位置，然后单击鼠标左键固定。

（4）修改对象的属性

在 Protel 99 中，任何操作对象均具有选项“属性”设置窗口，通过它可以重新设置、修改操作对象的选项。例如，通过“直线”选项属性，可以重新选择直线的形式（实线、点划线、虚线）、宽度、颜色等；通过“文字”（注释文字、元件序号、类型或数值）选项属性，可以重新设置“文字”信息的字体、字型、字号、颜色等；通过“元件”选项属性，可以重新设置元件的封装形式、序号、型号或大小、颜色等。修改对象属性的操作方法如下：

① 将鼠标移到对象上，单击左键，选择对象。

② 单击鼠标左键，激活对象。

③ 然后按下“Tab”（制表）键，即可调出对象的属性设置窗。

或者直接将鼠标移到操作对象上，双击鼠标左键，即可调出操作对象的属性设置窗；或者将光标移到操作对象上，单击鼠标右键，调出快捷菜单，将光标移到快捷菜单上的“Properties”（属性）命令上，单击鼠标左键也能调出对象属性对话框。

3．同时编辑多个对象

（1）对象的标记及解除

对多个操作对象进行移动（平移）、旋转（包括对称）、删除、重新排列等操作之前，均需要标记参与操作的对象，以确定哪些对象将要参与相应的操作。标记操作对象的方法很多，如：

方法一：单击主工具栏的“标记”工具（与执行菜单命令“Edit\Select\Inside Area”的效果相同），然后将鼠标移到待标记区域的左上角，单击鼠标左键，移动鼠标即可看到矩形框的右下角随鼠标的移动而移动。当矩形框覆盖了所有待标记的对象后，单击鼠标左键固定矩形框右下角，矩形框内的对象即被选中，缺省状态下，被选中对象显示为黄色。

方法二：将鼠标移到待标记区域的左上角，按住鼠标左键不放，移动鼠标器，同样会出现一个大小随鼠标移动而变化的矩形框。当矩形框覆盖了所有待标记的对象后，松开左键，也可以迅速标记矩形框内的操作对象。

方法三：执行“Edit\Toggle Selection”命令，使 SCH 编辑器处于选择命令状态，将光标移到待标记的对象上，单击鼠标左键选定（一个对象被选定后，再单击时将取消选定），然后再移动光标到下一对象上，单击鼠标左键。如此进行下去，直到选择了所有需要标记的对象。

方法四：当需要选定矩形框外的操作对象时，可执行“Edit\Select\Outside Area”命令，然后将光标移到矩形框的左上角，并单击鼠标左键，再移动光标到矩形框的右下角，再单击鼠标左键。结果将发现矩形框外的对象全部被选中。

解除被选在一起的对象（即取消标记）的方法：单击主工具栏内的“解除”标记工具（与“Edit”菜单下的“DeSelect\All”命令等效）。

（2）删除多个对象

标记后，执行“Edit”菜单下的“Clear”命令，即可一次性删除已标记的多个对象。

（3）移动/拖动多个对象

标记后，单击主工具栏内的“移动选定对象”工具（与“Edit”菜单下的“Move\Move Selection”命令等效），将鼠标移到标记块内，单击左键，标记块即处于激活状态，然后就可以进行如下操作：

通过移动光标使标记块平移，然后单击鼠标左键固定。按空格键使标记块旋转，按 X、Y 键使标记块关于左右、上下对称翻转。

（4）元件及图形自动对齐

在放置元件或其他图形的操作过程中，依靠手工调整元件位置，使元件或图形排列整齐不是一件容易的事。可使用“Edit”菜单下的“Align”命令重新迅速、准确地调整元件或图形的位置，使元件靠左或右、上或下对齐。

6.2.9　原理图的电气检查

在编辑原理图过程中，对于只有少量分立元件的简单电路，通过浏览就能看出电路中存在的问题，但对于一个较复杂的电路设计项目，靠人工查找电路编辑过程中的错误就没那么容易了。

下面以图 6-10 所示的原理图电路为例，介绍电气法测试的操作过程和结果。

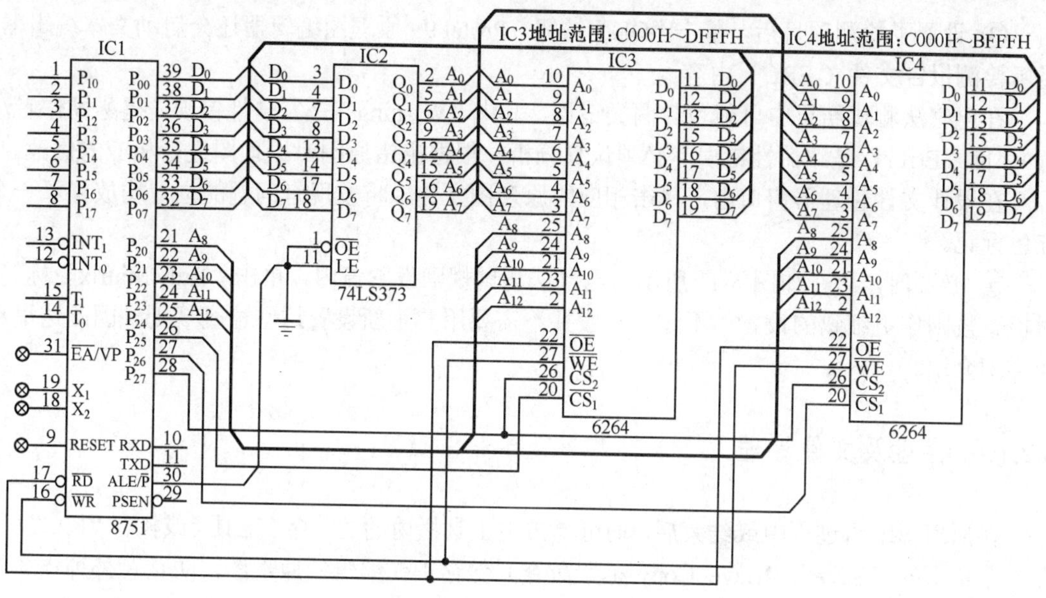

图 6-10　电气法测试实验电路

① 执行“Tools”菜单下的“ERC”命令。

② 在对话框内，单击“测试项目”列表框内各选项前的复选框，允许或禁止相应的检测项，选择要测试的项目。

其中各测试项目及选项含义已注明在如图 6-11 所示的窗口内，而“Net Identifier Scope”用于定义网络标号的作用范围，可以选择如下选项：

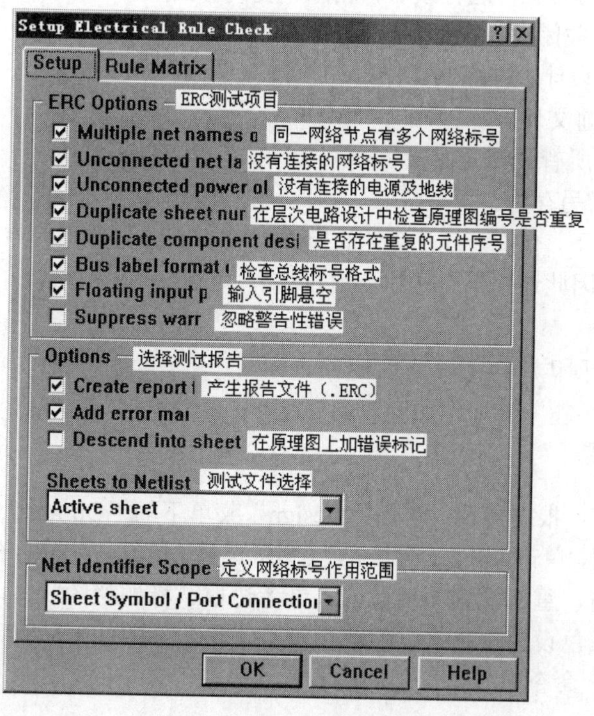

图 6-11　电气法测试规则设置窗

③ 设置了检测项目后，单击“OK”按钮，Protel 99 原理图编辑器还会启动文本编辑器，显示检测报告文件（.ERC）内容。

在电气法测试结果中可能包含两类错误，其中“Warning”是警告性错误（提醒操作者注意）；而“Error”是致命性错误，必须认真分析，根据出错原因对原理图进行相应的修改。

在设计文件管理器窗口内，单击相应的原理图文件，将发现有问题的位置均放置了一个红色标记。

④ 必要时，可在如图 6-11 所示的电气法测试规则设置窗内，单击“Rule Matrix”标签，对检查规则作更细致的设置。不过，一般并不需要用户重新设置这些检查规则，因此这里不作详细介绍。

6.2.10 存盘及文件管理

在原理图编辑过程中或结束后，均可单击主工具栏内的“保存”工具（或执行“File”（文件）菜单下的“Save”、“Save Copy as”命令）保存正在编辑的原理图，防止意外掉电。在 Protel 99 中，文件管理命令位于“File”菜单下，其中：

【New…】：生成一个新的设计文件。

【New Design…】：生成一个新的设计数据库。

【Close】：关闭文件。

文件关闭后，在设计文件管理器窗口内，直接将文件拖到设计数据库内的“回收站”内，即可删除不需要的设计文件；将鼠标移到文件名上，单击右键，即可调出文件快捷菜单，指向并单击相应命令即可对文件进行改名、删除、复制等操作。

【Close Design】：关闭设计数据库。

【Open…】：打开设计数据库或文件。

【Save】：保存当前文件。

【Save all】：保存所有设计文件。

【Save Copy as】：另存为。

在 Protel 99 状态下，保存、打开文件的操作与在 Windows 应用程序下保存、打开文件的操作过程完全相同，因此这里不必详细介绍。

6.2.11 原理图的打印

1．打印前的设置

在打印原理图前，根据需要，单击“Design”菜单下的“Options”（选项）命令，并在文档选项设置窗口内，单击“Sheet Options”（图纸选择）标签，在如图 6-3 所示的“Options”的文档选择设置窗内，重新设置图纸边框、参考边框、标题栏的状态，以及图纸底色（打印时，最好将图纸底色设为白色，以便获得没有背景的打印件）；然后再单击“File”菜单下的“Setup Printer”命令对打印机进行设置，以便获得满意的打印效果。打印机设置过程如下：

① 单击“File”菜单下的“Setup Printer”命令。

② 在设置对话框内选择打印机类型、颜色模式、打印纸大小、边框等参数后，再单击“Print”按钮，启动打印过程。

在“打印预览”窗口内观察打印效果。当原理图方向与打印纸方向不一致，将缩小打印（经验表明：采用A4打印纸，打印A4图幅的原理图时，缩放倍数不能小于80%，否则打印后很难阅读，尤其是使用低分辨率的喷墨打印机和针式打印机时，小比例打印效果更差），或原理图被分割为多幅时，可单击“Properties”（属性）按钮，对打印机属性进行设置，打印属性设置项与打印机类型有关。

2．打印

设置了打印机属性和打印参数后，即可按如下步骤打印原理图：

① 如果打印机电源没有打开，则先打开打印机电源，装上打印纸，等待片刻。

② 当打印机准备就绪后，启动打印过程。返回编辑原理图状态，需要打印时直接单击主工具栏内的“打印”工具（或“File”菜单内的“Print”命令）启动打印过程。

6.2.12 报表建立与输出

1．生成网络表文件

编辑原理图的最终目的是制作印制电路板，在Protel 98及更低版本的电子线路CAD软件中，网络表文件（.net）是原理图编辑器SCH与印制板编辑器PCB之间连接的纽带。

在完成了电原理图的编辑、检查后，就可以通过执行“Design”菜单下的“Create Netlist”命令从原理图中抽取网络表文件（.net），这是获得网络表文件最基本的方法。

下面以如图6-10所示的电路为例，介绍从电原理图中抽取网络表文件的操作过程。

① 执行“Design”菜单下的“Create Netlist”命令。

② 在“Netlist Creation”设置框内，指定网络表文件的输出格式、网络标号作用范围等选项后，单击“OK”按钮即可。

2．生成元件清单报表

生成元件清单文件（.xls）的目的是为了迅速获得一个设计项目或一张电路图所包含的元件类型、封装形式、数目等，以便采购或进行成本预算。获取元件清单的操作过程如下：

① 执行“Reports”菜单下的“Bill of Material”命令，在元件清单向导窗口内单击“Next”按钮。

② 选择报表内容，单击相应选项前的复选框，即可选择或取消相应的选项（处于选中状态时，复选框内存在“√”）。

③ 选择元件清单报表文件格式。选择了“Client Spreadsheet”文件格式后，单击“Next”按钮；如果不需要修改以上窗口内的选项，单击“Finish”按钮，Protel 99会自动启动表格编辑器，列出当前电路的元件清单内容。

6.3 印制电路板设计初步

6.3.1 印制板设计基础

印制板也称为印制线路板或印制电路板，通过印制板上的印制导线、焊盘及金属化过孔实现元器件引脚之间的电气连接。由于印制板上的导电图形（如元件引脚焊盘、印制连线、过孔等）以及说明性文字（如元件轮廓、序号、型号）等均通过印制方法实现，因此称为印制电路板。

通过一定的工艺，在绝缘性能很高的基材上覆盖一层导电性能良好的铜薄膜，就构成了生产印制电路板所必需的材料——覆铜板。按电路要求，在覆铜板上刻蚀出导电图形，并钻出元件引脚安装孔、实现电气互连的过孔以及固定整个电路板所需的螺丝孔，就获得了电子产品所需的印制电路板。

印制板种类很多，根据导电层数目的不同，可以将印制板分为单面电路板（简称单面板）、双面电路板（简称双面板）和多层电路板；根据覆铜板基底材料的不同，又可将印制板分为纸质覆铜箔层压板和玻璃布覆铜箔层压板两大类。此外，采用挠性塑料作基底的印制板称为挠性印制板，常用做印制电缆。

单面板所用的覆铜板只有一面敷铜箔，另一面空白，因而也只能在敷铜箔面上制作导电图形。单面板上的导电图形主要包括固定、连接元件引脚的焊盘和实现元件引脚互连的印制导线，该面称为“焊锡面”——在 Protel 99 PCB 编辑器中被称为“Bottom”（底）层。没有铜膜的一面用于安放元件，因此该面称为“元件面”——在 Protel 99 PCB 编辑器中被称为“Top”（顶）层。

双面板基板的上下两面均覆盖铜箔。因此，上、下两面都含有导电图形，导电图形中除了焊盘、印制导线外，还有用于使上、下两面印制导线相连的金属化过孔。在双面板中，元件也只安装在其中的一个面上，该面同样称为“元件面”，另一面称为“焊锡面”。在双面板中，需要制作连接上、下面印制导线的金属化过孔，生产工艺流程比单面板多，成本高。

随着集成电路技术的不断发展，元器件集成度越来越高，引脚数目迅速增加，电路图中元器件连接关系越来越复杂。此外，器件工作频率也越来越高，双面板已不能满足布线和电磁屏蔽要求，于是就出现了多层板。在多层板中导电层的数目一般为 4、6、8、10 等，例如在四层板中，上、下面（层）是信号层（信号线布线层），在上、下两层之间还有电源层和地线层。

在多层板中，可充分利用电路板的多层结构解决电磁干扰问题，提高了电路系统的可靠性；由于可布线层数多，走线方便，布通率高，连线短，印制板面积也较小（印制导线占用面积小），目前计算机设备，如主机板、内存条、显示卡等均采用 4 或 6 层印制电路板。

在多层电路板中，层与层之间的电气连接通过元件引脚焊盘和金属化过孔实现。除了元件引脚焊盘孔外，用于实现不同层电气互连的金属化过孔最好贯穿整个电路板，以方便钻孔加工，在经过特定工艺处理后，不会造成短路。

6.3.2 Protel 99 PCB 的启动及窗口认识

在 Protel 99 状态下，单击“File”菜单下的“New”命令，然后直接双击“PCB Document”（PCB 文档）文件图标，即可创建新的 PCB 文件并打开印制板编辑器。当然，如果设计文件包（.ddb）内已经含有 PCB 文件，在“设计文件管理器”窗口内直接单击相应文件夹下的 PCB 文件图标来打开 PCB 编辑器，并进入对应 PCB 文件的编辑状态。

Protel 99 印制板编辑窗口如图 6-12 所示，菜单栏内包含了“File”（文件）、“Edit”（编辑）、“View”（浏览）、“Place”（放置）、“Design”（设计）、“Tools”（工具）、“Auto Route”（自动布线）等。

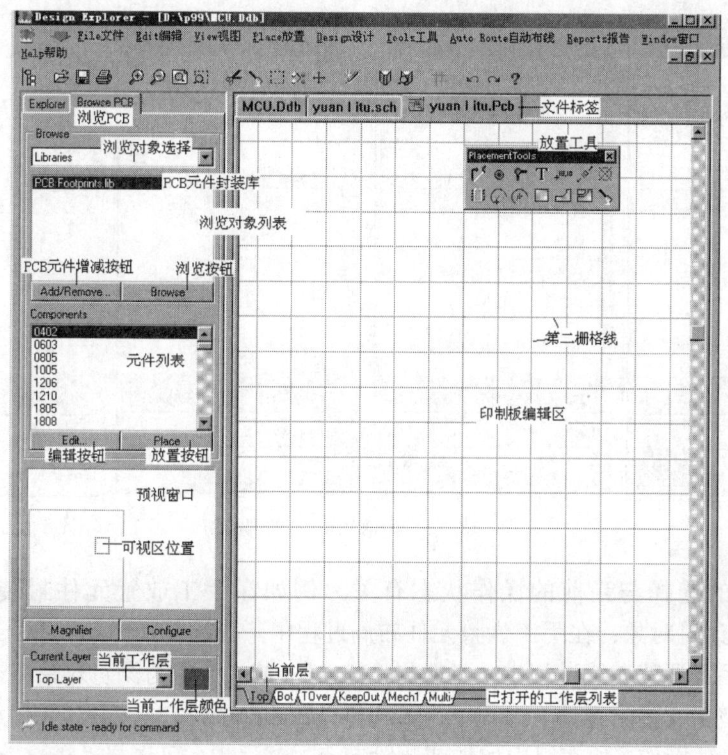

图 6-12 Protel 99 PCB 编辑器窗口

与电原理图编辑器相似，在印制板编辑、设计过程中，除了可以使用菜单命令操作外，PCB 编辑器也将一系列常用的菜单命令以工具按钮形式罗列在“工具栏”内，用鼠标单击“工具栏”上的某一“工具”按钮，即可迅速执行相应的操作。PCB 编辑器提供了主工具栏（Main Toolbar）、放置工具（Placement Tools）栏（窗）。必要时可通过“View”菜单下的“Toolbars”命令打开或关闭（缺省时这两个工具栏均处于打开状态）这些工具栏（窗）。

主工具栏（窗）内有关工具的作用与 SCH 编辑器主工具栏的相同或相近，在此不再介绍。

启动后，PCB 编辑区内显示的栅格线是第二栅格线，大小为 1000mil，即 25.4 mm。在编辑区下方显示目前已打开的工作层和当前所处的工作层。

PCB 浏览窗（Browse PCB）内显示的信息及按钮种类与浏览对象有关，如图 6-13 所示，单击浏览对象选择框下拉按钮，即可选择相应的浏览对象，如“Library”（元件封装库）、“Components”（元件）、“Nets”（节点）、“Net Classes”（节点组）、“Component Classes”（元件组）、“Violations”（违反设计规则）等。

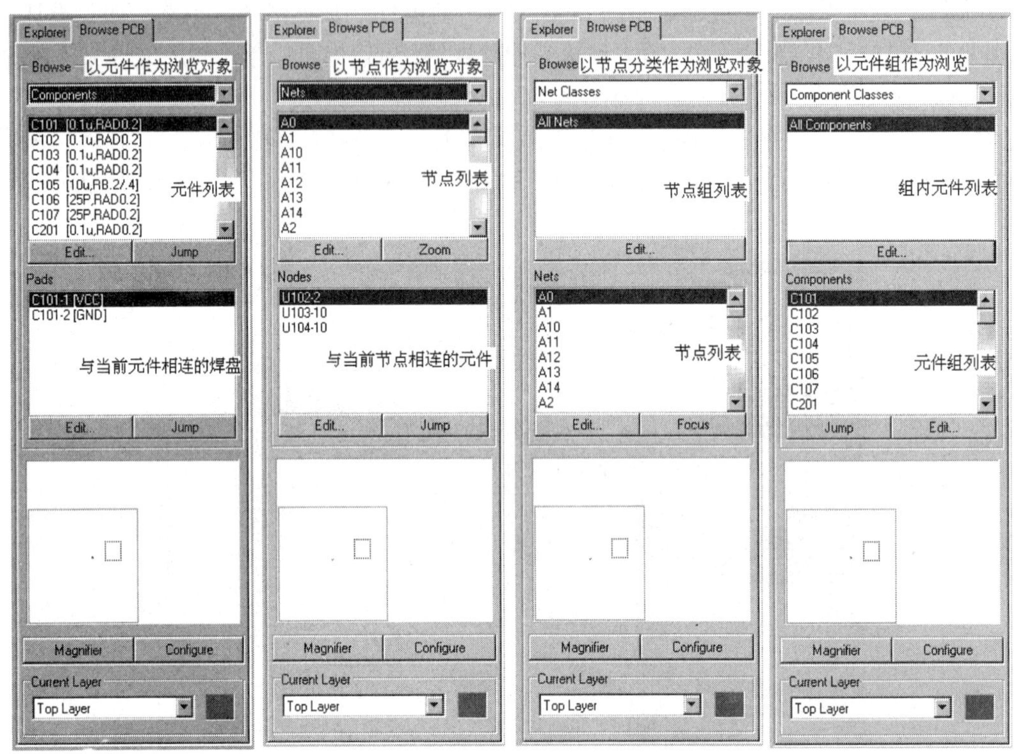

图 6-13　不同浏览对象对应的浏览窗

浏览对象的选择与当前的操作状态有关，例如在手工放置元件封装图时，可选择“Library”作为浏览对象；在手工调整元件布局过程中，可选择“Components”（元件）作为浏览对象；在手工调整布线过程中，可选择“Nets”（节点）作为浏览对象；在元件组管理操作（如在组内增加或删除元件）过程中，可选择“Component Classes”（元件组）作为浏览对象；在节点组管理操作（如在组内增加或删除节点）过程中，可选择“Net Classes”（节点组）作为浏览对象；而纠正设计错误时，可以选择“Violations”（违反设计规则）作为浏览对象。

PCB 编辑器内工具栏的位置也可移动，例如将鼠标移到工具栏上的空白位置，按下鼠标左键不放，移动鼠标器，即可移动工具栏位置。当工具栏移到工作区内时就会自动变成“工具窗”；反之，将“工具窗”移到工作区边框时又会自动变成工具栏。

在 Protel 99 PCB 编辑器中，可以选择英制（单位为 mil）或公制（单位为 mm）两种长度计量单位，彼此之间的换算关系如下：

1 mil = 0.0254mm

10 mil = 0.254mm

100 mil = 2.54mm

1000 mil（1 英寸）= 25.4mm

6.3.3 手工设计单面印制板——Protel 99 PCB 基本操作

为了便于理解 PCB 编辑器的基本概念，掌握 PCB 设计的基本操作方法，下面以手工设计如图 6-5 所示的电路的印制板为例，介绍 Protel 99 PCB 印制板编辑器的基本操作。

图 6-5 所示的电路很简单，元件数量少，完全可以使用单面板，并假设元件尺寸也不大，电路板尺寸为 2000mil × 1500mil（相当于 50.8mm × 38.1mm）。

1．工作参数的设置与电路板尺寸规划

（1）设置工作层

执行“Design”菜单下的“Options”命令，并在弹出的“Document Options”（文档选项）窗内，单击“Layers”标签，选择工作层。

各层含义如下：

① Signal Layers（信号层）。

Protel 99 PCB 编辑器最多支持以下 16 个信号层：

Top 即顶层，也称为元件面，是元器件的安装面。在单面板中不能在元件面内布线，只有在双面或多面板中才允许在元件面内进行少量布线。在单面板中，由于元件面内没有印制导线，表面安装元件只能安装在焊锡面上；而在多面板中，包括表面安装元件在内的所有元件，应尽可能安装在元件面上，但表面安装元件也可以安装在焊锡面上。

Bottom 即底层，也称为焊锡面，主要用于布线。焊锡面是单面板中唯一可用的布线层，同时也是双面、多面板的主要布线层。

Mid1～Mid14 是中间信号层，主要用于放置信号线。只有 5 层以上电路板才需要在中间信号层内布线。

② Internal Plane（内电源/地线层）。

Protel 99 PCB 编辑器最多支持 4 个内电源/地线层，主要用于放置电源/地线网络。在 3 层以上电路板中，信号层内需要与电源或地线相连的印制导线可通过元件引脚焊盘或过孔与内电源/地线层相连，从而极大地减少了电源/地线的连线长度。另一方面，在多层电路板中，充分利用内地线层对电路板中容易产生辐射或受干扰部分进行屏蔽。在单面板和双面板中，电源线/地线与信号线在同一层内走线，因此也就不存在内电源/地线层。

③ Mechanical（机械层）。

机械层没有电气特性，主要用于放置电路板一些关键部位的注标尺寸信息、印制板边框以及电路板生产过程中所需的对准孔（但印制电路板上固定大功率元件所需的螺丝孔以及电路板安装、固定所需的螺丝孔一般以孤立焊盘形式出现，这样焊盘的铜环可作垫片使用，另外对于需要接地的，如三端稳压器散片的固定螺丝孔焊盘可直接放在接地网络节点处）。打印时往往与其他层套叠打印，以便对准。

Protel 99 允许同时使用 4 个机械层，但一般只需使用 1～2 个机械层。例如，将对准孔、印制板边框等放在机械层 4（Mech 4）内（打印时，一般需要与其他层套叠打印，以便对准）；而注标尺寸、注释文字等放在机械层 1 内，打印时不一定需要套叠打印。

④ Drill Layers（钻孔层）。

该层主要用于绘制钻孔图以及孔位信息。

⑤ Silkscreen（丝印层）。

通过丝网印刷方式将元件外形、序号以及其他说明文字印制在元件面或焊锡面上，以方便电路板生产过程的插件（包括表面封装元件的贴片）以及日后产品的维修操作。丝印层一般放在顶层（Top），对于故障率较高、需要经常维修的电子产品，如电视机、计算机显示器、打印机等的主机板在元件面和焊锡面内均可设置丝印层。

⑥ Solder Mask（阻焊层）。

设置阻焊层的目的是为了防止进行波峰焊接时，连线、填充区、敷铜区等不需焊接的地方也粘上焊锡。在电路板上，除了需要焊接的地方（主要是元件引脚焊盘、连线焊盘）外，均涂上一层阻焊漆（阻焊漆一般呈绿色或黄色）。

⑦ Paste Mask（焊锡膏层）。

设置焊锡膏层的目的是为了便于贴片式元器件的安装。随着集成电路技术的飞速进步，电子产品体积越来越小，传统穿通式集成电路芯片封装方式，如双列直插式（DIP）、单列直插式（SIP）、引脚网格阵列（PGA）等芯片封装方式已明显不适应电子产品小型化、微型化要求。

⑧ Other（其他）。

【Keep Out Layer】：即禁止布线层。

【Multi Layer】：允许或禁止在屏幕上显示各层信息。

【Visible Grid】：可视栅格线（点）开/关。

【Pad Holes】：焊盘孔显示开/关。

【Via Holes】：金属化过孔的孔径显示开/关。

【Conne】：“飞线”显示开/关。

【DRC Error】：设计规则检查开/关。

（2）设置可视栅格大小及格点锁定距离

执行“Design”菜单下的“Options”命令，并在弹出的“Document Options”（文档选项）窗内，单击“Options”标签，选择可视栅格大小、形状以及锁定格点距离等。

第一组可视格点间距缺省值为 20mil，第二组可视格点间距缺省值为 1000mil；可视格点形状可以选择线（Line）或点（Dot）形式。

格点锁定距离为 20mil，电气格点自动搜索范围缺省值为 8mil。在以集成电路为主的电路板中，为了便于在集成电路引脚之间走线，可将格点锁定距离设为 10mil，相应的电气格点自动搜索半径设为 4mil。格点锁定距离（Snap）的选择与最小布线宽度及间距有关。例如，当最小布线宽度为 d1，最小布线间距为 d2 时，可将格点锁定距离设为（d1+d2）/2，这样，连线时可保证最小线间距为 d2。测量单位可以选择公制（Metric）或英制（Imperial）。选择公制时，所有尺寸以 mm 为单位；选择英制时，以 mil 作单位。尽管我国采用公制，长度单位用 mm，但由于元器件，如集成电路芯片尺寸、引脚间距等均以 mil 为单位，因此，选择英制单位，操作更方便，定位更精确。

（3）选择工作层、焊盘、过孔等在屏幕上的显示颜色

工作层、焊盘、过孔等在屏幕上的颜色可以采用系统给定的缺省设置。在缺省状态下，元件面为红色，焊锡面为蓝色。

执行“Tools”菜单下的“Preferences”命令，并在弹出的“Preferences”（特性选项）窗内，单击“Color”标签，即可重新设置各工作层、焊盘、过孔等的显示颜色。

将鼠标移到相应工作层颜色框内，单击左键，即可调出“Choose Color”（颜色选择）配置窗，单击其中某颜色后，再单击“OK”按钮关闭即可。

单击“Schemes”（方案）设置框内的“Defaults”（缺省）按钮，即恢复所有工作层的缺省色；单击“Classic”按钮，即可按系统最佳配置设定工作层的颜色。

（4）选择光标形状、移动方式等

执行“Tools”菜单下的“Preferences”命令，并在弹出的“Preferences”（特性选项）窗内，单击“Options”标签，即可重新设置光标形状、屏幕自动更新方式等。

① Editing（编辑设置）。

【Snap To Center】：对准中心，缺省时处于禁止状态。

【Extend Selection】：允许/禁止同时存在多个选择框，缺省时处于允许状态。

【Remove Duplicate】：禁止/允许自动删除重复元件。

【Confirm Global】：当该项处于选中状态时，修改操作对象前将给出提示信息。

【Rotation Step】：设置旋转操作的旋转角，缺省时为 90°。

【Cursor Type】：光标形状。

② Auto Pan 屏幕自动移动方式设置。

【Style】：选择屏幕自动移动方式。

【Step Size】：定义移动步长。

【Shift Step Size】：定义按下 Shift 键不放时的移动步长。

③ PCB 在线功能设置。

【Online DRC】：允许/禁止“设计规则”在线检查。

【Loop Removal】：是否清除回路布线。

【Interactive Routing Mode】：选择相互作用布线模式。

④ 显示方式设置。

显示方式选项较多，比较重要且常需要重新选择的有：

【Highlight in Full】：允许/禁止选取的图元高亮度显示充满整个屏幕。

【Use Net Color For Highlight】：设置是否使用网络颜色显示高亮度图元。

【Single Layer Mode】：设置是否只显示当前工作层。

【Redraw Layer】：重新绘制工作层。

【Transparent Layer】：设置透明显示模式。

2．元件封装库的装入

元件封装图形库存放在“Design Explorer 99\Library\PCB”文件夹内三个不同的子目录内，其中“Generic Footprints”文件夹中存放了通用元件封装图，“Connectors”文件夹中存放了连接类元件封装图，“IPC Footprints”文件夹中存放了 IPC 封装元件图。常用元器件封装图形存放在“Design Explorer 99\Library\PCB\Generic Footprints\Advpcb.ddb”图形库文件中，因此在 PCB 编辑器中一般需要装入 Advpcb.ddb 元件封装图形库，操作过程如下：

① 单击“Browse PCB”按钮，进入 PCB 编辑界面；在 PCB 编辑器窗口内，单击“Browse”

（浏览）窗内的下拉按钮，选择“Libraries”（元件封装图形库）作为浏览对象。

② 如果元件库列表窗内没列出所需元件封装图形库，如 PCB Footprints.lib，可单击“Add/Remove”按钮。在“PCB Libraries”窗口内，不断单击“搜寻（I）”下拉列表窗内目录，将 Design Explorer 99\Library\PCB\Generic Footprints 目录作为当前搜寻目录，在 PCB 库文件列表窗内，寻找并单击相应的库文件包，如 Advpcb.ddb，再单击“Add”按钮，即可将指定图形库文件加入到元件封装图形库列表中，然后再单击“OK”按钮，退出“PCB Libraries”窗口。

③ 在 PCB 编辑器窗口的元件库列表窗内，找出并单击“PCB Footprints.lib”，将它作为当前元件封装图形库，库内的元件封装图形即显示在“Components”（元件列表）窗内。

所谓元件封装图形，就是元件外轮廓形状及引脚尺寸，它由元件引脚焊盘大小、相对位置及外轮廓形状、尺寸等部分组成。图 6-14 给出了电阻、电容、三极管和 14 引脚双列直插式 DIP14 的封装图外形及各部分名称。

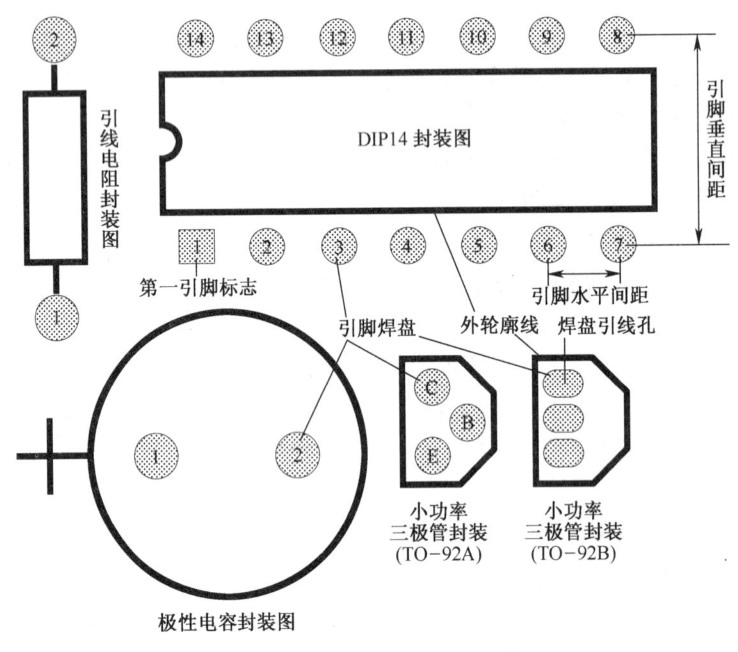

图 6-14 常见元件封装图举例

3．画图工具的使用

装入元件封装图形库，设置工作层及有关参数后，不断单击主工具栏内的“放大”按钮，适当放大编辑区，然后就可以在编辑区内放置元件和连线。

（1）放置元件

手工放置元件操作与后面介绍的元件手工布局操作要领相同，先确定电路中核心或对放置位置有特殊要求的元件位置。在如图 6-15 所示的电路中，首先放置的元件应该是三极管 9013，序号为 Q101，假设封装形式为 TO-92A。在编辑器中，放置元件的操作过程如下。

① 单击“画图”工具栏内的“放置元件”工具，并直接输入元件的封装形式、序号和

注释信息。封装形式和序号不能省略，可在“注释信息”文本盒内输入元件的型号，如“9013”或元件的大小，如“51”、“1k”等。但注释信息并不必需，有时为了保密，故意不给出元件型号、大小，或制版时隐藏注释信息。如果操作者不能确定元件的封装形式，可单击“Browse”（浏览）按钮。单击“Browse”按钮后在元件列表窗内单击不同元件（或按键盘上的上、下光标控制键），即可迅速观察到库内元件的封装图，找到指定元件后，单击“Close”按钮，关闭浏览窗口，返回放置元件对话窗。

② 然后单击“OK”按钮，所选元件的封装图即出现在PCB编辑区内。其实，在“Browse PCB”窗口中，在“Components”（元件列表）窗口内找出并单击元件封装图（如TO-92A）后，再单击“Components”（元件列表）窗口下的“Place”按钮，将元件直接拖进PCB编辑区内。这样来完成元件放置操作会更简单（这与在SCH编辑状态下，放置元件的操作方法完全相同）。

③ 移动光标，将元件移到适当位置后，单击鼠标左键固定即可。在PCB中放置元件封装图的操作过程与在SCH编辑器中放置元件电气图形符号的操作过程基本相同，在元件未固定前，可按如下键移动元件位置：

【空格键】：旋转元件的方向。

【X键】：使元件关于X对称。

【Y键】：使元件关于Y对称。

（这里需要说明的是：在PCB编辑器中，尽管可以通过X、Y键使处于激活状态的元件关于左右或上下对称，但一般不能进行对称操作，否则可能造成元件无法安装。）

按“Tab”键，激活元件属性对话窗，以便修改元件序号、注释信息等内容。

用同样方法将电阻 R_{101}～R_{104} 封装图（假设封装形式为AXIAL0.5）、电容 C_{101}～C_{103} 的封装图（假设封装形式为RB.2/.4）放在三极管 Q_{101} 附近，如图6-15所示。

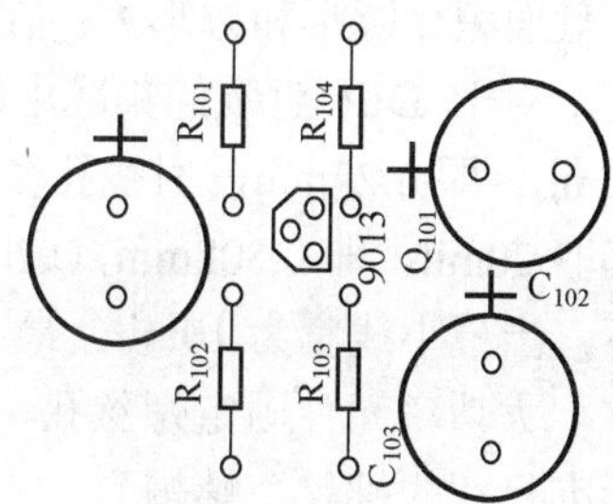

图6-15 放置元件后

（2）连线前的准备——进一步调整元件位置

手工布局操作只是大致确定了各元件的相对位置，布线（无论是手工连线还是自动布线）前，要进一步调整元件位置，使元件在印制板上的排列满足下列要求。

① 为了方便自动插件操作，除个别特殊元件外，元件沿水平或垂直方向排列，且所有元件（至少是同类元件）在板上排列方向要一致，即所有电阻、IC芯片等必须横排或竖排。

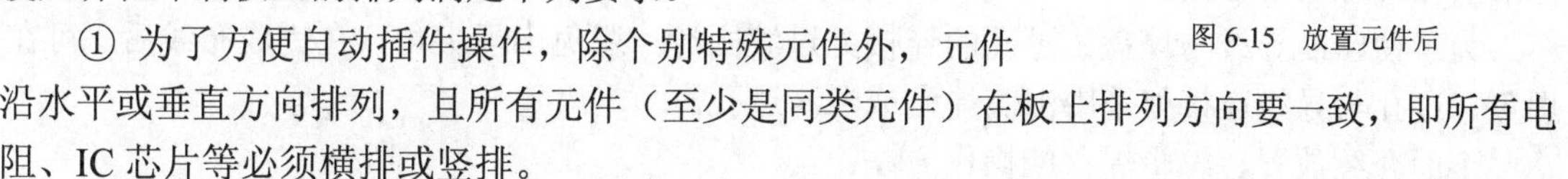

② 印制电路板上的元件，尽可能呈“井”字形排列，即垂直排列的元件，尽可能靠左或右对齐；水平排列的元件，必须靠上或下对齐。这样不仅美观，连线长度也短。

③ 布线或连线前，所有引脚焊盘必须位于栅格点上，使连线与焊盘之间的夹角为135°或180°，以保证连线与元件引脚焊盘连接处的电阻最小。

（3）放置印制导线

对于手工编辑来说，完成了元件位置的精确调整后，就可以进入布线操作；对于自动布线来说，完成了元件位置的精确调整后，就可以进入预布线操作。

手工布线操作过程如下：

① 选择布线层：在PCB编辑器窗口下已打开的工作层列表中，单击印制导线放置层。

对于单面板来说，只能在 Bottom Layer（即焊锡面）上连线。

② 执行“Design”菜单下的“Rules”命令，单击“Routing”标签，再单击“Rule Classes”（规则类型）选项框内的“Width Constraint”（布线宽度），即可显示线宽设定状态。

线宽适用范围一般是 Board（即整个电路板），如果最小线宽与最大线宽相同，需要修改时，可单击 “Properties”按钮，进入线宽设置对话窗。

在最大值、最小值窗口内分别输入最大线宽和最小线宽，并确定适用范围后，单击“OK”按钮，然后单击“Close”按钮。

③ 单击放置工具栏内的“放置导线”工具，然后按下“Tab”键，激活“Track Properties”（导线属性）选项设置窗。

④ 将光标移到连线的起点，单击鼠标左键固定，移动光标到印制导线转折点，单击鼠标左键固定，再移动光标到印制导线的终点，单击鼠标左键固定，再单击右键终止（但这时仍处于连线状态，可以继续放置其他印制导线。当需要取消连线操作时，必须再单击鼠标右键或按下“Esc”键），即可画出一条印制导线。

（4）焊盘

焊盘也称为连接盘，与元件相关，或者说焊盘是元件封装图的一部分。在印制板上，仅使用少量孤立焊盘，以便放置少量飞线、电源/地线或输入/输出信号线的连接盘以及大功率元件固定螺丝孔、印制板固定螺丝孔等。在 Protel 99 PCB 编辑器中，元件引脚焊盘的大小、形状均可重新设置。

焊盘形状可以是圆形、长方形、椭圆形、八角形等。为了增加焊盘的附着力，在中等密度布线条件下，一般采用椭圆形或长圆形焊盘，因为在环宽相同的情况下，长圆形、椭圆形焊盘面积比圆形和方形大；在高密度布线情况下，常采用圆形或方形焊盘。

对于 DIP 封装的集成电路芯片来说，引脚间距为 100mil，在缺省状态下，焊盘外径为 50mil，即 6.27mm，引线孔径为 32mil，即 0.81mm，当需要在引脚间走一连线时，最小线宽可取 20mil，即 0.508mm，这时印制导线与焊盘之间的最小距离为 15mil。在高密度布线情况下，当最小线宽为 10mil，最小间距也是 10mil 时，可以在引脚间走两条印制导线。

大功率元件固定螺丝孔、印制板固定螺丝孔焊盘尺寸与固定螺丝尺寸有关（一般均采用标准尺寸的螺丝、螺帽）。

为了使印制导线与焊盘、过孔的连接处过渡圆滑，避免出现尖角，在完成布线后，可在焊盘、过孔与导线连接处采用泪滴焊盘或泪滴过孔。

下面介绍放置、编辑焊盘的操作方法：

① 单击“放置工具”栏内的“焊盘”工具，然后按下“Tab”键，激活“Pad Properties”（焊盘属性）选项设置窗。

【X-Size】、【Y-Size】：其大小决定了焊盘的外形尺寸。

【Shape】：焊盘形状。

【Hole Size】：焊盘引线孔直径。

【Layer】：对于单面板来说，焊盘可以放在“Bottom Layer”（焊锡面）上，也可以放在“Multi Layer”（多层）上。

② 移动光标到指定位置后，单击左键固定即可。

重复焊盘放置操作，即可连续放置其他的焊盘。在放置焊盘操作过程中，焊盘的中心必须位于与它相连的印制导线中心上，否则不能保证焊盘与印制导线之间可靠连接。

（5）过孔

在双面或多层印制电路板中，通过金属化“过孔”使不同层上的印制图形实现电气连接。放置过孔的操作方法与焊盘相同。

单击“放置工具”栏内的“过孔”工具，然后按下“Tab”键，即可激活“Via Properties”（过孔属性）设置框。

【Diameter】：过孔外径。

【Hole Size】：过孔内径。对于只作贯穿连接而不需要安装元件的金属化过孔，孔径尺寸可以小一些，但必须大于板厚的1/3，否则加工会较困难。

【Layer Pair】：连接层，缺省时是元件面到焊锡面（这适合于双面板），在多层板中应根据实际情况选定。

（6）画电路边框

单击PCB编辑器窗口下工作层列表栏内的“Mechanical Layer 4”（机械层4），将其作为当前工作层，然后利用“画线”工具在机械层4内画出电路板的边框。值得注意的是，边框线与元件引脚焊盘最短距离不能小于2mm（一般取5mm较合理），否则下料会较困难。

（7）利用“圆弧”、“画线”工具画出对准孔

单击PCB编辑器窗口下的“Mech4”，将机械层4（Mechanical Layer 4）作为当前工作层，然后利用“圆弧”工具在机械层4内画出定位孔，操作过程如下：

① 单击放置工具栏内的“从中心画圆弧”工具（采用中心画圆法或边缘画圆法均可，但用中心画圆法定位会方便一些）。

② 将光标移到圆弧的中心，单击鼠标左键以确定圆弧的圆心。

③ 移动光标，调整圆弧半径大小，然后单击鼠标左键以确定圆弧的半径。

④ 将光标移到圆弧的起点，单击鼠标左键。

⑤ 将光标移到圆弧的终点，单击鼠标左键。

⑥ 重复画圆弧操作，画定位孔的内圆，再利用“画线”工具在定位孔内画出两条垂直的线段，于是就形成了对准孔。

（8）编辑、修改丝印层上的元件序号、注释信息

在放置元件、手工布局以及手工调整布线等操作过程中，为了不影响视线，常将元件的注释信息（如序号及型号等）隐藏起来。因此，最后需要调整丝印层上的元件序号、注释信息文字的位置与大小。

调整元件序号、注释信息后，至此也就完成了这一简单电路印制板的编辑工作。

6.3.4 双面印制电路板设计

1. 原理图到印制板

印制板编辑、设计是电子设计自动化（EDA）最后的也是最关键的环节，换句话说，原理图编辑是印制板编辑、设计的前提和基础。对于同一电路系统来说，原理图中元器件电气

连接与印制板中元器件连接关系应完全相同，只是原理图中的元件用“电气图形符号”表示，而印制板中的元件用“封装图”描述，可见原理图中已包含了元件的电气连接关系，完成了原理图编辑后，在 Protel 99 中，可通过如下方法之一将原理图中元件的电气连接关系转化为印制板中元件的连接关系，无需在印制板中逐一输入元件的封装图。

第一种，通过“更新”方式生成 PCB 文件。

在 Protel 99 原理图编辑状态下，执行“Design”菜单下的“Update PCB”（更新 PCB）命令，生成或更新 PCB 文件，并把原理图中的元件封装图及电气连接关系数据传送到 PCB 文件中，原因是 Protel 99 原理图文件（.sch）与印制板文件（.pcb）具有动态同步更新功能。

第二种，通过“网络表”文件生成 PCB 文件。

在原理图编辑状态下，执行“Design”菜单下的“Create Netlist”命令，生成含有原理图元件电气连接关系信息的网络表文件(.net)，然后将网络文件装入 PCB 文件中。这是 Protel 98 及更低版本环境下，原理图文件与印制板文件之间连接的纽带，Protel 99 依然保留这一功能。下面依次介绍此两种操作方法。

（1）通过“更新”方式生成 PCB 文件

在编辑印制板前，必须先编辑好原理图文件。

① 通过“更新”方式生成 PCB 文件。

在原理图编辑状态，执行“Design”菜单下的“Update PCB”命令，生成相应的 PCB 文件。

各选项设置依据如下：

➢ 选择“I/O 端口、网络标号”连接范围。

根据原理图结构，单击“Connectivity”（连接）下拉按钮，选择 I/O 端口、网络标号的连接方式：

对于单张电原理图来说，可以选择“Sheet Symbol /Port Connections”、“Net Labels and Port Global”或“Only Port Global”3 种方式中的一种。

对于含有多张原理图的层次电路结构原理图来说：

如果在整个设计项目（.prj）中，只用方块电路 I/O 端口表示上、下层电路之间的连接关系，也就是说，子电路中所有的 I/O 端口与上一层原理图中的方块电路 I/O 端口一一对应，此外就再没有使用 I/O 端口表示同一原理图中节点的连接关系，则将“Connectivity”设为 Sheet Symbol /Port Connections。

如果网络标号及 I/O 端口在整个设计项目内有效，即不同子电路中所有网络标号、I/O 端口相同的节点均认为电气上相连，则将“Connectivity”设为 Net Labels and Port Global。

如果 I/O 端口在整个设计项目内有效，而网络标号只在子电路图内有效，即在原理图编辑过程中，严格遵守同一设计项目中不同子电路图之间只通过 I/O 端口相连，不通过网络标号连接，即网络标号只表示同一电路图内节点之间的连接关系时，则将“Connectivity”设为 Only Port Global。

➢ “Components”（元件）选择。

当“Update component Footprint”选项处于选中状态时，将更新 PCB 图中元件封装；当“Delete components”选项处于选中状态时，将删除原理图中没有连接的孤立元件。

➢ 根据需要选中“Generate PCB rules according to schematic layer”选项及其下面的选项。

② 预览更新情况。

单击“Change”标签（或单击“Preview Change”按钮），观察更新后的改变情况。

如果原理图中存在缺陷，则图中的错误列表窗口内将给出错误原因，同时更新列表窗下将提示错误总数，并增加“Warning”（警告）标签。

这时必须认真分析错误列表窗口内的提示信息，找出出错原因，并按下“Cancel”按钮，放弃更新，返回原理图编辑状态，更正后再执行更新操作，直到更新信息列表窗内没有报告出错为止。

常见的出错信息、原因如下：

【Component not found】（没有元件发现）：原因是原理图中指定的元件封装形式在封装图形库文件（.lib）中没有找到。

【Node not found】（没有发现焊盘）：原因可能是元件电气图形符号引脚编号与元件封装图引脚编号不一致。

【Footprint XX not found in Library】（元件封装图形库中没有 XX 封装形式）：原因是元件封装图形库文件列表中没有对应元件的封装图。

③ 执行更新。

当“更新信息”列表窗内没有错误提示时，即可单击“Execute”（执行）按钮，更新 PCB 文件。

执行“Design”菜单下的“Update PCB”命令后，如果原理图所在文件夹下没有 PCB 文件，则将自动产生一个新的 PCB 文件（文件名与原理图文件相同）；如果当前文件夹下已存在一个 PCB 文件，将更新该 PCB 文件，使原理图内元件电气连接关系、封装形式等与 PCB 文件一致（更新后不改变未修改部分的连线）；如果原理图所在文件夹下已存在两个或两个以上的 PCB 文件时，系统要求操作者选择并确认更新的 PCB 文件。因此，在 Protel 99 中，通过“更新”操作，使原理图文件（.sch）与印制板文件（.pcb）保持一致。

④ 在禁止布线层内设置布线区。

根据印制板形状及大小，在禁止布线层（Keep Out Layer）内，用“导线”、“圆弧”等工具画出一个封闭的图形，作为印制电路板布线区。在设置布线区时，尺寸可以适当大一些，以方便手工调整元件布局操作。待完成元件布局后，再根据印制板标准尺寸系列、印制板安装位置，确定布线区的最终形状和尺寸。

在禁止布线层内绘制印制电路板布线区边框的操作过程如下：

➢ 单击印制板编辑区下边框的“Keep Out”按钮，切换到禁止布线层。

➢ 在禁止布线层内绘制布线区边框时，单击“导线”工具后，原则上即可不断重复“单击→移动”的操作方式画出一个封闭多边形框。

但由于电路边框直线段较长，为了便于观察，往往缩小了很多倍来显示，精确定位困难，因此在禁止布线层内绘制电路板边框时，可采用如下步骤进行：

单击“放置”工具栏中的“导线”工具。在禁止布线层内，通过“移动、单击左键固定起点→移动、单击左键固定终点→单击右键结束”的操作方式，在元件封装图附件分别画出 4 条直线段，在绘制这 4 条边框线时，可以暂时不必关心其准确位置和长度，甚至不关心这 4 条线段是否构成一个封闭的矩形框。

单击“放置”工具栏内的“设置原点”工具（或执行“Edit”菜单下的“Origin\Set”命

令），将光标移到绘图区内适当位置，并单击鼠标左键，设置绘图区原点。

将鼠标移到直线上，双击左键，进入“导线”选项属性设置窗，修改直线段的起点和终点坐标，然后单击“OK”按钮。

用同样操作方法修改另外三条边框（上边框及左右边框）的起点和终点坐标后，即可获得一个封闭的矩形框。

（2）通过网络表装入元件封装图

Protel 99 依然保留通过网络表文件（.net）装入元件封装图的功能，操作过程如下。

① 装入网络文件前的准备工作。

➢ 编辑好原理图并生成网络表文件（.net）。

➢ 执行“File”菜单下的“New”命令，在“新文档”选择窗口内，选择“PCB Document”（印制板文件）类型，单击“OK”按钮，生成新的 PCB 文件。

➢ 在“设计文件管理器”窗口内，单击生成的 PCB 文件，进入 PCB 编辑状态。

② 重新设置绘图区原点。

单击“放置”工具栏内的“设置原点”工具（或执行“Edit”菜单下的“Origin\Set”命令），将光标移到绘图区内适当位置，并单击鼠标左键，设置绘图区原点。

③ 在禁止布线层内设置。

➢ 单击 PCB 编辑区下边框上“Keep Out”按钮，切换到禁止布线层。

➢ 利用“放置”工具栏内的“导线”、“圆弧”绘制出一个封闭图形，作为布线区。具体操作过程前面已介绍过，这里不再重复。

④ 装入网络表。

在禁止布线层内设置了电路板布线区边框后，即可通过如下步骤装入网络表文件：

➢ 执行“Design”菜单下的“Netlist”命令，装入原理图网络表文件。

➢ 单击“Netlist File”文本框右侧的“Browse”（浏览）按钮，在 “Select”（选择）窗口内当前设计文件包中找出并单击网络表文件，然后单击“OK”按钮返回，即可在网络宏列表窗内看到已装入的元件、焊盘等信息。

如果网络表文件不在当前设计文件包内，可单击“Add”按钮，从其他设计文件包内或目录下找出体现原理图元件电气连接关系的网络表文件。

➢ 根据情况选择“Delete components not in netlist ”（删除没有连接的元件）和“Update footprint”（更新元件封装图）选项。

➢ 在网络宏列表窗口内，检查网络表文件装入后有无错误。如果发现错误，要具体分析，并加以修正。例如，当发现某一元件没有封装图时，可单击“Cancel”按钮，取消网络表文件装入过程，返回原理图。在元件属性窗口内给出元件封装图后，再生成网络表文件，然后转到 PCB 编辑器重新装入网络表，直到网络宏列表窗口内没有出现错误为止。

➢ 当网络宏列表窗口内没有出现错误信息后，即可单击“Execute”按钮，装入网络表文件。可见装入网络表文件后，所有元件均叠放在布线区。

⑤ 分离重叠在一起的元件。

对于通过“更新”方式生成的 PCB 文件来说，在禁止布线层内画出印制板布线区后，原则上可用手工方法将每一元件的封装图逐一移到布线区内（当然，在移动过程中，必要时可旋转元件方向）；也可以使用“自动布局”命令，将元件封装图移到布线区内。

2．设置工作层

执行“Design”菜单下的“Update PCB”命令（或执行“File”菜单下的“New”命令）生成的PCB文件，仅自动打开了Top（元件面）、Bottom（焊锡面）、Keep Out（禁止布线层）、Mech1（机械层1）及Multi（多层重叠）。

由于该电路系统中集成电路芯片较多，需要使用双面电路板，操作过程如下：

执行“Design”菜单下的“Options”命令，并在弹出的“Document Options”（文档选项）窗内，单击“Layers”标签，在窗口选择工作层。

由于是双面板，只需选择信号层中的“Top”（顶层，即元件面）、“Bottom”（底层，即焊锡面），关闭中间信号层。

为了降低PCB生产成本，只在元件面上设置丝印层（除非有特殊要求）。因此，在“Silkscreen”选项框内，只选择“Top”。

假设所有元件均采用传统穿通式安置方式，没有使用贴片式元件，因此也就不用“Paste Mask”（焊锡膏）层。

打开阻焊层选项框的“Bottom”（底层）和“Top”（顶层），即两面都要上阻焊漆。

在“Other”选项框内，选中“Conne”（元件连接关系）复选项，以便在PCB编辑区内显示出表示元件电气连接关系的“飞线”，因为在手工调整布局时，通过“飞线”即可直观地判断是否需要旋转元件方向。

同时也要选择“DRC Error”（设计规则检查）复选项，这样在移动元件、印制导线、焊盘、过孔等操作过程中，当两个导电图形（印制导线、焊盘或过孔）间距小于设定值时，与这两个节点相连的导线、焊盘等显示为绿色，提示这两个导电图形间距不够。

选择可视栅格大小（一般设为20mil）、形状（线条）以及格点锁定距离（一般设为10mil），然后单击“OK”按钮，关闭“Document Options”（文档选项）设置窗。

3．元件布局操作

（1）布局过程

对于一个元件数目多、连线复杂的印制板来说，全依靠手工方式完成元件布局耗时多，效果还不一定好（主要是连线未必最短），而采用“自动布局”方式，连线可能最短，但又未必满足电磁兼容要求，因此一般先按印制板元件布局规则，用手工方式放置好核心元件、输入/输出信号处理芯片、对干扰敏感元件以及发热量大的功率元件，然后再使用“自动布局”命令，放置剩余元件，最后再用手工方式对印制板上个别元件位置做进一步调整。总之，印制板元件布局对电路性能影响很大，绝对不能马虎。

（2）元件布局原则

尽管印制板种类很多、功能各异，元件数目、类型也各不相同，但印制板元件布局还是有章可循的。

① 元件位置安排的一般原则。在PCB设计中，如果电路系统同时存在数字电路、模拟电路以及大电流电路，则必须分开布局，使各系统之间耦合达到最小。

② 元件离印制板边框的最小距离必须大于2mm，如果印制板安装空间允许，最好保留5～10mm。

③ 元件放置方向。在印制板上，元件只能沿水平和垂直两个方向排列，否则不利于插件。

④ 元件间距。对于中等密度印制板、小元件，如小功率电阻、电容、二极管、三极管等分立元件彼此的间距与插件、焊接工艺有关：当采用自动插件和波峰焊接工艺时，元件之间的最小距离可以取 50～100mil（即 6.27～2.54mm）；而当采用手工插件或手工焊接时，元件间距要大一些，如取 100mil 或以上，否则会因元件排列过于紧密，给插件、焊接操作带来不便。大尺寸元件，如集成电路芯片，元件间距一般为 100～150mil。对于高密度印制板，可适当减小元件间距。

⑤ 热敏元件要尽量远离大功率元件。

⑥ 电路板上重量较大的元件应尽量靠近印制电路板支撑点，使印制板电路板翘曲度降至最小。

⑦ 对于需要调节的元件，如电位器、微调电阻、可调电感等的安装位置应充分考虑整机结构要求：对于需要机外调节的元件，其安装位置与调节旋钮在机箱面板上的位置要一致；对于机内调节的元件，其放置位置以打开机盖后即可方便调节为原则。

⑧ 在布局时 IC 去耦电容要尽量靠近 IC 芯片的电源和地线引脚，否则滤波效果会变差。在数字电路中，为保证数字电路系统可靠工作，在每一数字集成电路芯片（包括门电路和抗干扰能力较差的 CPU、RAM、ROM 芯片）的电源和地之间均设置了 IC 去耦电容。

⑨ 时钟电路元件应尽量靠近 CPU 时钟引脚。数字电路，尤其是单片机控制系统中的时钟电路，最容易产生电磁辐射，干扰系统中其他元器件。

（3）手工预布局

按元件布局一般规则，用手工方式安排并固定核心元件、输入信号处理芯片、输出信号驱动芯片、大功率元件、热敏元件、数字 IC 去耦电容、电源滤波电容、时钟电路元件等的位置，为自动布局做准备。

在 PCB 编辑器窗口内，通过移动、旋转元件等操作方法，即可将特定元件封装图移到指定位置。操作方法与在 SCH 编辑器窗口内移动、旋转元件的操作方法完全相同。

① 粗调元件位置。

当印制板上元件数目较多、连线较复杂时，先按元件布局规则大致调节印制板上的元件位置，操作过程如下：

➢ 执行“View”菜单下的“Connections\Hidden All”命令，隐藏所有飞线。

➢ 单击“Browse”（浏览选项）按钮，在浏览选项列表窗内选择“Components”作为浏览对象。

➢ 按上面列举的元件布局规则，优先安排核心元件及重要元件的放置位置。

➢ 完成了核心元件及各重要元件的初步定位后，按同样方法将放置位置有特殊要求的元件，如时钟电路、输出信号驱动芯片、复位按钮、电源整流二极管、三端稳压集成块等移到指定位置。

➢ 执行“View”菜单下的“Connections\Show All”命令，显示所有飞线。

② 进一步细调放置位置有特殊要求的元件。

借助“飞线”，利用移动、旋转等操作方法，对元件放置位置做进一步调节，使飞线交叉尽可能少。

③ 固定对放置位置有特殊要求的元件。

确定了核心元件、重要元件以及对放置位置有特殊要求的元件的位置后，可直接逐一双击这些元件，在元件属性窗口内，选中“Locked”选项，单击“OK”按钮，退出元件属性窗口，以固定元件在 PCB 编辑区内的位置。

（4）元件分类

自动布局、布线前，最好先执行“Design”菜单下的“Classes”命令，对有特殊要求的元件、节点进行分类，以便在自动布局、自动布线参数设置中，对特定类型的元件、节点选择不同布局、布线方式。下面以元件分类为例，介绍元件、节点分类的操作过程：

① 单击“Design”菜单下的“Classes”命令，单击“Component”标签，对元件进行分类。

② 单击“Add”按钮，在未分组元件列表框内选择一个或一批元件后（单击某一元件后，按下 Shift 键不放，再单击另一元件，即可同时选中相邻的元件；按下 Ctrl 键不放，不断单击目标，即可同时选中彼此不相邻的多个元件），再单击添加选中按钮，即可将左窗口中未分组元件加入到右窗口中组内元件列表内，在“Name”文本盒内输入类名。

③ 单击“Close”按钮。必要时，重复上述操作，对其他元件再分组。

（5）设置自动布局参数

在自动布局操作前，必须先设置自动布局参数，以下介绍其操作过程。

① 设置元件自动布局间距。

在 PCB 编辑状态下，单击“Design”菜单下的“Rules”（规则）命令；在“Design Rules”（设计规则）窗口内，单击“Placement”（放置规则）标签，然后单击“Rule Classes”（规则分类）列表窗内的“Component Clearance Constraint”（元件间距）设置项，即可观察到元件间距设置信息。

单击“Add”按钮，可增加新的放置规则；在“规则”列表窗口内，单击某一特定规则后，单击“Delete”按钮，即可删除选定的规则；单击“Properties”按钮，可编辑选定的规则。

当没有指定元件放置间距时，自动布局时默认的元件间距为 10 mil。根据需要，单击“Add”按钮，即可增加自动布局过程中元件间距约束规则。

② 设置元件放置方向。

单击“Rule Classes”列表窗下的“Component Orientations Rule”（元件放置方向），重新设定、修改元件放置方向。单击“Add”按钮，即可增加新的放置规则。

③ 设置元件放置面。

在双面板、多面板中，元件一般放置在元件面上，无需特定指定。但在单面板中，表面封装器件 SMD 只能放在焊锡面内，因此需要指定元件放在元件面上还是焊锡面上。

单击“Rule Classes”列表窗下的“Permitted Layers Rule”（元件放置面），重新设定、修改元件放置面。

（6）自动布局

确定并固定了关键元件位置后，即可进行“自动布局”，操作过程如下：

① 执行“Tools”菜单下的“Auto Place”（自动放置）命令。

② 选择自动布局方式和自动布局选项。

➢ 在“Preferences”选项框内，选择“Statistical Place”（统计学）放置方式时，以连线距离最短作为布局效果好的判断标准。

统计学放置方式选项，可通过禁止/允许以下选项干预布局结果，因此布局效果较好，但耗时长，需要等待。

➢ 在“Preferences”选项框内，选择“Cluster Place”（菊花链状）放置方式时，以“元件组”作为放置依据，即只将组内元件放在一起，因此布局速度较快。

③ 选择元件放置方式和有关自动布局选项后，单击“OK”按钮，即可启动元件自动布局过程。在以“统计学”作为元件放置方式的自动布局过程中，Protel 99 自动在 PCB 文件所在文件夹内创建 Place n（n 为 1，2，3……）临时文件，存放自动布局状态和最终结果。

④ 元件自动布局操作结束后，将自动更新 PCB 元件窗口内元件位置，在自动布局过程中，当布线区太小，无法按设定距离放置原理图内所有元件封装图时，在布局结束后将发现个别元件放在禁止布线区外，出现这种情况后的解决办法是在禁止布线层内，修改构成布线区直线段、圆弧的长度、增大边框后，再自动布局。

（7）手工调整元件布局

① 粗调元件位置。

经过预布局、自动布局操作后，元件在印制板上相对位置大致确定，（但还有许多不尽人意之处，如元件分布不均匀，个别元件外轮廓线重叠——这将无法安装），IC 去耦电容与 IC 芯片距离太远等，尚需要进一步手工调整元件位置。有时自动布局仅仅是为了将重叠在一起的元件封装图分开，为手工调整元件布局提供方便而已。操作过程如下：

➢ 双击元件，在元件属性窗口内，单击“Global>>”选项按钮；在“Properties”标签窗口内，单击“Locked”复选框，删除该选项框内的“√”；单击“Copy Attributes”选项框内的“Locked”复选框，使该复选框内出现“√”；再单击“OK”按钮，即可解除所有元件的“锁定”属性，以便对元件进行移动、旋转操作。

➢ 按元件布局要求，对元件进行移动、旋转操作调整元件位置。

② 元件位置精确调整。

经过预布局、自动布局及手工调整等操作后，印制板上元件的位置已基本确定，但元件位置、朝向尚未最后确定，还需要通过移动、旋转、整体对齐等操作方式，仔细调节元件位置，最后再执行元件引脚焊盘对准格点操作，然后才能连线。精密调节元件位置的操作过程如下：

➢ 暂时隐藏元件序号、注释信息。

➢ 执行“View”菜单下的“Connections\Show All”命令，显示所有飞线。

旋转、对齐操作方法与 SCH 编辑器相同，这里不再详细介绍。经过反复旋转、选定、对齐操作后，即可使得同一行上的元件靠上或靠下对齐，同一列上的元件靠左或靠右对齐；交叉的飞线数目已很少。可以认为，手工调整布局基本结束。

➢ 元件引脚焊盘对准格点。完成手工调整元件布局后，自动布线前，必须将元件引脚焊盘移到栅格点上，使连线与焊盘之间的夹角为 135° 或 180°，以保证连线与元件引脚焊盘连接处电阻最小。

操作方法：执行“Tools”菜单下的“Align Components\Move To Grid”（移到栅格点）命令，指定元件移动距离，即可将所有元件引脚焊盘移到栅格点上。

➢ 选择电路板外形尺寸。根据布局结果及印制电路板外形尺寸国家标准 GB 9316—88 规定，选择电路板外形尺寸，并重新调整电路板布线区大小。

GB 9316—88 规定了通用单面、双面及多层印制电路板外形尺寸系列（但不包括箱柜中使用的插件式印制电路板）。一般情况下，印制电路板外形为矩形，该尺寸系列是电路板最大外形尺寸，而不是布线区尺寸。

为防止印制电路板外形加工过程中触及印制导线或元件引脚焊盘，布线区要小于印制电路板外形尺寸。每层（元件面、焊锡面及内部信号层、内电源/地线层）布线区的导电图形与印制板边缘距离必须大于 6.25mm（约 50mil），对于采用导轨固定的印制电路板上的导电图形与导轨边缘的距离要大于 2.5mm（约 100mil）。

➢ 根据印制板最终尺寸，利用“导线”、“圆弧”等工具在机械层 4 内分别绘制出印制电路板外边框和对准孔。

4．布线及布线规则

（1）布线规律

在布线过程中，必须遵循如下规律：

① 印制导线转折点内角不能小于 90°，一般选择 135°或圆角；导线与焊盘、过孔的连接处要圆滑，避免出现小尖角。

② 导线与焊盘、过孔必须以 45°或 90°相连。

③ 在双面、多面印制板中，上下两层信号线的走线方向要相互垂直或斜交叉，尽量避免平行走线；对于数字、模拟混合系统来说，模拟信号走线和数字信号走线应分别位于不同面内，且走线方向垂直，以减少相互间的信号耦合。

④ 在数据总线间，可以加信号地线，来实现彼此的隔离；为了提高抗干扰能力，小信号线和模拟信号线应尽量靠近地线，远离大电流和电源线；数字信号既容易干扰小信号，又容易受大电流信号的干扰，布线时必须认真处理好数据总线的走线，必要时可加电磁屏蔽罩或屏蔽板。

⑤ 连线应尽可能短，尤其是电子管与场效应管栅极、晶体管基极以及高频回路。

⑥ 高压或大功率元件尽量与低压小功率元件分开布线，即彼此电源线、地线分开走线，以避免高压大功率元件通过电源线、地线的寄生电阻（或电感）干扰小元件。

⑦ 数字电路、模拟电路以及大电流电路的电源线、地线必须分开走线，最后再接到系统电源线、地线上，形成单点接地形式。

⑧ 在高频电路中必须严格限制平行走线的最大长度。

⑨ 在双面电路板中，由于没有地线层屏蔽，应尽量避免在时钟电路下方走线。例如，时钟电路在元件面连线时，信号线最好不要通过焊锡面的对应位置。解决方法是在自动布线前，在焊锡面内放置一个矩形填充区，然后将填充区接地。

⑩ 选择合理的连线方式。

（2）布线过程

布线过程包括设置自动布线参数、自动布线前的预处理、自动布线、手工修改 4 个环节。其中自动布线前的预处理是指利用布线规律，用手工或自动布线功能，优先放置有特殊要求的连线，如易受干扰的印制导线、承受大电流的电源线和地线等；在时钟电路下方放置填充区，避免自动布线时，其他信号线经过时钟电路的下方。

① 设置自动布线规则。

自动布线操作前，必须执行“Design”菜单下的“Rules”命令，检查并修改有关布线规则，如走线宽度、线与线之间以及连线与焊盘之间的最小距离、平行走线最大长度、走线方向、敷铜与焊盘连接方式等是否满足要求，否则将采用缺省参数布线，但缺省设置难以满足各式各样印制电路板的布线要求。Design Rules（设计规则）设置窗包含“Routing”（布线参数）、“Manufacturing”（制造规则）、“High Speed”（高速驱动，主要用于高频电路设计）、“Placement”（放置）、“Signal Integrity”（信号完整性分析）及“Other”（其他约束）标签。

➢ 设置布线参数。

a．布线与焊盘（包括过孔）之间的最小距离。

执行“Design”菜单下的“Rules”命令，在设计规则窗口内，单击“Routing”（布线参数）标签；单击“Rule Classes”（规则类型）列表窗下的“Clearance Constraint”（安全间距）规则，即可重新设定不同节点导电图形（导线与焊盘及过孔）之间的最小距离。

b．选择印制导线转角模式。

单击“Rule Classes”列表窗下的“Routing Corners”（布线拐角），即可重新设定印制导线转角模式。

系统默认转角模式为 45°（外角为 45°，内角就是 135°），转角过渡斜线垂直距离为 100mil（即 2.54mm），适用范围是整个电路板内的所有导线。

单击“Properties”（特性）按钮，可重新设置转角模式及转角过渡斜线的垂直距离。

c．选择布线层及走线方向。

单击“Rule Classes”列表窗下的“Routing Layers”（布线层），即可弹出布线层选择窗口。

单击图中的“Properties”按钮，选择布线层和层内印制导线的走线方向。

缺省状态下，仅允许在顶层（Top Layer）和底层（Bottom Layer）布线，而中间层 1～14 处于关闭状态（Not Used）。

d．过孔类型及尺寸。

单击“Rule Classes”列表窗下的“Routing Via Style”（过孔类型），即可弹出过孔当前状态窗口。

单击图中的“Properties”按钮，即可重新选择过孔类型及尺寸。

e．设置布线宽度。

在自动布线前，一般均要指定整体布线宽度及特殊网络，如电源、地线网络的布线宽度。设置布线宽度的操作过程如下：

- 设置没有特殊要求的印制导线宽度。

单击“Rule Classes”列表窗下的“Width Constraint ”（布线宽度限制），即可弹出布线宽度状态窗口。

单击图中的“Properties”按钮，即可重新设置布线宽度。

- 设置电源、地线等电流负荷较大网络的导线宽度。在电路板中，电源线、地线等导线流过的电流较大，为了提高电路系统的可靠性，电源、地线等导线宽度要大一些。自动布线前，最好预先设定，操作过程如下：

单击“Add”按钮，在导线宽度设置窗口内，单击“Filter kind”下拉按钮，在此列表窗内选择“Net”（节点），接着在“Net”（网络名）文本盒内输入相应的网络名，如 VCC（假设电源网络标号为 VCC）、GND（地线）等；在线宽窗口内直接输入最小、最大线宽。

单击“OK”按钮后，即可发现线宽状态窗口内多了电源线宽度信息行。

f. 选择布线模式。

所谓布线模式，就是设置焊盘之间的连线方式。对于整个电路板，一般选择最短布线模式，而对于电源网络（VCC）、地线（GND）网络来说，应根据需要选择最短模式、星型模式或菊花链状模式。例如，对于要求单点接地的电路系统，则电源网络、地线网络可采用星型（Starburst）布线模式。

单击“Rule Classes”列表窗下的“Routing Topology ”（布线拓扑模式），即可弹出布线模式状态窗口。

单击图中的“Properties”按钮，即可重新选择布线模式。

g. 确定网络结点布线优先权。

在电路系统中，某些网络的布线有特殊要求，如输入/输出信号线尽可能短，电源线、地线也尽可能短，布线时对有特殊要求的网络可优先布线。Protel 99 提供了 0～100 级布线优先权（0 最低，100 最高）设置，即可以定义 100 个网络的布线顺序。

单击“Rule Classes”列表窗下的“Routing Priority ”（布线优先权），即可弹出布线优先权状态窗口。

单击图中的“Properties”按钮，即可重新选择布线优先权。

h. 表面封装元件引脚焊盘与转角间距。

如果印制板含有表面封装元件 SMD，可单击“Rule Classes”列表窗下的“SMD To Corner Constraint”选项，设置表面封装器件引脚焊盘与转角之间的距离。

设置的布线规则越严格，限制条件越多，自动布线时间就越长，布通率就越低。根据需要还可以进入制造规则、高速驱动、放置和其他标签，设置有关布线参数，下面再简要介绍其中一些较重要的布线规则含义及设置依据。

➢ 制造规则设置。

执行“Design”菜单下的“Rules”命令，单击“Manufacturing”（制造规则）标签，即可对制造规则进行检查和设置。这些规则包括布线夹角、焊盘铜环最小宽度、焊锡膏层扩展、敷铜层与焊盘连接方式、内电源/接地层安全间距、内电源/接地层连接方式、阻焊层扩展等。

“布线夹角”定义了最小布线夹角；“焊盘铜环最小宽度”定义了焊盘铜环的最小值；而“焊锡膏层扩展宽度”则定义了焊锡膏层是否要扩展，如果电路板没有表面封装元件，就没有焊锡膏层，当然也就没有必要关心“焊锡膏层扩展”设置。

“敷铜层与焊盘连接方式”定义了与敷铜层相连的焊盘形状，在印制电路板中，为了提高抗干扰性能，减少接地电阻，改善散热条件，常使用敷铜方式，而敷铜层一般与地线相连，这就涉及到地线网络焊盘与敷铜层的连接方式问题，设置“敷铜层与焊盘连接方式”的操作过程如下：

a. 单击“Rule Classes”列表窗下的“Polygon Connect Style”（敷铜层连接方式），即可观察到敷铜层与焊盘连接方式列表。

b. 单击图中的“Properties”按钮，即可重新选择敷铜层与焊盘的连接方式。可以选择“Relief Connect”（辐射连接）和“Direct Connect”（直接连接）两种方式之一进行敷铜层与焊盘的连接。当选择辐射连接方式时，必须给出连接铜膜条数（2 或 4 条）、方向（90°或 45°）以及连接线条铜膜宽度。

c．设置敷铜层与焊盘连接方式及适用范围后，单击“OK”按钮退出。

➢ 高速驱动规则设置。

执行“Design”菜单下的“Rules”命令，单击“High Speed”（高速驱动）标签，即可对菊花链分支长度、布线长度、平行走线最大长度等进行设置。高速驱动规则主要用于约束高频及时钟信号频率较高的数字电路的布线，其中，“最大布线长度”用于限制连线的最大长度；“匹配网络长度”用于设置有阻抗匹配要求的网络的布线长度；“最大过孔数”用于限定过孔的数量；“平行布线设置”用于设定平行走线的间距和平行走线的长度。

② 自动布线前的预处理。

完成布线规则设置后，自动布线前应根据布线密度及不同面上的走线方向重新确定元件引脚焊盘的形状及尺寸。执行“更新”或“装入网络表”操作后，制板编辑区内所有元件的引脚焊盘均采用元件封装库文件中定义的焊盘形状，但未必合理。在自动布线前执行如下操作。

➢ 敷铜区的放置及编辑。

放置敷铜区的操作过程如下：

a．单击“放置”工具栏内的“Place Polygon Plane”（放置敷铜层）工具，在敷铜层选项设置窗口内，指定敷铜层有关参数后，单击“OK”按钮退出。

敷铜层各选项参数含义如下：

- 在“Net Options”（节点选项）框内，单击“Connect to Net”下拉按钮，在节点列表窗内找出并单击与敷铜层相连的节点，如 GND、VCC 等；单击“是否覆盖与敷铜层相连的网络连线”复选框，即选用该选项。
- 在“Hatching Style”（敷铜区细线条形状）选项框内，单击所需的细线段形状，确定敷铜区内部细线条的形状，可选择的线条形状有 90° 小方格、斜 45° 小方格（菱形）、水平线条、垂直线条等。
- 在“Plane Settings”（敷铜层设置）框内，输入线段间距、线段宽度以及所在工作层。
- 在“Surround Pads With”（敷铜区包围焊点方式）框内，选择“八角形”或“圆弧形”方式（一般多选择圆弧形）。

b．将光标移到敷铜区起点，单击左键，固定多边形第一个顶点；移动光标到多边形第二个顶点，单击左键固定，不断重复移动、单击左键，再单击右键结束，即可绘出一个多边形敷铜区。

c．修改敷铜区属性。将鼠标移到敷铜区内任一位置，双击鼠标左键，均可激活敷铜层属性窗，然后即可重新设定敷铜层参数，如线条宽度、线条间距、形状等。单击“OK”按钮，关闭敷铜层属性设置窗口后，即可显示出重建提示。单击“Yes”按钮后，即按修改后参数重建敷铜区。

d．敷铜区的删除。在 PCB 编辑区内，可通过如下步骤删除敷铜区、元件封装图：

执行“Edit”菜单下的“Select\Toggle Selection”命令，将光标移到敷铜区内任一位置，单击左键选定。此时仍处于选定操作状态，可以继续选定另一需要删除的敷铜区或元件。

完成选定后，单击鼠标右键，退出选定操作状态。

执行“Edit”菜单下的“Clear”清除命令，即可删除已选定的敷铜区。

➢ 放置填充区。

放置填充区的操作过程如下：

a．单击“放置”工具栏内的“Place Fill”（放置填充区），按下 Tab 键，在填充区属性窗口内，选定填充区所在工作层、与填充区相连的节点、旋转角等参数后，单击“OK”按钮，退出填充属性设置窗。

b．将光标移到编辑区特定位置，单击鼠标左键，固定矩形填充区对角线的一个端点（一般是左上角）；移动光标，即可观察到填充对角线另一端点随光标的移动而移动，单击鼠标左键固定填充区对角线第二个端点，这样便获得矩形填充区。

c．可以通过“移动→单击→移动→单击”继续绘制另一填充区，也可以单击鼠标右键，退出命令状态。

③ 自动布线。

经过以上处理后，就可以使用“Auto Route”菜单下的有关命令进行自动布线。这些命令包括“All”（对整个电路板自动布线）、“Net”（对一网络进行布线）、“Connection”（对某一连线进行布线）、“Component”（对某一元件进行布线）、“Area”（对某一区域进行布线）。在自动布线过程中，若发现异常，可执行该菜单下的“Stop”命令，停止布线；通过“Pause”命令暂停布线；通过“Restart”命令重新开始。

全局自动布线操作过程如下：

单击主工具栏内的“Show Entire Document”（显示整个画面）按钮，以便在全局自动布线过程中能观察到整个布线画面。执行“Auto Route”菜单下的“All”命令，启动自动布线进程，即可观察到自动布线进程。

从自动布线结果中我们可以看出虽然布通率为 100%，但局部区域布线效果并不理想，最常见的现象是走线拐弯多，造成走线过长，也不美观，其次是布线密度不合理，没有充分利用印制板空间，所有这些不合理的走线均需要手工修改。

④ 手工修改。

不论自动布线软件功能多么完善，自动布线生成的连线依然存在这样或那样的缺陷，如局部区域走线太密、过孔太多、连线拐弯多等，使布线显得很零乱、抗干扰性能变差。

➢ 修改走线的方法。

修改走线的基本方法是利用“Tools”菜单下的“Un-Route”命令组，如“Un-Route\Net”、“Un-Route\Connection”和“Un-Route\Component”拆除已有连线，然后再通过手工或“Auto Route”菜单下的“Net”（对指定节点布线）、“Connection”（对指定飞线布线）、“Component”（对指定元件布线）等命令重新布线。

➢ 对于拐弯很多的走线，其修改操作过程为：

a．执行“Tools”菜单下的“Un-Route\Connection”命令。

b．将光标移到待拆除的连线上。

c．单击鼠标左键，光标下的连线即可变为飞线。

d．单击编辑区下的特定工作层，选择连线所在层。

e．单击“放置”工具栏内的“导线”工具。

f．必要时，按下“Tab”键，在导线属性选项窗内选择导线宽度、锁定状态等选项。

g．将光标移到与飞线相连的焊盘上，单击左键固定连线起点，移动鼠标用手工方式绘制印制导线。

这样，修改后的连线不仅拐弯少，而且连线长度也缩短了。

➢ 增加电源、地线及其他大电流负荷导线的线宽。

导线均有寄生电阻和寄生电感，而寄生电感的大小与印制导线长度成正比、与印制导线宽度的对数成反比；寄生电阻的大小与印制导线长度成正比、与印制导线宽度成反比。因此，为了减小印制导线的寄生电阻、寄生电感，除了尽可能缩短连线长度外，在布线密度许可的情况下，还应加大电源线、地线及其他大电流负荷印制导线的宽度。其操作过程如下：

a．单击“Tools”菜单下的“Un-Route\Connection”（拆除连线）命令，将光标移到需要拆除的连线上单击鼠标左键，逐一拆除需要加大宽度的印制导线。

b．执行“Design”菜单下的“Rules”命令；单击“Routing”标签，在“Rule Classes”窗口内找出并单击“Width Constraint”（连线宽度）设置项；在连线宽度设置列表窗口内，单击“Board”设置项，再单击“Properties”按钮，进入导线宽度设置窗，将导线最小宽度和最大宽度均设置为50mil，然后单击“OK”按钮返回。

c．执行“Auto Route”菜单下的“Connection”命令，将光标移到飞线上，单击鼠标左键，对飞线重新布线。完成了连线后，单击鼠标右键，退出连线状态。

⑤ 布线后的进一步处理。

➢ 设置泪滴焊盘及泪滴过孔。

完成连线的手工调整后，根据需要将特定区域内的焊盘变为泪滴焊盘，以提高焊盘（包括过孔）与印制导线连接处的宽度，设置泪滴焊盘的操作过程如下：

a．单击主工具栏的“选择”工具，选择将要泪滴化的区域。

b．执行“Tools”菜单下的“Teardrops\Add”命令，将选中的焊盘、过孔变为泪滴状态，再单击主工具栏内的“解除选中”工具，即可获得泪滴化结果。

➢ 设置大面积填充区。

为了提高电路，尤其是高频电路系统的抗干扰能力，完成布线后，可在印制板的焊锡面、元件面内分别放置与地线相连的大面积敷铜区，使连线、焊盘四周被地线包围。

在大电流电路中，减少接地电阻，改善散热条件，常需要在电路板焊锡面内空白处放置与地线或电源线相连的敷铜区。然后再删除与敷铜区相连的印制导线。当敷铜区覆盖了某一宽大尺寸连线后，最好将该连线删除（即由原来的导线连接改为通过敷铜区连接），同时将与敷铜区连接的焊盘改为“直接”方式。因为当印制导线或电源区、地线区很宽时，在焊接或长时间受热过程中，铜膜将膨胀，甚至脱漏，严重影响元件的焊接质量。采用开孔的敷铜区代替大尺寸印制导线、电源、地线区后，可有效地解决焊接过程中的铜膜膨胀问题。

➢ 调整丝印层上的元件标号。

在布局、布线过程前，为了便于浏览布局、布线效果，常隐藏元件的标号、型号或大小等注释信息。完成手工布线调整后，可通过修改元件全局属性，在丝印层内显示元件标号、型号或大小等注释信息，然后通过移动、旋转等操作方法调整元件标号、型号等文字的位置、方向及字体。调整、修改丝印层上元件标号、型号等注释信息的操作过程如下：

a．将鼠标移到编辑区内任一元件上，双击鼠标左键进入元件属性设置窗口。

b．在元件属性窗口内，单击“Designator”（标号）标签，进入元件标签设置窗。

c．单击“Hidden”复选框，取消其中的“√”，然后单击“Global>>”按钮，进入全局选项窗。

d．单击“Copy Attributes”（复制属性）选项框下的“Hidden”复选框，使其处于选中状态，即复选框出现“√”。

e．如果还希望显示元件型号或大小等注释信息时，可单击“Comment”（注释信息）标签，去掉元件注释信息窗口内的“隐藏”属性，并在“Copy Attributes”选项框内选中“Hidden”复选项。

f．取消标号、注释信息的隐藏属性后，单击“OK”按钮退出，可看到所有元件的标号、型号（或大小）等信息。

g．当标号、型号（或大小）等注释信息处于显示状态后，就可以通过移动、旋转、对称等操作调整其位置，通过标号、型号属性设置窗口选择字体或大小。

➢ 在丝印层上放置说明性文字。

单击“放置”工具栏内的“PlaceString”（放置字符串信息），可以在丝印层或其他工作层上放置一些说明性文字，操作方法与 SCH 编辑器相同。

⑥ 设计规则检查。

完成了电路板设计后，打印前最好执行“Tools”菜单下的“Design Rule Check”（设计规则检查）命令，检验自动布线及手工调整后是否违反了通过“Design”菜单下的“Rules”命令设定的布线规则，操作过程如下：

➢ 执行“Tools”菜单下的“Design Rule Check”命令，检查选项设置窗内选择检查项目及检查结果报告文件名后，单击“Run DRC”按钮启动检查进程。PCB 编辑器提供了“Report”（产生报告文件）和“On-Line”（在线检测，不产生报告文件，在印制板编辑区直接给出错误标记）两种检测方式，其中“Report”方式功能最为完善。其中：

a．“布线规则检查项”框内提供了以下选项：

Clearance Constraint（安全间距）检查选项。如果在工作参数设置窗内允许在线检测，则在自动布线和手工调整过程中，导电图形间距不会小于设定的安全间距。

Max/Min Width Constraint（最大/最小线宽限制）检查选项。

Short Circuit Constraint（最短走线）检查选项。

Un-Routed Net Constraint（检查没有布线的网络）。

b．在“高速驱动规则检查项”中提供了与高速驱动规则设置有关的检查项目。

c．在“制造规则检查项”中提供了最小夹角、最小焊盘等检查项目。

d．如果希望产生报告文件，则必须选择“生成检查结果文件”复选项，运行设计规则检查后，在 PCB 文件夹内自动建立.drc 文件（文件名与 PCB 文件名相同），存放 DRC 检查结果。

e．为了方便查看检查结果，最好选择“在印制板上标记违反设计规则”复选项。在这种情况下，不满足设计规则的连线、焊盘等均被打上标记——以绿色显示。

➢ 报告文件内容。

如果选择产生报告文件，则检查结束后，PCB 编辑器自动进入文本状态，显示检查结果文件（扩展为.drc）。

➢ 认真分析报告文件中的错误信息，单击“设计文件管理器”窗口内的“Explorer”标签，再单击相应的PCB文件图标，返回PCB编辑器。单击PCB编辑器浏览对象下拉按钮，在浏览对象列表窗内，找出并单击“Violation”（违反规则），将Violation作为浏览对象。

根据错误性质，灵活运用拆线、删除、移动、手工布线以及修改连线属性等编辑手段，修正所有致命性错误。然后再运行设计规则检查，直到不再出现错误信息，或至少没有致命性错误为止。

⑦ 验证印制板连线的正确性。

为了验证印制电路板中元件连接关系是否忠实体现原理图中元件的连接关系，完成印制电路板连线后，可通过如下方式之一进行验证。

➢ “更新”原理图。

在PCB编辑状态下，执行“Design”菜单下的“Update Schematic”（更新原理图）命令，在动态更新窗口内设置有关选项后，再单击“Preview Change”（预览更新）按钮。观察是否存在不匹配的元件。

由于仅仅是为了观察PCB文件中元件与原理图中元件是否一致，因此可单击“Cancel”（取消）按钮返回，不必更新。可见，通过更新原理图方式只能检查PCB文件和原理图文件元件数目、封装形式是否匹配，不能发现元件连接关系是否相同。

➢ 通过建立网络表文件进行比较。

执行“Tools”菜单下的“Generate Netlist”命令，从印制板中抽取网络表文件，并与从原理图中抽取的网络表文件进行比较，即可判断出印制电路板连线的正确性。这种方法不仅能发现不匹配的元件，也能发现不匹配的连接关系。

执行“Tools”菜单下的“Generate Netlist”命令后，立即从印制板中抽取网络表文件（网络表文件名与PCB文件名相同，扩展名为.net，且存放在PCB文件目录下），并启动文本编辑器，显示网络表文件内容。

由于两个文件中网络表描述顺序及节点描述顺序可能不同，只能通过SCH编辑器的“Report\Netlist Compare”命令比较，操作过程如下：

a．启动或转入SCH编辑器。

b．在SCH编辑器窗口内，执行“Report”菜单下的“Netlist Compare”命令，找出并单击第一个网络表文件名，然后单击“OK”按钮。

c．接着找出并单击第二个网络表文件名，再单击“OK”按钮，即可启动网络表文件的比较进程，并自动进入文本编辑器显示网络表文件比较结果。

⑧ 元件重新编号及原理图元件序号更新。

➢ 重新编号。

完成元件布局调整后，印制板上的元件序号可能很杂乱，给插件、维修带来不便。可在布线调整结束后，执行“Tools”菜单下的“Re-Annotate”（元件重新编号）命令，选择编号顺序后，单击“OK”按钮，对印制板上的元件重新编号。

➢ 更新SCH原理图元件编号。

很显然，对印制板中的元件重新编号后，必须更新原理图中元件的编号，使印制板内元件编号与原理图中元件编号保持一致，操作过程如下：

a．在“文件管理器”窗口内，单击原理图文件图标，进入SCH编辑状态。

b．执行 SCH 编辑器窗口内的“Tools\Back Annotate”（反向注释）命令。

c．找出并单击在 PCB 窗口内对元件重新编号时生成的新旧编号对照文件名（.was），然后单击“OK”按钮。

➢ 元件重新编号的利弊。

完成元件布局、连线后，对元件重新编号虽然可使印制板上的元件编号相邻，但更新原理图中元件编号后，原理图中元件编号就不见得很合理，顾此失彼。另外，重新编号时，元件序号只能用 U1、U2，R1、R2 等表示，于是电路系统中各单元电路内的元件将统一编号，结果无法从元件序号分辨出元件所属子电路。因此，一般不主张在 PCB 中对元件重新编号。

5．信号完整性分析

随着数字电路系统时钟信号频率以及集成度的不断提高，导致高频、高速印制板电路上印制导线的“天线效应”越来越明显，使信号在印制导线上传输时不可避免地受到干扰。因此，完成高频、高速电路印制板设计后，最好能预先了解到印制板上重要节点信号在传输过程中的波形畸变程度，以便采取相应的补救措施，避免在印制板加工后，用实物进行 EMC（电磁干扰测试）实验。这不仅能缩短 PCB 设计周期，也有利于降低设计成本。

（1）信号完整性分析设置

在印制电路板上进行信号完整性分析前，必须在“Design Rule”中的 Signal Integrity 标签窗口内对“Layer Stack”（工作层）规则、“Supply Nets”（电源网络）规则进行设置，操作过程如下：

① 执行“Design”菜单下的“Rules”命令，在“Design Rule”（设计规则）窗口内，单击“Signal Integrity”（信号完整性分析）标签，在“Rule Classes”（规则分类）列表窗内找出并单击“Layer Stack”（工作层）规则。

尽管“Layer Stack”规则对信号完整性分析操作非常关键，但 Protel 99 并没有提供相应的缺省值，需要用户根据印制结构进行设置。

② 单击“Add”按钮，设置印制板结构。

单击“规则属性窗口”内的“Copper”标签，设置印制板信号层，对于双面板来说，必须选择“Top Layer”和“Bottom Layer”。

单击“规则属性窗口”内的“Dielectrics”（非电气参数）标签，根据印制加工中拟采用的敷铜板参数，选择敷铜板铜膜厚度、基板厚度及介电参数（当然可以采用缺省值）等。

在敷铜板参数列表窗内，单击相应参数项后，再单击“Properties…”按钮，即可修改对应项的值。

单击“Solder”标签，设置阻焊层参数（可以采用缺省参数）。

单击“OK”按钮，返回印制板结构规则列表。

③ 单击“Rule Classes”列表窗中的“Supply Nets”规则项；在“Supply Nets”（电源网络节点）规则窗口内，单击“Add”按钮，设置与电源网络有关的节点电压。

（2）运行信号完整性分析

设置必要的信号完整性分析规则后，在印制板编辑状态下，单击“Tools”菜单下的“Signal Integrity”命令，启动信号完整性分析，单击“Yes”按钮继续（不要理会这一警告信息）。稍等片刻，即可看到信号完整性分析窗口。

在节点列表窗口内找出并单击目标节点，然后再单击工具栏内的“Take Over Selected Nets”（选择仿真节点）工具，将选中的节点提取到仿真窗口。

修改节点电气特性类型：根据原理图中元件连接关系，在与网络相连的节点列表窗口内，单击输入/输出特性与实际不相符的节点，然后再单击“In<->Out”（更改引脚输入/输出特性）按钮，使该网络节点的电气特性与原理图相符。

单击工具栏内的“Reflection Simulation”（反射仿真）按钮，启动仿真分析。选择其他网络节点，重复以上操作即可逐一测试印制板中所有节点信号的完整性，并根据分析结果，确定是否需要采取相应的补偿措施。

这里需要特别提醒的是：对数据总线网络进行信号完整性分析时，一定要分别测试读、写状态下信号是否发生畸变。

6．打印输出

完成了印制板编辑后，就可以将设计结果打印出来存档或作为照相制版的底图。但打印效果与打印机种类及档次有关，只有喷墨打印机或激光打印机的输出效果达到照相制版要求；而针式打印机分辨率低，墨迹扩散严重，打印效果很差，如线条尺寸误差大，边缘模糊，不能用于照相制版。

打印 PCB 印制电路板图纸的操作过程如下（假设安装的是 EPSON Stylus Photo 700；打印前，一般先根据电路板大小以及打印机支持的最大打印幅面，设置打印参数）：

① 执行“File”菜单下的“Setup Printer”命令，即可弹出打印设置窗口。

② 单击“EPSON Stylus Photo 700 Final on LPT1”，即选择连接于并行口 1 上的 EPSON Stylus Photo 700 打印机，输出方式为 Final（精密打印方式）。

③ 单击“Options”（选项）按钮，在打印输出特性窗口内，设置输出幅面大小、保留边框等。

“Scale”（比例）选项框内各项含义如下：

【Print Scale】：打印比例，取值范围为 0.1～10，缺省时为 1，即按 1:1 尺寸打印。

【X Correction】：设置 X 方向的打印比例，默认值为 1。

【Y Correction】：设置 Y 方向的打印比例，默认值为 1。打印印制板时，X、Y 方向放大比例应相同，否则会产生畸变，不能用于照相制版。

【Fit Layer On Page】：当该项处于选中状态时，将自动缩放工作层，使打印结果充满打印纸，此时设定的打印比例无效。如果打算将打印结果作为照相制版底图时，不要采用充满纸面打印方式，因为在这种打印方式中印制板元件尺寸无法确定。

“Options”（特性）选项框内各项含义如下：

【Separate Page For Each Layer】：分层打印，即分别打印出每一工作层。为了方便对准，常将位于机械层 4 内的定位孔与元件面、焊锡面等重叠输出，因此一般不选择分层打印方式。

【Panels（Multiple Layers Per Page)】：嵌套输出方式。采用嵌套打印方式时，将所有指定的工作层重叠打印在同一纸张上。

【Border Between】：印制电路边框与打印纸边框之间的距离，缺省时为 1000mil，即 2.54cm。可根据印制板尺寸重新设置边距，使印制板图尽可能位于打印纸中心。

【Show Hole】：打印焊盘及过孔内的钻孔。当该项处于非选中状态时，焊盘、过孔为实心图形。

④ 单击“Setup”按钮，选择打印纸类型、打印方向等。

⑤ 必要时，单击 “属性”按钮，进入特定打印机属性设置窗口，对打印机属性，如分辨率、纸张质量、颜色等参数做进一步选择。打印机属性窗口内容与打印机型号有关。

⑥ 设置了打印参数后，单击“OK”按钮，关闭相应的打印设置窗口，返回打印设置窗。

⑦ 单击“Layers”（工作层）设置按钮，选择打印输出的工作层。

在需要重叠输出的工作层的选项框内，单击鼠标左键选定（复选框内存在“ √ ”时，表示该层处于选中状态）。打印印制板图时，一般采用相应信号层（丝印层、钻孔层、阻焊层或焊锡膏层）与机械层重叠打印方式。

⑧ 选择打印层后，单击“OK”按钮。

⑨ 设置打印特性选项和打印工作层后，在打印机处于准备就绪状态下，单击“Print”按钮即可启动打印过程。

同理，单击“Layers”按钮选择其他打印层，然后单击“Print”按钮，即可打印出其他的工作。在打印 PCB 工作层时，一般不采用“File”菜单下的“Print”命令，因为执行该命令后，将立即启动打印过程，而在打印前至少需要选择打印层。

第 7 章　EDA 技术

7.1　EDA 设计流程

利用 EDA 技术进行设计开发的软件开发系统和设计的工具较多，但设计流程大体相同。图 7-1 是基于 MAX+plus II 软件的 FPGA/CPLD 设计流程框图。

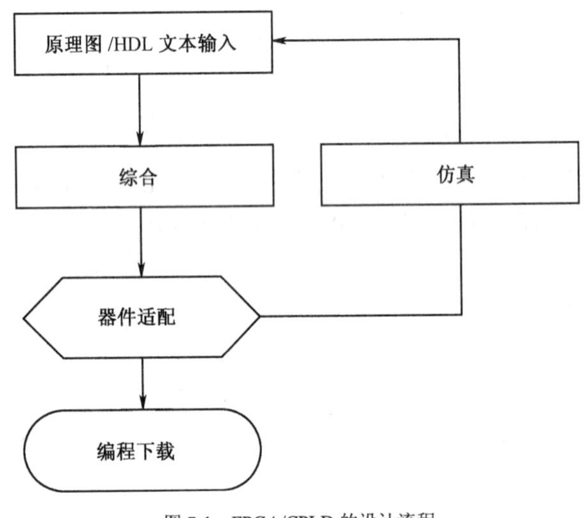

图 7-1　FPGA/CPLD 的设计流程

7.1.1　设计输入

1．原理图输入

这是一种类似于传统电子设计方法的原理图编辑输入方式，即利用 EDA 软件库中定制的功能模块，如与门、非门、或门、触发器、IP 功能块以及各种含 74 系列器件功能的宏功能块，在图形编辑界面上绘制能工作的电路原理图。

利用原理图输入的设计过程形象直观，对于较小的电路模型，其结构与实际电路十分接近，且接近于底层电路布局，设计者易于把握电路全局。因此易于控制逻辑资源的耗用，节省面积。

利用原理图输入也有其局限性，首先，由于不同的 EDA 软件中的图形处理工具对图形的设计规则、存档格式和图形编译方式都不同，图形设计方式并没有得到标准化，因此图形文件兼容性差，电路模块移植和再利用十分困难，难以交换和管理，限制了 EDA 技术的应用。其次，在设计中，由于必须直接面对硬件模块的选用，因此行为模型的建立将无从谈起，从而无法实现真正意义上的自顶向下的设计方案。

2. HDL 文本输入

这种方式与传统的计算机软件语言编辑输入基本一致，就是利用 EDA 软件中的文本编辑器，使用某种硬件描述语言（HDL）的电路设计文本，如 VHDL 的源程序，进行编辑输入。VHDL 作为 IEEE 的工业标准硬件描述语言，具有与具体硬件电路无关和与设计平台无关的特性，能对数字系统进行层次化结构设计和描述，克服了上述原理图输入法存在的所有局限性。

7.1.2 综合

综合就是将电路的高级语言（如行为描述）转换成低级的，可与 FPGA/CPLD 的基本结构相映射的网表文件或程序。

综合器是 EDA 技术的核心，其综合的结果不依赖任何特定硬件环境，可以独立存在，并能方便地移植到任何通用的硬件环境。综合器具有较复杂的工作环境，它根据设计库、工艺库及各类约束条件，以最优的方式完成电路结构网表的转化。因而，对于相同的 VHDL 表述，不同的综合器可能综合出不同的电路系统，因此，在设计时，应尽可能地了解该综合器的基本特性。

7.1.3 器件适配

适配器也称结构综合器，它的功能是将由综合器产生的网表文件配置于指定的目标器件中，使之产生最终的下载文件，如 JEDEC、Jam 格式的文件。MAX+plusⅡ软件中已嵌入适配器，综合前只要选定指定的目标器件，综合器将综合出针对某一具体目标器件的逻辑映射，其中包括底层器件配置、逻辑分割、逻辑优化、逻辑布局布线操作，同时，输出时序仿真文件、适配技术报告文件、编程下载文件等。

7.1.4 仿真

在编程下载前必须利用 EDA 工具对适配生成的结果进行模拟测试，即仿真。仿真就是根据预定的算法和仿真库对 EDA 设计进行模拟，以验证设计，排除错误。仿真器通常由 EDA 开发软件提供，如 MAX+plusⅡ软件就含有仿真器，仿真分为时序仿真和功能仿真。

（1）时序仿真：就是接近真实器件运行特性的仿真，仿真文件中已包含了器件硬件特性参数，因而，仿真精度高。但时序仿真的仿真文件必须来自针对具体器件的综合器与适配器。综合后所得的 EDIF 等网表文件通常作为 FPGA 适配器的输入文件，产生的仿真网表文件中包含了精确的硬件延迟信息。

（2）功能仿真：是直接对 VHDL、原理图描述或其他描述形式的逻辑功能进行测试模拟，以了解其实现的功能是否满足原设计的要求的过程，仿真过程不涉及任何具体器件的硬件特性。

通常，首先进行功能仿真，待确认设计文件所表达的功能满足设计者原有意图时，即逻辑功能满足要求后，再进行综合、适配和时序仿真，以便把握设计项目在硬件条件下的运行情况。

7.1.5 编程下载

把适配后生成的下载或配置文件，通过编程器或编程电缆向目标器件 FPGA 或 CPLD 进行下载，在进行硬件调试和验证后，完成最终的硬件设计。

7.2 原理图输入设计方法

MAX+plus Ⅱ开发平台提供了功能强大，直观便捷和操作灵活的原理图输入设计功能，配备了各种元件库，其中包含基本逻辑元件库（如与、或、非门、触发器等）、宏功能元件（几乎所有 74 系列的器件），以及功能强大，性能良好的类似于与 IP 核的兆功能块 LPM 库。用户能设计较大规模的电路系统，并具有使用方便、精度良好的时序仿真器。

下面以半加器为例，介绍原理图输入设计方法的具体步骤，除了输入方法稍有不同，其他设计流程同样适用于 VHDL 的文本设计。

1．建立工程设计文件夹（工作库）

在进入 MAX+plus Ⅱ以前，先为本项工程设计建立文件夹，假设本项设计的文件夹取名为 MY_PRJCT，路径为：E:\MY_PRJCT，如图 7-2 所示。

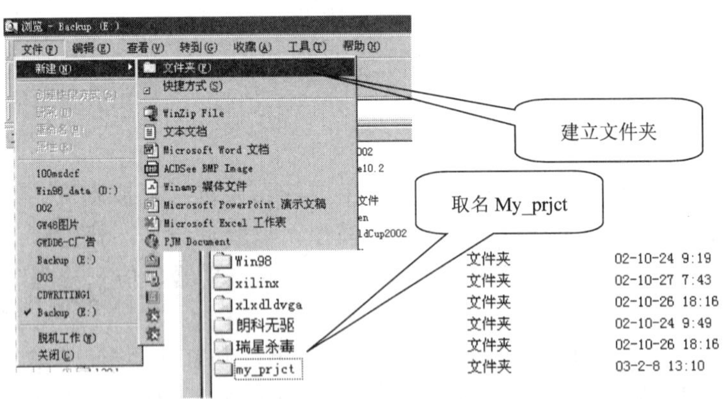

图 7-2 为工程设计建立文件夹

2．建立设计项目

运行 MAX+plus Ⅱ，选择菜单“File”→“New”，在弹出的“New”对话框中选择“File Type”→“Graphic Editor file”→“OK”，打开原理图编辑窗，如图 7-3 所示。

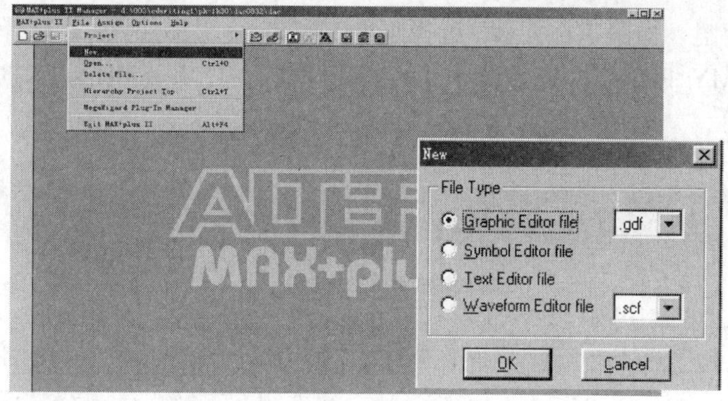

图 7-3 选择原理图编辑器

双击原理图编辑窗中任何一个位置，将出现图 7-4 所示的输入元件的对话框“Enter Symbol”，双击元件库“Symbol Libraries”中的 prim 项，在“Symbol Files”窗口即可看到基本逻辑元件库 prim 中的所有元件，其中大部分是 74 系列器件，选中元件，单击“OK”按钮即可调入。

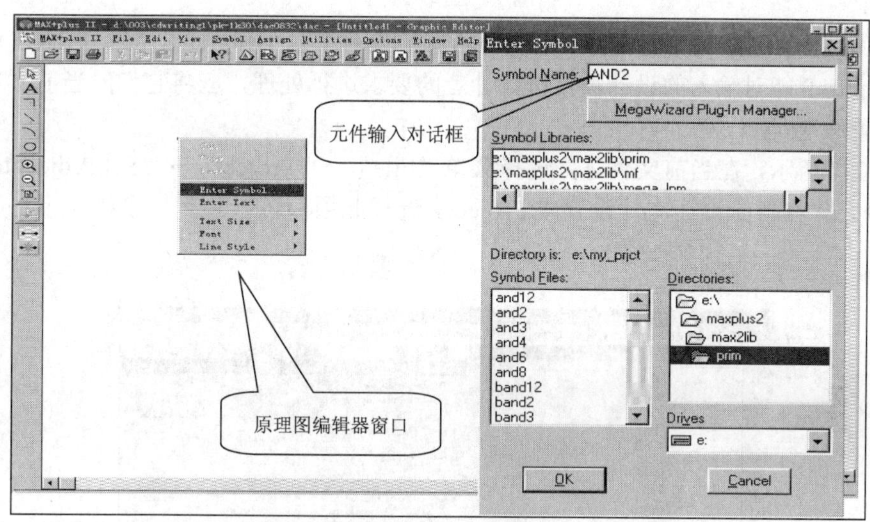

图 7-4 输入元件对话框

如图 7-5 所示，根据半加器设计，分别调入元件 and2、not、xnor、input 和 output 并连接好。然后分别在 input 和 output 的 PIN NAME 上双击使其变黑色，再用键盘分别输入各引脚名：a、b、co 和 so。

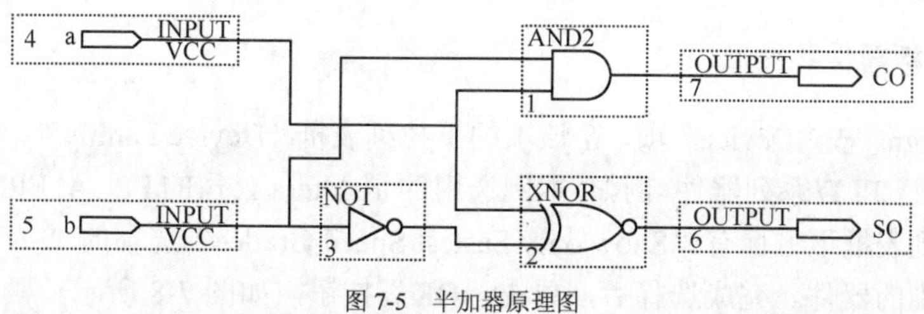

图 7-5 半加器原理图

将设计项目存盘，如图 7-6 所示，选择菜单“File”→“Save As”，选择刚才为自己的工程建立的目录 E:\MY_PRJCT，将已设计好的图文件取名为：h_adder.gdf（注意后缀是.gdf），并存盘在此目录内。

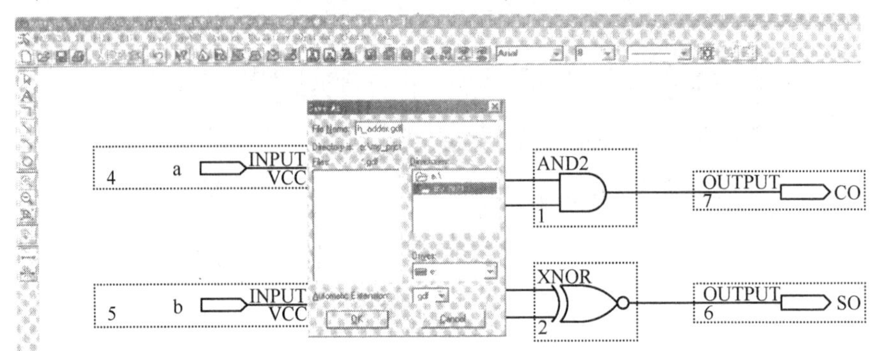

图 7-6 将设计项目存盘

3. 将设计项目设置成顶层工程文件

设计项目由多个设计文件组成，它们都存放在文件夹（工作库）E:\MY_PRJCT 中，为了使 MAX+plus Ⅱ能对输入的设计项目按设计者的要求进行处理，应将它们的当前文件，即顶层文件设置成 Project。

如图 7-7 所示，在当前文件下，选择菜单“File”→“Project”→“Set Project to Current File”命令，即将当前设计文件设置成 Project。选择此项后可以看到标题栏显示出所设文件的路径。

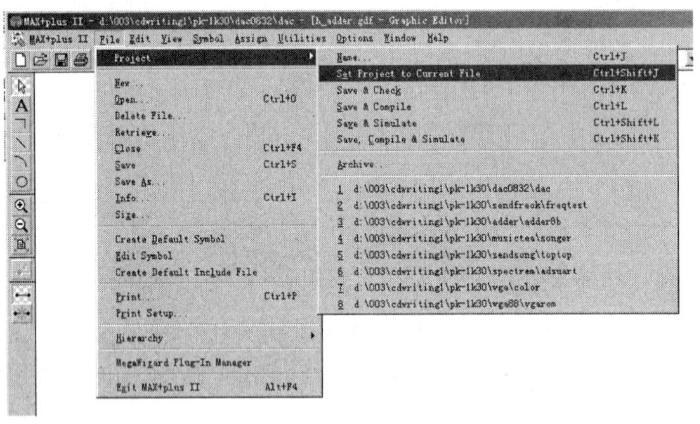

图 7-7 将当前设计文件设置为工程文件

4. 选择目标器件并编译

选择“Assign”→“Device”项，在该项的下拉列表框“Device Family”中，列出了 Altera 公司的 FPGA 或 CPLD 系列器件，例如，本例选用的是 Altera 公司的 FPGA（EPF10K10LC84-4）器件，应将该列表框下方标有“Show only Fastest Speed Grades”选项的“√”消去，以便显示所有速度级别的器件。完成选择后，单击“OK”按钮，如图 7-8 所示。

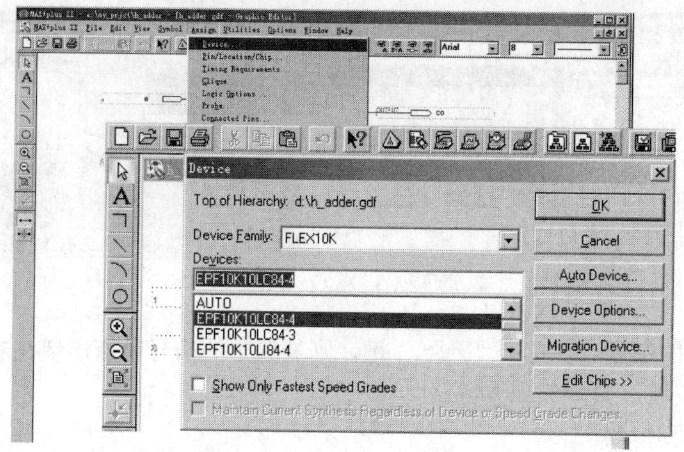

图 7-8　选择目标器件

在主菜单中，选择“MAX+plus II”→“Compiler”编译器选项，单击“Start”，启动编译器，如图 7-9 所示。此编译器的功能包括网表文件提取、设计文件排错、逻辑综合、逻辑分配、适配、时序仿真文件提取、编程下载文件装配等。如果发现有错，则根据提示排除错误后再次编译。

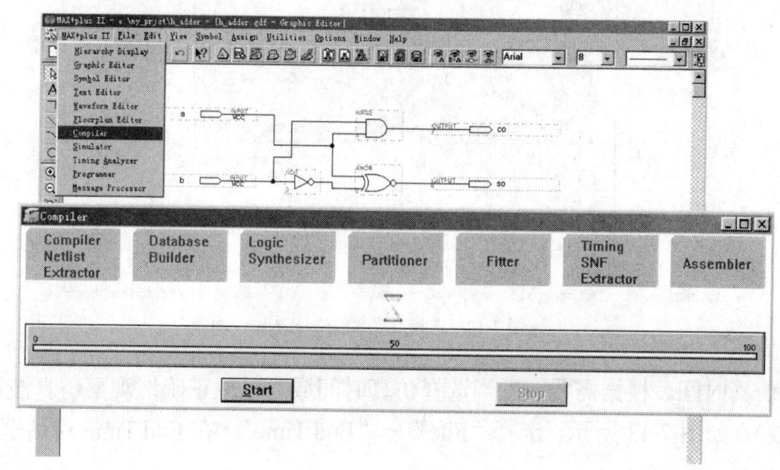

图 7-9　编译

5．仿真

仿真，也称为模拟，是对电路设计的一种间接检测方法。对电路设计的逻辑行为和运行功能进行模拟检测，可以获得许多设计错误及改进方面的信息。

首先，需要建立仿真文件。选择“File”→“New”项，在弹出的对话框中，选择“Waveform Editer file”项，打开波形编辑窗，如图 7-10 所示。

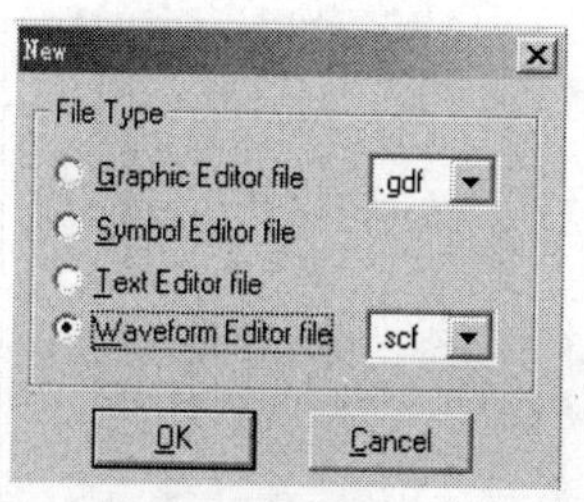

图 7-10　建立仿真文件

建立仿真信号节点，即在仿真中可以看到的输入输出端口的波形。打开波形编辑窗中，选择“Node”→“Enter Nodes from SNF...”→单击“List”按钮，这时左列表框将列出该设计所有信号节点，即 b(1)、a(1)、so(0)、co(0)，如图 7-11 所示。

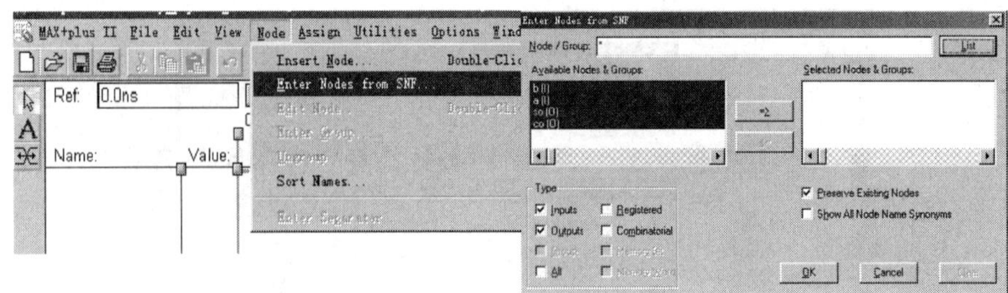

图 7-11　输入信号节点

选中要观察的信号项，单击“ = > ”键，则被选定的信号节点出现在右侧列表框中，然后单击“OK”按钮，如图 7-12 所示。

然后设置仿真参数。

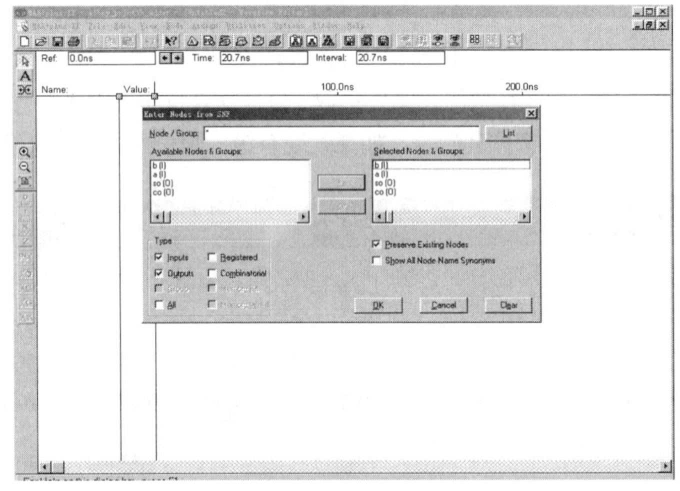

图 7-12　选择要观察的信号节点

① 设定仿真时间。根据需要，适当选择仿真时间域，以便正确地观察仿真波形，此例，选择 60μs（微秒）。如图 7-13 所示，选择“File”→“End Time”，在 End Time 对话框中输入 60μs。

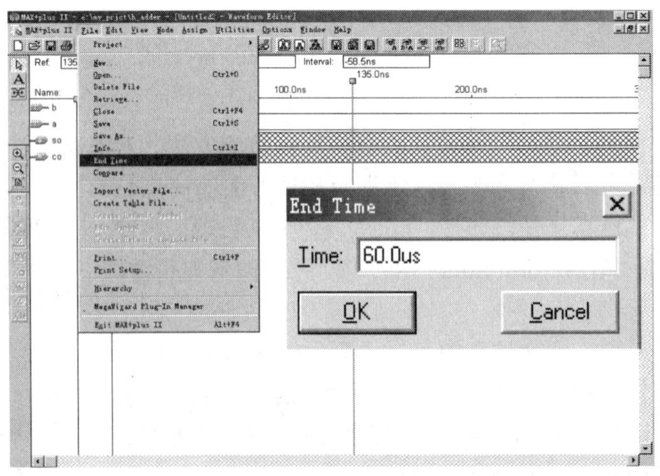

图 7-13　设定仿真时间

② 设定测试电平。如图 7-14 所示，利用必要的功能键为输入信号 a 和 b 加上适当的电平，以便仿真后能测试 so 和 co 输出信号。

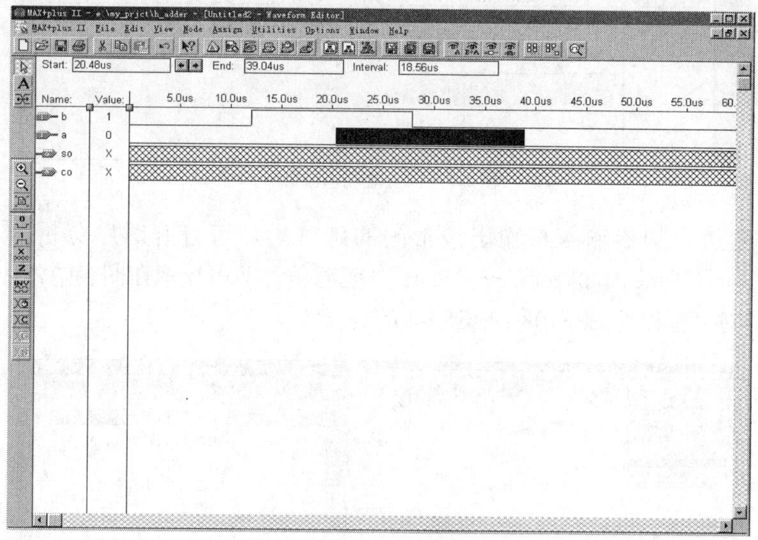

图 7-14 设定测试电平

③ 仿真波形文件存盘。如图 7-15 所示，选择“File”→“save as”，单击“OK”按钮。保存窗口中的仿真波形文件名是默认的，与图文件同名，但后缀是.scf （即 h_adder.scf）。

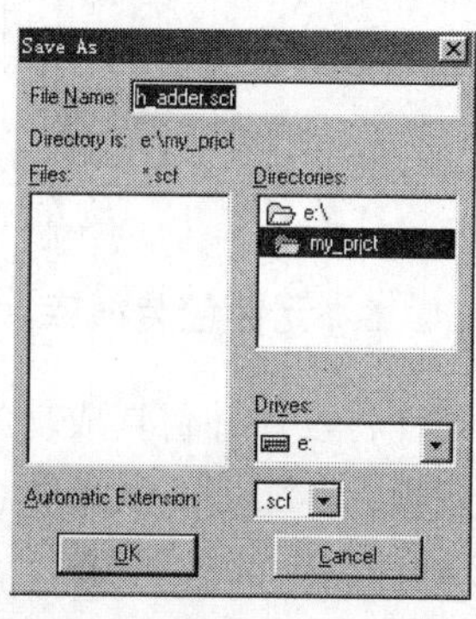

图 7-15 保存仿真波形文件.scf

④ 运行仿真器。如图 7-16 所示，选择主菜单“MAX+plus Ⅱ”中的仿真器项“Simulator”，单击弹出的仿真器对话框中的“Start”按钮。

⑤ 分析仿真结果。根据半加器真值表分析仿真结果，拖动测试参考线至测试点，观察测试值（Value）、测试点位置（Ref）、测试点与鼠标箭头间的时间差（Interval）等参数以供分析，如图 7-17 所示，测试点处：输入信号 b = '1'、a = '0'，输出信号 so = '1'、co = '0'，符合半加器逻辑关系。

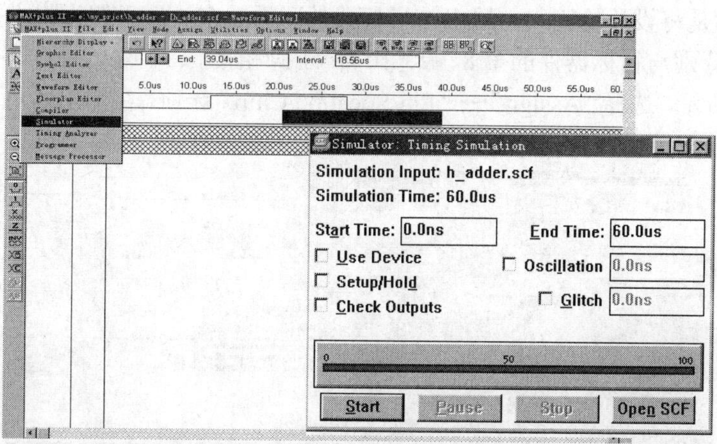

图 7-16 运行仿真器

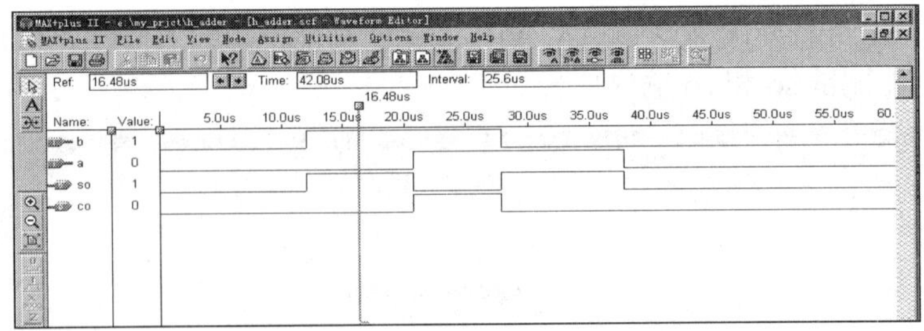

图 7-17　半加器仿真波形图

为了精确测量半加器输入与输出波形间的延时量，可打开时序分析器，方法是选择“MAX+plus II”→“Time Analyzer”→“Start”，延时信息即可显示在图表中，如图 7-18 所示。这个延时量是针对目标器件 EPF10K10LC84-4 的。

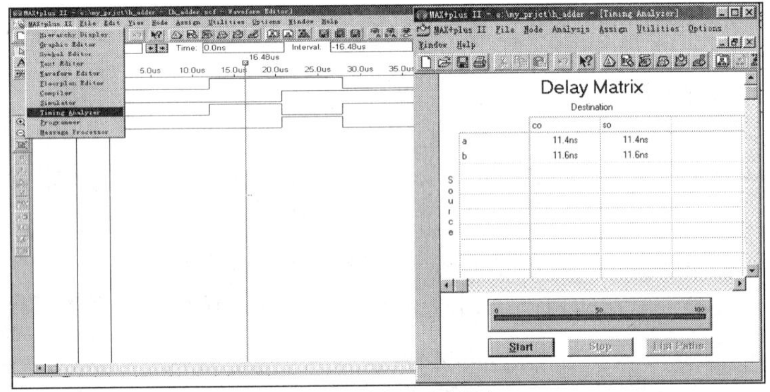

图 7-18　精确延时分析窗

6. 元件包装入库

将设计并仿真成功的元件包装成一个元件，放置在工程路径指定的目录中以备其他设计调用。方法是工程文件（Project）为当前文件（Current File）情况下，选择“File”→“Create Default Symbol”选项，调用方法与前面介绍的元件调用方法相同。

7. 引脚锁定

引脚锁定就是将设计的输入、输出与目标器件联系起来，这里假设将半加器的 4 个引脚 a、b、co 和 so 分别与目标器件的第 8、9、10 和 11 脚相接。

如图 7-19 所示，选择“Assign”→“Pin/Location/Chip”选项，在弹出的对话框中的“Node

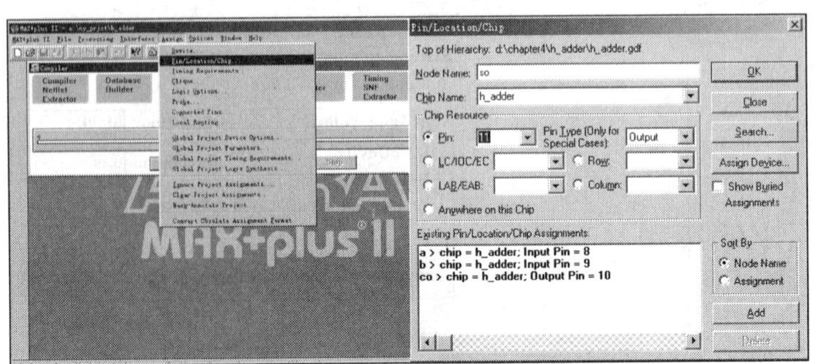

图 7-19　引脚锁定

Name”框中键入半加器的端口名，如输入端口名 so。然后在左侧的“Pin”下拉列表中输入该信号对应的引脚编号，如引脚 11，单击“Add”按钮，完成端口 a 的引脚锁定。按照此方式，分别将其他端口信号引脚锁定。

引脚锁定后，必须对文件重新编译一次，即运行一次“Compiler”，以便将引脚信息编入下载文件中。

8．编程下载

编程下载就是将设计下载到指定的目标器件中，以作硬件测试或最终应用。

用下载电缆把计算机的并行口与目标板连接好，打开电源。

设定下载方式，选择主“MAX+plus II”→“Programmer 选项，弹出如图 7-20 所示的编程器窗口，选择“Options”→“Hardware Setup”硬件设置选项，在其下拉菜单中选 ByteBlaster（MV）编程方式。此编程方式对应计算机的并行口下载通道，“MV”是混合电压的意思，主要指对 ALTERA 的各类芯片电压（如 5V、2.5V 与 1.8V 等）的 FPGA/CPLD 都能由此下载。

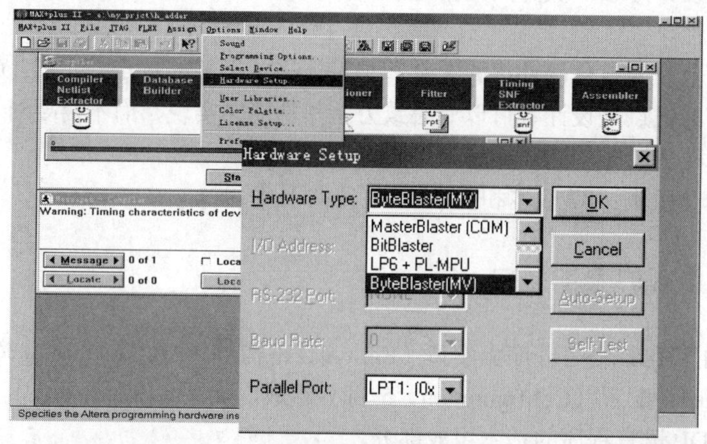

图 7-20　设置下载方式

单击“Configure”按钮，出现如图 7-21 所示的配置完成的信息提示。

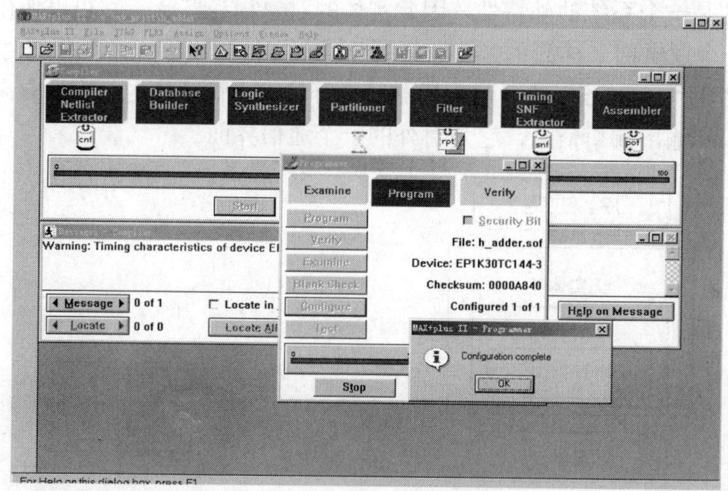

图 7-21　下载配置文件

至此，完整的设计流程已经结束。

设计者可根据目标板（或实验板）的引脚对应关系，进行硬件测试，以最终了解设计的正确性。

7.3 VHDL 设计

7.3.1 概述

硬件描述语言 VHDL（VHSIC Hardware Description Language，VHSIC 是 Very High Speed Integrated Circuit 的缩写）是 IEEE 标准化语言，作为电子设计主流硬件的描述语言，得到了众多 EDA 公司的支持。

VHDL 语言具有很强的电路描述和建模能力，能从多个层次对数字系统进行建模和描述，支持自顶向下的设计方法，从而大大简化了硬件设计任务，缩短了产品的开发周期，提高了设计效率和可靠性。

VHDL 语言具有与具体硬件电路无关和与设计平台无关的特点，用 VHDL 进行电子系统设计的一个很大的优点是设计者可以专心致力于其功能的实现，而不需要对不影响功能的与工艺有关的因素花费过多的时间和精力。

VHDL 有两个版本：87 版本和 93 版本，并向下兼容。

7.3.2 VHDL 语言的基本结构

一个完整的 VHDL 语言程序由实体（Entity）、结构体（Architecture）、库（Library）、程序包体（Package）、配置（Configuration）5 部分组成，如图 7-22 所示。其中库、实体、结构体是一个 VHDL 语言程序的基本组成部分。

1．实体

实体描述的是一个系统的外特性，因此实体的对象相当广泛，它可以像微处理器一样复杂，也可以像一个逻辑门一样简单。在电路原理图上实体相当于一个元件符号，如图 7-23 所示是一个实体名为“mux21a”的多路选择器元件符号，不管元件内部多么复杂，实体描述的只是元件的输入和输出端口信息，它是对外的一个通信界面。

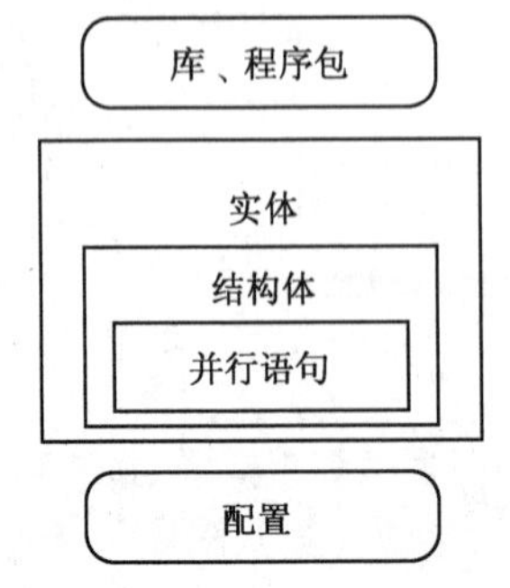

图 7-22　VHDL 程序设计的基本结构框图

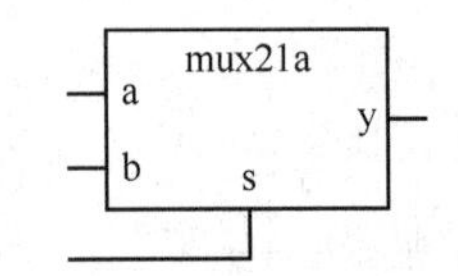

图 7-23　多路选择器元件符号

实体说明的一般格式如下：

```
ENTITY 实体名 IS
    [GENERIC(类属表)；]
    [PORT(端口表)；]
END ENTITY 实体名；
```

（1）GENERIC 类属说明语句

类属说明语句必须放在端口说明语句（PORT）之前，用以设定实体或元件的内部电路结构和规模。类属参量以关键词 GENERIC 引导一个类属参量表，在表中提供时间参数或总线宽度等静态信息。类属表说明用于设计实体和其外部环境通信的参数和传递信息，利用该特性可以设计参数化元件。

类属说明语句的一般书写格式如下：

```
GENERIC（常数名：数据类型：= 设定值；
        常数名：数据类型：= 设定值)；
```

（2）PORT()端口说明语句

端口说明语句是端口所在的设计实体与外部接口的描述。在电路图上，端口对应于元件符号的外部引脚，也可以说是外部引脚信号的名称、数据类型和输入输出方向的描述。端口说明包括端口名称、端口模式、数据类型。端口说明语句的一般书写格式如下：

```
PORT(端口名：端口模式  数据类型；
    {端口名：端口模式  数据类型})；
```

其中端口模式有四种，如图 7-24 所示，OUT、IN、INOUT 及 BUFFER。

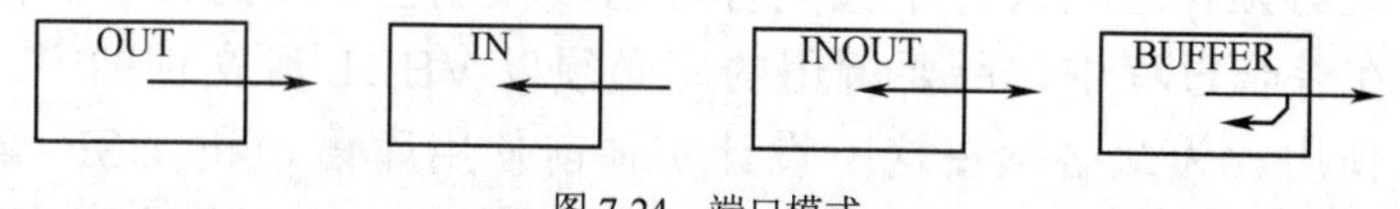

图 7-24 端口模式

2．结构体

结构体是实体所定义的设计实体中的一个组成部分。结构体描述设计实体的内部结构和外部设计实体端口间的逻辑关系。结构体的组成部分是：

① 对数据类型、常数、信号、子程序和元件等元素的说明部分。

② 描述实体逻辑行为的、以各种不同的描述风格表达的功能描述语句。

每个实体可以有多个结构体，每个结构体对应着实体不同的结构和算法实现方案，其间的各结构体的地位是同等的。

（1）结构体的一般语言格式

结构体的语句格式如下：

```
ARCHITECTURE 结构体名 OF 实体名 IS
[说明语句]
BEGIN
[功能描述语句]
END ARCHITECTURE 结构体名；
```

结构体名由设计者自己选择，但当一个实体具有多个结构体时，结构体的取名不可相重。结构体的说明语句部分必须放在关键词“ARCHITECTURE”和“BEGIN”之间。

（2）结构体说明语句

结构体中的说明语句是对结构体的功能描述语句中将要用到的信号、数据类型、常数、元件、函数和过程等加以说明。在一个结构体中说明和定义的数据类型、常数、元件、函数和过程只能用于这个结构体中。如果希望这些定义也能用于其他的实体或结构体中，需要将其作为程序包来处理。

（3）功能描述语句结构

结构体中包含的四类功能描述语句，它们都是并行语句：

① 进程语句，定义顺序语句模块。

② 信号赋值语句，将设计实体内的处理结果向定义的信号或界面端口进行赋值。

③ 子程序调用语句，用以调用过程或函数，并将获得的结果赋值于信号。

④ 元件例化语句，对其他的设计实体作元件调用说明，并将此元件的端口与其他的元件、信号或高层次实体的界面端口进行连接。

3．库

在利用 VHDL 进行工程设计中，为了提高设计效率以及使设计遵循某些统一的语言标准或数据格式，有必要将一些有用的信息汇集在一个或几个库中以供调用。这些信息可以是预先定义好的数据类型、函数等设计单元的集合体。因此，可以把库看成是一种用来存储预先完成的程序包、数据集合体和元件的仓库。如果要在一项 VHDL 设计中用到某一程序包，就必须在这项设计中预先打开这个程序包，使此设计能随时使用这一程序包中的内容。在综合过程中，所要调用的库必须以 VHDL 源文件的方式存在，并能使综合器随时读入使用。为此必须在这一设计实体前使用库语句和 USE 语句。有些库被 IEEE 认可，成为 IEEE 库，IEEE 库存放了 IEEE 标准 1076 种标准设计单元。通常，库中放置不同数量的程序包，程序包中又可放置不同数量的子程序；子程序中又含有函数、过程、设计实体等基础设计单元。VHDL 语言的库分为两类：一类是设计库，如在具体设计项目中设定的目录所对应的 WORK 库；另一类是资源库，资源库是常规元件和标准模块存放的库。

（1）库的种类

VHDL 程序设计中常用的库有 IEEE 库、STD 库及 WORK 库。

① IEEE 库。

IEEE 库是 VHDL 设计中最为常见的库、它包含有 IEEE 标准的程序包和其他一些支持工业标准的程序包。IEEE 库中的标准程序包主要包括 STD_LOGIC_1164，NUMERIC_BIT 和 NUMERIC_STD 等程序包。其中的 STD_LOGIC_1164 是最重要和最常用的程序包，大部分基于数字系统设计的程序包都是以此程序包中设定的标准为基础的。

此外，还有一些非 IEEE 标准程序包，如 STD_LOGIC_ARITH、STD_LOGIC_SIGNED 和 STD_LOGIC_UNSIGNED 程序包。

② STD 库。

VHDL 语言标准定义了两个标准程序包，即 STANDARD 和 TEXTIO 程序包，它们都被收入在 STD 库中，只要在 VHDL 应用环境中，即可随时调用这两个程序包中的所有内容，即在编译和综合过程中，VHDL 的每一项设计都自动地将其包含进去了。由于 STD 库符合 VHDL 语言标准，在应用中不必如 IEEE 库那样以显式表达出来，如在程序中，以下的库使用语句是不必要的：

```
LIBRARY   STD;
USE STD.STANDARD.ALL ;
```

③ WORK 库。

WORK 库是用户的 VHDL 设计的现行工作库，用于存放用户设计和定义的一些设计单元和程序包，因而是用户自己的仓库，用户设计项目的成品、半成品模块，以及先期已设计好的元件都放在其中。WORK 库自动满足 VHDL 语言标准，在实际调用中，也不必以显式预先说明。VHDL 标准规定工作库总是可见的，因此，不必在 VHDL 程序中明确指定。

（2）库的用法

在 VHDL 语言中，库的说明语句总是放在实体单元前面。这样，在设计实体内的语句就可以使用库中的数据和文件。库的用处在于使设计者可以共享已经编译过的设计成果。VHDL 允许在一个设计实体中同时打开多个不同的库，但库之间必须是相互独立的。对于必须以显式表达的库及其程序包的语言表达式应放在每一项设计实体最前面，成为这项设计的最高层次的设计单元。库语句一般必须与 USE 语句同用。库语句关键词 LIBRARY，指明所使用的库名；USE 语句指明库中的程序包。一旦说明了库和程序包，整个设计实体都可进入访问或调用，但其作用范围仅限于所说明的设计实体。VHDL 要求每项含有多个设计实体的更大的系统中，每一个设计实体都必须有自己完整的库说明语句和 USE 语句。USE 语句的使用将使所说明的程序包对本设计实体部分或全部开放，即是可视的。USE 语句的使用有两种常用格式：

```
USE 库名.程序包名.项目名;
USE 库名.程序包名.ALL;
```

第一个语句的作用是向本设计实体开放指定库中的特定程序包内所选定的项目。第二个语句的作用是向本设计实体开放指定库中的特定程序包内所有的内容。

4．程序包

已在设计实体中定义的数据类型、子程序或数据对象对于其他设计实体是不可用的，或者说是不可见的。为了使已定义的常数、数据类型、元件调用说明以及子程序能被更多其他的设计实体方便地访问和共享，可以将它们收集在一个 VHDL 程序包中。多个程序包可以并入一个 VHDL 库中，使之适用于更一般的访问和调用范围。这一点对于大系统开发，多个或多组开发人员同步工作显得尤为重要。程序包主要由如下 4 种基本结构组成，一个程序包中至少应包含以下结构中的一种。

① 常数说明：如定义系统数据总线通道的宽度。

② VHDL 数据类型说明：主要用于在整个设计中通用的数据类型，例如通用的地址总线数据类型定义等。

③ 元件定义：元件定义主要规定在 VHDL 设计中参与文件例化的文件接口界面。

④ 子程序：并入程序包的子程序有利于在设计中任一处进行方便地调用。

定义程序包的一般语句结构如下：

PACKAGE 程序包名 IS ——程序包首
程序包首说明部分
END 程序包名；
PACKAGE BODY 程序包名 IS ——程序包体
程序包体说明部分以及包体内
END 程序包名；

程序包的结构由程序包的说明部分即程序包首和程序包的内容部分即程序包体两部分组成。一个完整的程序包中，程序包首名与程序包体名是同一个名字。

程序包首的说明部分可收集多个不同的 VHDL 设计所需的公共信息，其中包括数据类型说明、信号说明、子程序说明及元件说明等。所有这些信息虽然也可以在每一个设计实体中进行逐一单独的定义和说明，但如果将这些经常用到的、并具有一般性的说明定义放在程序包中供随时调用，显然可以提高设计的效率和程序的可读性。

程序包结构中，程序包体并非总是必须的。程序包首可以独立定义和使用。

常用的预定义的程序包有：

① USD_LOGIC_1164 程序包。

STD_LOGIC_1164 程序包是 IEEE 库中最常用的程序包，是 IEEE 的标准程序包。其中包含了一些数据类型、子类型和函数的定义，STD_LOGIC_1164 程序包中用得最多和最广的是定义了满足工业标准的两个数据类型 STD_LOGIC 和 STD_LOGIC_VECTOR。

② STD_LOGIC_ARITH 程序包。

STD_LOGIC_ARITH 预先编译在 IEEE 库中，此程序包在 STD_LOGIC_1164 程序包的基础上扩展了三个数据类型 UNSIGNED、SIGNED 和 SMALL INT，并为其定义了相关的算术运算符和转换函数。

③ STD_LOGIC_UNSIGNED 和 STD_LOGIC_SIGNED 程序包。

STD_LOGIC_UNSIGNED 和 STD_LOGIC_SIGNED 程序包都是 Synopsys 公司的程序包，都预先编译在 IEEE 库中。这些程序包重载了可用于 INTEGER 型及 STD_LOGIC 和 STD_LOGIC_VECTOR 型混合运算的运算符，并定义了一个由 STD_LOGIC_VECTOR 型到 INTEGER 型的转换函数。这两个程序包的区别是，STD_LOGIC_SIGNED 中定义的运算符考虑到了符号，是有符号数的运算。

④ STANDARD 和 TEXTIO 程序包。

STANDARD 和 TEXTIO 程序包是 STD 库中的预编译程序包。STANDARD 程序包中定义了许多基本的数据类型、子类型和函数。TEXTIO 程序包定义了支持文件操作的许多类型和子程序。在使用本程序包之前，需加语句 USE STD.TEXTIO.ALL。TEXTIO 程序包主要仅供仿真器使用。

5．配置

配置可以把特定的结构体关联到一个确定的实体。配置语句就是用来为较大的系统设计提供管理和工程组织的。通常在大而复杂的 VHDL 工程设计中，配置语句可以为实体指定或配属一个结构体，如可以利用配置使仿真器为同一实体配置不同的结构体以使设计者比较不同结构体的仿真差别，或者为例化的各元件实体配置指定的结构体，从而形成一个所希望的例化元件层次构成的设计实体。配置语句的一般格式如下：

```
CONFIGURATION 配置名 OF 实体名 IS
配置说明
END 配置名；
```

6．数据类型

VHDL 对运算关系与赋值关系中各量的数据类型有严格要求。VHDL 要求设计实体中的每一个常数、信号、变量、函数以及设定的各种参量都必须具有确定的数据类型。只有相同数据类型的量才能互相传递和作用。VHDL 中的各种预定义数据类型大多数体现了硬件电路的不同特性。VHDL 中的数据类型可以分成 4 大类。

① 标量型（ScalarType）：包括实数类型、整数类型、枚举类型、时间类型。

② 复合类型（Composite Type）：可以由小的数据类型复合而成，如可由标量型复合而成。复合类型主要有数组型（Array）和记录型（Record）。

③ 存取类型（AccessType）：为给定的数据类型的数据对象提供存取方式。

④ 文件类型（Files Type）：用于提供多值存取类型。

这些数据类型又可分成在现成程序包中可以随时获得的预定义数据类型和用户自定义数据类型两大类别。预定义的 VHDL 数据类型是 VHDL 最常用，最基本的数据类型。这些数据类型都已在 VHDL 的标准程序包 STANDARD 和 STD_LOGIC_1164 及其他的标准程序包中作了定义，并可在设计中随时调用。

除了标准的预定义数据类型外，VHDL 还允许用户自己定义其他的数据类型以及子类型。通常，新定义的数据类型和子类型的基本元素一般仍属 VHDL 的预定义类型。VHDL 综合器只支持部分可综合的预定义或用户自定义的数据类型，对于其他类型不予支持，如 TIME、FILE 等类型。

7.3.3 VHDL 语言的基本语句

在 VHDL 语言中有两类基本语句既顺序语句和并行语句。在逻辑系统的设计中，这些语句从多侧面完整地描述了数字系统的硬件结构和基本逻辑功能，其中包括通信的方式、信号的赋值、多层次的元件例化以及系统行为等。

1．顺序语句

顺序语句是相对于并行语句而言的。顺序语句的特点是，每一条顺序语句的执行顺序是与它们的书写顺序基本一致的。顺序语句只能出现在进程和子程序中，子程序包括函数和过程。VHDL 有 6 类基本顺序语句：赋值语句、流程控制语句、等待语句、子程序调用语句、返回语句、空操作语句。

（1）赋值语句

赋值语句的功能就是将一个值或一个表达式的运算结果传递给某一数据对象，如信号或变量。VHDL 设计实体内的数据传递以及对端口界面外部数据的读写都必须通过赋值语句的运行来实现。

赋值语句有两种，即信号赋值语句和变量赋值语句。每一种赋值语句都由 3 个基本部分组成，即赋值目标、赋值符号和赋值源。赋值目标是所赋值的受体，它的基本元素只能是信号或变量，但表现形式可以有多种，如文字、标识符、数组等。赋值符号只有两种，信号赋值符号是“<=”；变量赋值符号是“:=”。VHDL 规定，赋值目标与赋值源的数据类型必须严格一致。

变量赋值与信号赋值的区别在于，变量具有局部特征，它的有效性只局限于所定义的一个进程中，或一个子程序中，它是一个局部的、暂时性数据对象，对于它的赋值是立即发生的，即是一种时间延迟为零的赋值行为。

信号则不同，信号具有全局性特征，它不但可以作为一个设计实体内部各单元之间数据传送的载体，而且可通过信号与其他的实体进行通信，信号的赋值并不是立即发生的，它发生在一个进程结束时。

（2）IF 语句

IF 语句作为一种条件语句，它根据语句中所设置的一种或多种条件，有选择地执行指定的顺序语句。IF 语句的语句结构有以下 4 种：

```
① IF  条件句  Then
      顺序语句
   END IF;
② IF 条件句 Then
   顺序语句
  ELSE
   顺序语句
  END IF;
③ IF 条件句 Then
     IF 条件句 Then
     …
     END IF;
   END IF;
④ IF 条件句 Then
     顺序语句
   ELSEIF
     顺序语句
   END IF;
```

（3）CASE 语句

CASE 语句根据满足的条件直接选择多项顺序语句中的一项执行。

CASE 语句的结构如下：

```
CASE 表达式 IS
    When 选择值  =>顺序语句；
    When 选择值  =>顺序语句；
    ……
END CASE；
```

（4）LOOP 语句

LOOP 语句就是循环语句，它可以使所包含的一组顺序语句被循环执行，其执行次数可由设定的循环参数决定。LOOP 语句的常用表达方式有两种。

① 单个 LOOP 语句，其语法格式如下：

```
[LOOP 标号:] LOOP
  顺序语句
END LOOP [LOOP 标号] ；
```

这种循环方式是一种最简单的语句形式，它的循环方式需引入其他控制语句（如 EXIT 语句）后才能确定；“LOOP 标号”可任选。

② FOR LOOP 语句，语法格式如下：

```
[LOOP 标号:] FOR 循环变量，IN  循环次数范围  LOOP
  顺序语句
END LOOP[LOOP 标号]；
```

FOR 后的循环变量是一个临时变量，属 LOOP 语句的局部变量，不必事先定义。使用时应当注意，在 LOOP 语句范围内不要再使用其他与此循环变量同名的标识符。

（5）NEXT 语句

NEXT 语句主要用在 LOOP 语句执行中进行有条件的或无条件的转向控制。它的语句格式有以下三种：

```
NEXT;                                    ——第一种语句格式
NEXT LOOP 标号；                         ——第二种语句格式
NEXT LOOP  标号 WHEN  条件表达式；       ——第三种语句格式
```

对于第一种语句格式，当 LOOP 内的顺序语句执行到 NEXT 语句时，即刻无条件终止当前的循环，跳回到本次循环 LOOP 语句处，开始下一次循环。

对于第二种语句格式，即在 NEXT 旁加“LOOP 标号”后的语句功能，与未加 LOOP 标号的功能是基本相同的；只是当有多重 LOOP 语句嵌套时，前者可以跳转到指定标号的 LOOP 语句处，重新开始执行循环操作。

第三种语句格式中，分句“WHEN 条件表达式”是执行 NEXT 语句的条件，如果条件表达式的值为 TRUE，则执行 NEXT 语句，进入跳转操作，否则继续向下执行。

（6）EXIT 语句

EXIT 语句与 NEXT 语句具有十分相似的语句格式和跳转功能，它们都是 LOOP 语句的内部循环控制语句；EXIT 的语句格式也有三种：

```
EXIT；                                   ——第一种语句格式
EXIT LOOP 标号；                         ——第二种语句格式
EXIT LOOP 标号 WHEN 条件表达式；         ——第三种语句格式
```

这里每一种语句格式与对应的 NEXT 语句的格式和操作功能非常相似，唯一的区别是 NEXT 语句跳转的方向是 LOOP 标号指定的 LOOP 语句处，当没有 LOOP 标号时，跳转到当前 LOOP 语句的循环起始点，而 EXIT 语句的跳转方向是 LOOP 标号指定的 LOOP 循环语句的结束处，即完全跳出指定的循环，并开始执行此循环外的语句。这就是说，NEXT 语句是转向 LOOP 语句的起始点，而 EXIT 语句则是转向 LOOP 语句的终点。

（7）WAIT 语句

在进程中，当执行到 WAIT 语句时，运行程序将被挂起，直到满足此语句设置的结束挂起条件后，才重新开始执行进程或过程中的程序。对于不同的结束挂起条件的设置，WAIT 语句有以下四种不同的语句格式。

WAIT;　　　　　　　　　　——第一种语句格式

WAIT ON 信号表;　　　　　——第二种语句格式

WAIT UNTIL 条件表达式;　　——第三种语句格式

WAIT FOR 时间表达式;　　　——第四种语句格式，超时等待语句

第一种语句格式中，未设置停止挂起条件的表达式，表示永远挂起。

第二种语句格式称为敏感信号等待语句，在信号表中列出的信号是等待语句的敏感信号，当处于等待状态时，敏感信号的任何变化（如从 0～1 或从 1～0 的变化）将结束挂起，再次启动进程。

第三种语句格式称为条件等待语句，相对于第二种语句格式，条件等待语句格式中又多了一种重新启动进程的条件，即被此语句挂起的进程须顺序满足如下两个条件，进程才能脱离挂起状态。

① 在条件表达式中所含的信号发生了改变;

② 此信号改变后，且满足 WAIT 语句所设的条件。

第四种等待语句格式称为超时等待语句，在此语句中定义了一个时间段，从执行到 WAIT 语句开始，在此时间段内，进程处于挂起状态，当超过这一时间段后，进程自动恢复执行。

（8）NULL 语句

空操作 NULL 语句不完成任何操作，它唯一的功能就是使逻辑运行流程跨入下一步语句的执行。NULL 常用于 CASE 语句中，为满足所有可能的条件，利用 NULL 来表示所余的不用条件下的操作行为。

空操作语句的语句格式如下：

NULL;

2．并行语句

在 VHDL 中，并行语句有多种语句格式，各种并行语句在结构体中的执行是同步进行的，或者说是并行运行的，其执行方式与书写的顺序无关。在执行中，并行语句之间可以有信息往来，也可以是互为独立、互不相关。

并行语句主要有并行信号赋值语句、进程语句、块语句、条件信号赋值语句、元件例化语句及生成语句。

并行语句在结构体中的使用格式如下：

```
ARCHITECTURE  结构体名  OF  实体名  IS
    说明语句
    BEGIN
    并行语句
END ARCHITECTURE  结构体名;
```

（1）并行信号赋值语句

并行信号赋值语句有三种形式：

① 简单信号赋值语句。

简单信号赋值语句是 VHDL 并行语句结构的最基本的单元，它的语句格式如下：

```
赋值目标<=表达式
```

式中赋值目标的数据对象必须是信号，它的数据类型必须与赋值符号右边表达式的数据类型一致。

② 条件信号赋值语句。

条件信号赋值语句的表达方式如下：

```
赋值目标<=表达式 WHEN 赋值条件 ELSE
          表达式 WHEN 赋值条件 ELSE
          ……
          表达式;
```

在执行条件信号语句时，每一赋值条件是按书写的先后关系逐项测定的；一旦发现赋值条件为 TRUE，立即将表达式的值赋给赋值目标变量。条件信号语句允许有重叠现象。

③ 选择信号赋值语句。

选择信号赋值语句的语句格式如下：

```
WITH  选择表达式  SELECT
      赋值目标信号  <=  表达式 WHEN 选择值
                        表达式 WHEN 选择值
                        ……
                        表达式 WHEN 选择值;
```

选择信号赋值语句本身不能在进程中应用，选择信号语句中有敏感量，即关键词 WHEN 旁的选择表达式，每当选择表达式的值发生变化时，就将启动此语句对各子句的选择值进行测试对比，当发现有满足条件的子句时，就将此子句表达式中的值赋给赋值目标信号。选择赋值语句不允许有条件重叠的现象，也不允许存在条件涵盖不全的情况。

（2）进程语句

进程语句（PROCESS）本身是并行语句。在一个结构体中，允许放置任意多个进程语句结构，而每一进程的内部是由一系列顺序语句来构成的。PROCESS 语句结构包含了一个代表着设计实体中部分逻辑行为的、独立的顺序语句描述的进程。在 VHDL 中，所谓顺序仅仅是指语句按序执行上的顺序性，但这并不意味着 PROCESS 语句结构所对应的硬件逻辑行为也具有相同的顺序性。PROCESS 结构中的顺序语句，及其所谓的顺序执行过程只是相对于计算机中的软件行为仿真的模拟过程而言的，这个过程与硬件结构中实现的对应的逻辑行为是不相同的。PROCESS 结构中既可以有时序逻辑的描述，也可以有组合逻辑的描述，它们都可以用顺序语句来表达。

PROCESS 语句结构的一般表达格式如下：

```
[进程标号:] PROCESS[ (敏感信号参数表 ) ]   [IS]
[进程说明部分]
BEGIN
    顺序描述语句
END PROCESS[进程标号];
```

每一个 PROCESS 语句结构可以赋予一个进程标号，但这个标号不是必需的。进程说明部分定义该进程所需的局部数据环境。

顺序描述语句部分是一段顺序执行的语句，描述该进程的行为。PROCESS 中规定了每个进程语句在当它的某个敏感信号的值改变时都必须立即完成某一功能行为，这个行为由进程语句中的顺序语句定义，行为的结果可以赋给信号，并通过信号被其他的 PROCESS 或 BLOCK 读取或赋值。当进程中定义的任一敏感信号发生更新时，由顺序语句定义的行为就要重新执行一次，当进程中最后一个语句执行完成后，执行过程将返回到进程的第一个语句，以等待下一次敏感信号变化。

（3）块语句

块（BLOCK）的应用类似于利用 PROTEL 画电路原理图时，可将一个总的原理图分成多个子模块，则这个总的原理图成为一个由多个子模块原理图连接而成的顶层模块图，而每一个子模块可以是一个具体的电路原理图。

BLOCK 语句的表达格式如下：

```
块标号：BLOCK[(块保护表达式)]
接口说明
类属说明
BEGIN
并行语句
END BLOCK 块标号;
```

（4）元件例化语句

元件例化是可以多层次的，在一个设计实体中被调用安插的元件本身也可以是一个低层次的当前设计实体，因而可以调用其他的元件，以便构成更低层次的电路模块。因此，元件例化就意味着在当前结构体内定义了一个新的设计层次，这个设计层次的总称叫元件，但它可以以不同的形式出现。这个元件可以是已设计好的一个 VHDL 设计实体，可以是来自 FPGA 元件库中的元件，它们可能是以别的硬件描述语言，如 Verilog 设计的实体；元件还可以是 IP 核，或者是 FPGA 中的嵌入式硬 IP 核。

元件例化语句由两部分组成，前一部分是对一个现成的设计实体定义为一个元件，第二部分则是此元件与当前设计实体中的连接说明，它们完整的语句格式如下：

```
COMPONENT 元件名 IS
  GENERIC (类属表);                    ——元件定义语句
PORT  (端口名表);
END COMPONENT 文件名;
```

例化名：元件名 PORT MAP(　　　　　　　　　　——元件例化语句

[端口名 =>]连接端口名，…)；

以上两部分语句在元件例化中都是必须存在的。第一部分语句是元件定义语句，相当于对一个现成的设计实体进行封装，使其只留出对外的接口界面。就像一个集成芯片只留几个引脚在外一样，它的类属表可列出端口的数据类型和参数，端口名表可列出对外通信的各端口名。元件例化的第二部分语句即为元件例化语句，其中的例化名是必须存在的，它类似于标在当前系统（电路板）中的一个插座名，而元件名则是准备在此插座上插入的、已定义好的元件名。PORT MAP 是端口映射的意思，其中的端口名是在元件定义语句中的端口名表中已定义好的元件端口的名字，连接端口名则是当前系统与准备接入的元件对应端口相连的通信端口，相当于插座上各插针的引脚名。

元件例化语句中所定义元件的端口名与当前系统连接端口名的接口表达有两种方式，一种是名字关联方式。在这种关联方式下，例化元件的端口名和关联（连接）符号“ =>”两者都是必须存在的。这时，端口名与连接端口名的对应式，在 PORT MAP 句中的位置可以是任意的。另一种是位置关联方式。若使用这种方式，端口名和关联连接符号都可省去，在 PORT MAP 子句中，只要列出当前系统中的连接端口名就行了，但要求连接端口名的排列方式与所需例化元件端口定义中的端口名一一对应。

（5）生成语句

生成语句可以简化为有规则设计结构的逻辑描述。生成语句有一种复制作用，在设计中，只要根据某些条件，设定好某一元件或设计单位，就可以利用生成语句复制一组完全相同的并行元件或设计单元电路结构。生成语句的语句格式有如下两种形式：

① [标号：]FOR 循环变量 IN 取值范围 GENERATE

说明

BEGIN

并行语句

END GENERATE[标号]；

② [标号：]IF 条件 GENERATE

说明

Begin

并行语句

END GENERATE[标号]；

这两种语句格式都是由如下 4 部分组成的：

① 生成方式：有 FOR 语句结构或 IF 语句结构，用于规定并行语句的复制方式。

② 说明部分：这部分包括对元件数据类型，子程序、数据对象作一些局部说明。

③ 并行语句：生成语句结构中的并行语句是用来复制的基本单元，主要包括元件、进程语句、块语句、并行过程调用语句、并行信号赋值语句，甚至生成语句，这表示生成语句允许存在嵌套结构，因而可用于生成元件的多维阵列结构。

④ 标号：其中的标号并非必需，但如果在嵌套式生成语句结构中就是十分重要的。对于 FOR 语句结构，主要是用来描述设计中的一些有规律的单元结构，其生成参数及其取值范围的含义和运行方式与 LOOP 语句相似。

7.4 电子线路实验举例

7.4.1 两位十进制频率计原理图输入设计

1. 实验目的

熟悉原理图输入法中 74 系列等宏单元功能器件的使用方法，掌握更复杂的原理图层次化设计技术和数字系统设计方法，为更多位的频率计设计打下基础。

2. 原理说明

要想使频率计自动测频，必须完成计数、锁频和清零三个步骤。根据上述要求，可按下列步骤设计。

（1）设计有时钟使能的两位十进制计数器（如图 7-25 所示）

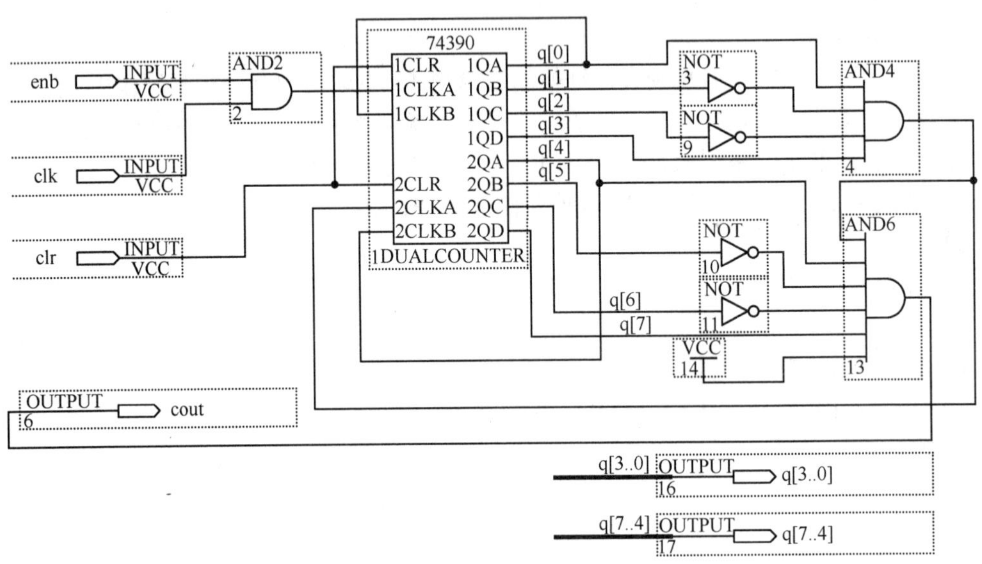

图 7-25 有时钟使能的两位十进制计数器

其中，74390 为一个双十进制计数器，enb 为时钟使能控制，clk 为时钟输入，clr 为清零信号。计数器 1 的输出为 q[3]、q[2]、q[1]、q[0]并成总线方式，其进位由一个 4 输入与门和两个反相器构成，该进位信号作为计数器 2 的计数输入，计数器 2 的输出为 q[7]、q[6]、q[5]、q[4]并成总线方式，其进位 cout 由一个 6 输入与门和 2 个反相器构成，可用于计数器扩展的输入。

将此项设计包装入库，元件名为 conter8。

（2）频率计主结构电路设计

在计数器的基础上，加上锁存器，即构成频率计电路的主结构，如图 7-26 所示。

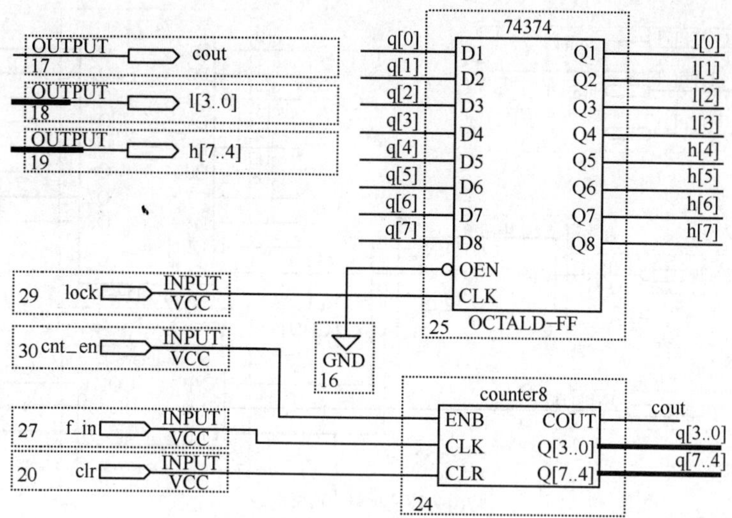

图 7-26 频率计电路的主结构

由于有锁存器 74374 的存在，即使在 conter8 被清零后，数码管仍然能稳定显示上一测频周期测得的频率值。在实际测频中，由于 cnt_en 是测频控制信号，如果其频率选定为 0.5Hz，则其允许计数的脉宽为 1s，这样，数码管就能直接显示 f_in 的频率值了。

（3）测频时序控制电路设计

测频时序控制电路产生 3 个控制信号：cnt_en、lock 和 clr，以便使频率计自动测频，其电路如图 7-27 所示。

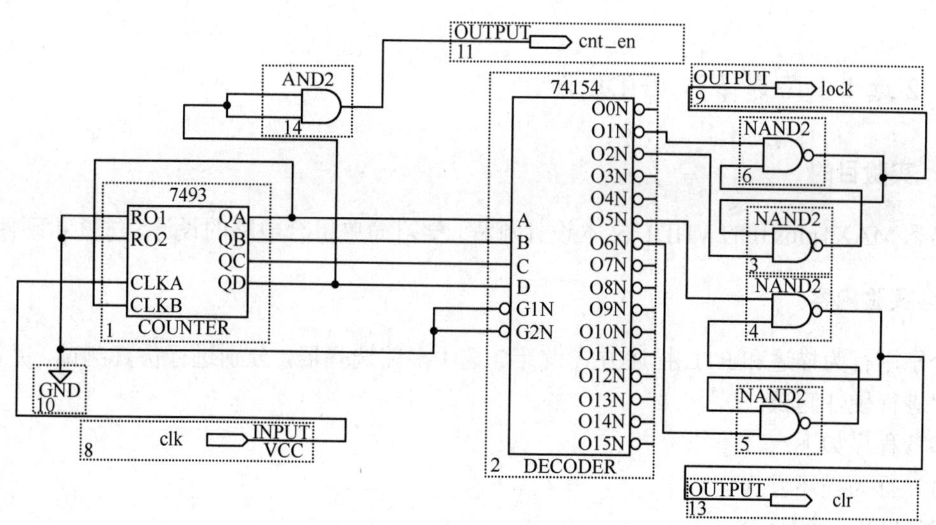

图 7-27 测频时序控制电路

其中：7493 为 4 位 2 进制计数器，74154 为 3-8 译码器。

最后，包装元件入库，元件名为 tf_ctro。

（4）频率计顶层电路设计（如图 7-28 所示）

其中，f_in 为待测信号，clk 为测频控制信号，如果 clk 的周期取为 2s，则显示的数值即为被测信号的频率。

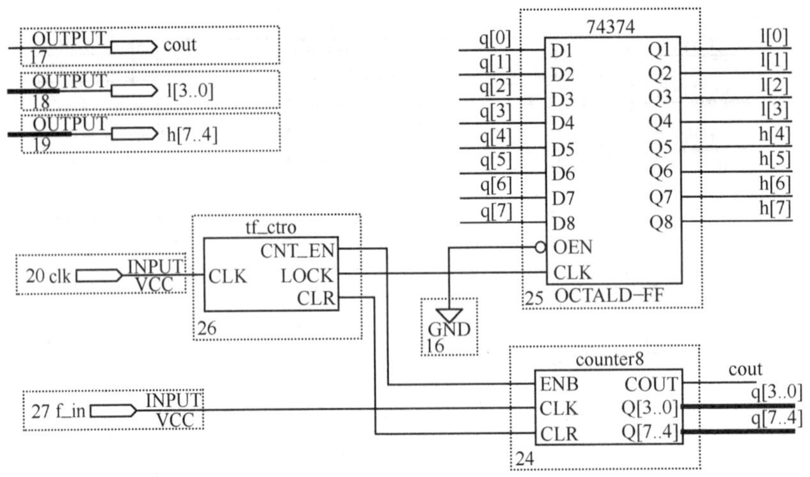

图 7-28　频率计顶层电路

3．实验内容

① 根据频率计原理，分别设计出底层电路和顶层电路，并进行仿真测试。

② 根据所选实验系统进行引脚锁定、硬件测试频率计顶层电路包装入库。

4．实验报告要求

叙述设计过程、画出底层及顶层电路、给出频率计顶层电路的仿真波形并与硬件测试结果比较。

7.4.2　2 选 1 多路选择器 VHDL 设计

1．实验目的

熟悉 MAX+plus II 的 VHDL 文本设计流程，学习简单组合电路的设计，仿真和硬件测试。

2．实验内容

分别用行为描述和 RTL 描述方式设计 2 选 1 多路选择器，分别进行仿真测试，并在实验系统上进行硬件测试。

参考程序如下：

（1）行为描述方式

```
ENTITY mux21a IS
    PORT    (a,b: IN    BIT;
                  s: IN    BIT;
                  y: OUT BIT    );
END ENTITY mux21a;
ARCHITECTURE one OF mux21a    IS
   BEGIN
```

```
    y <= a   WHEN   s = '0'   ELSE
         b  ;
END ARCHITECTURE one;
```

（2）RTL 描述方式

```
ENTITY mux21a IS
PORT(a,b:IN BIT;
       s:IN BIT;
       y:OUT BIT);
END mux21a;
ARCHITECTURE one OF mux21a IS
   SIGNAL d,e :BIT;
   BEGIN
     d<= a AND (NOT s);
     e<= b AND s;
     y<= d OR e;
   END one;
```

3．实验报告要求

根据以上的实验内容写出实验报告，包括程序设计、软件编译、仿真分析、硬件测试实验过程。给出电路的仿真波形图及分析结果。

7.4.3 简单时序电路的设计

1．实验目的

进一步熟悉 MAX+plusⅡ的 VHDL 文本设计过程，学习简单时序电路的设计、仿真和硬件测试。

2．实验内容

（1）设计边沿触发的 D 触发器，并对其进行仿真和硬件测试

参考程序如下：

```
LIBRARY IEEE;
USE IEEE.STD_LOGIC_1164.ALL;
ENTITY dff1 IS
  PORT(clk:IN STD_LOGIC;
        d:IN STD_LOGIC;
        q:OUT STD_LOGIC);
END ENTITY dff1;
ARCHITECTURE bhv OF dff1 IS
  SIGNAL q1:STD_LOGIC;
```

```
  BEGIN
  PROCESS(clk,d)
    BEGIN
       IF clk'EVEMT AND clk = '1'
          THEN q1< = d;
       END IF;
          q< = q1;
    END PROCESS;
END bhv;
```

（2）设计电平触发的 D 触发器，并对其进行仿真和硬件测试

参考程序如下：

```
LIBRARY IEEE;
USE IEEE.STD_LOGIC_1164.ALL;
ENTITY dff3 IS
  PORT(clk:IN STD_LOGIC;
          d:IN STD_LOGIC;
          q:OUT STD_LOGIC);
END dff3;
ARCHITECTURE bhv OF dff3 IS
  BEGIN
  PROCESS(clk,d)
    BEGIN
      IF clk = '1'
          THEN q< = d;
      END IF;
  END PROCESS;
END bhv;
```

3．附加内容

设计 J-K 触发器的 VHDL 程序，并对其仿真测试。

4．实验报告要求

分析比较实验内容 1 和 2 的仿真和实测结果，说明这两种电路的异同点，写出实验报告。

7.4.4 利用例化语句设计一位二进制全加器

1．实验目的

熟悉例化语句的用法，掌握 VHDL 语言的结构化设计方法。

2．实验内容

（1）设计低层元件或门描述

参考程序如下：

```
LIBRARY  IEEE;    --或门逻辑描述
USE IEEE.STD_LOGIC_1164.ALL;
ENTITY or2a IS
  PORT(a，b：IN STD_LOGIC;
          c：OUT STD_LOGIC);
END ENTITY or2a;
ARCHITECTURE one OF or2a IS
  BEGIN
    C <=  a OR b ;
END ARCHITECTURE one;
```

（2）设计底层元件半加器描述

参考程序如下：

```
LIBRARY  IEEE;     --半加器描述
USE IEEE.STD_LOGIC_1164.ALL;
ENTITY adder IS
  PORT(a，b：IN STD_LOGIC;
      co，so：OUT STD_LOGIC);
END ENTITY adder;
ARCHITECTURE fhl OF adder IS
  BEGIN
    so<=NOT(a XOR (NOT b)); --so<=a XOR b
    co<=a AND b   ;
END ARCHITECTURE fhl;
```

（3）利用例化语句设计顶层元件全加器描述

参考程序如下：

```
LIBRARY IEEE;
USE IEEE.STD_LOGIC_1164.ALL;
ENTITY f_adder IS
  PORT(ain,bin,cin:IN STD_LOGIC;
          cout,sum:OUT STD_LOGIC);
END f_adder;
ARCHITECTURE fd1 OF f_adder IS
   COMPONENT h_adder
      PORT(a,b:IN STD_LOGIC;
          co,so:OUT STD_LOGIC);
```

```
    END COMPONENT;
    COMPONENT or2a
        PORT(a,b:IN STD_LOGIC;
                c:OUT STD_LOGIC);
    END COMPONENT;
    SIGNAL d,e,f:STD_LOGIC;
    BEGIN
    u1:h_adder PORT MAP(a = >ain,b = >bin,co = >d,so = >e);
    u2:h_adder PORT MAP(a = >e,b = >cin,co = >f,so = >sum);
    u3:or2a PORT MAP(a = >d,b = >f,c = >cout);
END fd1;
```

3．实验报告要求

分别对底层和顶层元件进行仿真测试，画出一位二进制全加器顶层电路图，给出顶层元件的仿真波形及设计源程序。

第 8 章　电子电路仿真软件 EWB 5.0

8.1　EWB 5.0 简介

电路设计及仿真软件 Electronics Workbench 5.0（简称 EWB 5.0），是加拿大 Interactive Image Technologies 公司开发的电子线路设计及仿真软件，它是介于电子线路理论设计及实际运作之间有效的虚拟工作平台，不但具备电路设计的功能，还能对整个电路信号及系统进行仿真分析，具体包括仿真昂贵的测量仪器及各种详尽的电路分析。

EWB 5.0 包括了源元件库、分立元件库、二极管元件库、三极管元件库、模拟集成电路元件库、混合集成元件库、数字集成元件库、逻辑门电路元件库、数字电路元件库、指示器元件库、控制器元件库及其他元件库等等。在电路设计时，EWB 5.0 可根据自己的需要构造自定义电路模块，并保存在自定义元件库中，以便以后方便地调用而不用重复构造。这些元件库均以直观方便的按钮排放在主界面上，设计电路时只需轻轻单击这些按钮便可迅速地找到所需的元件，排放好所有的元件后，再对各元件进行连线，修改各元件的数值及其他各项属性，便绘制完成一张电路原理图。值得指出的是，EWB 还在元件属性中定义了元件的故障假设，以用于以后模拟元件的漏电、短路、开路等故障，还定义了元件的分析条件设置以仿真元件的工作温度等。

EWB 5.0 提供了许多虚拟仪器来对电路进行仿真分析，这些仪器包括万用表、信号发生器、示波器、扫频仪、编码发生器、逻辑分析器、逻辑转换器等。和元件库一样，这些仪器也以按钮的形式排放在主界面上，电路图绘制完毕后可方便地选择所需的仪器接入电路中，设置好仪器的量程或参数后便可按动开关通电工作，仪器上便可准确地测量出电路的工作电流、电压、信号波形、幅频特性或产生电路工作所需的各种源信号，如音频信号、正弦波、锯齿波、方波、调频信号、调幅信号、编码信号等等。EWB 5.0 除了提供虚拟仪器对电路进行仿真分析外，还提供了许多更加简单快捷的指示器来直观动态地指示电路在仿真工作中的状态，这些指示器包括电压表、电流表、指示灯、探针、七段数码管、译码七段数码管、蜂鸣器、柱状图示器及译码柱状图示器等。使用 EWB 5.0 中的 Analysis（分析）菜单中的命令可对电路进行更加全面详尽的分析，其分析结果均以图形或报表的形式体现出来，这些分析包括直流工作点分析、交流频率分析、瞬态分析、傅里叶分析、噪声分析、失真分析、参数扫描分析、温度扫描分析、蒙特卡罗分析、灵敏度分析等。当电路设计出错时，分析结果会给出出错报告，并提出参考建议，分析结果还可保存为.gra 或.txt 文件，或通过打印机打印出来，交流频率分析类似于利用扫频仪对电路进行仿真，可以准确地得出电路的幅频特性和相频特性，分析结果在分析图表窗口中表现为直观的幅频特性曲线和相频特性曲线，以体现电路的增益或相移。参数扫描分析则可用于需要对某个元件的数值进行调节时电路的仿真，它可让电路中某个元件的参数在设置的数值段内连续变化，然后将电路的静态工作点，频率特性，瞬态特性等随此参数的变化以图形显示出来。

用 EWB 5.0 软件对电子电路进行仿真有两种基本方法。一种方法是使用虚拟仪器直接测量电路，另一种是使用分析方法分析电路。

1．使用虚拟仪器直接测量电路

用该方法分析电路就像在实验室做电子电路实验一样。具体步骤如下：

① 在电路工作窗口画所要分析的电路原理图。

② 编辑元器件属性，使元器件的数值和参数与所要分析的电路一致。

③ 在电路输入端加入适当的信号。

④ 放置并连接测试仪器。

⑤ 接通仿真电源开关进行仿真。

2．使用分析方法分析电路

用 EWB 5.0 软件提供的 14 种分析方法仿真电子电路的具体步骤如下：

① 在电路工作窗口画所要分析的电路原理图。

② 编辑元器件属性，使元器件的数值和参数与所要分析的电路一致。

③ 在电路输入端加入适当的信号。

④ 显示电路的节点。

⑤ 选定分析功能、设置分析参数。

⑥ 单击仿真按钮进行仿真。

⑦ 在图表显示窗口观察仿真结果。

8.2　EWB 5.0 的界面和菜单

启动 Electronics Workbench 5.0，屏幕上出现图 8-1 所示的工作界面。工作界面主要由标题栏、菜单栏、工具条、元器件库、电路工作窗口、状态栏、仿真电源开关、暂停按钮等部分组成。

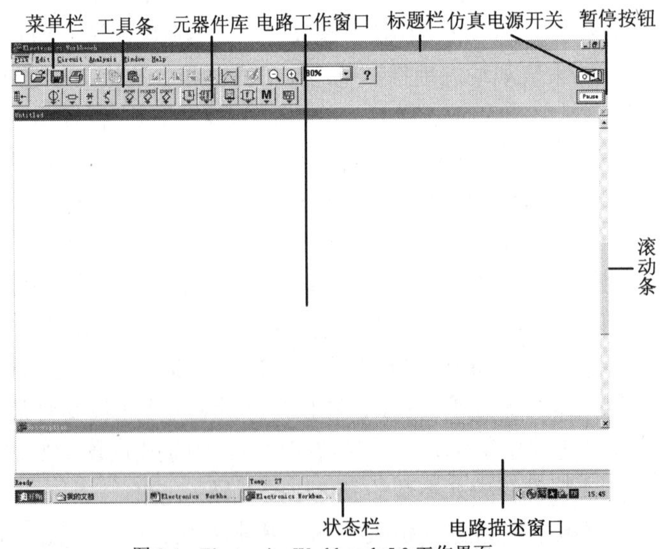

图 8-1　Electronics Workbench 5.0 工作界面

1．标题栏

工作界面的最上方是标题栏，标题栏显示当前的应用程序名：Electronics Workbench。标题栏的左侧有一个控制菜单框，单击该菜单框可以打开一个命令窗口，执行相关命令可以对程序窗口作如下操作：

Restore	还原（R）
Move	移动（M）
Size	大小（S）
Minimize	最小化（N）
Maximize	最大化（X）
Close	关闭（C）

标题栏的右侧有 3 个控制按钮：最小化、最大化和关闭按钮，通过控制按钮也可以实现对程序窗口的操作。

2．菜单栏

标题栏的下面是菜单栏，用于提供电路文件的存取、电路图的编辑、电路的模拟与分析、在线帮助等。菜单栏由 6 个菜单项组成，分别是：File（文件）、Edit（编辑）、Circuit（电路）、Analysis（分析）、Window（窗口）和 Help（帮助）。而每个菜单项的下拉菜单中又包括若干条命令。

（1）File（文件）菜单

文件菜单项包括以下命令：

① 新建文件命令（File/New）：单击 File/New，执行新建文件命令，电路工作窗口就会打开一个 Untitled（未命名）窗口，在该窗口即可创建另一个新的电路，建立新的电路文件。

② 打开文件命令（File/Open）：单击 File/Open，执行打开文件命令，屏幕上显示出一个 Open Circuit File（打开电路文件）对话框，用来打开以前曾经创建过的某个电路文件。只能打开扩展名为.CA*、.CD*和.EWB 的电路文件。

③ 保存文件命令（File/Save）：单击 File/Save，弹出 Save Circuit File（保存电路文件）对话框，执行保存文件命令，以保存当前电路文件，形成的电路文件的扩展名为.EWB。

④ 另存文件命令（File/Save As）：单击 File/Save As，弹出与 Save Circuit File（保存电路文件）相同的对话框，执行另存文件命令，实现文件的换名保存。

⑤ 恢复存盘命令（File/Revert to Saved）：单击 File/Revert to Saved，执行恢复存盘命令，可将刚才保存的电路恢复到电路工作窗口。在执行恢复存盘命令之前，系统会提示：执行恢复存盘命令后，当前对电路所做的全部修改将被取消。

⑥ 输入文件命令（File/Import）：单击 File/Import，执行输入文件命令，可输入一个 SPICE 网表文件（Windows 中扩展名为.net 或.cir），并形成电路图。

⑦ 输出文件命令（File/Export）：单击 File/Export，执行输出文件命令，可将电路文件以扩展名为.net、.scr、.cmp、.cir 和.pic 的文件格式存入磁盘，以便其他软件调用。

⑧ 打印文件命令（File/Print）：单击 File/Print，执行打印文件命令，实现对所选电路文件的打印。在打印文件命令弹出的对话框中可以选择打印的项目，如打印电路图的电路描述、元件列表、模型列表或子电路等。

⑨ 打印设置命令（File/Print Setup）：单击 File/Print Setup，弹出打印设置对话框，在对话框中可以设置打印机型号、打印机属性、选择打印机纸张、改变打印方向等。

⑩ 退出命令（File/Exit）：单击 File/Exit，退出 EWB 5.0 系统，并关闭电路文件。如果退出前没有保存，系统会提示先保存文件。若选择“是[Y]”，保存修改的电路文件，并退出软件；若选择“否[N]”，不保存修改的电路文件，但退出软件；若选择“取消”，退出当前状态，仍回到工作状态。

⑪ 安装命令（File/Install）：单击 File/Install，执行安装命令，实现安装任何 EWB 系统的附加应用程序的目的。

（2）Edit（编辑）菜单

编辑菜单项包括以下命令：

① 剪切命令（Edit/Cut）：执行剪切命令，可将所选择的对象（如元器件、电路、文本等）放置在剪贴板上，以便执行粘贴命令时再将其粘贴到任何地方。

② 复制命令（Edit/Copy）：执行复制命令，可将所选择的对象（如元器件、电路、文本等）放置在剪贴板上，以便执行粘贴命令时使用。

③ 粘贴命令（Edit/Paste）：执行粘贴命令，可将剪贴板上的信息粘贴到活动窗口中。粘贴命令执行后，该信息仍然保留在剪贴板上。被粘贴位置的文件性质必须与剪贴板上的内容性质相同，否则不能粘贴。例如，不能将电路窗口的信息粘贴到描述窗口。

④ 删除命令（Edit/Delete）：执行删除命令，可永久地删除所选择的元器件或文本等，但不影响剪贴板上当前的内容。注意使用这个命令时要十分小心，因为被删除的内容将无法恢复。

⑤ 全选命令（Edit/Select All）：执行全选命令，可将电路工作窗口中的全部电路或描述窗口内的全部文本选定，用作其他处理。

⑥ 复制位图命令（Edit/Copy as Bitmap）：执行复制位图命令，可将选中电路的位图复制到剪贴板上，以便在其他画图或文字编辑软件中调用该位图。所选中电路的位图不能粘贴到 EWB 系统的电路窗口。

复制位图图像的步骤如下：

单击 Edit/Copy as Bitmap 命令，光标变成“＋”字型；按住鼠标左键并拖动鼠标，用形成的方框圈住准备复制的电路；放开鼠标，所选电路的位图就被复制到剪贴板上。

⑦ 显示剪贴板命令（Edit/Show Clipboard）：执行显示剪贴板命令，显示剪贴板上的有关信息。

（3）Circuit（电路）菜单

电路菜单项包括以下命令：

① 旋转命令（Circuit/Rotate）：在电路设计窗口搭接电路时，经常需要调整元件的位置，这时可以通过单击要旋转的元件，选择旋转命令，就能完成对元件的旋转操作。每执行一次旋转操作，被选元件逆时针旋转 90°。

② 水平翻转命令（Circuit/Flip Horizontal）：选择水平翻转命令，完成对被选元件的水平翻转操作。

③ 垂直翻转命令（Circuit/Flip Vertical）：选择垂直翻转命令，完成对被选元件的垂直翻转操作。

④ 元件属性命令（Circuit/Component Properties）：元件属性命令是用来设置元件属性的。不同的元件有不同的属性。设置元件属性有 3 种办法：

- 用鼠标双击电路图中的元件，在弹出的元件属性对话框中进行设置；
- 选取元件后，执行元件属性命令，调出元件属性对话框进行设置；
- 选取元件后，单击鼠标右键，在下拉菜单中编辑元件属性。

⑤ 创建子电路命令（Circuit/Create Subcircuit）：子电路是指电路的一部分或全部。用户可把子电路存放到用户器件库中，当需要时随时从库中调出。子电路的创建和使用大大地方便了电路的设计。

- 创建一个子电路：

步骤 1：选择欲形成子电路的电路部分。

步骤 2：单击 Circuit（电路）菜单下的创建子电路命令（Circuit/Create Subcircuit），屏幕显示 Subcircuit 对话框。子电路对话框中有 4 个可选项。

复制（Copy From Circuit）——将选择的电路复制到用户器件库中，电路工作窗口中的原电路保持不变。

移动（Move From Circuit）——将选择的电路移动到用户器件库中，电路工作窗口中的原电路将被删除。

代替（Replace in Circuit ）——用子电路代替电路工作窗口中的部分或全部电路，并将后者作为新的同名子电路保存到用户器件库中。

取消（Cancel）——取消创建子电路的操作。

步骤 3：在 Subcircuit 对话框中键入子电路的名称，再选择 Copy From Circuit 或 Move From Circuit，被选择的电路就被复制到用户器件库中。

- 调用子电路：

步骤 1：单击元器件库栏最左侧的用户器件库图标，弹出一个子电路调用窗口。

步骤 2：按住鼠标左键，将其拖到电路工作窗口，松开手拖至处出现一矩形小框，并弹出一个选择子电路对话框。

步骤 3：选择子电路名，单击 Accept，子电路将作为一个电路模块出现在电路工作窗口。

⑥ 放大命令（Circuit/Zoom In Restrictions）：选择放大命令，可以对选中的电路进行放大显示。

⑦ 缩小命令（Circuit/Zoom Out）：选择缩小命令，可以对选中的电路进行缩小显示。

⑧ 电路图设置命令（Circuit/Schematic Options）：选择电路图设置命令，可以设置一些与电路图显示方式有关的内容。对话框中有三个选项卡：Grid（栅格）、Show/Hide（显示/隐藏）和 Fonts（字形），其内容分别如下：

- Grid（栅格）选项卡：

Show Grid（显示栅格）——在屏幕上显示栅格。

Use Grid（使用栅格）——将元件和连线放在栅格，可以方便地绘制电路图。

- Show/Hide（显示/隐藏）选项卡：

Show Reference ID（显示元件参考 ID）

Show Values（显示元件参数）

Show Label（显示元件标号）

Show Models（显示元件模型）

Show Nodes（显示节点号）

- Fonts（字形）选项卡：

元件标号（Label）的设置：设置元件标号的字体（Font Name）、字号（Font Size）等。

元件标称值（Value）的设置：设置元件标称值的字体（Font Name）、字号（Font Size）等。

⑨ 限制命令（Circuit/Restrictions）：利用限制命令，可以实现仿真过程中对电路元件和电路分析方法的限制。单击 Circuit/Restrictions 命令，窗口弹出限制对话框。对话框中包含 General（一般限制）、Components（元件限制）和 Analyses（分析限制）的内容，用户可以根据需要进行选择。

（4）Analysis（分析）菜单

分析菜单项包括以下命令：

① 激活命令（Analysis/Activate）：用激活命令将电路激活开始仿真实验。也可以单击图 8-1 右上角的仿真电源开关激活电路。

② 暂停命令（Analysis/Pause）：用暂停命令暂时停止电路的仿真实验。也可以单击图 8-1 右上角的暂停（Pause）开关停止仿真。

③ 停止命令（Analysis/Stop）：用停止命令停止电路的仿真实验。也可以通过单击图 8-1 右上角的仿真电源开关停止仿真。

④ 分析设置命令（Analysis/Analysis Options）：用分析设置命令设置分析电路的条件。单击 Analysis/Analysis Options，屏幕上弹出分析选项窗口。窗口含 5 个选项卡：通用（Global）分析设置、直流（DC）分析设置、暂态（Transient）分析设置、器件（Device）设置和仪器（Instruments）设置，每个选项卡的下拉菜单中又有若干项设置，合理设置这些条件，对实际电路的仿真是必要的，但有些参数对于大部分电路不需要设置，因此可选择默认值。

⑤ 分析方法：EWB 5.0 提供了 14 种分析电路的方法，其中：

- 6 种基本分析方法：

直流工作点分析（Analysis/DC Operating Point）

交流频率分析（Analysis/AC Frequency）

暂态分析（Analysis/Transient）

傅里叶分析（Analysis/Fourier）

噪声分析（Analysis/Noise）

失真分析（Analysis/Distortion）

- 4 种扫描分析方法：

参数扫描分析（Analysis/Parameter Sweep）

温度扫描分析（Analysis/Temperature Sweep）

直流灵敏度分析（Analysis/DC Sensitivity）

交流灵敏度分析（Analysis/AC Sensitivity）

- 两种高级分析方法：

零极点分析（Analysis/Pole-Zero）

传递函数分析（Analysis/Transfer Function）

- 两种统计分析方法：

最坏情况分析（Analysis/Worst Case）

蒙特卡罗分析（Analysis/Monte Carlo）

⑥ 图表显示命令：完成电路的仿真实验后，需要显示分析结果，可以通过图表显示命令执行。单击 Analysis/Monte Carlo，屏幕上弹出 Analysis Graphs（分析图表）窗口，窗口内显示分析的结果，该结果可以是图形，也可以是数据。分析结果还可以用上方工具栏里的工具进行存盘、打印、复制、粘贴等操作。

（5）Window（窗口）菜单

窗口菜单项包括以下命令：

① 排列窗口命令（Window/Arrange）：使用排列窗口命令，可以合理安排电路工作窗口、元器件库窗口和已经打开的描述窗口在电子工作平台上的位置，使它们排列有序，互不重叠，并且能扩大其窗口的使用面积。

② 电路窗口命令（Window/Circuit）：电路窗口命令的功能，是将电路工作窗口移到前台进行仿真。

③ 描述窗口命令（Window/Description）：描述窗口命令的功能，是将描述窗口打开，以便将有关电路的特点和操作方法等说明以文本方式写入该窗口，或以粘贴方式将其他应用程序或电路文件的文本内容粘贴到该窗口。

（6）Help（帮助）菜单

帮助菜单项包括以下命令：

① 帮助命令（Help）：当你没有选定任何内容时，单击 Help，屏幕上将显示“帮助”内容的各主题索引。当你已选定工作界面中的元件或仪器后，再执行 Help 命令，屏幕上将显示该元件或仪器的相关帮助信息。

② 帮助索引命令（Help Index）：执行帮助索引命令显示“索引”窗口，根据关键字查找帮助主题。

③ 版本注释命令（Release Notes）：执行该命令可以显示一些关于 Electronics Workbench 5.0 的注解信息。

④ 关于电子工作平台命令（About Electronics Workbench）：执行该命令可以显示关于 Electronics Workbench 5.0 的版本和版权信息。

3．EWB 5.0 的工具条

图 8-2 所示是 EWB 的工具条，工具条提供了编辑电路所需要的一系列工具，使用该栏目下的工具按钮，可以更方便地操作菜单。

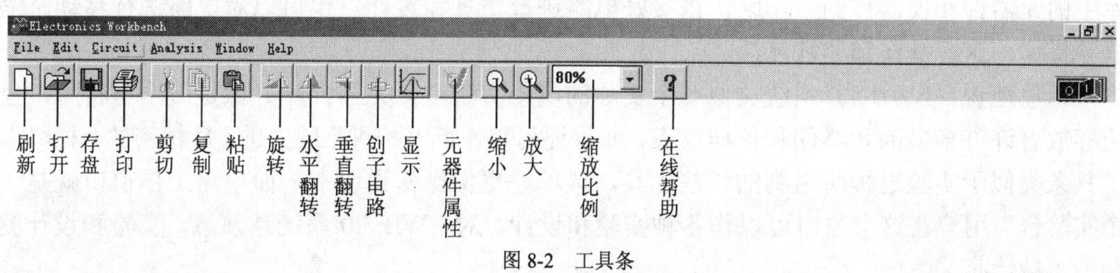

图 8-2　工具条

各按钮的功能如下：

刷新——清除电路工作区，准备建立一个新的电路。

打开——打开电路文件。

存盘——保存电路文件。

打印——打印电路文件。

剪切——剪切到剪切板。

复制——复制到剪切板。

粘贴——粘贴到指定文件中。

旋转——将选中的元件逆时针旋转 90°。

水平翻转——将选中的元件水平翻转。

垂直翻转——将选中的元件垂直翻转。

创子电路——创建子电路。

显示——进入图形显示窗口。

元器件属性——调出元器件属性对话框，设置元器件属性。

缩小——将电路图缩小一定比例。

放大——将电路图放大一定比例。

缩放比例——通过下拉出的缩放比例选择框选择电路图的缩放比例。

在线帮助——显示帮助内容。

4．EWB 5.0 的元器件库

EWB 5.0 的元器件库位于工具条的下方，如图 8-3 所示。库中存放着各种元器件和测试仪器，用户可以根据需要随时调用。元器件库中的各种元器件按类别存放在不同的分库中，EWB 5.0 为每个分库都设置了图标，从左至右分别是：用户器件库、电源库、基本器件库、二极管库、晶体管库、模拟集成电路库、混合集成电路库、数字集成电路库、逻辑门电路库、数字模块库、指示器件库、控制器件库、其他器件库和仪器库。

图 8-3　元器件库

5．其他部分

（1）电路工作窗口

电路工作窗口在工作界面的中心区域，供使用者进行电路设计用。使用者可以将元器件库中的元器件和仪器移到工作区，搭接好电路进行仿真和设计。也可以对电路进行移动、缩放等操作，这些操作都非常灵活。

形象地说，EWB 5.0 系统类似一个实际的电子实验室，元器件库好像是一个材料库，里边存放着许许多多的元器件和仪器仪表，而且还可以不断“购进”最先进、最精密的“材料”。工具条类似于实验过程所用到的一些工具，菜单栏更像操作说明书，而电路工作窗口就是一个实验台，用户在这个窗口可以作各种实验和设计。对 EWB 5.0 系统越熟悉，实验和设计就会做得越漂亮。

（2）电路描述窗口

电路描述窗口是EWB 5.0系统为用户提供的一个文字窗口，用户可以在这个窗口对电路的功能和仿真结果进行必要的说明。

（3）状态栏

状态栏位于EWB 5.0工作界面的最下方，用来显示当前的命令状态和仿真温度。

（4）开关

EWB 5.0工作界面的右上角还有两个开关。上面的叫仿真电源开关，当搭接好电路并接好测试仪器后，单击仿真电源开关，EWB 5.0开始对电路进行仿真。再次单击它时，即可停止对电路的仿真。要注意的是，只有当电路和测试仪器连接好之后，仿真电源开关才可打开。可见，其作用与分析菜单下的激活命令（Analysis/Activate）和停止命令（Analysis/Stop）的功能相同。

仿真电源开关下是暂停按钮，当需要像示波器、波特图仪等仪器所测绘的波形或曲线停止不动时，就用鼠标单击此按钮。暂停开关的作用与分析菜单下的暂停命令（Analysis/Pause）的功能相同，第一次单击它暂停电路仿真，再次单击它恢复电路仿真。

8.3 EWB 5.0的元器件

EWB 5.0系统为用户提供了大量的元器件和仪器仪表，存放在工作界面上的元器件库中。按照元器件的类别不同，元器件库又分为不同的分库，如图8-4所示。本章将对其作简要介绍。

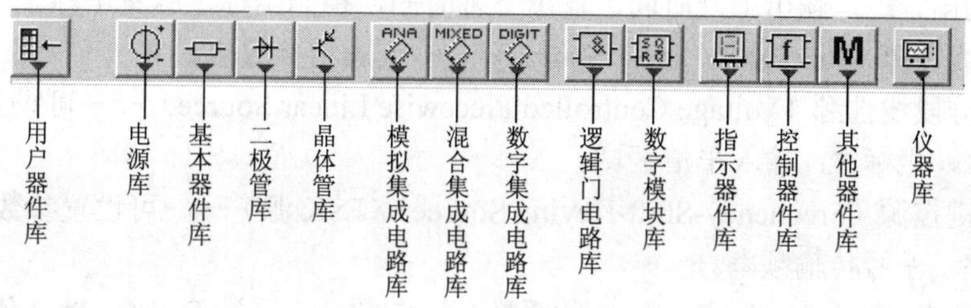

图8-4 EWB 5.0的元器件库

1．电源库

单击电源库图标，弹出电源库下拉菜单，如图8-5所示。可见库中包含了各种独立电源和受控电源。从左到右分别是：

- 接地（Ground）——接地元件。
- 直流电压源（DC Voltage Source）——可设置参数：电压U。
- 直流电流源（DC Current Source）——可设置参数：电流I。
- 交流电压源（AC Voltage Source）——可设置参数：电压U，频率，相位。
- 交流电流源（AC Current Source）——

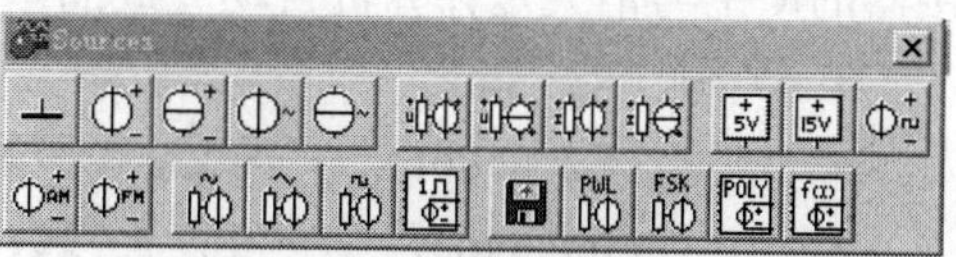

图8-5 电源库

可设置参数：电流 I，频率，相位。

- 电压控制电压源（Voltage Controlled Voltage Source）——可设置参数：电压增益。
- 电压控制电流源（Voltage Controlled Current Source）——可设置参数：互导 G。
- 电流控制电压源（Current Controlled Voltage Source）——可设置参数：互阻 H。
- 电流控制电流源（Current Controlled Current Source）——可设置参数：电流增益。
- Vcc 电源（Vcc Source）——默认值：+5V。
- Vdd 电源（Vdd Source）——默认值：+15V。
- 时钟源（Clock Source）——可设置参数：频率 F，占空比 D，电压 U。
- 调幅源（AM Source）——可设置参数：载波幅度 U_c，载波频率 f_c，调制指数 M，调制频率 f_m。
- 调频源（FM Source）——可设置参数：峰值幅度 U_a，载波频率 f_c，调制指数 M，调制频率 f_m。
- 电压控制正弦波振荡器（Voltage Controlled Sine Wave Oscillator）——可设置参数：输出峰值下限，输出峰值上限，控制坐标，频率坐标。
- 电压控制三角波振荡器（Voltage Controlled Triangle Wave Oscillator）——可设置参数：输出峰值下限，输出峰值上限，上升时间占空比，控制坐标，频率坐标。
- 电压控制方波振荡器（Voltage Controlled Square Wave Oscillator）——可设置参数：输出峰值下限，输出峰值上限，占空比，输出上升时间，输出下降时间，控制坐标，频率坐标。
- 受控单脉冲源（Controlled One-Shot）——可设置参数：时钟触发，输出低电平，输出高电平，输出延迟，输出上升时间，输出下降时间，控制坐标，脉宽坐标。
- 分段线性源（Piecewise Linear Source）——无固定参数值。
- 受控分段线性源（Voltage Controlled Piecewise Linear Source）——可设置参数：坐标对数，坐标 X，坐标 Y，输入平滑区域。
- 频移键控源（Frequency-Shift-Keying Source）（FSK 源）——可设置参数：峰值幅度，传号传输频率，空号传输频率。
- 多项式源（Polynomial Source）的系数——常数 A，系数 B～K。默认值为 1。
- 非线性相关源（Nonlinear Dependent Source）——无固定参数值。

2. 基本器件库

单击基本器件库图标，弹出基本器件库下拉菜单，如图 8-6 所示。库中包含了各种基本器件。从左到右分别是：

- 连接器（Connector）——用于线与线之间的连接，一个连接器可以连接四条线，连接器的产生与消失是计算机自动完成的。
- 电阻（Resistor）——可设置参数：R。
- 电容（Capacitor）——可设置参数：C。
- 电感（Inductor）——可设置参数：L。
- 线性变压器（Transformer）——可设置参数：匝数比，漏感，磁感，初级绕组电阻，次级

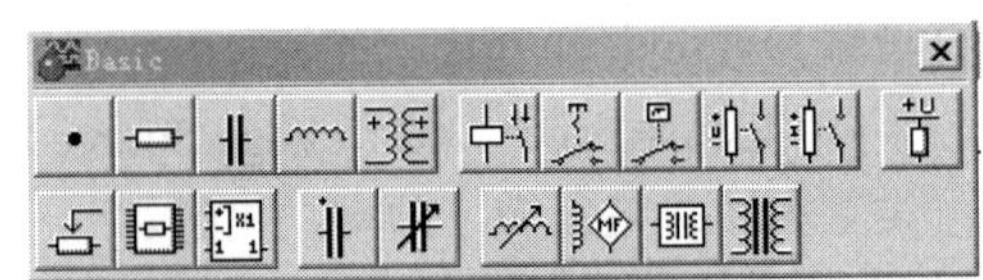

图 8-6　基本器件库

绕组电阻。

- 继电器（Relay）——可设置参数：线圈电感，导通电流，保持电流。
- 开关（Switch）——可设置参数：键。
- 延迟开关（Time Delay Switch）——可设置参数：导通时间，断开时间。
- 压控开关（Voltage Controlled Switch）——可设置参数：导通电压，断开电压。
- 电流控制开关（Current Controlled Switch）——可设置参数：导通电流，断开电流。
- 上拉电阻（Pull up Resistor）——可设置参数：电阻，上拉电压。
- 电位器（Potentiometer）——可设置参数：键，电阻，比例设定，增量。
- 排电阻（Resistor）——可设置参数：电阻。
- 电压控制模拟开关（Voltage Controlled Analog Switch）——可设置参数：“断开”控制电平值，“导通”控制电平值，“断开”电阻，“导通”电阻。
- 电解电容（Polarized Capacitor）——可设置参数：*C*。
- 可变电容（Variable Capacitor）——可设置参数：键，电容，比例设定，增量。
- 可变电感（Variable Inductor）——可设置参数：键，电感，比例设定，增量。
- 无芯线圈（Coreless Coil）——可设置参数：匝数。
- 铁芯（Magnetic）——

可设置参数：	默认值
截面积 A	1m
铁芯长度 L	1m
输入平滑范围 ISD	1%
坐标对数 N	2
磁场坐标 1H1	0Atums/m
磁场坐标 2H2	1.0 Atums/m
磁场坐标 H3～H15	0Atums/m
磁通量坐标 1B1	0Wb/m
磁通量坐标 2B2	1.0Wb/m
磁通量坐标 B3～B15	0Wb/m

- 非线性变压器（Nonlinear Transformer）——

可设置参数：	默认值：
初级绕组 N1	1
初级电阻 R1	1e-06Ω
初级漏感 L1	0H
次级绕组 N2	1
次级电阻 R2	1e-06Ω
次级漏感 L2	0H
截面积 A	1m
铁芯长度 L	1m
输入平滑范围 ISD	1%
坐标对数 N	2

磁场坐标 1H1	0Atums/m
磁场坐标 2H2	1.0 Atums/m
磁场坐标 H3～H15	0Atums/m
磁通量坐标 1B1	0Wb/m
磁通量坐标 2B2	1.0Wb/m
磁通量坐标 B3～B15	0Wb/m

3. 二极管库

单击二极管库图标，弹出二极管库下拉菜单，如图 8-7 所示。可以从库中选择各种类型的二极管。从左到右分别是：

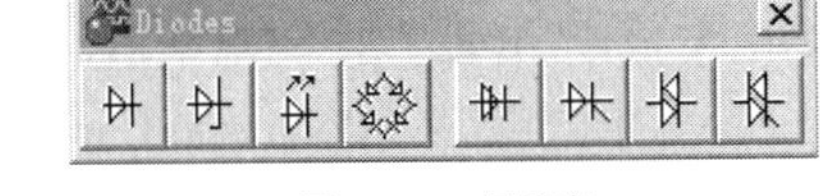

图 8-7　二极管库

- 普通二极管（Diode）——设置范围：General，Motorola，National，Zetex，Philips，Internet。
- 稳压二极管（Zener Diode）——设置范围：General，Motorola，Philips。
- 发光二极管（LED）——默认设置：理想状态。
- 全波整流桥（Full Wave Bridge Rectifier）——设置范围：General，National，Zetex，Philips，Internet。
- 肖特基二极管（Shockley Diode）——设置范围：ECG。
- 单向晶闸管（Silicon Controlled Rectifier）——设置范围：2N××，BT××，C××，MCR××，S××。
- 双向触发二极管（Diac）——设置范围：ECG，Motorola。
- 双向晶闸管（Triac）——设置范围：2N××，MAC××，BT××。

4. 晶体管库

单击晶体管库图标，弹出晶体管库下拉菜单，如图 8-8 所示。库中有各种类型的晶体管元件供你选择。从左到右分别是：

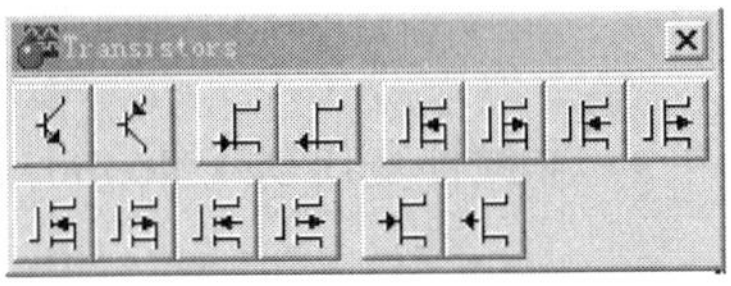

图 8-8　晶体管库

- NPN 型晶体三极管（NPN BJT）——设置范围：National，Philips，Motorola。
- PNP 型晶体三极管（PNP BJT）——设置范围：Philips，Motorola。
- N 沟道结型场效应管（N-Channel JFET）——设置范围：National。
- P 沟道结型场效应管（P-Channel JFET）——设置范围：National，Philips。
- 三端耗尽型 N 沟道 MOSFET（3-Terminal Depletion N-MOSFET）——设置范围：Philips。
- 三端耗尽型 P 沟道 MOSFET（3-Terminal Depletion P-MOSFET）——默认设置：理想状态。
- 四端耗尽型 N 沟道 MOSFET（4-Terminal Depletion N-MOSFET）——默认设置：理想状态。
- 四端耗尽型 P 沟道 MOSFET（4-Terminal Depletion P-MOSFET）——默认设置：理想

状态。

- 三端增强型 N 沟道 MOSFET（3-Terminal Enhanced N-MOSFET）——设置范围：Motorola，Zetex，Internet。
- 三端增强型 P 沟道 MOSFET（3-Terminal Enhanced P-MOSFET）——设置范围：Motorola，Zetex，Internet，Philips。
- 四端增强型 N 沟道 MOSFET（4-Terminal Enhanced N-MOSFET）——默认设置：理想状态。
- 四端增强型 P 沟道 MOSFET（4-Terminal Enhanced P-MOSFET）——默认设置：理想状态。
- N 沟道砷化镓 FET（N- Channel GaAs FET）——默认设置：理想状态。
- P 沟道砷化镓 FET（P- Channel GaAs FET）——默认设置：理想状态。

5．模拟集成电路库

单击模拟集成电路库图标，弹出模拟集成电路库下拉菜单，如图 8-9 所示。从左到右分别是：

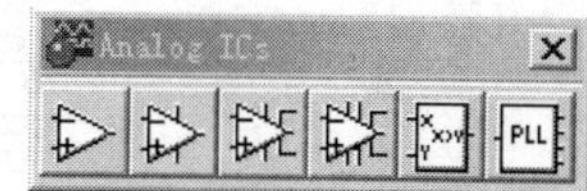

图 8-9　模拟集成电路库

- 三端运算放大器（3-Terminal Opamp）——设置范围：HAxx，LFxx，LHxx，LMxx，LPxx，LTxx，MCxx，MISCxx，OPAxx，OPxxANALOG，UBRxx，Comlinea，Elantec，Harris，Maxim，Motorola，National，Texas。
- 五端运算放大器（5-Terminal Opamp）——设置范围：同三端运算放大器。
- 七端运算放大器（7-Terminal Opamp）——设置范围：Analog，BURR，Comlinea，Linear，Texas。
- 九端运算放大器（9-Terminal Opamp）——设置范围：同七端运算放大器。
- 电压比较器（Voltage Comparator）——默认设置：理想状态。
- 锁相环（Phase-Locked Loop）——默认设置：理想状态。

6．混合集成电路库

单击混合集成电路库图标，弹出混合集成电路库下拉菜单，如图 8-10 所示。从左到右分别是：

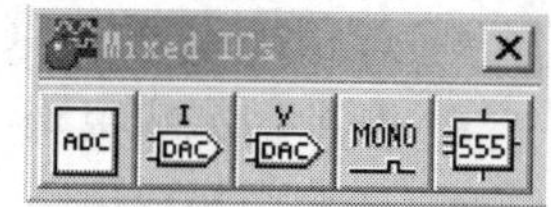

图 8-10　混合集成电路库

- A/D 转换器（ADC）——输入：电压。输出：8 位二进制数。设置范围：CMOS，MISC，TTL。
- D/A 转换器（电压输出）（DAC-V）——输入：8 位二进制数。输出：电压。设置范围：CMOS，MISC，TTL。
- D/A（I）转换器（电流输出）（DAC-I）——输入：8 位二进制数。输出：电流。设置范围：CMOS，MISC，TTL。
- 单稳态触发器（Monostable）——设置范围：CMOS，MISC，TTL。
- 555 电路（555 Circuit）——默认设置：理想状态。

7．数字集成电路库

单击数字集成电路库图标，弹出数字集成电路库下拉菜单，如图 8-11 所示。从左到右分别是：

图 8-11 数字集成电路库

- 74××系列——默认设置：理想状态，设置范围：7400～7493。
- 741××系列——默认设置：理想状态，设置范围：74107～74199。
- 742××系列——默认设置：理想状态，设置范围：74238～74298。
- 743××系列——默认设置：理想状态，设置范围：74350～74395。
- 744××系列——默认设置：理想状态，设置范围：74445～74466。
- 4 ×××系列——默认设置：理想状态，设置范围：4000～4556。

8. 逻辑门电路库

单击逻辑门电路库图标，弹出逻辑门电路库下拉菜单，如图 8-12 所示。从左到右分别是：

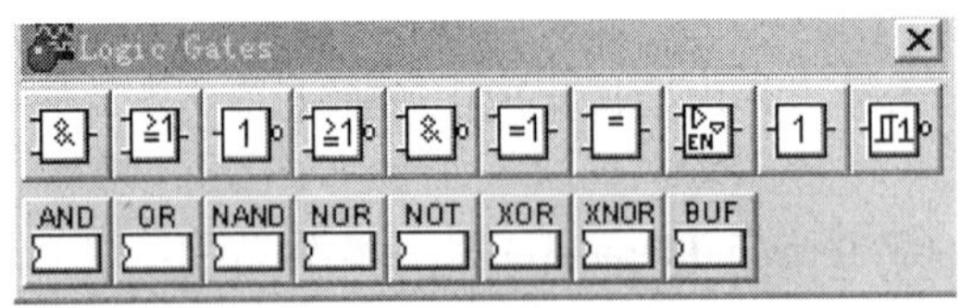

图 8-12 逻辑门电路库

- 与门（AND Gate）——设置范围：CMOS，MISC，TTL；输入端：2～8。
- 或门（OR Gate）——设置范围：CMOS，MISC，TTL；输入端：2～8。
- 非门（NOT Gate）——设置范围：CMOS，MISC，TTL。
- 或非门（NOR Gate）——设置范围：CMOS，MISC，TTL；输入端：2～8。
- 与非门（NAND Gate）——设置范围：CMOS，MISC，TTL；输入端：2～8。
- 异或门（XOR Gate）——设置范围：CMOS，MISC，TTL；输入端：2～8。
- 同或门（XNOR Gate）——设置范围：CMOS，MISC，TTL；输入端：2～8。
- 三态缓冲器（Tristate Buffer）——设置范围：CMOS，MISC，TTL。
- 缓冲器（Buffer）——设置范围：CMOS，MISC，TTL。
- 施密特触发器（Schmitt Trigger）——设置范围：CMOS，MISC，TTL。
- 与门集成电路（AND Gates IC）—— 设置范围：CMOS，MISC，TTL。
- 或门集成电路（OR Gates IC）——设置范围：CMOS，MISC，TTL。
- 与非门集成电路（NAND Gates IC）——设置范围：CMOS，MISC，TTL。
- 或非门集成电路（NOR Gates IC）——设置范围：CMOS，MISC，TTL。
- 非门集成电路（NOT Gates IC）——设置范围：CMOS，MISC，TTL。
- 异或门集成电路（XOR Gates IC）——设置范围：CMOS，MISC，TTL。
- 同或门集成电路（XNOR Gates IC）——设置范围：CMOS，MISC，TTL。
- 缓冲器集成电路（Buffers IC）——设置范围：CMOS，MISC，TTL。

9. 数字模块库

单击数字模块库图标，弹出数字模块库下拉菜单，如图 8-13 所示。从左到右分别是：

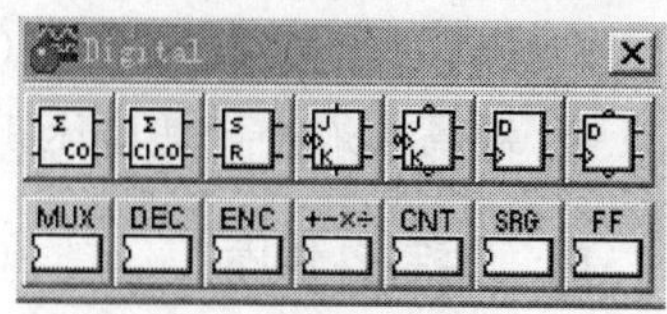

图 8-13　数字模块库

- 半加器（Half Adder）——设置范围：CMOS，MISC，TTL。
- 全加器（Full Adder）——设置范围：CMOS，MISC，TTL。
- RS 触发器（RS Flip-Flop）——设置范围：CMOS，MISC，TTL。
- JK 触发器（上升沿触发）（JK Flip-Flop with Active High Asynch Input）——设置范围：CMOS，MISC，TTL。
- JK 触发器（下降沿触发）（JK Flip-Flop with Active Low Asynch Input）——设置范围：CMOS，MISC，TTL。
- D 触发器（上升沿触发）（JK Flip-Flop with Active High Asynch Input）——设置范围：CMOS，MISC，TTL。
- D 触发器（下降沿触发）（JK Flip-Flop with Active Low Asynch Input）——设置范围：CMOS，MISC，TTL。
- 多路选择器集成电路（Multiplexer ICs）——设置范围：74××，4×××。
- 多路分配器集成电路（Demultiplexer IC）——设置范围：74××，4×××。
- 编码器集成电路（Encoder IC）——设置范围：74××，4×××。
- 算术运算集成电路（Arithmetic IC）——设置范围：74××，4×××。
- 计数器集成电路（Counter IC）——设置范围：74××，4×××。
- 移位寄存器集成电路（Shift Register IC）—— 设置范围：74××，4×××。
- 触发器集成电路（Flip-Flop IC）——设置范围：74××，4×××。

10．指示器件库

单击指示器件库图标，弹出指示器件库下拉菜单，如图 8-14 所示。从左到右分别是：

图 8-14　指示器件库

- 电压表（Voltmeter）——设置范围：内阻 1Ω～999.99TΩ，测量直流（DC）、交流（AC）。
- 电流表（Ammeter）——设置范围：内阻 1pΩ～999.99Ω，测量直流（DC）、交流（AC）。
- 灯泡（Bulb）——设置范围：W～kW，V～kV。
- 发光显示器（Probe）——设置范围：红色，蓝色，绿色。
- 七段数码显示器（Seven-Segment Display）——设置范围：CMOS，MISC，TTL。
- 带译码的七段数码显示器（Decoded Seven-Segment Display）——设置范围：CMOS，MISC，TTL。
- 蜂鸣器（Buzzer）——默认设置：频率 200Hz ，电压 9V，电流 0.05A。
- 光柱显示器（Bargraph Display）——默认设置：正向电压 2V，对应于正向电压处的电流 0.03A，亮电流 0.01A。

- 带译码的光柱显示器（Decoded Bargraph Display）——默认设置：最低段最小导通电压 1V，最高段最小导通电压 10V。

11．控制器件库

单击控制器件库图标，弹出控制器件库下拉菜单，如图 8-15 所示。

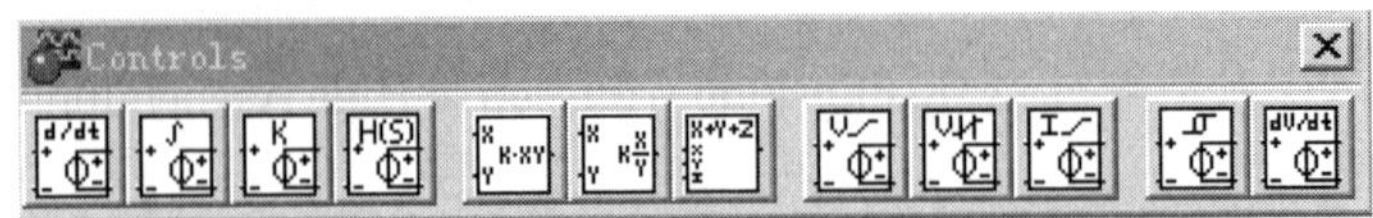

图 8-15　控制器件库

- 电压微分器（Voltage Differentiator）——
  默认设置：增益 1V/V，
  输出偏移电压 0V，
  输出电压下限 − 1e + 12，
  输出电压上限 1e + 12，
  上下限平滑范围 1e − 6。
- 电压积分器（Voltage Integrator）——
  默认设置：增益 1V/V，
  输出偏移电压 0V，
  输出电压下限 − 1e + 12，
  输出电压上限 1e + 12，
  上下限平滑范围 1e − 6，
  输出初始条件 0V。
- 电压增益模块（Voltage Gain Block）——
  默认设置：增益 1V/V，
  输入偏移电压 0V，
  输出偏移电压 0V。
- 传递函数模块（Transfer Function Block）——
  默认设置：增益 1V/V，
  输入偏移电压 0V，
  积分器初始条件 0V，
  非归一化角频率 1。
- 乘法器（Multiplier）——
  默认设置：输出增益 1V/V，
  输出偏移电压 0V，
  Y 偏移 0，
  Y 增益 1V/V，
  X 偏移 0，
  X 增益 1V/V。

- 除法器（Divider）——

  默认设置：输出增益 1V/V，
输出偏移电压 0V，
Y 偏移 0，
Y 增益 1V/V，
X 偏移 0，
X 增益 1V/V，
X 下限 100pV，
X 平滑范围 100pV。

- 三端电压加法器（Three Way Voltage Summer）——

  默认设置：输入偏移电压 0V，
输入偏移电压 0V，
输入偏移电压 0V，
输入增益 1V/V，
输入增益 1V/V，
输入增益 1V/V，
输出增益 1V/V，
输出偏移电压 1V/V。

- 电压限幅器（Voltage Limiter）——

  默认设置：输入偏移电压 0V，
增益 1V/V，
输出电压下限 0V，
输出电压上限 1V，
上下限平滑范围 1e-6。

- 受控电压限幅器（Voltage Controlled Limiter）——

  默认设置：输入偏移电压 0V，
增益 1V/V，
输出电压下限 0V，
输出电压上限 0V，
上下限平滑范围 1μV。

- 电流限幅器模块（Current Limiter Block）——

  默认设置：输入偏移电压 0V，
增益 1V/V，
源电阻 1Ω，
灌电阻 1Ω，
电流源限制 10mA，
电流漏限制 10mA，
上下电源平滑范围 1μA，
源电流平滑范围 1nA，

灌电流平滑范围 1nA，
内/外电压平滑范围 1nA。

- 电压滞回模块（Voltage Hysteresis）——
  默认设置：输入低电平 0V，
  输入高电平 1V，
  迟滞值 0.1，
  输出下限 0V，
  输出上限 1V，
  输入平滑范围 1。
- 电压变化率模块（Voltage Slew Rate）——
  默认设置：最大上升率 1GV/s，
  最大下降率 1GV/s。

12．其他元件库

单击其他器件库图标，弹出其他器件库下拉菜单，如图 8-16 所示。从左到右分别是：

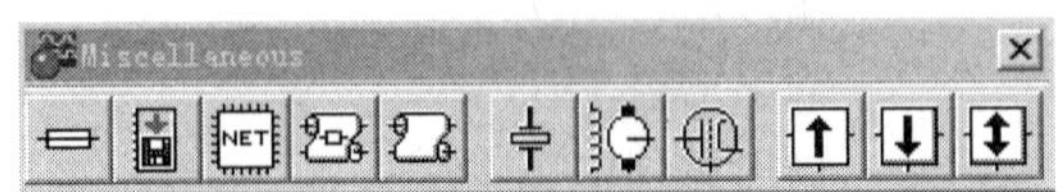

图 8-16 其他器件库

- 熔断器（Fuse）——默认设置：最大电流 1A。
- 数据写入器（Write Data）——无参数设置。
- 子电路（网表元件）（SPICE Subcircuit）——设置范围：ANALOG，ELANTEC，LINEAR。
- 有损传输线（Lossy Transmission）——默认设置：传输线长度 100m，
  单位长度电阻 0.1Ω，
  单位长度电感 1e-06H，
  单位长度电容 1e-12F，
  单位长度电导 1e-12S，
  断点控制 REL 1，
  断点控制 ABS 1。
- 无损传输线（ Lossless Transmission）——默认设置：标称阻抗 100Ω，
  传输时间延迟 1e-9s。
- 晶体（Crystal）——默认设置：动态电感 0.00254648H，
  动态电容 9.94718e-14F，
  串联电阻 6.4，
  并联电容 2.4868e-11F。
- 直流电机（DC Motor）——默认设置：电枢电阻 1.1Ω，
  电枢电感 0.001H，

励磁电阻 128Ω，
励磁电感 0.001H，
轴摩擦 0.01Nms/rad，
机械旋转惯性 0.01Nms/rad，
额定旋转速度 1800PRM，
额定电枢电压 115V，
额定电枢电流 808A，
额定场电压 115V，
负载转矩 0Nm。

- 电子管（Triode Vacuum）——默认设置：阳极-阴极电压 250V，
栅极-阴极电压－20V，
阳极电流 0.01A，
放大因子 10，
栅极-阴极电容 2e-12F，
阳极-阴极电容 2e-12F，
栅极-阳极电容 2e-12F。
- 升降压转换器（Boost Converter）——默认设置：滤波器电感 500μH，
滤波器电感 ESR 10mA，
开关频率 50Hz。

8.4 EWB 5.0 的仪器库

EWB 5.0 元器件库的最后一个分库是仪器库，用鼠标单击仪器库图标，弹出仪器库下拉菜单，如图 8-17 所示。仪器库中有 7 种虚拟仪器，从左到右分别是：数字万用表（Multimeter）、函数信号发生器（Function Generator）、示波器（Oscilloscope）、波特图仪（Bode Plotter）、字信号发生器（Word Generator）、逻辑分析仪（Logic Analyzer）、逻辑转换仪（Logic Converter），前 4 种为模拟仪器，后 4 种为数字仪器。虚拟仪器的使用和真实仪器的使用方法一样，非常方便。首先用鼠标选中某个虚拟仪器的图标，按住左键将其拖至电路工作区，放开左键，就可以进行仪器和电路的连接了（连接时仅允许仪器图标上的端子与电路连接）。接好仪器后单击仿真电源开关，电路开始仿真，再快速双击仪器图标打开仪器窗口，从仪器窗口就可以观察到电路测试点的仿真波形或测试数据。注意，使用虚拟仪器时要求电路有接地元件。

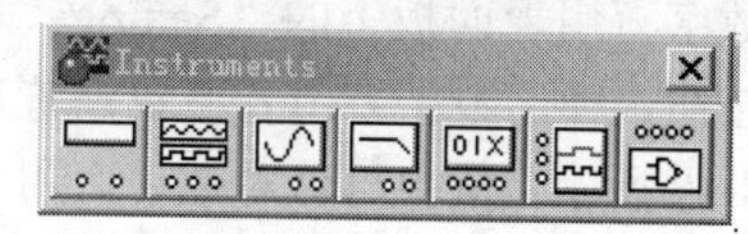

图 8-17 仪器库

下面对 7 种虚拟仪器的使用做一简单介绍。

1．数字万用表（Multimeter）

数字万用表可以用来测量交、直流电压、电流和电阻，也可以以分贝（dB）形式显示电压或电流。数字万用表的图标和面板如图 8-18 所示。

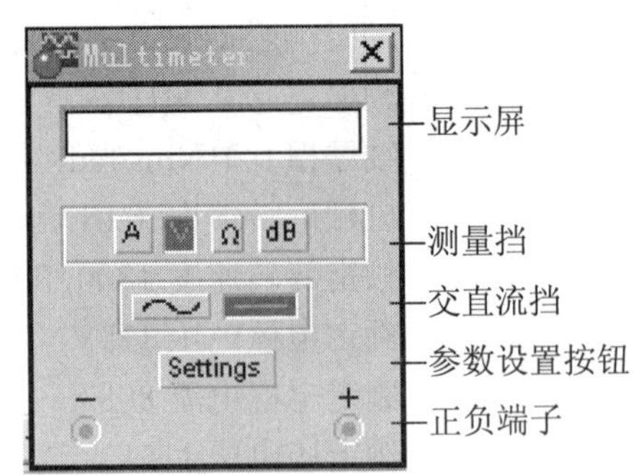

图 8-18　数字万用表的图标及面板

（1）数字万用表的选择

双击数字万用表图标，窗口出现如图 8-18 所示的数字万用表面板。从面板可见，数字万用表可以测电压 V、电流 A、电阻 Ω 和分贝值 dB。当你需要选择某项功能时，只需在数字万用表面板上单击相应测量挡位即可。

（2）数字万用表的使用

电压表、电流表的使用与实际的电压表、电流表的使用是一样的，电压表要并接在被测元件两端，电流表要串接在被测支路中。当数字万用表作为电压表使用时，表的内阻非常大，用作电流表时，表的内阻非常小。

欧姆表的使用也是并接在被测网络两端。为了使测量更准确，应当注意：当被测网络为无源网络时，所测网络必须接地。

（3）数字万用表的设置

理想的数字万用表在电路测量时，对电路不会产生任何影响，即电压表不会分流，电流表不会分压，但在实际测量中都达不到这种理想要求，总会有测量误差。虚拟仪器为了仿真这种实际存在的误差，引入了内部设置。单击数字万用表面板上的“Settings”（参数设置）按钮，弹出数字万用表参数设置对话框，如图 8-19 所示。从中可以对数字万用表内部参数进行设置。

“Ammeter resistance”用于设置与电流表串联的内阻，其大小影响电流的测量精度。

“Voltmeter resistance”用于设置与电压表并联的内阻，其大小影响电压的测量精度。

“Ohmmeter current”是指用欧姆表测量时，流过欧姆表的电流。

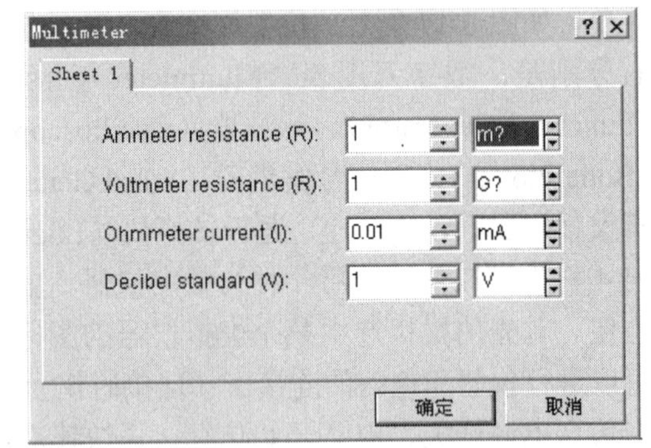

图 8-19　数字万用表参数设置对话框

“Decibel standard”用于设置分贝的标准。分贝标准是指设置 0dB 的标准。若把 1 V 电压设为 0dB 标准，当测量电压为 10V，用 dB 表示时，数字为 20lg10/1dB，显示 20dB；若把 6V 电压设为 0dB 标准，当测量电压仍为 10V，用 dB 表示时，数字为 20lg10/6dB，显示 4.437dB。通常习惯上把 1μV、1mA、1V 作为 0dB 标准。可见，用 dB 显示时，一定要设置 0dB 对应的电压值。

2．函数信号发生器（Function Generator）

函数信号发生器是用来产生正弦波、方波、三角波信号的仪器，其图标及面板如图 8-20 所示。

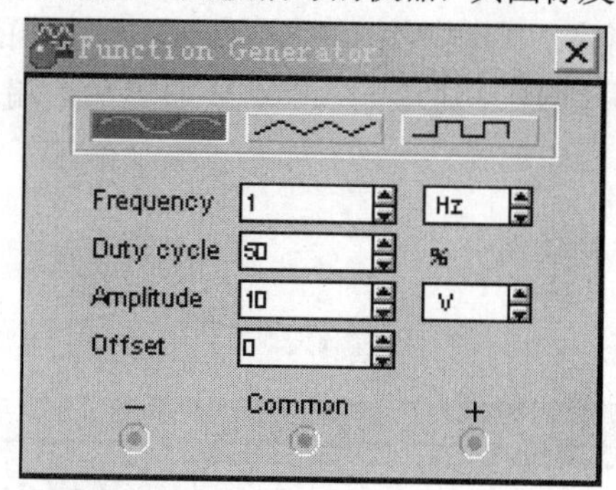

图 8-20　函数信号发生器的面板

（1）函数信号发生器的选择

双击函数信号发生器的图标，窗口出现如图 8-20 所示的函数信号发生器的面板。面板上方有三个功能可供选择，分别是正弦波输出、方波输出和三角波输出按钮。面板中部也有几个参数可以选择，分别是输出信号的频率、输出信号的占空比、输出信号的幅度和输出信号的偏移量。需要说明的是，输出信号的幅度是指“＋”端或“－”端对“Common”端输出的振幅，若从“＋”端和“－”端输出，则输出的振幅为设置振幅的 2 倍，且此种接法在示波器上不能观察其正弦波输出，而方波和三角波则可观察得到。偏移量是指交流信号中直流电平的偏移，如果偏移量为 0，直流分量与 X 轴重合；如果偏移量为正值，直流分量在 X 轴的上方；如果偏移量为负值，直流分量在 X 轴的下方。调整占空比，可以调整输出信号的脉冲宽度，也可以使三角波变为锯齿波。

（2）函数信号发生器的使用

在函数信号发生器面板的最下方有 3 个接线端子：“＋”端子、“－”端子、“Common”端子（公共端）。我们把从函数信号发生器的“＋”端子与“Common”端子之间输出的信号称为正极性信号，而把从“－”端子与“Common”端子之间输出的信号称为负极性信号，两个信号大小相等，极性相反。注意：前提是必须把“Common”端子与“Ground”（公共地）符号连接。使用函数信号发生器时，可以从“＋”端子与“Common”端子之间输出，也可以从“－”端子与“Common”端子之间输出，还可以从“＋”端子和“－”端子之间输出。

在仿真过程中要改变输出波形类型、大小、占空比或偏置电压时，必须先暂时关闭工作界面上的仿真电源开关，在对上述内容改变后，再启动仿真电源开关，函数信号发生器才能按新设置的数据输出信号波形。

（3）函数信号发生器的设置

可以在函数信号发生器的面板上直接设置输出信号的参数。各参数的设置范围如下：

Frequency（频率）　　1Hz～999MHz；
Duty Cycle（占空比）　　1%～99%；
Amplitude（幅度）　　0V～999kV（不含 0V）；
Offset（偏移量）　　－999～999kV。

3．示波器（Oscilloscope）

示波器是用来观察信号波形并可测量信号幅度、频率、周期等参数的仪器，和实际示波器一样，可以双踪输入，观测两路信号的波形。示波器的图标和面板如图 8-21 所示。图标上有 4 个接线端子，分别是 A 通道输入端、B 通道输入端、外触发端和接地端。

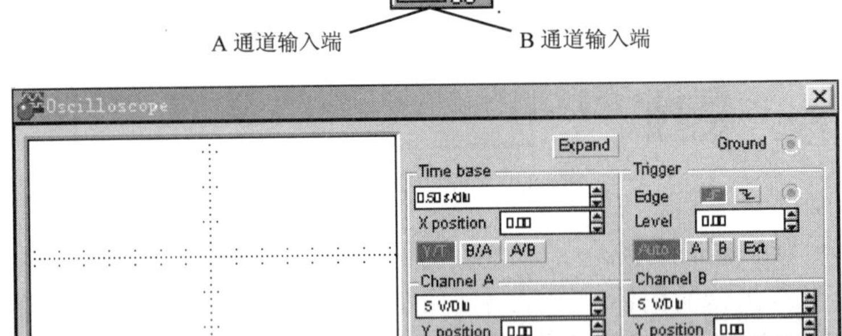

图 8-21　示波器的图标及面板

（1）示波器的面板

双击示波器的图标，窗口出现如图 8-21 所示的示波器的面板。示波器的面板由两部分组成，左侧是示波器的观察窗口，右侧是示波器的控制面板。示波器的控制面板又分为 4 部分：Time base（时间基准）部分、Trigger（触发）部分、Channel A（通道 A）部分和 Channel B（通道 B）部分。

（2）示波器的设置

单击示波器面板上的各种功能键可以设置示波器的各项参数。

① 示波器时间基准的设置。

图 8-22 是示波器控制面板上时间基准部分的设置。“Time base”用来设置 X 轴方向上时间基线的扫描时间。“××s/div”（或“××ms/div”、“××μs/div”）表示 X 轴方向上每一个刻度代表的时间。当测量变化缓慢的信号时，时间要设置的大一些；反之，时间要小一些。

“X position”表示 X 轴方向上时间基线的起始位置，改变其设置，可使时间基线左右移动。

“Y/T”表示 Y 轴方向显示 A、B 通道的输入信号，X 轴方向表示时间基线，是按设置的时间进行扫描的。

“B/A”表示将 A 通道信号作为 X 轴扫描信号，将 B 通道信号施加在 Y 轴上。“A/B”与上述相反。

当显示随时间变化的信号波形（如正弦波、方波、三角波等）时，采用“Y/T”方式。

当显示放大器（或网络）的传输特性时，采用“B/A”方式（Vi 接至 A 通道，Vo 接至 B 通道）或

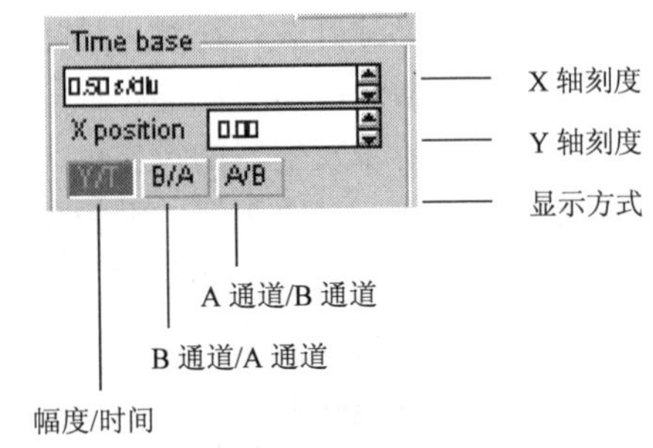

图 8-22　示波器时间基准的设置

“A/B”方式（Vi 接至 B 通道，Vo 接至 A 通道）。

② 示波器触发方式（Trigger）的设置。

图 8-23 是示波器控制面板上触发方式部分的设置。“Edge”表示将输入信号的上升沿或下降沿作为触发信号。“Level”用于设置触发电平。“Auto”表示触发信号不依赖外部信号。“A”或“B”表示用 A 通道或 B 通道的输入信号作为同步 X 轴时间基线扫描的触发信号。“Ext”表示用示波器图标上触发端子连接的信号作为触发信号来同步 X 轴时间基线扫描。一般情况下使用“Auto”方式。

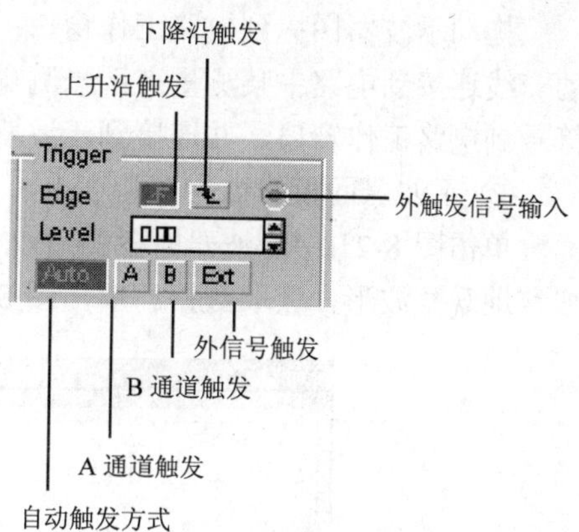

图 8-23 示波器触发方式的设置

③ 示波器输入通道（Channel）的设置。

示波器有两个完全相同的输入通道 Channel A 和 Channel B，可以同时观察和测量两个信号。示波器输入通道的设置见图 8-24。图中“×× V/Div”(或“×× mV/Div”、“×× μV/Div”)为放大、衰减量，表示屏幕的 Y 轴方向上每格相应的电压值。输入信号较小时，屏幕上显示的信号波形幅度也会较小，这时可使用“×× V/Div”挡，并适当设置其数值，使屏幕上显示的信号波形幅度大一些。“Y Position”表示时间基线在显示屏幕上的上下位置。当其值大于零时，时间基线在屏幕中线上方，反之在屏幕中线下方。当显示两个信号时，可分别设置“Y Position”值，使信号波形分别显示在屏幕的上半部分和下半部分。

示波器输入通道设置中的触发耦合方式有三种：AC（交流耦合）、0（地）、DC（直流耦合）。“AC”表示屏幕仅显示输入信号中的交变分量；“DC”表示屏幕中不仅显示输入信号中的交变分量，还显示输入信号中的直流分量；“0”表示将输入信号对地短路。

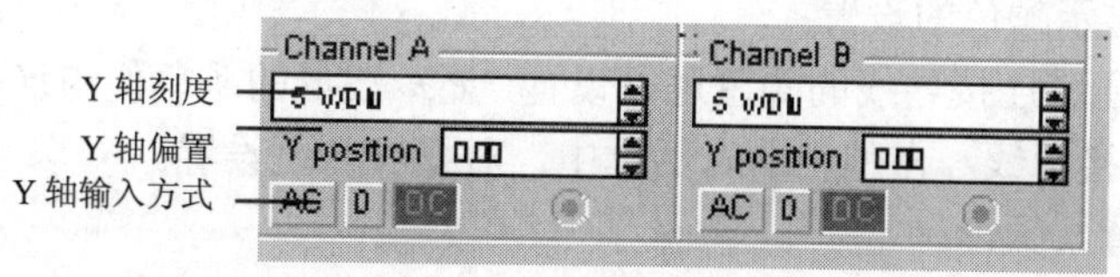

图 8-24 示波器输入通道的设置

④ 示波器参数设置范围：

参数设置	取值范围
Time base（时间基准）	0.10ns/Div～1s/Div
X Position（X 轴位置）	－5.00～5.00
显示方式	Y/T、B/A、A/B
Trigger Level（触发电平）	－3.00～3.00
Trigger Signal（触发电平）	Auto、A、B、Ext
Volts per Division（每格电压）	0.01mV/Div～5kV/Div
Y Position（Y 轴位置）	－3.00～3.00
Input Coupling（输入耦合）	AC、0、DC

（3）示波器的使用

① 示波器的连接。

拖动示波器图标到电路工作窗口；点选示波器图标的一个通道端子，当此端子变黑后拖动一线连接到电路中某测量点；当测量点变黑后松开鼠标左键。从电源工具栏中拖动一接地符号到电路工作窗口，并连接到示波器的接地端。

② 示波器面板的扩大与缩小。

单击图 8-21 中示波器面板的“Expand”按钮，面板扩大，如图 8-25 所示，用户可以更细致地观察波形，读取数据。单击图 8-25 中的“Reduce”按钮，面板又缩小至原来的大小。

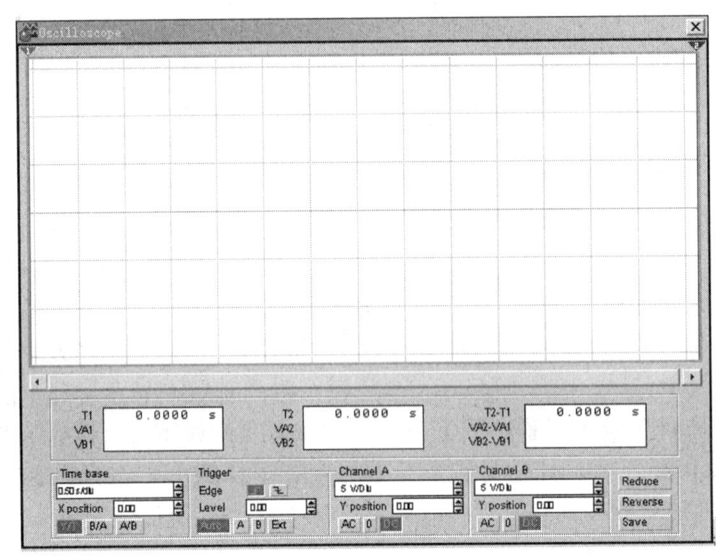

图 8-25　示波器面板的展开

③ 信号波形显示颜色的设置：

只要将 A、B 通道连接导线的颜色进行设置，显示波形的颜色便与连接导线的颜色相同。方法是快速双击连接导线，在弹出的对话框中，对导线颜色设置。

④ 改变屏幕背景颜色：

单击图 8-25 展开面板右下方的“Reverse”按钮，即可改变屏幕背景的颜色。如果想要恢复屏幕背景颜色为原色，再单击一次“Reverse”按钮即可。

⑤ 波形读数的存储：

对于读数指针测量的数据，点击图 8-25 展开面板右下方的“Save”按钮，就可以以 ASCII 码格式将其保存。

4．波特图仪（Bode Plotter）

波特图仪是用来测量和显示一个电路、系统或放大器的幅频特性 A（f）和相频特性 Φ(f) 的一种仪器，类似于实验室的频率特性测试仪（或扫频仪），图 8-26 中的小图标是波特图仪刚从仪器库中取出时显示的小图标。

（1）波特图仪的面板

双击波特图仪的图标，窗口出现如图 8-26 所示的波特图仪的面板。波特图仪的面板由两部分组成，左侧是波特图仪的观察窗口，右侧是波特图仪的控制面板。波特图仪的控制面板又分为 Magnitude（幅值）选择、Phase（相位）选择、Vertical（纵轴）设置、Horizontal（横轴）设置、读数指针移动按钮、读数显示窗口几部分。

（2）波特图仪的设置

① 幅频特性和相频特性的选择。

幅频特性 A(f) = Vo(f)/Vi(f)，它是以曲线形式显示在波特图仪的观察窗口的。单击 Magnitude（幅值）按钮，显示电路的幅频特性。

相频特性 Φ(f) = Φo(f) − Φi(f)，它也是以曲线形式出现在波特图仪的观察窗口的。单击 Phase（相位）按钮，显示电路的相频特性。

② Horizontal（横轴）设置和 Vertical（纵轴）设置。

Horizontal（横轴）表示测量信号的频率，也叫频率轴。可以选择“Log”（对数）刻度，也可以选择“Lin”（线性）刻度。当测量信号的频率范围较宽时，用“Log”（对数）刻度比较合适，相反，用“Lin”（线性）刻度较好。横轴刻度的取置范围：0.001Hz～10.0GHz。“I”、“F”分别是 Inital（初始值）和 Final（最终值）的缩写。

Vertical（纵轴）表示测量信号的幅值或相位。当测量幅频特性时，单击“Log”（对数）按钮，纵轴的刻度是 20LgA(f)，单位是 dB（分贝）；单击“Lin”（线性）按钮，纵轴的刻度是线性刻度。当测量相频特性时，纵轴表示相位，刻度是线性刻度，单位是度。

需要指出：若被测电路为无源网络（振荡电路除外），由于 A(f)最大值为 1，则纵轴的最终值设置为 0dB，初始值设置为负值。若被测电路含有放大环节，由于 A(f)可大于 1，则纵轴的最终值设置为正值（+dB）为宜。另外，为了清楚地显示某一频率范围的频率特性，可将横轴频率范围设置的小一些。

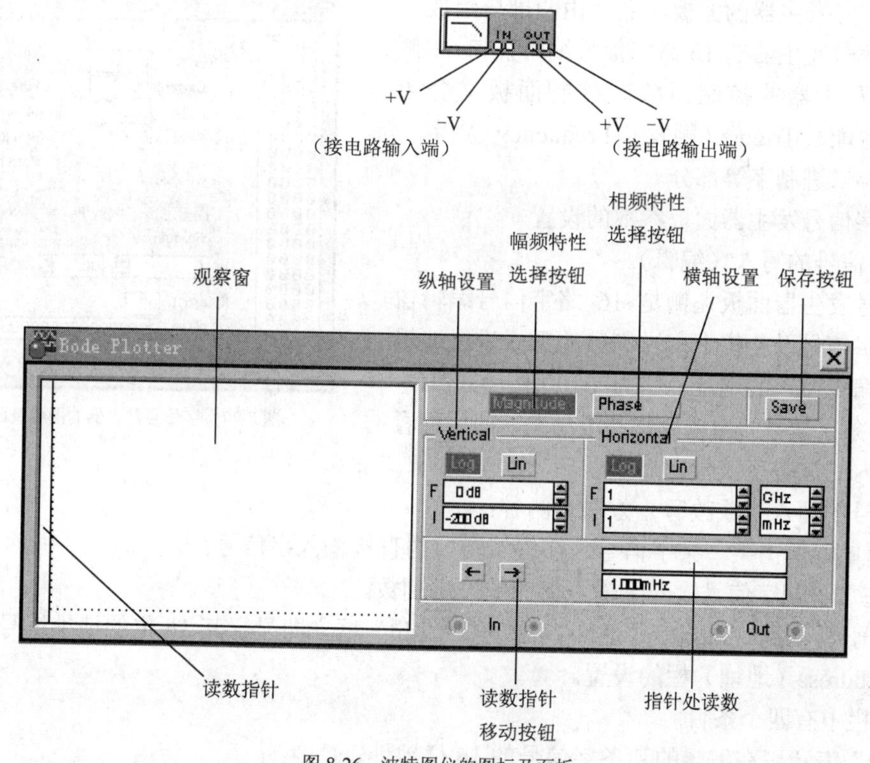

图 8-26 波特图仪的图标及面板

（3）波特图仪的使用

因为波特图仪本身没有信号源，所以在使用波特图仪时，必须在电路的输入端接入交流信号源或函数信号发生器。

① 波特图仪的连接：

拖动波特图仪图标到电路工作窗口，如图 8-26 所示。图标上有“IN”（输入）和“OUT”（输出）两对端子。其中，一对“IN”（输入）端子接电路输入端和地，一对“OUT”（输出）端子接输出端和地。

② 波特图仪面板参数的设置：如上（2）所述。

③ 移动读数指针，可以读出不同频率值所对应的幅度增益或相位移。单击控制面板下方的读数指针移动按钮，读数指针向左右移动，箭头右方的读数显示窗口的，上面条框显示的是纵轴表示的幅度增益或相位移，下面条框显示的是横轴表示的频率。

④ 利用“Save”可实现数据的存储。

5．字信号发生器（Word Generator）

字信号发生器是一个能够产生 16 路（位）同步逻辑信号的仪器，又称数字逻辑信号源，可用于对数字逻辑电路的测试。其图标如图 8-27 所示。图标下沿有 16 路逻辑信号接线端子，右上方是外触发信号输入端子，右下方是数据准备好输出端子。

（1）字信号发生器的面板

双击字信号发生器的图标，窗口出现如图 8-27 所示的字信号发生器的面板。面板由两部分组成，左侧是字信号发生器的 16 路字信号编辑窗口，右侧是字信号发生器的控制面板。控制面板又分为 Address（地址）、Trigger（触发）、Frequency（频率）、控制方式、二进制字等部分。

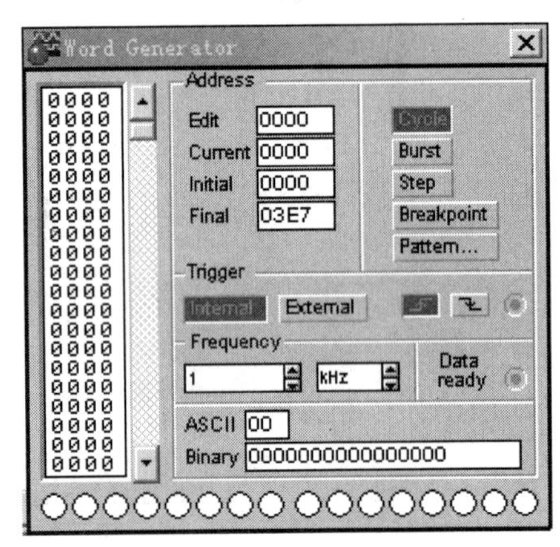

图 8-27 字信号发生器的图标及面板

（2）字信号发生器面板参数的设置

① 字信号的写入（编辑）。

字信号发生器面板左侧是 16 路字信号编辑窗口，16 路字信号以 4 位十六进制数的形式进行编辑和存放。编辑窗口的地址范围为 0000H～03FFH，共计 1024 条字信号。用鼠标移动滚动条，即可翻看编辑窗口内的这些字信号。

字信号的写入（或改写）方法有两种：

a．用鼠标单击某一条字信号，在编辑窗口内直接输入字信号；

b．在二进制字信号输入区输入相应的二进制数。

字信号写入后，Address（地址）栏中的“Edit”框立即显示其 16 位的地址编号。

② Address（地址）栏的设置。

地址栏中有四个条目：

“Edit”表示正在编辑的那条字信号的 16 位地址。

“Current”表示正在输出的那条字信号的 16 位地址。

"Inital”表示输出字信号的初始地址。

"Final”表示输出字信号的最终地址。

③ 输出方式选择栏。

该栏中有 5 个条目：

• "Cycle"（循环）表示字信号在设置的初始地址到最终地址之间周而复始地以设定的频率输出。

• "Burst"（单循环）表示字信号只进行一个循环，即从设置的初始地址开始输出，到最终地址自动停止输出。

• "Step"（单步）表示鼠标每单击一次，输出一条字信号。

• "Breakpoint"（断点）用于设置中断点。在"Cycle"和"Burst"方式中，有时想让字信号输出到某条地址后暂停输出，这种情况只需预先点击该条字信号，再点击"Breakpoint"按钮即可。利用"Breakpoint"按钮可以设置多个断点。当需要恢复断点时，可单击"Pause"按钮或按 F9 键恢复输出。

• "Pattern"（模式）是字信号设置按钮。单击"Pattern"按钮，屏幕上出现如图 8-28 所示的"Presaved Patterns"（预置模式）对话框。

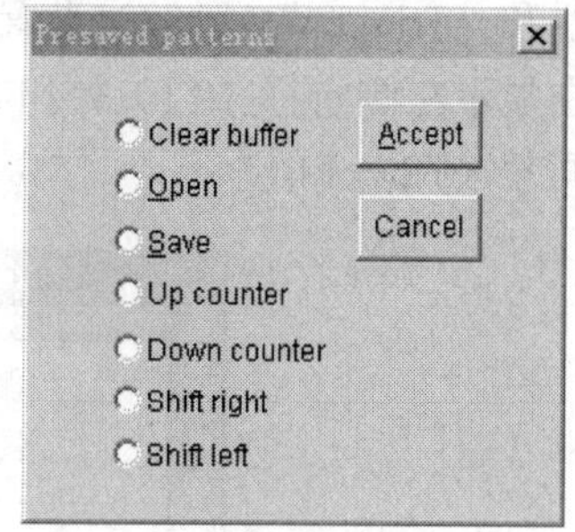

图 8-28　字信号发生器的预置模式对话框

点击对话框中的"Clear buffer"按钮，清除 16 位字信号编辑窗口中设置（存放）的全部内容（含设置的断点地址），字信号内容全部恢复为 0000H。

"Open"表示打开字信号文件。

"Save"表示将字信号文件存盘，字信号文件的后缀为".DP"。

"Up counter"表示预置字信号输出模式为加法计数器模式。

"Down counter"表示预置字信号输出模式为减法计数器模式。

"Shift right"表示预置字信号输出模式为右移移位模式。

"Shift left"表示预置字信号输出模式为左移移位模式。

④ Trigger（触发）设置栏。

触发设置栏可以设置触发信号为"Internal"（内部触发）或"External"（外部触发）。

当选择"Internal"方式时，字信号的输出直接受输出方式按钮"Cycle"、"Burst"和"Step"的控制。

当选择"External"方式时，必须接入外部触发脉冲信号，而且要设置是"上升沿触发"还是"下降沿触发"，然后再单击输出方式按钮。只有当外部触发脉冲信号到来时才启动信号输出。

字信号发生器图标右下方的数据准备好输出端子用于输出与字信号同步的时钟脉冲。

⑤ Frequency（频率）设置栏。

该栏用于设置输出字信号的频率，这个频率应与整个电路及检测输出结果的仪表相匹配。字信号发生器的频率设置范围很宽，频率设置单位为 Hz、kHz 或 MHz，根据需要而定。

⑥ 二进制字信号输入区。

可以在该区域内的相应框中直接键入 ASCII 码或十六进制字信号。

6．逻辑分析仪（Logic Analyzer）

逻辑分析仪的作用类似于示波器，它可以同时记录和显示 16 路逻辑信号，并对其进行时域分析，这是一般示波器所不能比拟的。逻辑分析仪的图标如图 8-29 所示，其接线端子有：外接时钟输入端子、时钟控制输入端子、触发控制输入端子和 16 路信号输入端子。

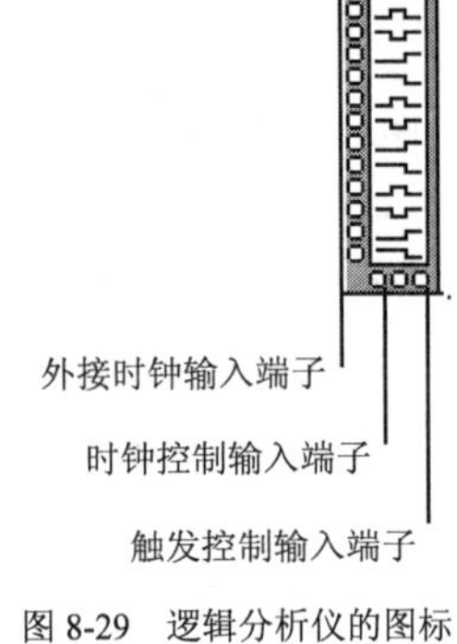

图 8-29 逻辑分析仪的图标

（1）逻辑分析仪的面板

双击逻辑分析仪的图标，窗口出现如图 8-30 所示的逻辑分析仪的面板。面板分上下两部分：上半部分是被测信号的显示窗口，左侧 16 个小圆圈代表 16 个输入端，小圆圈内以 0 或 1 符号实时显示各路输入逻辑信号的当前值。下半部分是逻辑分析仪的控制面板，控制面板上有："Stop"（停止）按钮、"Reset"（复位）按钮、"Clock"（时钟）设置栏和"Trigger"（触发）设置栏，另外还有两个小窗口，分别显示左侧游标（T1）处和右侧游标（T2）处的时间读数和逻辑读数，以及两游标之间的时间差（T2－T1）。

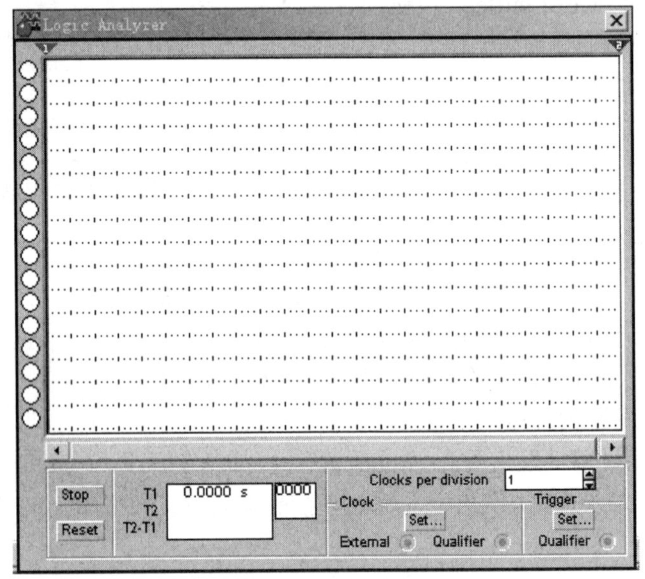

图 8-30 逻辑分析仪的面板

（2）逻辑分析仪面板参数的设置

①"Stop"（停止）按钮：在逻辑分析仪被触发前，单击"Stop"按钮可显示触发前波形，触发后"Stop"按钮不起作用。

②"Reset"（复位）按钮：任何时候单击"Reset"按钮，显示窗口的波形都会被清除。

③"Clock"（时钟）设置栏：单击时钟设置栏内的"Set"（设置）按钮，屏幕上出现"Clock Setup"（时钟设置）对话框，如图 8-31 所示。其中：

"Clock edge"（时钟边沿）可以选择时钟的上升沿（Positive）或下降沿（Negative）采样。

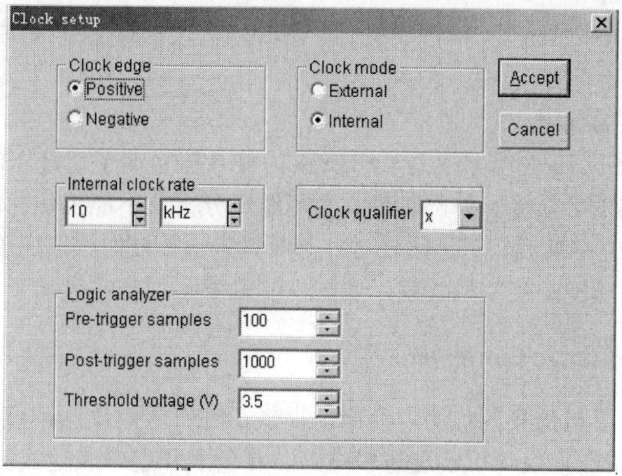

图 8-31　逻辑分析仪的时钟设置对话框

"Clock mode"（时钟模式）可以选择内部时钟（Internal）或外部时钟（External）。当采用内部时钟时，可对本对话框中的"Internal clock rate"项进行设置，以改变采样时钟的频率。"Internal clock rate"（内部时钟频率）可以在 1Hz～999MHz 范围内设置。

"Clock qualifier"（时钟确认）可以设置为 1、0 或 X。当"Clock qualifier"设置为 1 时，表示时钟控制输入为 1 时开放时钟，逻辑分析仪可以进行波形采集；当"Clock qualifier"设置为 0 时，表示时钟控制输入为 0 时开放时钟；当"Clock qualifier"设置为 X 时，表示时钟控制输入总是开放，不受时钟控制输入的限制。

"Logic analyzer"（逻辑分析）可以设置"Pre-trigger samples"（触发前取样点数）、"Post-trigger samples"（触发后取样点数）和"Threshold voltage"（开启电压值）。

④"Trigger"（触发）设置栏：单击触发设置栏内的"Set"（设置）按钮，屏幕上出现"Trigger patterns"（触发方式）对话框，如图 8-32 所示。对话框中有 A、B、C 三个触发字，可以设置这些触发字以及它们的触发组合"Trigger Combination"，逻辑分析仪的触发组合有 8 种，它们是 A or B、A or B or C、A then B、（A or B）then C、A then（B or C）、A then B then C、A then B（no C）。若输入逻辑信号满足三个触发字和触发字的触发组合，逻辑分析仪就触发，否则就不触发。若三个触发字均为任意（XXXXXXXXXXXXXXXX）时，则只要输入逻辑信号一到就触发。"Trigger qualifier"（触发确认）对触发起控制作用，X 表示触发控制不起作用，触发由触发字决定；1（或 0）表示只有从图标上的触发控制输入端子输入 1（或 0）信号时，触发才起作用；否则，即使 A、B、C 三个触发字的组合条件满足也不能引起触发。

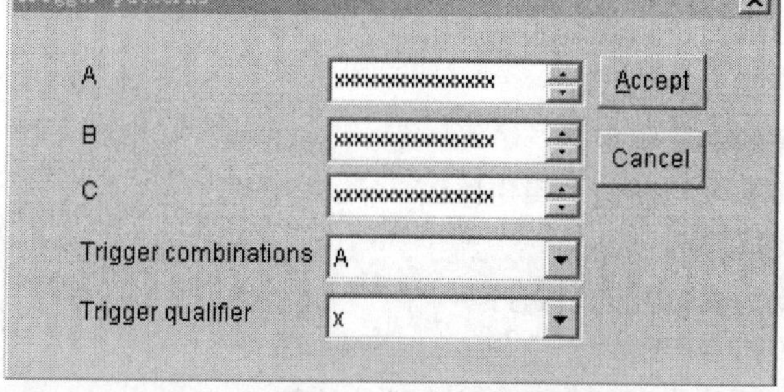

图 8-32　逻辑分析仪的触发方式对话框

⑤“Clocks per division”（每格时钟）：逻辑分析仪时间基准的取值范围是 1s/Div～128s/Div。

（3）逻辑分析仪的使用

图标右侧至上而下 16 个端子是逻辑分析仪的输入信号端子，使用时连接到电路的测量点。外接时钟输入端子必须接一外部时钟，否则逻辑分析仪不能工作。时钟控制输入端子的功能是控制外部时钟，也就是说，当需要对外部时钟进行控制时，该端子必须外接控制信号。触发控制输入端子的功能是控制触发字，要想控制触发字，应在该端子上接控制信号。

7．逻辑转换仪（Logic Converter）

EWB 5.0 利用计算机仿真的优势，为用户提供了逻辑转换仪这种虚拟仪器（实际当中不存在这种仪器）。逻辑转换仪可以实现逻辑电路、真值表和逻辑表达式三者之间的相互转换。逻辑转换仪的图标如图 8-33 所示，图标上有 8 个信号输入端和 1 个信号输出端。

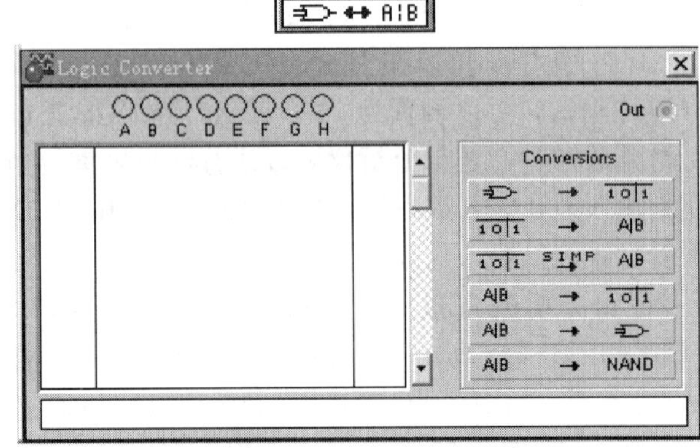

图 8-33　逻辑转换仪的图标及面板

（1）逻辑转换仪的面板

双击逻辑转换仪的图标，屏幕上出现如图 8-33 所示的逻辑转换仪的面板。面板分 3 部分：左侧是真值表显示窗口，右侧是功能转换选择栏，最下面条状部分是逻辑表达式显示窗口。

（2）逻辑转换仪面板参数的设置

如图 8-33 所示，逻辑转换仪提供了 6 种逻辑功能的转换选择，它们是：

① 逻辑电路转换为真值表；

② 真值表转换为逻辑表达式；

③ 真值表转换为最简逻辑表达式；

④ 逻辑表达式转换为真值表；

⑤ 逻辑表达式转换为逻辑电路；

⑥ 逻辑表达式转换为与非门逻辑电路。

（3）逻辑转换仪的使用

① 逻辑电路转换为真值表的步骤：

a．将电路的输入端与逻辑转换仪的输入端相连接。

b．将电路的输出端与逻辑转换仪的输出端相连接。

c．按下“逻辑电路转换为真值表”按钮，在真值表显示窗口即出现该电路的真值表。

② 真值表转换为逻辑表达式的步骤：

a．根据输入变量的个数用鼠标单击逻辑转换仪面板顶部代表输入端的小圆圈（A～H），选定输入变量。此时在真值表显示窗口会自动出现输入变量的所有组合，不过右面输出列的初始值全部为 0。

b．根据所需要的逻辑关系修改真值表的输出值（0、1 或 X）。

c．按下“真值表转换为逻辑表达式”按钮，相应的逻辑表达式会出现在逻辑表达式显示窗口。

d．如果要继续简化逻辑表达式或直接由真值表得到最简逻辑表达式，只要按下“真值表转换为最简逻辑表达式”按钮即可。

③ 逻辑表达式转换为逻辑电路的步骤：

a．在面板底部的逻辑表达式显示窗口内写入逻辑表达式（“与-或”式或“或-与”式都可以）。

b．按下“逻辑表达式转换为真值表”按钮，得到相应的真值表。

c．按下“逻辑表达式转换为逻辑电路”按钮，得到相应的逻辑电路。

d．按下“逻辑表达式转换为与非门逻辑电路”按钮，得到相应的由与非门构成的逻辑电路。

8.5 EWB5.0 的应用举例

EWB 5.0 以 SPICE（Simulation Program With Integrated Circuit Emphasis）程序为基础，可以对模拟电路、数字电路和混合电路进行仿真和分析。

EWB 5.0 对电路进行仿真的过程可分为 4 步：

① 电路图输入：输入电路图、编辑元器件属性、选择电路分析方法。

② 参数设置：程序自动检查输入内容，并对参数进行设置。

③ 电路分析：分析运算输入数据，形成电路的数值解。

④ 数据输出：运算结果以数据、波形、曲线等形式输出。

8.5.1 分压式偏置放大电路的静态值分析

分析步骤：

① 单击“Transistors”（晶体管库）图标，从中拖出 NPN 三极管到电路工作窗口。双击三极管符号，打开“NPN Transistor Properties”对话框，在“Models”选项卡中的“Library”栏内，选择“national2”库，再在“Model”栏内选中“2N2712”型号，然后单击“确定”按钮。

② 从“Basic”（基本器件库）中调出电阻元件。双击电阻元件符号，打开“Resistor Properties”对话框，在“Value”选项卡中设置电阻阻值，最后“确定”。

③ 从“Basic”库中调出电容元件并设置电容值，设置方法与电阻元件的设置相同。

④ 从“Sources”（电源库）中拖出接地符号、直流电压源、交流电压源，双击交流电压源（或直流电压源）符号，打开“AC Voltage Source Properties”（或“Battery Properties”）对话框，在“Value”选项卡下进行参数设置。

⑤ 将拖出并设置好的元器件连接成如图 8-34 所示的分压式偏置放大电路（也可以先连接电路后设置元器件参数）。

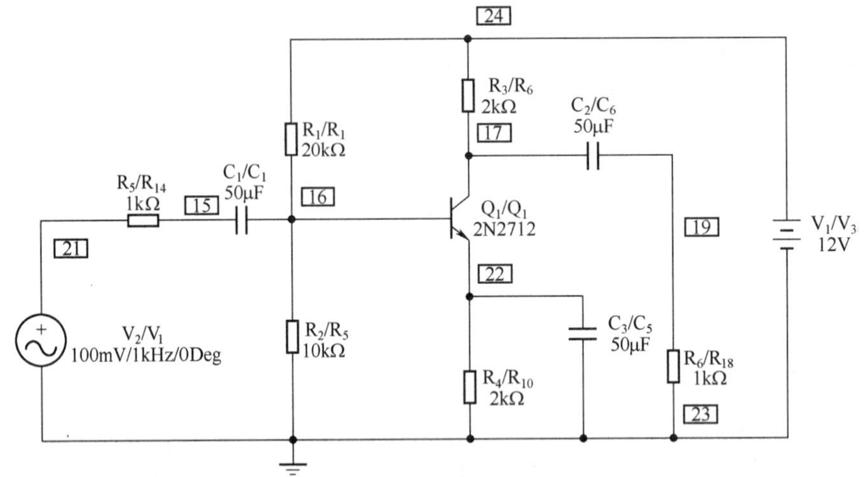

图 8-34　分压式偏置放大电路

⑥ 选择“Circuit”（电路）菜单下的“Schematic Options”（电路图设置）命令，打开相应的对话框，单击“Show/Hide”（显示/隐藏）选项卡，选中“Show Reference ID”（显示元件参考 ID）和“Show Nodes”（显示节点号）项，然后单击“确定”按钮，这时元件编号和节点编号就会自动显示在电路图上。

⑦ 选择“Analysis”（分析）菜单下的“DC Operating Point”（直流工作点分析）项，分析结果便显示在“Analysis Graphs”（分析结果图）中，如图 8-35 所示。

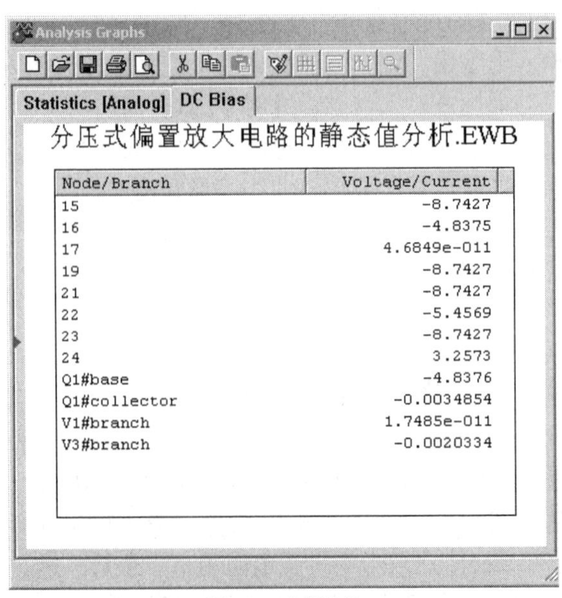
Analysis Graphs

Statistics [Analog]　DC Bias

分压式偏置放大电路的静态值分析.EWB

Node/Branch	Voltage/Current
15	-8.7427
16	-4.8375
17	4.6849e-011
19	-8.7427
21	-8.7427
22	-5.4569
23	-8.7427
24	3.2573
Q1#base	-4.8376
Q1#collector	-0.0034854
V1#branch	1.7485e-011
V3#branch	-0.0020334

图 8-35　分析结果

8.5.2 测量放大器仿真

仿真步骤：

① 单击“Analog ICs”（模拟集成电路库）图标，从中拖出三端运算放大器（3-Terminal Opamp）到电路工作窗口。

② 从“Basic”（基本器件库）中调出电阻元件。双击电阻元件符号，打开“Resistor Properties”对话框，在“Value”选项卡中设置电阻阻值，最后“确定”按钮。

③ 从“Basic”库中调出电容元件并设置电容值，设置方法与电阻元件的设置相同。

④ 从“Sources”（电源库）中拖出接地符号、直流电压源符号，打开“Battery Properties”对话框，在“Value”选项卡下进行参数设置。

⑤ 单击指示器件库图标，弹出指示器件库下拉菜单，拖出电压表（Voltmeter）。将拖出并设置好的元器件连接成如图 8-36 所示的测量放大器电路（也可以先连接电路后设置元器件参数）。

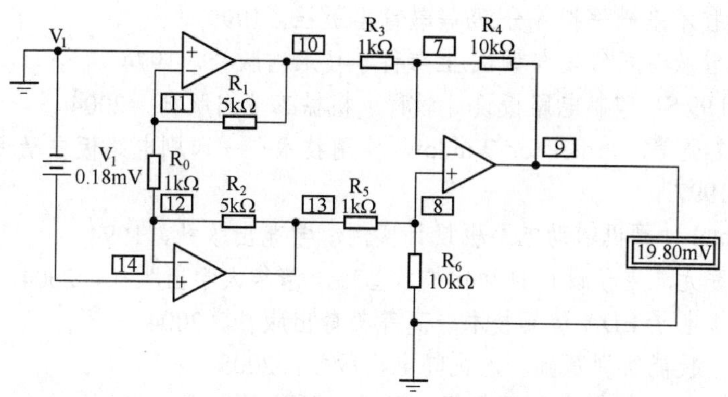

图 8-36　测量放大器仿真实验电路

⑥ 打开仿真电源开关，就可以看到电压表的读数。也可以修改输入电压大小再仿真，通过公式 $V_0=\left(1+\dfrac{R_1+R_2}{R_0}\right)\dfrac{R_4}{R_3}V_1$ 来验证仿真结果。

参 考 文 献

1 南京涌新电子有限公司．BT3C-B 型频率特性测试仪技术说明书．
2 优利德 UNI-T 电子有限公司．UT39A/B/C 型数字万用表技术说明书．
3 江苏绿杨电子有限公司．YB1713 双路直流电源技术说明书．
4 江苏绿杨电子有限公司．YB4320G/40G/60G 示波器技术说明书．
5 江苏洪泽瑞特电子公司．SG2270 型超高频毫伏表技术说明书．
6 江苏洪泽瑞特电子公司．SG3320 多功能计数器技术说明书．
7 江苏洪泽瑞特电子公司．SG1052S 高频信号发生器技术说明书．
8 长沙科瑞特电子有限公司．Create-DCD 数控钻床技术说明书．
9 王书本.高频电子线路（第三版）（上、下册）．大连理工大学出版社，2004
10 无线电爱好者编委会.无线电爱好者读本（上、中）．人民邮电出版社，1998
11 康华光.电子技术基础模拟部分.高等教育出版社，1999
12 沈宜孙.晶体管收音机修理与调试.上海科学技术出版社，1974
13 郭勇．Protel 99 SE 印制电路板设计教程．机械工业出版社，2004
14 王栓柱，杨志亮等．Protel for Windows 实用技术——印刷电路板自动设计．西北工业大学出版社，1997
15 张义和．Protel 计算机辅助电路板设计实例．学苑出版社，1994
16 马建国，孟宪元．电子设计自动化技术基础．清华大学出版社，2004
17 崔建明．电工电子 EDA 仿真技术．高等教育出版社，2004
18 杨承毅．电子技能实训基础．人民邮电出版社，2005
19 潘松，黄继业．EDA 技术实用教程．科学出版社，2002
20 徐志君，徐光辉．CPLD/FPGA 的开发与应用．科学出版社，2002
21 James R.Armstrong，F.Gail Gray．VHDL Design Representation and Synthesis .China Machine Press，2002
22 杨长春．电子报合订本．电子科技大学出版社，1998